全球变化与低碳经济

Climate Change: A Multidisciplinary Approach
(Second Edition)

气候变化
——多学科方法
（第二版）

Qihou Bianhua——Duo Xueke Fangfa

[英] William James Burroughs 著

李宁 主译

高等教育出版社·北京
HIGHER EDUCATION PRESS BEIJING

图字：01-2010-3699号

Climate Change: A Multidisciplinary Approach (Second Edition) (ISBN 9780521690331)
by William James Burroughs first published by Cambridge University Press 2007.
All rights reserved.

This Chinese edition for the People's Republic of China is published by arrangement with the Press Syndicate of the University of Cambridge, Cambridge, United Kingdom.

© Cambridge University Press & Higher Education Press 2011.

This book is in copyright. No reproduction of any part may take place without the written permission of Cambridge University Press or Higher Education Press.

This edition is for sale in the mainland of China only, excluding Hong Kong SAR, Macao SAR and Taiwan, and may not be bought for export therefrom.

此版本仅限于在中华人民共和国境内（但不允许在中国香港、澳门和台湾）销售。不得出口。

图书在版编目（CIP）数据

气候变化：多学科方法：第2版／（英）伯勒斯（Burroughs, W. J.）著；李宁主译．—北京：高等教育出版社，2010.12

书名原文：Climate Change: A Multidisciplinary Approach

ISBN 978-7-04-030995-9

Ⅰ．①气… Ⅱ．①伯… ②李… Ⅲ．①气候变化-研究 Ⅳ．①P467

中国版本图书馆CIP数据核字（2010）第221140号

策划编辑	陈正雄	责任编辑	徐丽萍	封面设计	张 楠
责任绘图	尹文军	版式设计	王艳红	责任校对	王 雨
责任印制	尤 静				

出版发行	高等教育出版社	购书热线	010-58581118
社　　址	北京市西城区德外大街4号	咨询电话	400-810-0598
邮政编码	100120	网　　址	http://www.hep.edu.cn
			http://www.hep.com.cn
经　　销	蓝色畅想图书发行有限公司	网上订购	http://www.landraco.com
印　　刷	北京铭成印刷有限公司		http://www.landraco.com.cn
		畅想教育	http://www.widedu.com
开　　本	787×1092　1/16	版　次	2010年12月第1版
印　　张	19	印　次	2010年12月第1次印刷
字　　数	350 000	定　价	59.00元

本书如有缺页、倒页、脱页等质量问题，请到所购图书销售部门联系调换。

版权所有　侵权必究

物料号　30995-00

译 者 序

2009年12月7—18日在丹麦首都哥本哈根召开了《联合国气候变化框架公约》缔约方第15次会议,商讨《京都议定书》一期承诺到期后的后续方案,就未来应对气候变化的全球行动签署新的协议。虽然这次会议没有达成继《京都议定书》后具有划时代意义的全球气候协议书,但各国对气候变化的关注仍在持续。

之所以各国继续关注气候变化,是因为有科学依据证明,今后数十年有些气象灾害的发生频率和强度有可能增加。据联合国政府间气候变化专门委员会IPCC最近的评估报告预测,由于全球气候变暖,一些极端天气事件,如高温天气、强降水、台风等的发生频率可能会增加,未来旱涝等气象灾害的出现频率也将会增加。气候变化问题实际上是一个国家的发展过程中所产生与面临的重大环境问题,发达国家是如此,发展中国家也是如此。

当前的研究发现,无论是观测到的过去变化,还是预估的未来趋势都表明,中国的地表增暖比全球其他地区的增暖明显。对于正处于经济高速发展阶段的中国,全球气候变化已不再只是简单的气候变化,它的影响包括农业生产不稳定、农业产量下降、水资源供需矛盾增加、海岸区受灾机会加大、森林和生态系统将发生变化、疾病发生程度和范围增加、电力供应遇到更大压力等。在应对气候变化的过程中,既要看到挑战,又要看到机遇,关键是在不影响或少影响中国经济社会发展的前提和大局下,努力改变能源结构和产业结构,改变生产和生活模式,使中国逐步走向可持续发展的道路。因此,对气候变化的理解更加重要。

《气候变化——多学科方法》(第二版)这本书用非数学的方式,通俗易懂地解释了气候变化的微妙之处,同时也解释了气候系统中广大读者已经了解和不太了解的复杂性,很好地概括了现代气候科学中的多学科方法和高科技手段,还总结了人们对全球变化的研究和争议。在观测方面,通过长期的地面和卫星仪器在全球进行的大量观测记录证明了气候变化的事实。在地球系统模拟方面,帮助理解地球系统的组成、要素之间的相互作用、变化以及导致变化的机制,帮助理解气溶胶、云和水汽反馈的不确定性以及由此给模拟结果带来的不确定性。

本书是作者多年来有关气候变化研究成果的总结,全书分为11章,内容包括导言,辐射和地球能量平衡,气候系统的要素,气候变化的测量方法、统计、显著性水平和循环，气候变化的自然原因，人类活动，关于气候变化的证据，气候变化的影响，气候模拟以及气候变化的预测。本书内容涉及大气科学、地质学、天文学、海洋科学、生物学、数学、物理学、化学、环境科学、信息科学等多个学科。

  本书的翻译工作由北京师范大学的民政部/教育部减灾与应急管理研究院的李宁负责总体翻译设计和定稿。第1章翻译由李宁完成，第2章至第5章翻译由北京师范大学的民政部/教育部减灾与应急管理研究院的解伟完成，第6章至第7章翻译由北京师范大学的民政部/教育部减灾与应急管理研究院的温玉婷完成，第8章至第11章翻译由李宁完成，术语表和索引由李宁、解伟、温玉婷共同完成；初稿完成后，北京外国语大学高级翻译学院的顾馨对全书文稿进行了文字校队，解伟、温玉婷和刘雪琴对全书进行了文字的编辑、校对和统稿，以及图件的编排设计，在此对他们付出的辛劳表示衷心的感谢。

  北京师范大学地表过程与资源生态国家重点实验室的顾卫教授在本书翻译过程中提出了许多中肯的意见和建议，特此表示衷心的感谢！

  本书的策划是在与高等教育出版社自然科学学术著作分社陈正雄编辑的友好协商下完成的。陈正雄编辑和其他同仁们为本书的出版作了大量的协调和编辑工作，感谢高等教育出版社提供出版本书的宝贵机会。

  本书的完成得到了北京师范大学地表过程与资源生态国家重点实验室基金项目（2010ZY-05）、中国"十一五"国家科技支撑计划项目（2007BAC29B05）、国家自然科学基金项目（30870467和40771008）等的资助，在此表示衷心的感谢！

  翻译中基本保留了英文的结构和书写风格，如参考文献未按我国文后参考文献著录规则统一和规范，文中插图有时正文中没有提及，另外，术语表中部分名词未按原文翻译，而是引用一些工具书对该名词的解释，特此说明。

  感谢阅读本书的读者！由于气候变化研究不仅涉及自然科学，而且也涉及社会科学等诸多学科，所以在本书的翻译过程中，尽管我们投入了大量的精力，付出了艰苦的努力，由于时间及对本前沿研究领域的认识水平有限，书中错误与疏漏之处在所难免，恳请学术前辈、各个领域从事气候变化研究的专家以及同行，不吝赐教！

李宁

2010年8月于北京

第二版前言

自本书在2001年出版第一版后，气候变化问题在本质上发生了变化。之前，气候变化只是紧迫的环境问题之一。如今，气候变化与恐怖主义和核扩散相提并论，成为人类最大的威胁之一。如此重大的变化为何发生？英国首相麦美伦(Maurice Harold Macmillan)在20世纪50年代末、60年代初曾说过的一句名言概括了这个原因。当首相用完晚餐，被一个年轻记者问道什么最容易使政府脱轨时，首相回答："事件，亲爱的孩子，是事件。"

近期，气候变化极为显著。从美国新奥尔良的洪水，至2003年欧洲的热浪，再到极地冰盖的加速融化，我们可以看出，气候变化对地球的威胁日益显现。重要的不仅是这些气候事件的规模，而是人类在应对气候恶性变化上的准备不足，同时我们还需要综合性地考虑我们应作的准备。这种宏观的想法已经激发了一些政治家在解决气候问题上作出了更多的承诺。在某种程度上，政治家们认识到，如果想解决气候变化问题，第一步必须是签署1997年的《京都议定书》，并且对其作出承诺。阿尔·戈尔对气候变化的贡献极为突出，在2000年，阿尔·戈尔差点就成了美国总统。如今，阿尔·戈尔是应对气候变化问题的国际标准使者。

这些变化的另外一个特征是，在受到气候变暖威胁之际，正在增加的人为影响使生物面临困境。从海冰融化对北极熊、企鹅和海象可能带来的伤害的宣传来看，我们必须在过去的气候变化背景下考虑这些变化。12.5万年前，在末次间冰期的暖期，尽管最高气温比现在高2℃，海平面也比现在高6 m，这些极地动物还是幸存了下来。因此，就这个经验来看，这些极地动物还具备继续生存一段时间的能力。

同时，在人类对近期的气候变化造成的影响和规模上，科学界已经达成共识。这种共识的焦点围绕在温室气体的排放上，温室气体被认为是最近变暖的主要人为成分。然而，共识的信心已经被普遍的认识所限制，包括多云状态以及相关的尘埃和气溶胶等因子的不确定性。此外，建立在对厄尔尼诺进一步了解的基础上，进行季节性和长期气候预测的前景是可观的。与此同时，科学家们也认识到，在做这种气候预测之际，数据的分析不能只限于对太平洋，也需要包括对大西洋和印度洋的气候规律的分析。

毫无疑问，人类是导致近期气候变化的因素之一，全球气候模式也是预测未来气候变化趋势的一种仅有的方法。与其相比，不太明确的是自然变异的真实尺度。就导致气候变化的因素而言，大多数科学家倾向于降低气候在近几个世纪中的自然波动带来的影响的观点，与此矛盾的是，如今更多的科学家认识到，在气候史中，气候的突变和不可预测性也是重要的因素。此外，非常明确的是，在最近1万年内，人类都很幸运地生存在温和稳定的气候环境当中。我们希望，在已有记载和没被记载的所有人类活动当中，人为导致的自然变化或其他变化都不会将我们与这个相对来说较为稳定的气候期分离。

面临如此严峻的未来，要求对其采取行动的声音处处可闻。其中，最实用的一个探索表明，效率的提高和累积税制度的良性循环可以大量减少温室气体的排放。在实践中，这些提议的一部分会被接受，另一部分会被否决。因此，尽管在政治上有进步，但是在更高的减排量问题上，处理政治异议会更加困难。

正是在这个阶段，科学讨论应当发挥作用，为解决气候变化更仔细地进行调查。认同科学的长处和短处的议论最有可能被大众接受。相反，有些议论坚决认为解决问题的核心就是二氧化碳排放量，而且，该排放量应当在2050年前削减，比如说，减少80%。这种看法很难取得选民的支持。当然，相当规模的事件能够将所有反对意见都驳回，但我们不希望看到这种情况。

本书建立在休伯特·兰姆(Hubert Lamb)和默里·米切尔(Murray Mitchell)等气候变化开拓者所作的研究基础之上。在气候变化还不是气象学中一个重要的领域时，这些科学家已经为气候变化作出了很大的努力。综合地普及现有的气候知识的工作，不会因气候变化的发展速度而改变。这样，必须提供研究系统错综复杂的渠道，适当地分析如何应对挑战与分析变化给我们现有的生活方式带来的严峻威胁。为做到这一点，我们只能持续研究气候变化中最为重要的特征，这些特征的综合作用如何对未来产生影响以及为了避免这些负面影响应该采取的最现实可行的方法。

目 录

第 1 章 导言 ... 1
1.1 天气与气候 ... 1
1.2 我们所说的气候变率与气候变化是什么？ ... 2
1.3 关联性、时间尺度和不确定性 ... 5
1.4 综述 ... 7
深进读物 ... 8

第 2 章 辐射和地球能量平衡 ... 9
2.1 太阳辐射和地球辐射 ... 9
2.2 太阳的变化 ... 23
2.3 小结 ... 25
习题 ... 26
深进读物 ... 26

第 3 章 气候系统的要素 ... 27
3.1 运动中的大气与海洋 ... 27
3.2 大气环流模式 ... 31
3.3 辐射平衡 ... 37
3.4 水循环 ... 41
3.5 生物圈 ... 42
3.6 持续的非正常天气模式 ... 42
3.7 大气－海洋的相互作用 ... 46
3.8 大洋输送带 ... 55
3.9 小结 ... 59
习题 ... 60
深进读物 ... 60

第 4 章 气候变化的测量方法 ... 61
4.1 原位仪器测量法 ... 61
4.2 卫星测量 ... 66
4.3 重分析工作 ... 69
4.4 历史记录 ... 70

- 4.5 间接测量法 ... 72
- 4.6 测定年龄 ... 84
- 4.7 同位素年代测定法 ... 88
- 4.8 小结 ... 89
- 习题 ... 89
- 深进读物 ... 90

第 5 章 统计、显著性水平和循环 ... 91
- 5.1 时间序列、抽样和谐波分析 ... 91
- 5.2 噪声 ... 95
- 5.3 方差和显著性的计算 ... 96
- 5.4 平滑 ... 105
- 5.5 小波分析 ... 109
- 5.6 多维分析 ... 111
- 5.7 小结 ... 112
- 习题 ... 113
- 深进读物 ... 113

第 6 章 气候变化的自然原因 ... 114
- 6.1 自方差和非线性 ... 114
- 6.2 大气-海洋相互作用 ... 117
- 6.3 洋流 ... 118
- 6.4 火山 ... 119
- 6.5 太阳黑子和太阳活动 ... 123
- 6.6 潮汐力 ... 131
- 6.7 轨道变化 ... 135
- 6.8 大陆漂移 ... 138
- 6.9 大气成分的变化 ... 139
- 6.10 来自深处的喷发 ... 142
- 6.11 灾难和"核冬天" ... 143
- 6.12 小结 ... 148
- 习题 ... 148
- 深进读物 ... 148

第 7 章 人类活动 ... 150
- 7.1 温室气体排放 ... 150
- 7.2 粉尘和气溶胶 ... 153
- 7.3 荒漠化和森林砍伐 ... 155
- 7.4 臭氧层空洞 ... 156

7.5	小结	158
	深进读物	158

第 8 章　关于气候变化的证据　159

8.1	探索时光隧洞	160
8.2	从温室到冰室	168
8.3	海平面的波动	171
8.4	冰期	174
8.5	末次冰期	181
8.6	全新世气候适宜期	186
8.7	有历史记载的气温变化	187
8.8	中世纪气候适宜期	191
8.9	小冰期	195
8.10	20 世纪气候变暖	199
8.11	小结	205
	习题	205
	深进读物	205

第 9 章　气候变化的影响　207

9.1	对地质的影响	207
9.2	对动植物的影响	209
9.3	大灭绝	212
9.4	海平面、冰原和冰川	214
9.5	农业	217
9.6	气候变率的历史意义	221
9.7	疾病传播	224
9.8	极端天气事件的经济影响	226
9.9	小结	231
	习题	232
	深进读物	232

第 10 章　气候模拟　233

10.1	全球环流模式	233
10.2	气候变率模拟	237
10.3	建模者所面临的挑战	240
10.4	小结	244
	习题	245
	深进读物	245

第 11 章　气候变化的预测 …… 246
- 11.1　自然变异 …… 247
- 11.2　预测全球变暖 …… 248
- 11.3　全球变暖的预测结果 …… 251
- 11.4　对全球变暖规模的质疑 …… 255
- 11.5　面对全球变暖我们可以做些什么？…… 258
- 11.6　盖亚假说 …… 262
- 习题 …… 263
- 深进读物 …… 263

术语表 …… 264
参考文献 …… 273
索引 …… 284

第1章 导　　言

关于人类的每一种问题总有一个简单的解决办法——看似很有道理，但却是错误的。

H. L. Menken（门肯）

气候总是在不断地变化的。无论从哪个时间尺度上看，地球自形成之日起其表面状况一直都在发生着变化。过去的变化在地形上留下了痕迹，并影响着所有生命形式的进化，它是我们社会经济发展历史的一个缩影。目前气候变化已经成为有关人类活动对全球环境影响争论的核心部分。今后，气候变化进程将在很大程度上制约经济的发展，特别是发展中国家的经济发展。因此，对于许多自然科学和社会科学而言，气候变化是了解这些学科如何适用于更广泛的领域时所必须考虑的一个根本因素。本书旨在提供一种综合观点来帮助读者合理把握气候变化对其相关学科的影响，涉及评估气候的自然变化以及人类活动影响气候进一步变化等问题。

首先，人们必须认识到气候变化问题并不简单。本书的核心目标是探究该问题的实质，而回避这些问题对于读者来说是毫无益处的。通常人们会试图努力减少对那些他们认为是本质特征方面问题的争论。这会导致人们在有意无意间忽略掉大部分证据。因此，从一开始，人们就必须意识到地球气候的变化是受到错综复杂的物理过程中一系列关联因素的制约。这也就意味着人们必须确定其中一些最重要的因素，并预测它们何时发生作用。为此，我们必须明确气候变化的定义，因为各种因素在不同的时间尺度下含义是不同的。

1.1　天气与气候

生活中我们很难以客观公正的眼光看待气候变化的重要性，因为我们不断地受到有关气候如何变得更加极端和更具威胁性信息的"轰炸"。这些信息大都来自世界各地的气象组织。尽管对这些信息的翻译并非总是准确的，但这为解释全球性气候变化的重要性奠定了基础。那么，对这些破纪录的干旱、热浪和飓风等自然问题，我们又该如何应对呢？

研究气候如何变化的第一个阶段就是要对天气和气候进行区分。简单地说，天气是既成的事实，而气候则是我们所预测的情况。因此，天气就是在任何特定时间内的大气状况，而气候则是根据统计学原理预测在某年的任何特定时间内将会出现的天气情况。气候统计专注于研究多年天气情况的平均值，这些统计数据还给出了世界各地发生的一些极端事件的准确情况。在这种情况下，应将重点放在平均条件上，但由于统计学的性质，人们很难给罕见的极端气候事件予以适当的权重。

分析应尽可能在统计数据充足的前提下进行。这样才更有可能提供发生极端气候变化的合理证据。极端天气事件的变化频率将对气候变化的解释产生重大影响。然而，在考虑某些具体事件时，天气和气候之间的区别则变得有些模糊不清了。关键是，在关注气候变化的同时，我们更应该关注那些能够提供长期气候变化佐证的数据。

1.2 我们所说的气候变率与气候变化是什么？

从天气和气候的定义中我们得出，气候由持续数年或更长时间的气象条件的变化情况构成。这些变化可能只涉及个别参数，如温度或降雨量，但通常在天气模式上都伴有更综合的变化，这些变化可能导致气象条件的变化，例如，更加寒冷、更加潮湿、更多的多云和大风天气。由于与全球天气模式的相互关联，这些变化会导致世界不同地区发生互补性变化。然而，它们通常都是全球气候总体变暖或变冷的一部分，考虑到气候变化的意义，只要将区域变异放在全球气候变化的大背景中，区域变异就能够提供给我们更有意义的数据。

这也引出了气候变率有别于气候变化的问题。假定我们考虑一个连续的纵贯几年到十亿年的时间尺度，那么就必须明确区分人为因素对这两个概念的影响程度。因此，在本书中详细阐述这两个概念及区别是十分重要的。图1.1(a)提供了一个典型的气象观测数据序列，这些数据序列可以是连续几年的平均温度，也可以是降雨量或其他一些能够在几年内定期测量的气象变量。这些数据序列显示，在一个测量周期中，变量的平均值保持常数(假定数据序列是稳定的)，但每次观测时它们却存在波动。平均值的波动就是气候变率的测量值。图1.1的(b)、(c)和(d)描述了气候变率与气候变化实例相结合的情况。在图1.1中，(b)显示了变率与均匀降温趋势的组合，(c)显示的是变率与基本气候的周期性变化的组合，(d)显示了变率与一个气温突降的组合，这代表了在观察期间气候的一次性变化和所有变化。

1.2 我们所说的气候变率与气候变化是什么？

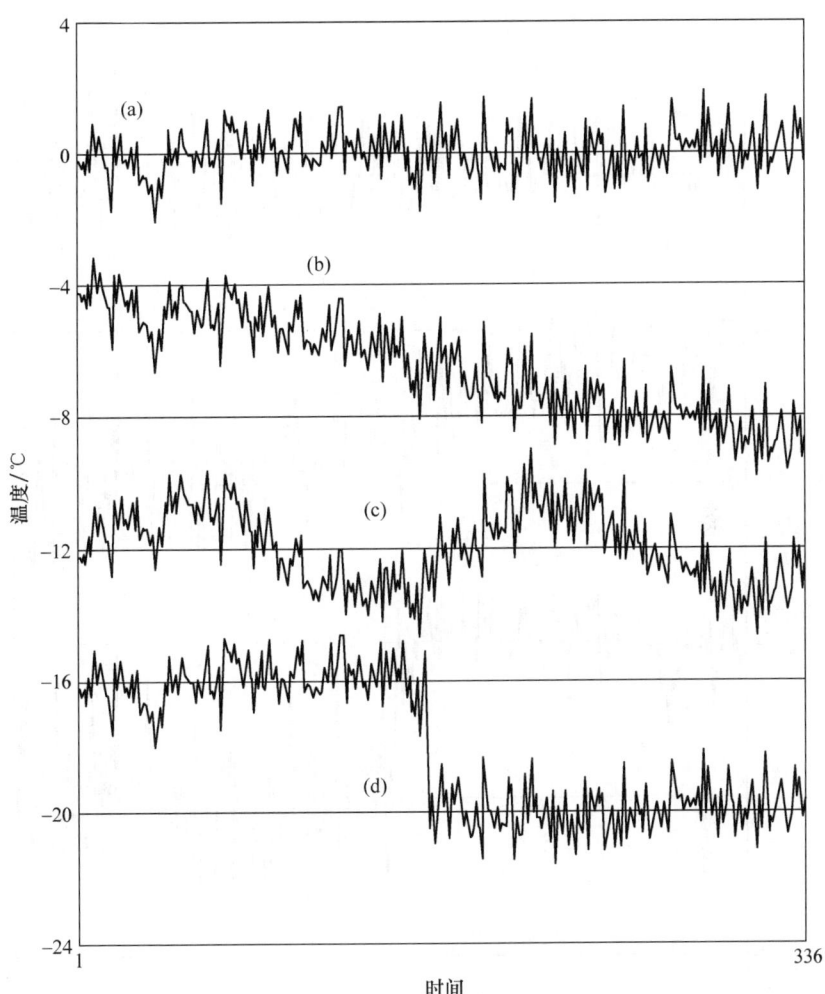

图 1.1 通过一组典型的温度观测数据更容易说明气候变率和气候变化的定义，这些观测数据显示：(a)是气候没有发生任何根本性变化的气候变率；(b)是在一段观测期，气候变率与温度呈线性下降 4 ℃ 的气候变率的组合；(c)是气候变率与一个周期温度变化为 3 ℃ 的气候变率的组合；(d)是在一段观测期，气候变率与气温突降 4 ℃ 的气候变化组合，变化前后的平均温度始终保持恒定。为了便于比较，纵坐标每隔 4 ℃ 进行记录。(引自 Burroughs,2001,图 1.1)

图 1.1 显示了气候变化的形成，即当气候发生变化时，变率水平保持恒定。但情况并不总是这样，图 1.2 也显示了变率的变化。图 1.2(a)显示了一组变率幅度在一段观察期内呈成倍增长，而平均温度则保持恒定。尽管很少出现这种情况，但在变率增加时，气候变冷的可能性[图 1.2(b)]是很大

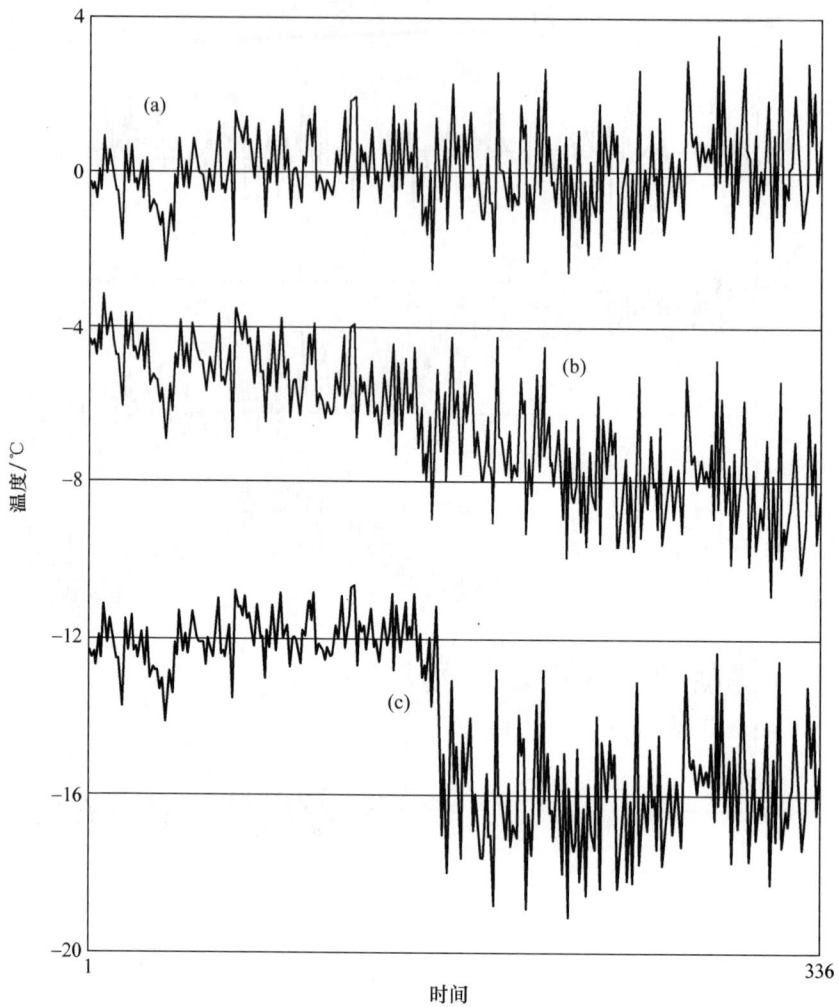

图1.2 通过与图1.1中显示的一系列类似温度观测的联系，说明气候变率增加和气候变化的组合。其中(a)是在一定观测期，气候变率为原来的两倍而气候没有出现任何根本的变化；(b)是在一定观测期，两倍的气候变率与温度呈线性下降4℃的组合；(c)是气温突然下降4℃之前的气候变率的组合，显示气温突然下降4℃之后气候变率变为原来2倍，且气温降低前后的平均温度保值恒定。为了便于比较，纵坐标每隔4℃进行记录。这里与图1.1(c)的周期性变化不同，因为这种情况下不断变化的变率的性质可能更为复杂。(引自 Burroughs,2001,图1.2)

的。同样，伴随变率的显著增大产生的气温突降[图1.2(c)]也是气候变化的一种可能结果。本书将探讨图1.1和图1.2中所描述的气候变率和气候变化的例子，并将不断重复这些图中所描述的概念。对于这些大多数的变率而言，一个最基本的解释是气候变率是一种短期波动，而气候变化则是一种长期变化。有两个原因可以解释为什么这种情况会造成对问题处理过于简单化的风险。没有理由表明气候在一个较长的时间尺度内不会发生无序波动，因此，认识这种变率形式是找出气候变化原因的一个重要步骤。其次，正如我们所讨论过的那样，气候变化可能突然发生，就其变化本身而言，在本书中我们认为这种变率形式已经成为地球气候变化历史的一个重要因素是毫无疑问的。

在检测图1.1和图1.2所描述的这类气候的波动时，涉及要在各种不同时间尺度下测量世界各地过去一系列气象参数的变动情况。这将是我们所面临的主要挑战，也是本书的中心议题。目前的关键问题是当我们讨论气候变率和气候变化时，总是不得不处理来自世界各地的各种相关证据，其来源多种多样，质量和可信度也参差不齐。因此，有些关于过去的气候变化是清晰可辨的，如最后一个冰期所具有的显著特征；而其他一些过去的气候变化可能是模糊不清的，甚至成为人们争论不休的焦点，如太阳活动对最近的气候变化所造成的影响。正是基于这些确定的和不确定的混合因素，使得这一主题变得难以确证，却又引人深思。

1.3 关联性、时间尺度和不确定性

从一开始，我们的指导原则就是：不要将气候的运行机制过于简单化。事实上，这是一个极其复杂的课题。在探索气候变化意义时，最令人激动的地方在于它涉及了一个错综复杂的网络，在这个网络中各种不同的过程相互牵连。特别是它要求我们理解反馈过程的本质（方框1.1）。事实上，系统中某一部分出现的扰动可能会对其他部分产生影响，而其他部分与原来的刺激因素之间的关系并不简单。这也为我们认识周边世界是如何运作的提供了机会。然而，这要求对正在运行的物理过程采用一套科学的方法，否则任何分析都可能是片面的，易让人误导的。

发现那些最为重要的变化过程是一项挑战性工作，这不仅要了解一个既定扰动是如何对气候产生干扰的，而且还要分析不同时间尺度如何影响变化的。从大陆的缓慢漂移到每日太阳的闪耀，造成地球气候变化的因素多种多样。当需要明确哪些变化最为重要以及它们是何时发生时，我们必须对它们是如何发生的以及它们之间的相互联系进行评估。因此，大陆漂移（板块结构学）仅仅在解释超过百万年的地质记录时才开始发挥作用，其直接后果（例如，火山作用）可能会对年际气候变率造成剧变性影响。同样，在每个时间尺度都可能发生太阳能输出波动。展望未来，气候的长期变化一定是人们考虑的焦点，而这些变化本身是否具有价值是值得怀疑的。然而，在预测未

来几天到几十年的气候变化时,准确的预测意义重大,因此这成为气候变化方面的热点话题之一。

方框1.1 反馈的种类

当解释和预测气候变化时,我们所面临的主要挑战是理解和量化各种不同的反馈过程。这些过程发生的原因如下:当一个气候变量发生变化时,它通过影响能够触发变化的初始变量而改变另一个变量。如果这一循环反应导致初始刺激因素的影响加强,那么整个系统将可能朝着一个既定方向变化。这种失控的反应被称为正反馈,这就如同一个扩音器系统在收到部分自己发出的信号时所产生的高音调噪声一样。而就气候而言,解释这一现象的最好例证就是气候变暖的效应导致冬季积雪覆盖面积的减少。这一现象反过来又会导致地球表面吸收更多的阳光和热量,诸如此类。

与之相反的过程是,当循环反应与初始扰动的影响趋于抵消时,便形成一种稳定的状态。这种现象被称为负反馈。这类气候反馈的例子是,气候变暖导致大气产生更多的水蒸气,而水蒸气会产生更多的云。云将阳光反射回太空,由此减少了地球表面的热量吸收,从而抵消了最初的气候变暖的效应。由于所涉及系统的复杂性,这类连锁反应会对干扰产生多种反应,包括不同状态之间的突然转换以及逆转情形,即一个正面扰动对整个系统产生了负反馈。本书所介绍的反馈机理将在理解气候如何响应变化方面起到重要作用。

在分析过去与预测未来两者是否相关的问题上所出现的不同观点将会影响本书对气候变化的阐述。例如,石油行业正在不断探索地质时间尺度有关过去的气候信息,以帮助它们寻找到更多的碳氢化合物矿藏。再比如,当前的研究包括用于确认地质历史上具有较高海洋生产力地区的过去的海洋环流的计算机模型,了解这些地区可能藏有大量的有机物。但是,有关气候在这些时间尺度上发生变化的知识绝不会改变石油行业对未来气候将如何影响其规划的行业看法。

通过对比,随着生产不断向近海延伸,石油行业需要了解某些具体地区的天气变化,例如,墨西哥湾的飓风事件,或北大西洋的强低气压事件使深水作业变得更加危险。这些预测完全依赖于对最近几十年气候变化的可靠测量,以及这些测量数据是否能够预测未来的趋势。这对我们需要掌握什么知识以及这些知识是否足够用于有效预测未来都提出了更高的要求。它适用于气候变率和气候变化的所有领域，同时也提高了我们对周围世界的长期气候变化进程的深入理解。这对人类应如何更有效地利用自然资源是十分重要的，我们应该从更广泛的意义上看待这些知识。对于气候在不久的将来如何变化，以及它将如何影响我们对天气敏感性的投资规划等一些更迫切的问题则需要进行更详细的分析。

1.4 综 述

我们不能忽视气候变化的另一个方面。事实表明，气候系统中的要素都是相互联系的，当我们在解释系统的各要素的相互联系的时候就要格外地谨慎。因此，我们不可避免地要对气候的各个要素进行单独考察，在这个过程中，我们应具有综合全面的观念。前面章节中所描述的联系和反馈过程将气候要素的每个单独的变化与整个气候系统联系到一起。这种更宽泛的视角能够帮助我们取得一些均衡的观点。实际上，如果你认为与气候变化相关的任何问题都会有一个简单的答案的话，那么你对气候变化一定没有作到充分的了解。因此，我们认为气候是一个非常复杂的问题，对这些复杂性只进行简单阐述对读者来说是无益的。而本书的目的是尽可能让读者获得一些易于理解的气候变化的知识。

这意味着任何分析都要根据地球物理条件和外来因素影响的组合中任一方面的变化而进行。这些条件包括：通过地球表面的各种变化所引起的大气的不断变化与运动，包括植被种类、土壤湿度、积雪、海洋表面温度、极地的浮冰程度，加之深海洋流稳定移动等因素，它们大约需要经过一千年才能完成一次单循环，但也可能在几年之内以完全不同的方式进行突然的转换。除此之外，当前的气候条件加上大陆的分布情况控制着冲积到海洋的营养物质的数量，同时它反过来又影响了海洋的生产力和大气中的二氧化碳水平，此时也许你已经开始意识到气候变化的复杂性了。

这些现象有些是可预测的，有些则不是。例如，我们可以精确预测地球轨道运动的规律，地球轨道运动影响着每日的和年度的天气循环。其他引力效应，例如，较长周期的太阳潮，或太阳系中其他星球对地球和太阳可能产生的影响可以在一定程度上精确计算出来，但它们对气候的影响却更具推测性。同样适用于地球轨道参数的长期变化，这种变化改变了全年不同纬度的阳光照射量。但是，正如我们下面所要看到的，这可能是对冰期周期性的最合理的解释。在最近一百万年里，冰川覆盖了地球大部分区域。

通过比较，气候将如何响应系统各个部分变化的预测是很不可靠的。事实上，它们大都受到天气和气候的无序性的影响(方框 1.1)。因此，气候变化的许多方面被证明是完全不可预测的,但通过对各种气候因素相互影响的研究,就有可能对它们的表现建立一些统计规律。这也许可以使我们对特定结果的发生概率进行有效的预测,并提供有关该系统如何运行的有价值的见解。

复杂性的结果使我们必须经常对数学、统计学和物理学等方面进行研究。对于那些研究其他学科(这些学科可能受气候变化影响不大)的很多人来说,这也许不是他们想要的信息,但这是了解那些气候学家所提出的问题是否对您所选择的学科具有实际影响的必要条件。因此,本书不得不加入一些数学和物理学方面的内容。然而,我希望尽量减少专业方面的内容,并尽力使它们通俗易懂。

凭借对这些问题的了解,我的目标就是通过对气候变率和气候变化的本质的研究,说明这些波动在过去和现在对我们生活方方面面的影响。这将为我们解决一些紧迫问题奠定基础,如气候变化对未来人类活动的潜在影响,以及我们能够采取哪些行动等。这个过程的第一步就是考虑地球的能量平衡。

深进读物

本书最后附有一份完整的参考文献,从中挑出的以下书籍或文章可以帮助更好理解本章内容。每个引文的详细情况见参考文献。

IPCC,1990,1992,1994,1995,2001 和 2007:为获得有关气候变化科学争论的全景性认识,这些报告就是针对这些争论而提出的一些明确共识。它们力求确保平衡地反映各种观点,并就争论的观点进行详细的论述。就其问题本身而言,除非掌握相关基本知识,否则就会觉得难以理解甚至不知所云。因此,一旦这些信息系统清晰地构建起来,它们就会相当有价值。通常,最新的见解可能最具价值,但是 IPCC 早期的资料为近 20 年的气候科学发展提供了重要的历史观点。

第 2 章 辐射和地球能量平衡

神说,要有光,于是便有了光。

《圣经·创世纪》

尽管许多因素制约着地球气候,但最重要的因素是太阳能量的供给,以及该能量到达地球产生的影响。为了弄懂这一机理,我们应该考虑如下过程:

(1) 太阳辐射的特点,地球是如何把能量重新辐射回太空的;

(2) 大气和地表是如何吸收和反射太阳能量的,又是如何把能量重新辐射回太空的;

(3) 在全年或者更长时间尺度里,这些过程是如何变化的。

对超过一年的变化进行研究,必须考虑如下事实:许多重要的变化可能发生在各种不同的时间尺度(例如,几年、成百上千年)上。不同的时间尺度不能精确划分,因此,当我们读这本书时,我们可能发现自己的思路在时间尺度上移动。处理时间尺度的唯一办法是,当我们读书时,精确定位我们所讨论的话题。

2.1 太阳辐射和地球辐射

简单来说,地球辐射平衡的定义为,大气和地表吸收的太阳辐射等于地球重新辐射回太空的能量。然而,全球变暖的确说明了一个结果:在气候系统中可以保留一部分太阳能。众所周知,50 年来,太阳辐射年储存量一直在 $0.5 \sim 1.0 \text{ W} \cdot \text{m}^{-2}$。此值与图 2.7 中的量相比微不足道,但它对于目前气候变化影响巨大。

2.1.1 辐射定律

不为绝对零度(-273.16 ℃)的物体都以辐射的形式向四周传递热量,这是物体的基本物理性质。此辐射属于电磁波辐射,它以光速传播,不需要媒介。电磁波辐射的特点是:其波长范围广,由短到长依次为 γ 射线、X 射线、紫外线、可见光、红外线、微波、无线电波(图 2.1)。可见光区的波长范围为 $0.4 \sim 0.7 \text{ μm}$。

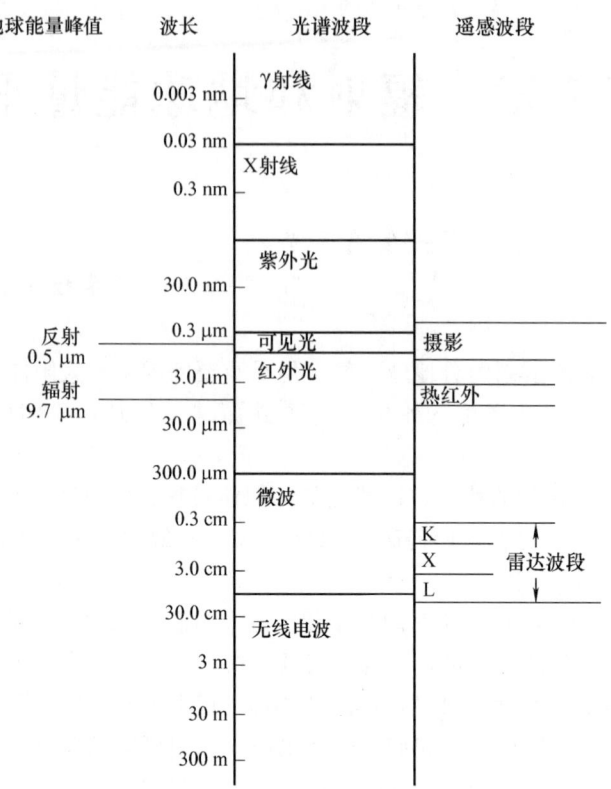

图 2.1 电磁波光谱覆盖从最长的无线电波到 γ 射线的全部波长范围。(引自 Burroughs, 2001, 图 2.1)

在这本书中,电磁波辐射以波长来定义(通常,可见光和红外线单位为 μm,微波单位为 mm)。然而,讨论辐射频率更方便。波长和频率之间的关系如下

$$c = \lambda \nu$$

式中:λ 为波长(m);ν 为频率;c 为光速(3×10^8 m·s^{-1})。

假如一个物体吸收所有辐射,且在任何温度都放射最大量的辐射能,则该物体称为"黑体"。一方面,事实上,没有哪一个物体是真正的黑体;另一方面,一个物体是黑体也不必是黑色的。例如,雪吸收非常少的光,但属红外线的良好辐射体。然而,对于任何给定的波长,如果一个物体是好的吸收体,那么它也是好的辐射体;同理,对于任何给定的波长,它吸收弱,放射亦弱。

气体、液体和固体的吸收性或放射性按照波长的分布称为光谱。每一样东西都有其独一无二的光谱(对应于一个波长)。因此,地球的放射性由大

气、海洋和陆地表面的光谱特性共同构成。其构成方式对解释全球变暖意义重大。

对黑体，辐射强度和波长仅取决于热力学温度。辐射能量可由 Stefan-Boltzmann 定律表达。它表明源自黑体的辐射能量与绝对温度直接成比例。关系式如下

$$F = \sigma T^4$$

式中：F 指辐射能量；T 指绝对温度(K，-273.16 ℃)；σ 是常量(5.67×10^{-8} W·m^{-2}·K^{-4})。它表示黑体辐射的波长与绝对温度呈反比。Wien 位移定律如下

$$\lambda_m = \alpha / T$$

式中：λ_m 是指最大辐射能量的波长(m)；α 是常量(2.898×10^{-3} m·K)。

因此，假设地球是一个黑体，温度为 6 000 K 的太阳也是一个黑体，那么，据星球辐射平衡算出的地表平均温度为 270 K。这一数字较观察值 287 K 低。而且，地球不能吸收来自太阳的所有辐射，因此，实际上，地表温度应该更低，低至约 254 K。正如我们将看到的，这一差别的原因在于地球周围大气的性质。大气的作用是改变地球重新辐射能量，例如温室效应（方框 2.1）。为了更好地把握其发生机理，我们需要进一步研究太阳和地球的辐射特征。

方框 2.1　温室效应

严格地说，用"温室效应"这个词是不恰当的，温室的主要机制不是红外线的问题，而是当空气与受到被太阳辐射加热的地表接触时对流的降低。在防止陆地放射物的传输方面，草地的放射特性是不合理的，例如，R. W. Wood 在 1909 年论证的一个著名实验，他表示当典型温室的草地被岩石取代时，其光谱显然为红外辐射，这与温室内部的温度没有不同。重要的是太阳辐射的收入没有被草地阻止，地表和邻近的空气被加热，空气的强烈运动没有快速地传递热量。

"温室"并没有减少地面辐射，理解这一点对理解"温室效应"的原理，以及对精确评估大气中累积的活性气体是如何改变气温的意义重大。由于大气的密度随着纬度的增高快速降低，陆地辐射的任何吸收将主要发生在地表[臭氧除外，高浓度的臭氧产生平流层（方框 2.2），并对辐射平衡产生不同的影响]。此外，因为最重要的吸收是水蒸气，它集中在大气的最底层，被地表放射的陆地辐射吸收的最大部分发生在大气层顶。

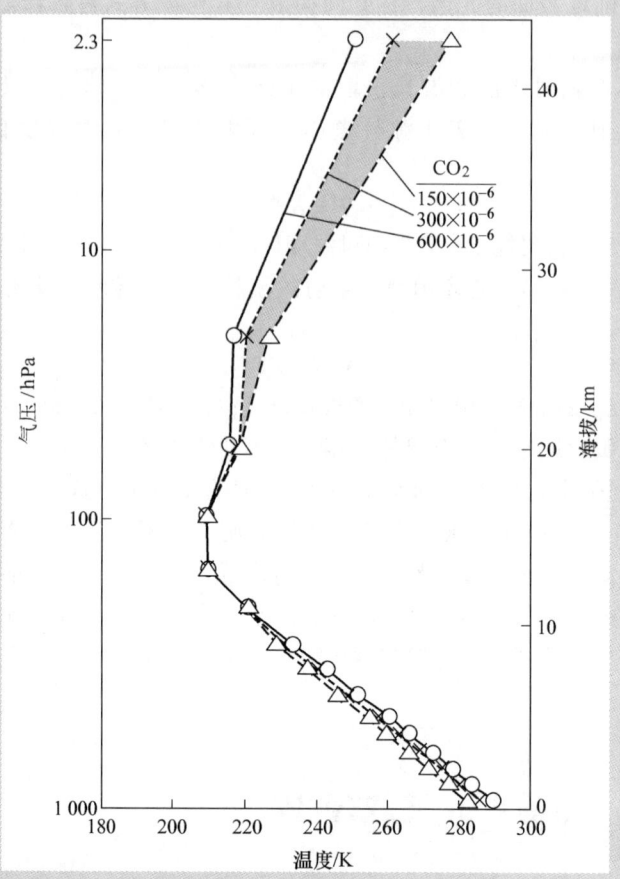

图 B2.1 大气的垂直温度剖面,表示相对湿度和云量保持不变时二氧化碳浓度的增加,导致温度在较低水平上的变暖和较高水平上的变冷。(引自:Trenberth,1992,图 20.4)

如果大气中辐射活性气体的浓度增加,吸收在地表的太阳能的量不变的话,大气将在最低水平上变暖一些。该变暖过程是较低层的大气吸收和随之向上和向下放射更多红外辐射的结果。在辐射收支平衡上,该过程使地表和底层大气变暖,高层大气变冷(图 B2.1)。附加吸收气体的重要在于对地表加热,整个大气来自较高层的有效辐射(如大气的相当黑体温度需要在更高的纬度上能量平衡维持不变)的变化通常被表示为平均净辐射在对流层顶的变化,并且被定义为辐射力。这个参数的变化是温室效应变化影响的实际测量,无论是由于自然因素还是人类活动。

似乎可以从理论上讲,无论这种变化能否归结于温室效应,毕竟

> 这一效应正在使我们所居住的地方变暖，就像我们住在没有通风窗的温室中。有人问你结果的严重性一致，回答必定是肯定的。由于在评估人类活动产生的活性气体的累积在大气中带来的后果时，这是一个根本问题。因此，最好不要关注在大气上盖盖的这些气体，而是敏锐地关注它们怎样分配从太阳吸收热量并且重新辐射到太空。

2.1.2 太阳辐射

事实上，太阳类似于一个黑体，其表面温度为6 000 K。其最大辐射能的光谱位于0.5 μm，即处在电磁辐射光谱与可见光之间（图2.2）。太阳辐射中的99%是短波（0.15~4 μm）。大约9%在紫外线区，45%在可见光区，其余的在较长波段区。大气中，许多紫外线由O_2和高空O_3吸收，水汽和CO_2在大气低层吸收许多红外线（介于1.5~2 μm）。因此，太阳辐射光谱到

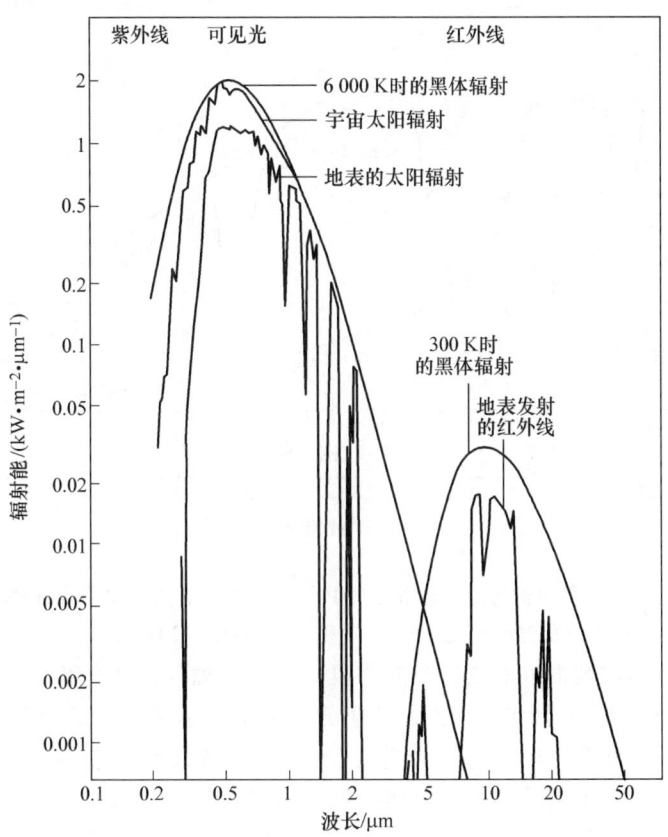

图2.2 太阳辐射能多集中在波长为0.2~4μm。
（引自 Burroughs，2001，图2.2）

达地面时，分割成了一个带，约为 0.3~2 μm(图 2.2)。

2.1.3 地表辐射

温度为 287 K 的黑体所辐射的能量在中红外区，辐射的大多数能量介于 4~50 μm(图 2.3)。对于地球，热辐射因地表辐射和大气光谱性质而变得复杂。事实上，大多数陆地表面和海洋都是红外辐射的良好辐射体，因此被称为这些光谱的辐射"黑体"。意思是：地球的辐射与其温度的 4 次方成正比。由于大气的主要成分(氧气和氮气)不能大量吸收红外辐射，因此大气的辐射性质由某些微量气体决定，例如，水汽、CO_2 和 O_3。这些气体中的每一种气体都以自己的方式辐射红外线。因此地表辐射因大气中微量气体吸收和重新辐射而变得更大。这些微量成分的温度通常不同于地表温度。由于这一能量来源于地表和大气，因此被定义为地表辐射。

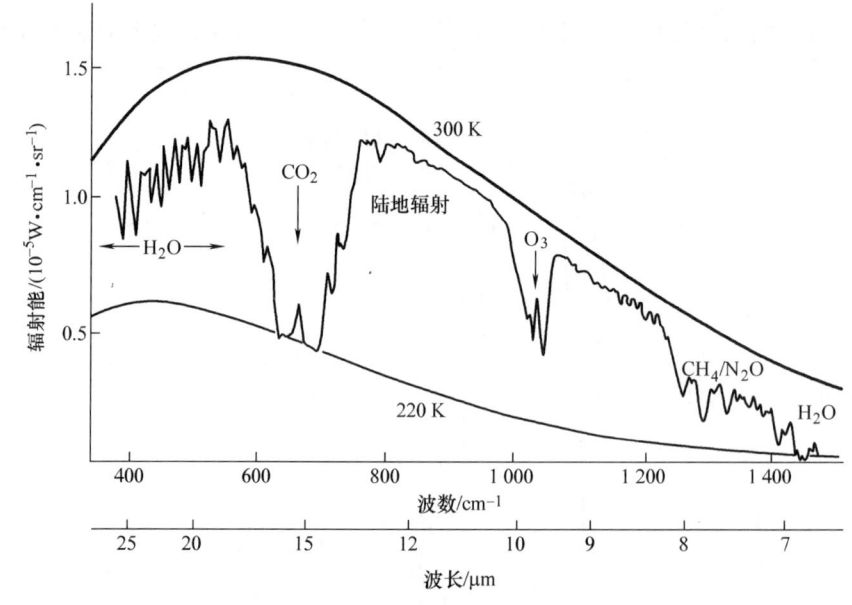

图 2.3 轨道卫星测得的地表辐射能集中在 4~50 μm，所有波长的辐射量取决于大气的温度和痕量气体。(引自 Burroughs,2001,图 2.2)

活性气体对地面辐射的影响非常复杂。每一种气体都有唯一的吸收性和放射性(被称为分子光谱)，这是因分子结构不同造成的。这一光谱由大量窄带组成，这些窄带被称为"光谱线"，在某一波长附近它们常常组成较宽的光谱带。对于不同的分子，光谱线和光谱带处于不同的波长范围。光谱线和光谱带的密集程度不同，主要与每种气体的物理性质有关。因此，为了弄懂气候如何受这些气体的复合体影响，我们需要准确把握每一种气体如何吸收和辐射红外线。

痕量活性气体辐射性的一个简单办法是评价它们能使地表温度从 254 K 开始升高多少开尔文。计算结果表明，水汽可以使地表温度升高 21 K，CO_2 为 7 K，O_3 为 2 K。一方面，这些数字告诉我们，水汽是最重要的温室气体。另一方面，如果气候变暖，大气中的水汽就会增加。因此，这在变暖过程中属于正反馈。同理，气候变冷可以由大气中水汽含量减少而加强。CO_2 和 O_3 的效应表明了人类活动的潜在影响，人类活动改变了大气中这些气体的含量。另外，人类活动的其他产物（CH_4、NO_x、SO_2、CFCs）也增强了大气的辐射性。

放射性强的微量物质，其效应可在地表辐射光谱图（从太空观察到的，图 2.3）中清晰看到。这幅光谱图有助于认识这些痕量气体的变化如何影响气候。以 CO_2 光谱（其中心在 15 μm 附近）为例，曲线表明：CO_2 吸收和辐射强烈的地方，逃逸到太空中的辐射来自高层大气（此处温度较低，极端值为 220 K）。在大气透明的地方（比如 CO_2 光谱带的两端，这些地方常被称为"大气窗口"），辐射来自大气底层或地表（此处温度较高，极端值为 287 K）。因此，如果大气中 CO_2 含量增加，比如说是人类活动造成的，15 μm 附近的光谱带可能变得模糊且很宽。这可能对吸收强烈的地方影响不大，但在光谱带的其他地方，由于其中的绝大部分辐射来自大气冰冷的顶层，吸收和放射的增强可能减少地表辐射（CO_2 辐射向太空）。然而，对于地表能量的支出而言，为了维持其平衡，地表辐射必须保持不变。因此，低层大气温度必须升高来补偿 CO_2 光谱带排放的能量。这是温室效应（方框 2.1）的基本过程。当其他辐射能力强的气体含量发生变化时，其同样适用，且它对地表温度如何适应自己所接受的太阳能至关重要。

分析温室气体对辐射的影响取决于它们在大气中的分布。大多数微量气体的水平分布和垂直分布相对均匀。然而，最重要的两类温室气体（水汽和 O_3）的分布的确很复杂。由于水汽的含量取决于温度、云与降水之间的动态平衡构成的水循环，所以大气中其含量随着地方的不同而千差万别。在冬天，热带海洋湿度最高，内陆湿度最低。另外，水汽含量随着海拔的变化而变化。因此，任何关于水汽对辐射影响的研究，都必须完全考虑地理和季节变化。

全球变暖对大气中水汽含量的改变程度有多大，这是一个未解之谜。争论的核心是气候如何对人类活动做出反应。由于水汽是最重要的温室气体，且其含量依赖于地表温度，因此，据说它对全球变暖的影响最大（正反馈机制）。这一结论的依据是：在温暖的环境中，水汽含量的增加的现象是否通过对流层而发生。如果是，那么由于其他温室气体含量增加很难使增加的辐射效果加倍。然而，如果水汽含量增加受限于低层的对流层，那么反馈效应将削弱。总的来说，实验证据表明：后者可能正确，但反馈效应依然为正。

另外，关于水汽的吸收性仍有一些疑惑。迄今为止，在主要的温室气体中,它有最复杂的吸收波谱。这不仅影响它对射入的太阳辐射(尤其在红外区附近)的吸收量,而且影响它对地表辐射的吸收量。在温暖的环境中,这些不确定性导致了大气上层水汽含量的不确定性。

关于 O_3,一种不同的物理过程在起作用。大量的 O_3 由 O_2 和阳光在大气上层发生光化学反应而生成(方框 2.2)。这一生产过程有赖于阳光量,进而影响了大气所吸收的太阳辐射且对地表辐射也有影响。正因为如此,O_3 是大气中各种光化学反应的一个重要因子。光化学反应是大气辐射平衡的一个影响因素。由于光化学反应取决于太阳辐射,因此它们能表现出一个明显的年循环,尤其在高纬度地区。在 O_3 存在的前提下,交通和光化学反应加快了这一年的循环。另外,城市的污染,尤其是汽车尾气中的碳氢化合物和氮氧化物可为 O_3 的生成创造合适的条件。这是一个扩散的过程,结果是扩散增加了低层大气 O_3 的含量。因此,O_3 对辐射的影响集中在平流层和地表,且表现出明显的地理和季节差异。

方框 2.2 光化学过程

大气的次要要素的数量由短波(紫外线 UV)太阳辐射吸收的影响来创造。该高能量的辐射打破了大气中某些分子形成所谓的高反应碎片自由基,它们自身和与其他大气中的分子起反应形成新的分子核。最重要的 UV 辐射吸收是氧气和臭氧。分子核在波长小于 240 nm 的范围吸收光子,钙吸收过程利用光子能分离控制氧原子在一起的结合物

$$O_2 + h\nu \to O + O$$

式中:$h\nu$ 是光子具有频率 ν 的能量,h 是普朗克常数。氧原子(O)产生自由基,与其他氧分子结合形成臭氧,

$$O + O_2 + M \to O_3 + M$$

式中:M 表示任意空气分子,通常指氮或氧,获得额外的能量发生这个反应,并且通过冷却将能量消散到周围的分子,因此拒绝重新生成的臭氧分子的剩余能量能够分离 O 和 O_2,臭氧吸收波长为 240~310 nm 的太阳辐射恢复到 O 和 O_2,

$$O_3 + h\nu \to O_2 + O$$

来自反应的能量稍稍加热邻近的空气。

这一系列化学反应的结果是波长为 210~310 nm 的太阳辐射被距地表 25~30 km 的洋流层上层所吸收(短波辐射在更高层次被吸收)。臭氧创造和破坏的动力平衡意味着臭氧浓度在平流层是最大

的。因此，臭氧产生的光化学自然状态是为什么其他化学元素能够改变臭氧产生和破坏平衡的原因。特别地，通过分裂平流层中的氟甲烷（CFCs）生成氯原子，在一定的环境中参加与原子氧（O）有效的接触反应，破坏臭氧。这些反应是臭氧层空洞产生的主要要素，该洞自20世纪80年代早期以来每年10月出现在南极洲上空（见7.4节）。

其他相关的光化学过程与其他自由基分子的生成相联系，如通过原子氧和微量大气要素反应生成的氢氧基（OH）、甲基（CH_3）和氮氧化物（NO）

$$O + H_2O \rightarrow OH + OH$$
$$O + CH_4 \rightarrow OH + CH_3$$
$$O + N_2O \rightarrow NO + NO。$$

自由基存在于与其他大气要素化学反应的宽泛的范围中，特别是污染物如二氧化硫（SO_2）、一氧化碳（CO）、氮氧化物（NO_x）和未燃烃类。

在平流层中，很多反应是臭氧和其他元素整体平衡的一部分。特别有趣的是在南极洲上空与冰粒形成反应相联系的硝酸（HNO_3）的形成，提供了更有效的破坏臭氧的适当条件。相反，近地面污染物、自由基和明亮的阳光作为光化学反应的一部分。

当讨论人类活动如何改变大气的辐射性质时，CO_2 表示具体某一变化的影响。通常采用的方法是计算等价值：大气中 CO_2 含量从工业革命前算起增加了多少（比如说，560 mL·m^{-3}）。这一变化被定义为辐射强迫，其估计值约为 4 W·m^{-2}，可能主要由 CO_2 的日积月累所致，但其他气体也起了促进的作用（图2.3）。要是把这一辐射影响因素考虑在内，那么来自太阳的辐射大约为 1 366 W·m^{-2}（图2.11）。平均分配到地表上约为 342 W·m^{-2}，从而当把地表辐射到太空的能量考虑在内后，地表辐射的平均值约为 240 W·m^{-2}（见2.1.4节）。

2.1.4 地表能量平衡

大气变化影响气候的方式只有在考虑控制着地表辐射平衡的其他因素的背景下讨论。其中一个基本因素是：地球围绕太阳旋转的轨道和它自己围绕地轴旋转的轨道是如何影响到达地球的太阳辐射的（图2.4）。这些规律的变化控制着日循环和年循环，并且影响着地球气候。公转轨道是椭圆形，太阳位于一个焦点上，因此到达地表的太阳辐射一年内总在变化。目前，12月时日地距离最近，因此，假如冬至点在轨道的另一端，那么北半球的冬天应该更冷。

出于多种考虑，可以不必考虑一年内到达地球的太阳辐射发生变化。然而，长期的变化就不能不考虑了。地球轨道偏心率随着时间发生变化；一年中，日地距离最远的时刻也发生变化；同时黄赤交角周期性地往复变动。这些因素综合作用的结果是：长时间看（例如，几千年、上万年），在一年中的相同时刻且同一纬度，其所接收的太阳辐射却会有显著的差异。

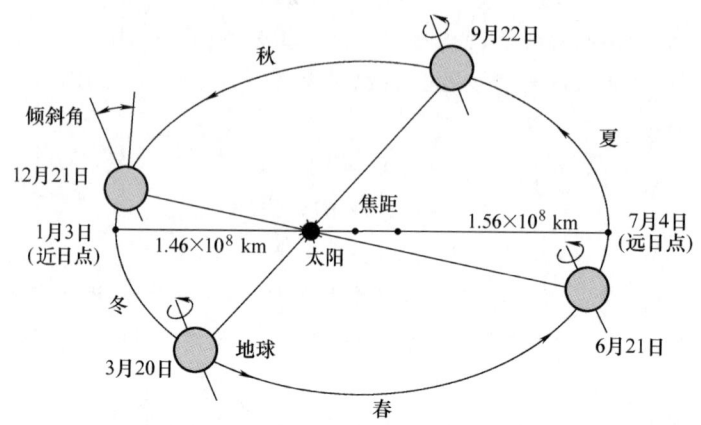

图 2.4 地球轨道是椭圆的，而太阳不是其焦点之一。地球位于离太阳更远（远日点）长轴的末端，而且更接近近日点。现在的 12 月是地球最接近太阳的时间。（引自 Van Andel, 1994, 图 5.1）

假如太阳辐射是一个定值，那么在任一纬度、任何季节，到达大气上层的太阳辐射就由三个因素决定：地球轨道偏心率（e）、黄赤交角（ε）和岁差（ω）（图 2.5）。综观各纬度全年的变化，得知太阳辐射通量仅取决于 e。但是，地理性的、季节性的太阳辐射主要取决于 ε 和 $e\sin\omega$。后者这个参数是用来描述春分点的变化是如何影响日地距离的。为了计算方便，取其他时间 $e\sin\omega$ 的结果减去 1950 年 $e\sin\omega$ 的结果即为参数 δ。这个参数与 1950 年 6 月的日地距离几乎成反比，可以用来表示地球轨道长半轴的变化。

以上每一个轨道参数都是时间的函数（图 2.6）。虽然这条曲线有很大的人为因素，但是它们中的大部分变化（见第 7 章）都有不少特征。地球轨道偏心率（e）形成的曲线，其周期为 41.3 万年。接下来的 12 个长周期中，有 8 个周期在 9.5 万年与 13.6 万年之间。通过粗略计算，这些周期的平均周期为 10 万年。相比而言，在图 2.6 中，黄赤交角（ε）的周期大约为 4.1 万年。δ 的周期在 1.9 万年至 2.3 万年之间。这三个因素综合作用的周期为 2.2 万年。

对过去和将来轨道参数的计算可以为其变化提供依据。目前，e 的值是 0.017。在过去的数百万年间，它变化在 0.001~0.054。在同样的时间间隔

2.1 太阳辐射和地球辐射

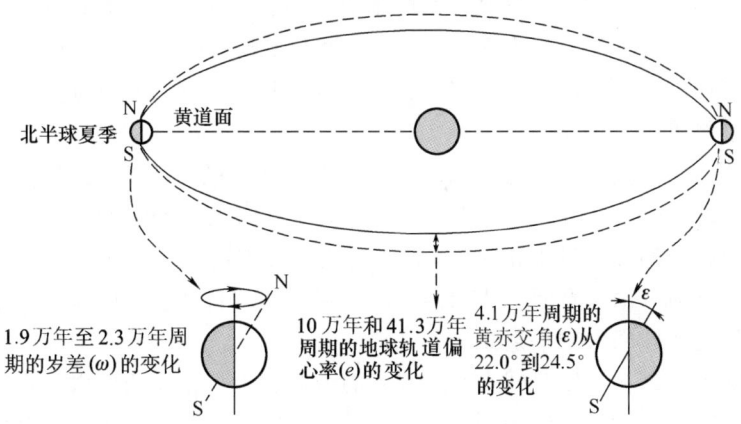

图 2.5 岁差、地轴倾斜度、地球轨道形状的变化。它们是气候长期变化的原因。(引自 Burroughs,2003,图 6.9)

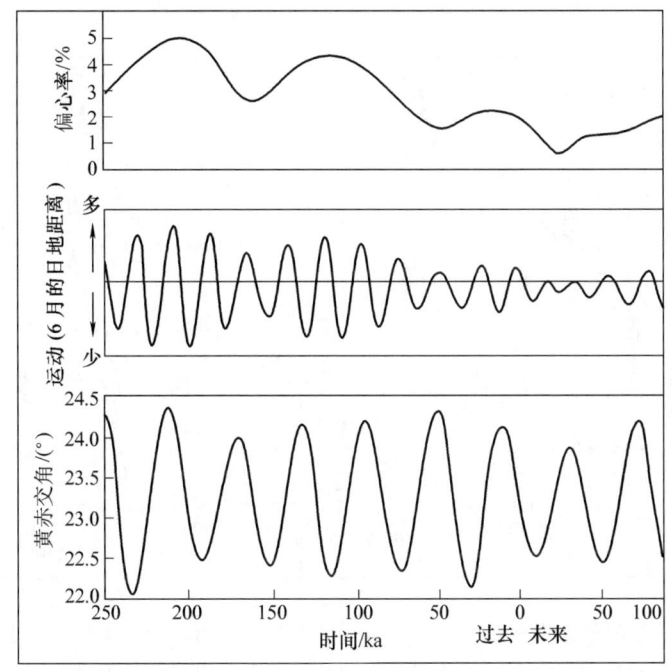

图 2.6 计算的地球偏心率的变化、运动和倾斜。这些变化反映了地球轨道受行星运动重力场变化影响的事实。(引自 Burroughs,2003,图 6.10)

内，ε(现在的值是 23.4°)从 22.0°变到了 24.5°；δ(把 1950 年 δ 的值定义为 0)从 -6.9% 变到了 3.7%。由于这些变化影响到达大气顶层的太阳辐射量，因此它们必将影响气候。进一步说，黄赤交角会产生季节影响。如果黄赤交角减小到 0，那么季节循环将消失，极地与赤道的区别而扩大。总之，黄赤交角小与高纬度的寒冷相联系，实际情况也确实如此。地球轨道偏心率也会产生季节影响。如果 e 值为 0，即地球围绕太阳旋转的轨道成了圆形，同样没有季节循环。轨道的变化意味着：如果夏至日点向近日点移动，那么北半球的夏季将更热，冬季将更冷。

这些变化促使极冰融化原因的关键在于：夏季里高纬度地区接收的太阳辐射变化，其对冰盖的产生与消亡至关重要。在过去的 600 000 年里，65°N 地区太阳辐射的变化量不止 9%。这些变化足够引起重大气候变化，我们将在 8.7 节详细讨论。然而，我们需要注意到：地球轨道参数的这些变化并没有改变到达地球的太阳辐射总量。

总的来说，从一段时间来看，收入的太阳辐射等于支出的太阳辐射和支出的地面辐射之和。这依赖于多个过程（图 2.7）。一部分太阳辐射由大气和其内的颗粒物、云吸收或反射，其余部分由地表吸收或反射。吸收或反射量由物体表面性质决定。雪对太阳光的反射很强，而湿黑土却是一个很好的吸收体。

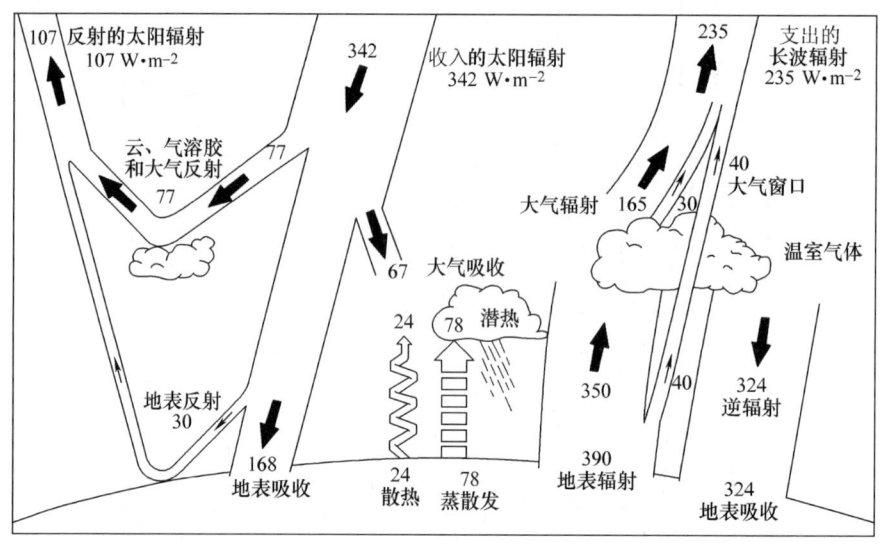

图 2.7　地球辐射和能量平衡。342 W·m^{-2} 的太阳净辐射由云、大气、地表反射的占 51%，由地表吸收的占 49%。由地表吸收的热量一部分以显热返回大气，另一部分以潜热返回大气。以地表长波辐射形式释放的能量取决于大气吸收的能量，大气吸收能量后向地表和太空释放，其中部分产生温室效应。地表、云顶、整个大气反射到太空中的净地表辐射，与太阳净辐射相等。（引自 IPCC，1995，图 1.3）

不随波长变化的太阳辐射反射或散射进入太空的量被定义为物体表面的反照率。地表的平均反照率约为 30%。不同物体表面的反照率变化范围可以从 100% 到不足 5%（不同物体表面反照率见表 2.1）。这些数字的显著特征是雪面的反照率各不相同。这些数据包括从卫星测量获得的值,从这些值可见,雪覆盖的耕地/草地和雪覆盖的林地都会把太阳辐射反射回太空,而前者是后者的2倍。这对北半球高纬度的荒漠化意义深远,尤其在晚冬、初春时节(见3.6节)。

表 2.1　不同地表的反照率

地 表 类 型	反照率/%	地 表 类 型	反照率/%
热带森林	10～15	新雪/雪覆盖的积雪	80～95
落叶林地	15～20	雪覆盖的冰	75～85
针叶林地	5～15	海冰	25～60
农田/自然草地	16～26	雪覆盖的常绿林	20～60
裸土	5～40	雪覆盖的落叶林	25～50
半荒漠/石漠	20～30	雪覆盖的农田/自然草地	55～85
沙漠	30～45	低云	60～70
苔原	18～25	中云	40～60
纬度0°～60°的水体*	<8	高云(卷云)	18～24
纬度60°～90°的水体*	10～100	积状云	65～75

* 太阳越接近天顶,阳光越少被吸收。水体表面出现的波浪也增加反照率。

大约2/3的地表由云覆盖。不同种类不同高度的云,其反照率与其厚度大约成比例。各种云的反照率可见表2.1。由于入射的太阳辐射约有30%被反射或散射回太空,其他的注定被吸收。在这70%中,约3/4(约为总辐射量的一半)透过大气由地表吸收,其余(约为总辐射的16%)直接由大气吸收。大气和地表都以长波辐射的形式辐射这些能量。

陆地和海洋吸收太阳辐射有何不同?在陆地上,大多数能量由地球表层吸收、加热,从而使地球辐射量多。在海洋上,太阳辐射可以渗透很深,20%的能量到了10 m深或更深的地方。因此,海洋的更深地方被加热,表面升温较慢。这意味着更多能量储存在海洋上层,较少能量以地球辐射的方式散失。海洋的这种吸收能力在地球气候动态变化中起着重要的作用。事实上,它作为气候的一个巨大稳定器降低其他地方气候的波动。

云起着同样重要的作用。一方面,它的高反射性和广泛分布性意味着与没有云的情况相比,反照率可达2倍。然而,它的瞬时性和易变性使它在气候模式中很难表现(见第9章),因此它的作用不易正确衡量。这种不确定性延伸到了它在改善地球辐射中所起的作用。另一方面,由于水汽是一种重要的温室气体,因此云和水汽之间的转换给计算它对地表辐射的影响带来额外麻烦。总之,可以毫不夸张地说,云的这种性质降低了气候变化的预见性。

类似的问题是颗粒物的作用。它是各种自然变化的产物(例如,干旱地区的灰尘)或人类活动的产物(例如,农业生产、化石燃料燃烧过程中的硫化物)。不像云中的冰晶和水滴,这些小颗粒物是太阳光的良好反射体,而不是地球辐射的良好吸收体。因此,它对地球能量平衡的影响是减少净吸收量,从而导致气候变冷。

这样简单的输入/输出分析不够全面。由于大气和海洋把能量从一个地方输送到另一个地方,因此这一运动是地球能量平衡中的一部分。从全球尺度来看,最明显的特征是当大多数太阳能在低纬度地区被吸收时,大多数能量在高纬度地区又被辐射向太空(尽管高纬温度很低,冬季极地温度低到 240 K)。这一过程在冬季最强烈,这时几乎没有太阳辐射到达这些地方。这一损失必须由来自低纬度地区的能量输入来达到平衡(图 2.8)。即便这一能量的输送在一年中的其他时间有所减弱,但它提供的动力点燃这一引擎,在一年内,驱动着大气和海洋环流(见 3.6 节)。

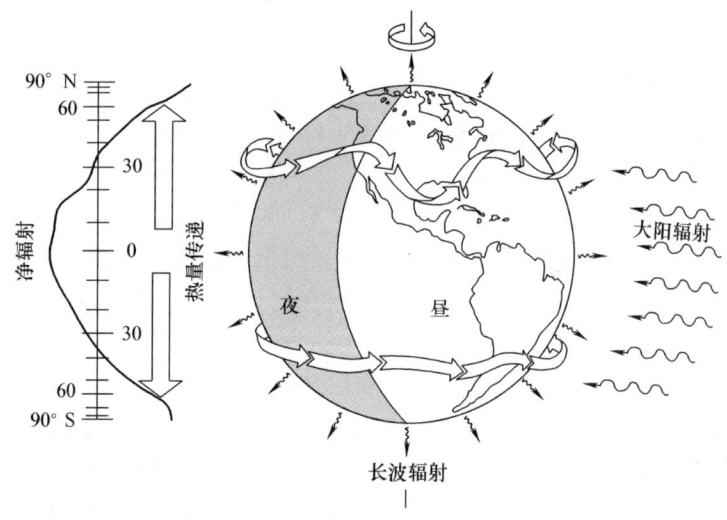

图 2.8 通常由地球不同纬度吸收的太阳能量不同于在相同纬度放射的陆地辐射量。(引自 IPCC,1995,图 1.2)

通过大气和海洋向极地进行地理性、季节性输送能量是很复杂的。近来,对卫星数据的分析和对 ECMWFNCEP 的重分析(见 4.3 节)表明大气输送了大量能量。虽然没有确切的数字,但通常来讲,在 35 °N,大气输送 78% 的能量,在相反位置 35 °S(图 2.9),大气输送 92% 的能量。这一能量由相对均等的显热和潜热组成,因此,输送水汽是这一过程的主要组成部分。在海洋方面,与太平洋相比,大西洋向北输送的能量更多。南半球太平洋向南输送的能量与印度洋大体相当，而大西洋跨越赤道向北输送能量对此有一个强烈抵制作用。

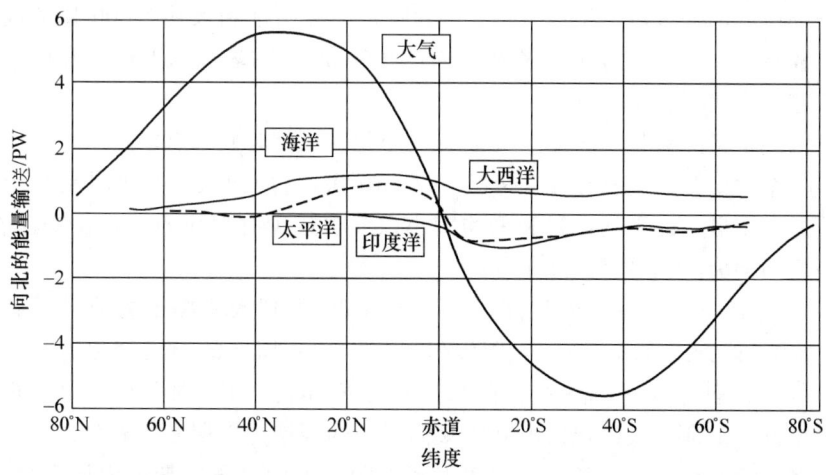

图2.9 海湾的极地大气和海洋热交换，所有海洋资料的总和显示最大的能量被输送到中纬度。在北半球的传递是正的，南半球是负的。（引自NCEP and ECMWF Oceanic and Atmosphere Transport Products website：http://www.cgd.ucar.edu/cas/catalog/ohts/ANNUAL_TRANSPORTS_1985_1989.ascii）

　　海洋在这个过程中的作用不能离开大气单独来谈。有以热的形式（有时以风的形式刮起波浪）连续进行的能量交换。有以蒸发（从海洋到大气）和凝结（从大气到海洋）的形式连续进行的水汽交换。这些能量在急流附近异常大。在这些地方来自极地的冷流穿越热水面向低纬度地区移动。这些地方是台风生成的地方，台风是中纬度地区天气模式的一个特征。

　　从低纬度地区向高纬度地区输送能量来维持能量平衡有另一深远意义。这与不同纬度带的平均温度有关。尽管一年内它们在某一定值附近来回波动，但总的来说它们与现行的正常气温很接近。因此，如果一个地区变得特别热，那么邻近地区必须变得特别冷。因此，短期来看，气候变化是地区问题。它们通常是极端天气（例如，寒冬、酷暑、干旱、洪涝）的产物。极端天气变得比往常频繁。然而，从长期来看，在维持地球能量的平衡时，某纬度温度平均值可能会变化。好在总的来说，这一全球变化与地区变化（可发生在任何时间尺度）来比要弱得多。

2.2　太阳的变化

　　如果太阳辐射随着时间变化，那么注定其对地球气候产生影响。自从17世纪初（当时伽利略首次用望远镜进行观察）以来，众所周知，太阳以太阳黑子的形式在不断变化着。这些较暗区域可以跨越太阳(当它转动时)表面在30°N和30°S之间的较低纬度观察到,它们比周围的色球冷。每一太阳黑子都由两部分区域所组成:大约4 000 K的黑暗区和大约5 000 K的浅灰区。较暗区域纯粹是对比出来的,与太阳6 000 K的表面温度这一亮区域相比,它们自然是较暗区域。

太阳黑子的数量、大小、周期总在变化。任何时候都有二三十个太阳黑子,一个太阳黑子的直径在 $1 \times 10^3 \sim 2 \times 10^5$ km,周期从几个小时到几个月不等。太阳黑子的平均数目和平均大小以或多或少有规律的方式在变动着,其平均周期为11.2年(图2.10)。

自从1843年以来(当时,Heinrich Schuabe发现太阳黑子的数目以有规律、可预见的方式变化着),太阳辐射可能以一个周期的形式变化着,这已成为科学界争论的一个话题。直到20世纪80年代,卫星才提供了足够精确的测量方法来证明太阳辐射的确以太阳黑子的周期为周期变化着(图2.11)。令许多科学家想不到的是,太阳辐射竟然随着太阳黑子数量的增加而增加。一直认为:由于太阳黑子是较冷区域,因此当它们增加时,它们必将减少太阳辐射。现在,众所周知,与太阳黑子有关的传递把热量从太阳内部带到了太阳表面。这些热量照耀在太阳黑子冰冷的表面,从而导致在太阳黑子循环周期的波峰处,有更多太阳辐射。

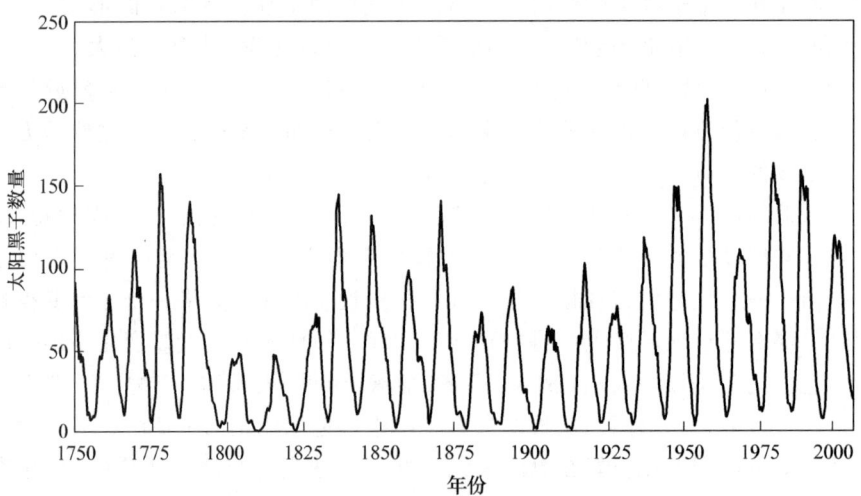

图2.10　1975—2006年太阳黑子数量的月际变化(13个月平滑数据显示1年或更长的波动)。(引自NOAA Website:ftp://ftp.ngdc.noaa.gov/STP/SOLAR_DATA/SUNSPOT_NUMBERS/MONTHLY.PLT)

在11年这一太阳黑子变化周期中,太阳辐射的变化量仅为0.1%。从能量平衡来看,这不必认为是气候变化的原因。然而,这只是开端,太阳辐

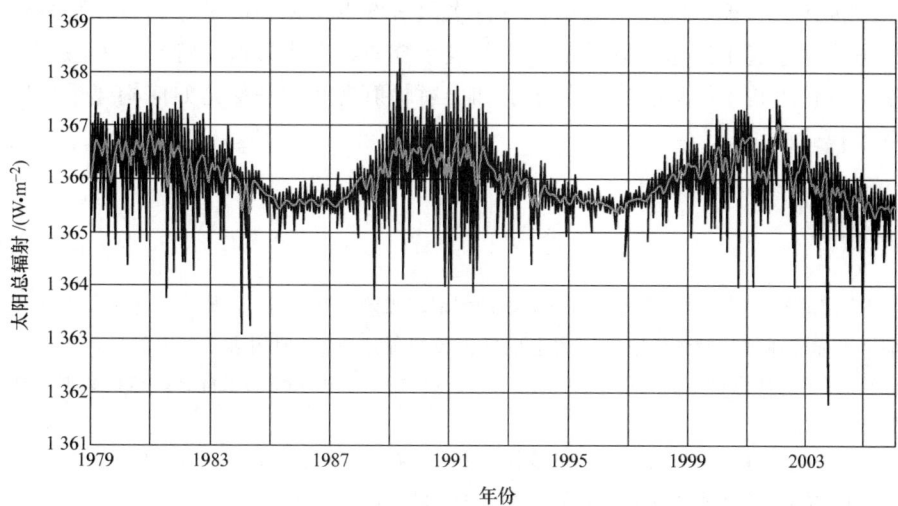

图 2.11 不同卫星检测的总太阳光，显示 1980 年、1990 年和 2000 年太阳黑子数量处于峰值状态，而 1986 年和 1996 年的值最小。(引自 PMOD/WRC, Davos, Switzerland, including unpublished data from the VIRGO Experiment on the cooperative ESA/NASA Mission SoHo)

射的较大变化集中在紫外线光谱区。这些能量中的绝大部分由高层大气中的氧气和臭氧吸收（方框 2.2）。如果高层的这一变化足够对低层的天气模式产生影响，那么太阳辐射的微小变化可能引起气候的较大变化。因此，知道太阳紫外线辐射是如何影响高层大气的很有用。这就是我们为什么要在方框 2.2 中讨论臭氧层产生和消失的原因。高层大气中的臭氧变化和其他痕量气体的变化是如何影响气候变化的呢？有关它的分析理论将在 8.5 节讨论。

从时间尺度来看，太阳辐射在逐渐增长。据估计，40 亿年前的太阳常数是现在太阳常数的 80%，且自从那时开始，它在自然增大。这些对研究太阳辐射变化如何影响气候变化有用，但其不是现在气候变化的直接原因。

2.3 小 结

在研究地球气候随着时间的推移是如何变化时，刚开始应该是认识地球的能量平衡。所有能量均来自太阳。总体来看，太阳辐射与地球辐射相当。基本物理定律规定了这一平衡。任何可能改变这一平衡的因素（无论是全球的还是局部的）都有可能改变气候。因此，在我们分析气候变化的阶段，我们必须弄清我们所讨论的变化是如何影响地球的吸收和反射太阳能的，地球重辐射回太空多少能量。另外，任何能改变到达地球太阳辐射的因素（例如，太阳活动、轨道变化，甚至宇宙尘埃）都会改变气候。

因此，在地球能量平衡中，有许多因素发生变化。而且它们以各种各样的方式联系起来。这些联系最好在气候系统的各个要素这一背景下考虑。现在，我们不得不继续研究入射辐射和出射辐射之间的平衡是如何构建了全球气候模式的了。

习题

1. 如果大气中 CO_2 浓度加倍后引起的辐射强迫是 $4\ W\cdot m^{-2}$，那么云覆盖量必须增加多少才能通过反射额外阳光回太空以抵消该辐射效应？（使用表 2.1 中的反照率数据计算，假定在任意给定的时间，2/3 的地表被云覆盖）。各种类型的云混合时这些数据怎样变化？
2. 为什么上述问题计算得到的数据夸大了云在地球辐射平衡中的影响？
3. 为什么在任何特定地方辐射收支很少达到平衡？

深进读物

本书最后附有一份完整的参考文献，从中挑出的以下书籍或文章可以帮助更好理解本章内容。每个引文的详细情况见参考文献。

Houghton(2002)：提供了大气运动的基本原理，重点用数学表述，不易读但充分包含了物理学的基础。

Hounghton(2004)：有很多关于全球变暖的易于理解的讨论，关于温室效应有单独的一节。

McIlveen(1992)：对大气和气候变化的许多方面有易懂并全面的阐述。

第3章 气候系统的要素

> 我是大地和水的女儿,也是天空的养子;
> 我往来于海洋、陆地的一切孔隙;
> 我变化,但是不死。
>
> **Percy Bysshe Shelley(雪莱),1792—1822**

当研究什么造成了气候变化时,当预测它们在未来如何发展时,我们需要找出哪一个气候要素最重要。这点至关重要,因为这些变化不是简单的气候变暖或变冷,也不是某一区域气候(如沙漠)的恶化或者好转。第2章所讨论的物理过程可以引发变化机理,但气候系统各要素之间的联系网使它们的联系方式复杂化。因此,这一章的讨论对象为:弄清气候系统中最重要的因素是什么,弄清各要素之间的联系如何,然后我们就能弄清气候变化的根本原因。

3.1 运动中的大气与海洋

大气和海洋是如何传递地表能量的,这点对研究气候很重要。同样对气象学与气候学也很重要。已有好多关于这一话题的书籍(见参考文献),所以气候的好多基本物理过程就不在这里赘述。我们要研究的是目前讨论得比较少的话题,不过它们对认识气候很重要,对认识它自己是如何变化的,或者说如何被诱发变化的也很重要。

从太空看大气,能看见大气似乎由绵延不断的涡流组成。这些涡流在地表上空旋转。观察的时间再长点,就能看到更清晰的情况。最明显的就是巨大的年循环,它从一个半球运动到另一个半球。用热感设备观察时,整个世界就像红彤彤的东西(一年中,从地球的一极跑到另一极)。再详细点说,大气运动的本质特征显而易见(图3.1)。在赤道,一个强对流运动区[热带辐合带(ITCZ)]围绕着地球。在北半球夏季,它演变成印度次大陆上的季风;然后在夏末秋初,由于热带气旋出现在方向为东的气流里,热带辐合带(ITCZ)里的对流运动演变为单向运动;接着,随着它们变得密集,在它们并入高纬度方向为西的气流中前,它们就突然向北转向。

在这一运动的南部和北部,沙漠是明显的下沉气流区和低降雨区。除此

图 3.1 来自赤道上空地球卫星的观察,气候系统的很多组成成分
能在单次影响中看见。(日本气象厅许可)。

(引自 Burroughs,1991,图 1.1)

之外,中纬度低压这一传送带总在向极地方向不断弯曲。在南半球,这一过程全年都保持不递减,只在南方夏季有点向高纬度转变。在北半球,这一运动在冬半年有所增强,在夏季明显停止。由于极地由大雪覆盖,且有云笼罩,所以这些运动基本都不会出现,但是雪却在增长与消失(见 3.4 节);同时,北部的大陆大都在冬季由大雪遮盖,其面积年际会发生变化。

这些系统的垂直运动对认识气候变化至关重要,见图 3.2。赤道附近的上升气流产生了热带辐合带(ITCZ)。当这一气流到达 12~15 km 的高度时,其内的所有水分就都跑掉,接着连续扩散,最终在北面和南面两个地方下沉。这两个地方就成了干热区,从而成为沙漠地带并生成流向赤道的信风。由于这一环流模式最先由 George Hadley 在 1735 年提出,所以就把它叫做哈得来环流(Hadley cell)。当中纬度的低压系统向极地移动时,它们产生大量的上升气流。这些气流在极地下沉,从而产生寒冷的沙漠区。

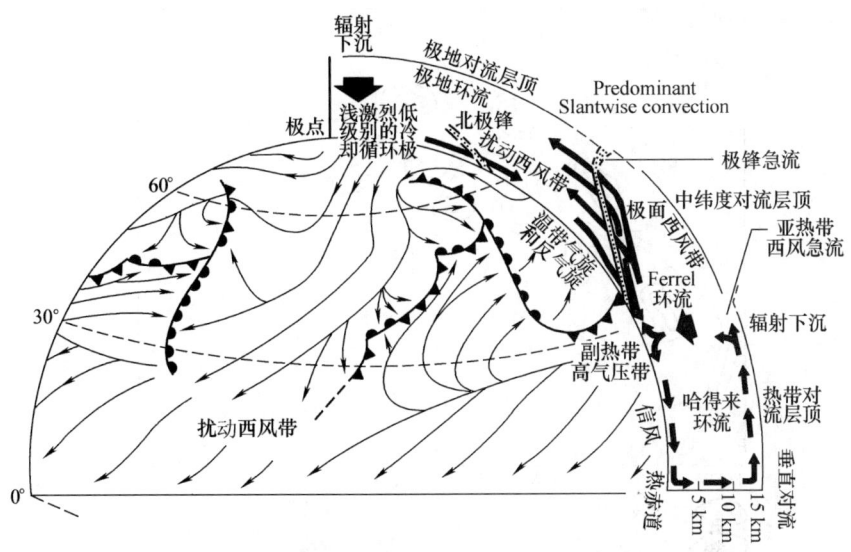

图 3.2 北半球大气环流示意模型(交叉部分)。表示了主要地表要素、垂直环流和极地急流以及西风亚热带急流。(引自 Musk,1988,图 12.5)

海洋的运动不易观察但是很重要。不过,卫星测量确实证实了几个世纪以来航海观测累积起来的洋流图(图 3.3)。它们也表明洋流存在复杂的涡流(图 3.4),类似于大气中的涡流。另外,温度测量表明:从较长时间尺度看,在年波动的较强烈时期,海面温度(SSTs)有较大的变动,尤其出现在赤道上的太平洋里(图 3.5)。最后,海洋较深处的水也在循环着,从几个世纪这一时间尺度看,它们也输送着巨大的能量。

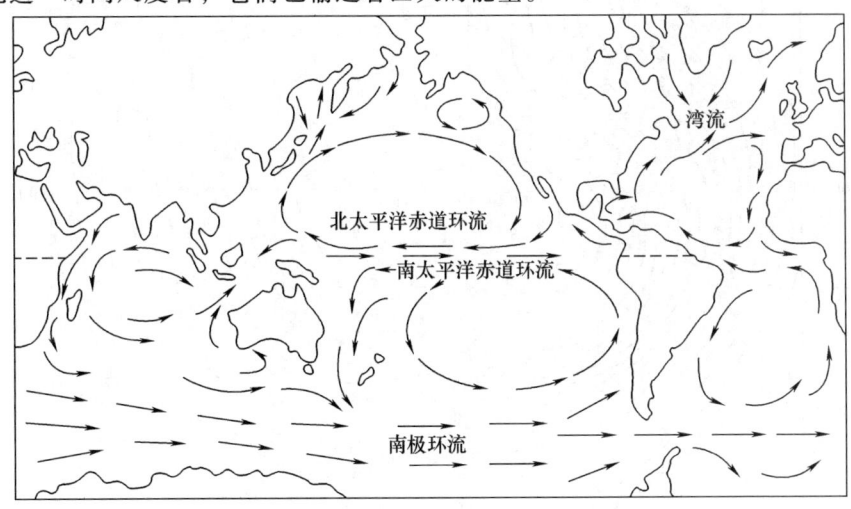

图 3.3 世界的主要洋流系统。
(引自 Van Andel,1994,图 10.2)

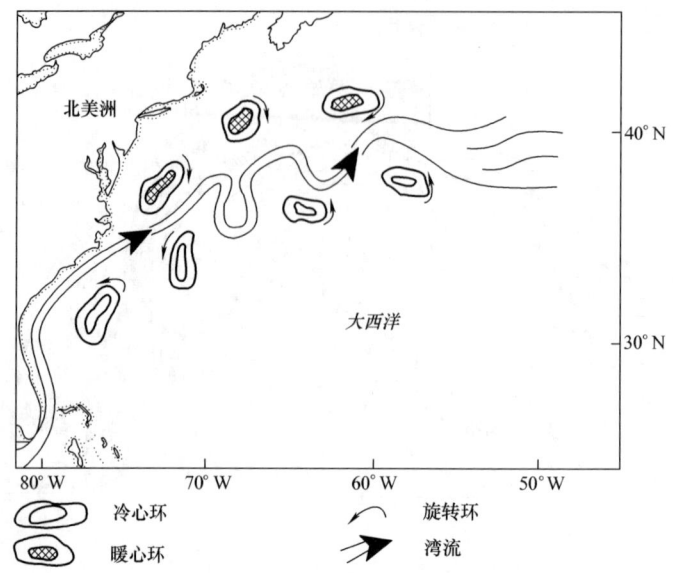

图 3.4 关于湾流的核心环结构示意图。表现了典型的生存于主要洋流的详细结构。(引自 Bryant,1997,图 4.6)

(a)

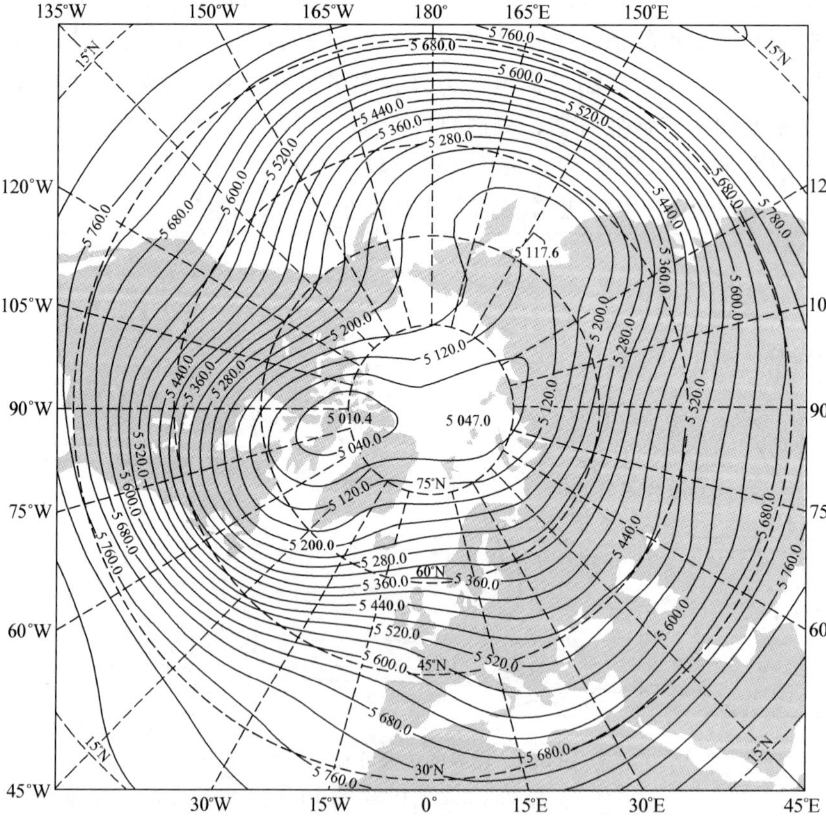

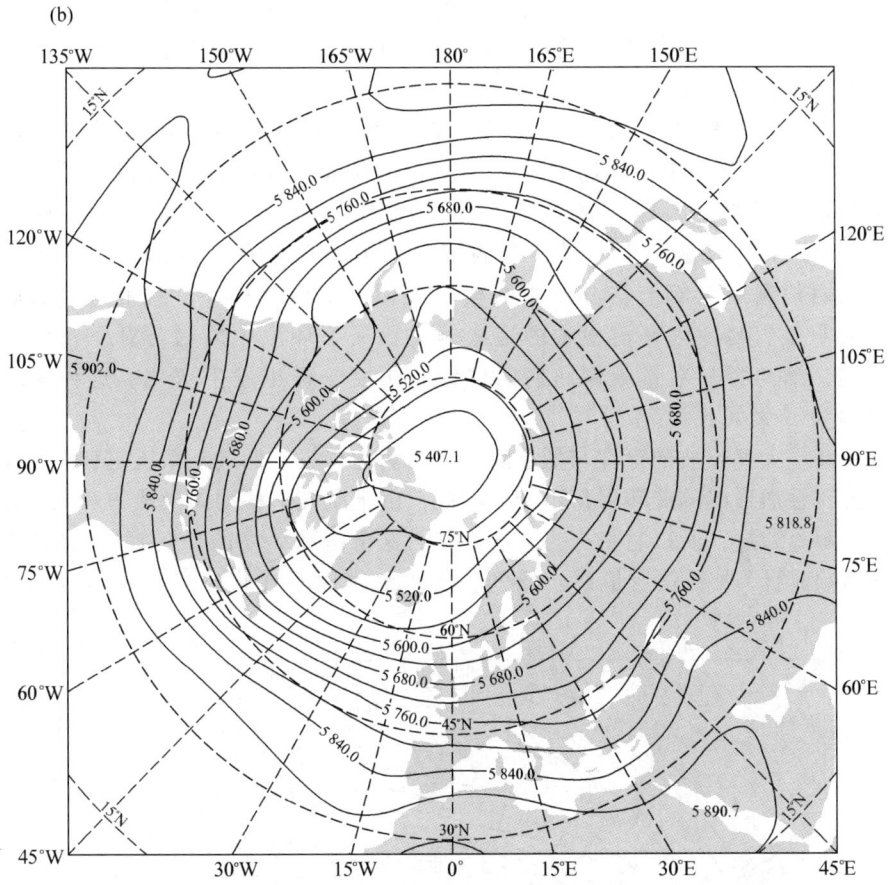

图 3.5 北半球 500 hPa 气压表面的平均高度(10 m),
(a)为冬季,(b)为夏季。(经 ECMWF 许可)

这些过程都能相互作用,在任一时间尺度产生的变化。在短时间里,它们能产生日常天气的极端情况,但这时,它们以更紧密的方式联系,然后导致气候的自然变动。因此,首要问题是弄清驱动这一运动的要素和为什么它们能自己变动。然后,我们就可继续研究它们是如何相互联系的。

3.2 大气环流模式

在寻找气候变化的原因时,首先要解决的问题是为什么全球规模的大气环流模式每年都在变。这不仅是要观察某几个气候系统,而是要观察它们的平均位置、它们运动的路径。如果中纬度的低压系统在某一冬天里或几个冬天里运动路径变了,那么一些地方就会涝,一些地方就会旱。同理,经常出现高压系统(这些地方有更易变的天气),就会经常出现寒冬或酷暑。所以,研究这些大气环流模式的特点是我们的基础。很重要的热带环流,尤其是南亚的夏季季风最好在 SSTs 的背景下来讨论(见 3.5 节)。这里,我们主要讨论中纬度的环流模式。

持续时间较长的天气模式的中心在大气层的中层。固定某一气压(例如,500 hPa)的平均高度,可以消除地面天气状况的复杂性,可以减少陆地的影响。因此,在冬季,北半球 500 hPa 高处的大气环流模式[图 3.5(a)]就是一个不对称的涡旋,其中心在加拿大东部上空,次中心在西伯利亚东部上空。夏季的模式类似[图 3.5(b)],但是这一涡旋不太明显。与规则环流模式的这些偏离形成了环流中的槽与脊。在任何时刻,槽与脊的数量就像它们的位置和幅度一样也发生变化。这种模式被称为"大气长波"。

高空大气长波的存在与低层瞬时性的涡旋有关。低气压系统与它围绕地轴自转叠加形成的旋转保持不变。因此,由于空气中移动向极地的系统与地轴的距离缩短,所以它将失去上述旋转。这可由高纬度的反气旋气流(北半球为顺时针)来补偿。最终,反气旋将水汽带回了赤道。当它到达低纬度

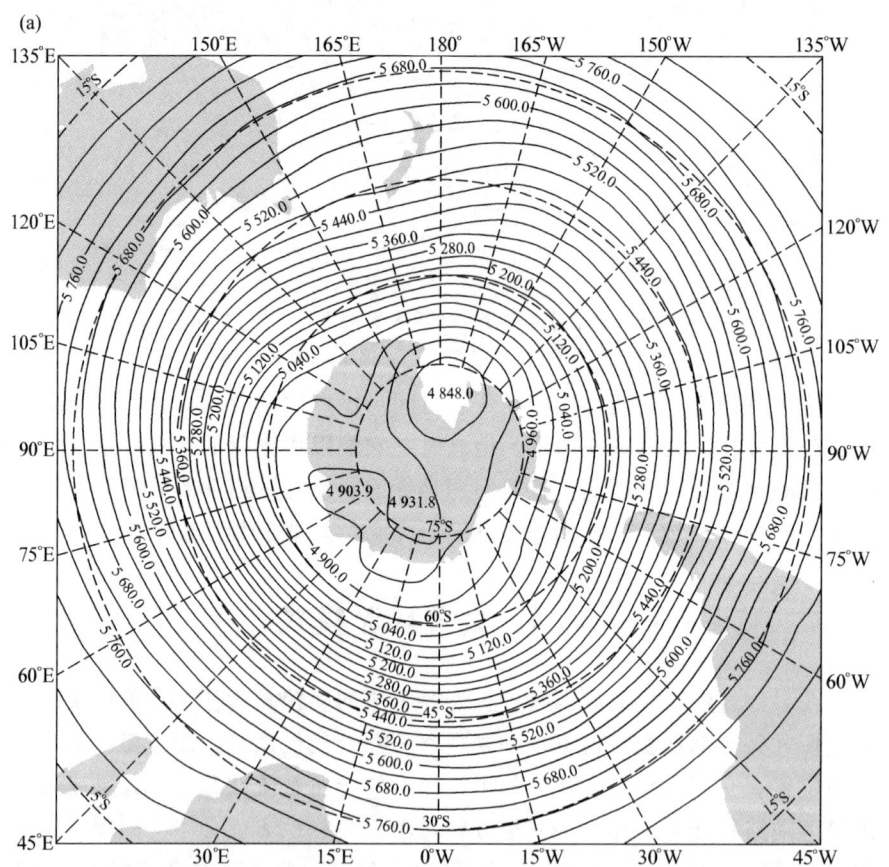

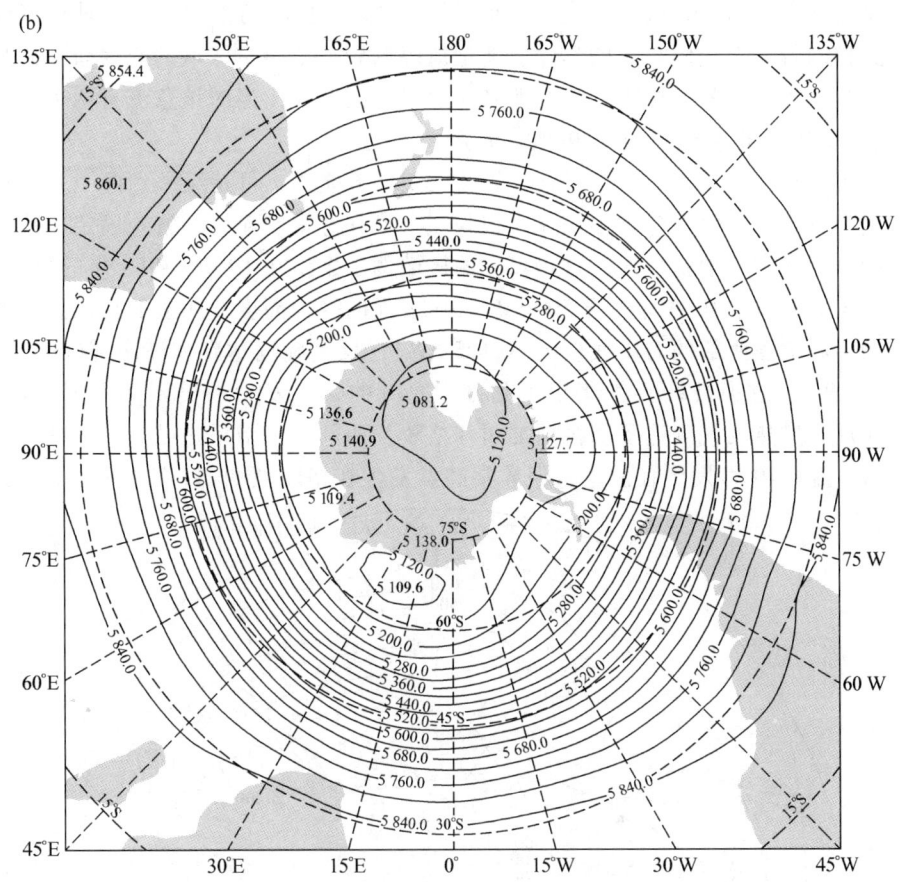

图 3.6 南半球 500 hPa 气压表面的平均高度(10 m)，
(a)为冬季，(b)为夏季。(经 ECMWF 许可)

时，由于距地轴距离增加，且气流变成了气旋模式，所以一个相反的过程将发生。总之，当气流围绕地球旋转时，会来回移动。这一移动的气候平均值有两个明显的槽，分别在 70 °W 和 150 °W。它们的位置与巨大山脉对气流的影响有关，尤其是青藏高原和落基山脉，还有热源，例如，冬季的海洋，夏季的陆地。由于南半球大都由水面覆盖，所以这一模式相对对称，且冬夏变化不大[图 3.6(a)和(b)]。

在这些大气环流模式中，不明显的是上层空气中风的特点。等高线图及水平面与 700 hPa 之间空气的密度的记录，发现空气密度与平均温度成正比：低密度对应冷空气，高密度对应热空气。这意味着极地涡旋(图 3.5 和图 3.6)代表极地温度降低，且能在高空产生强烈的西风。但是，随着纬度的增高，密度越来越小，最终强风集中在狭窄的区域里，大致位置在纬度为 30°的地方，高度为 9～14 km。这种风被称为急流，风速最大可达 240 km·h^{-1}，冬季甚至可达 450 km·h^{-1}。该风的中心与大气长波的槽有关。这种环流模式控制着地表气候系统的移动。能把风限制到一个狭窄区域的原因尚不完全清楚。再者，其结构很复杂，尤其在北半球的冬天，当时该急流有两个分支（一个叫热带急流，一个叫极地急流）。

有与图 3.5 和图 3.6 完全不同的大气环流模式，可持续一到两个月。它们很不规律，但在冬季很明显、很强烈。槽和脊很明显，位置不固定，甚至能分裂成多个细胞模式。这种模式的极端例子发生在 1962—1963 年的冬天。图 3.7 画出了 1963 年 1 月 500 hPa 气压表面的平均高度。明显的特征是一个槽远离美国西部的海岸线(40 °N,125 °W)，反气旋竟达到冰岛南部(60 °N,15 °W)。这为极端天气奠定了基础。寒冷的天气发生在美国和欧洲中部。相反，酷热天气到达了阿拉斯加州和格陵兰西部。总结果是虽然几个月的异常气温 -10 ℃发生在波兰，但异常高温发生在格陵兰西部(图 3.8)。总之，

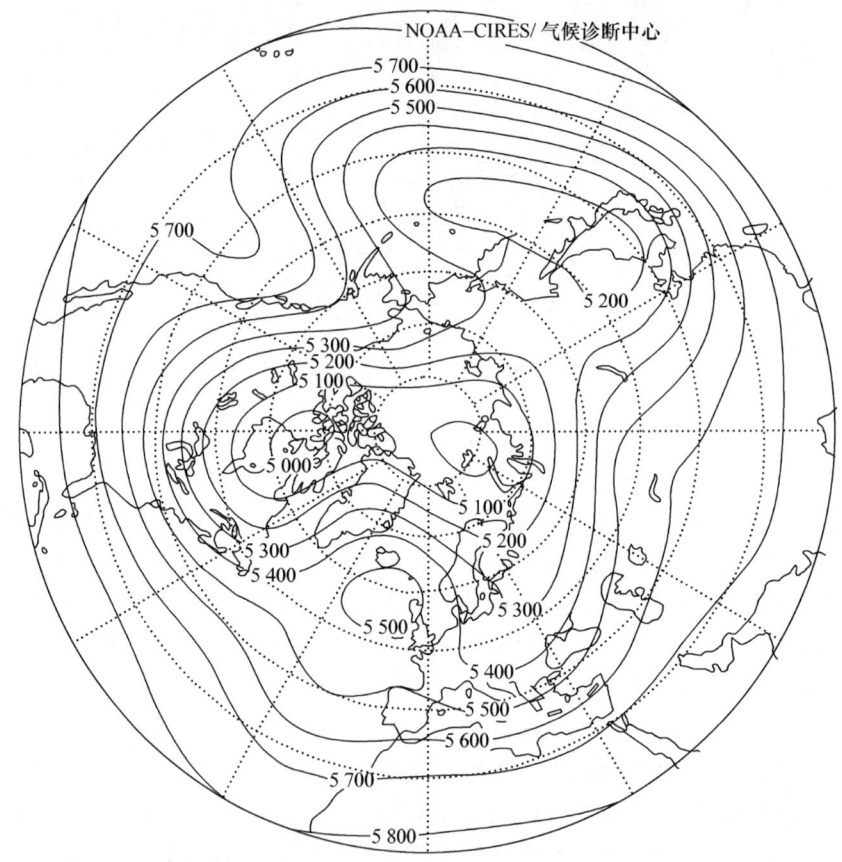

图 3.7　1963 年 1 月 500 hPa 气压表面的平均高度(10 m)，由于美国西海岸和不列颠群岛的阻塞，在中纬度表示出显著的波形。

(引自 NOAA 气候诊断中心)

平均气温接近正常(见 2.1.4 节)。

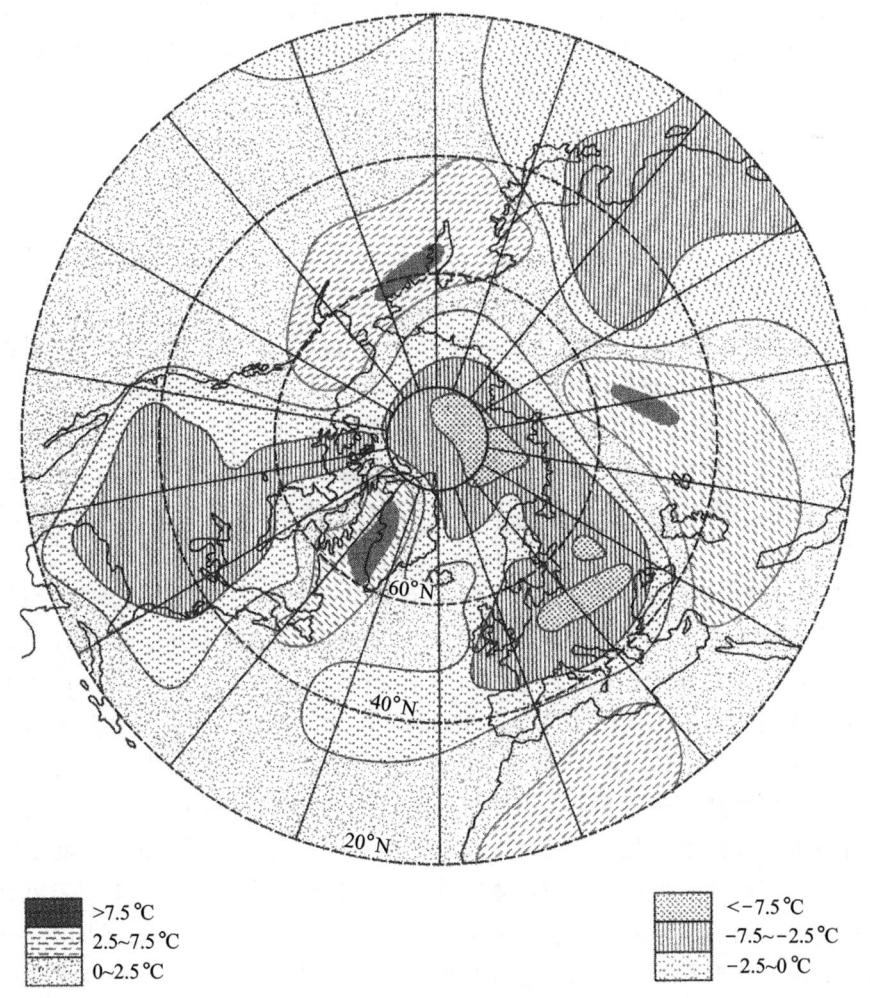

图 3.8 当一个良好的阻塞形式发展时,可产生全球的联系,1962 年 12 月到 1963 年 2 月的冬季是一个全球环流反常的极端例子。北半球中纬度的欧洲北部及邻近地区经历了补偿的极端气候现象,美国和日本异常寒冷,格陵兰、中亚和阿拉斯加异常温暖。

(引自 Burroughts,1991,图 12.4)

这种通常被称为"阻塞"(blocking)的极端模式表明:研究异常气候现象的原因是多么重要。极端季节(如 1962—1963 年冬天)发生的变化是最近几个世纪欧洲气候变化的主要因素(见 8.9 节)。因此,我们必须弄清哪些因素把类似的事情确定为不强烈但很对称的大气环流模式。这种大气环流模式可以让欧洲和美国东部拥有温暖的冬天。因此,我们需要解决以下基本问题:什么引起大气长波在数量、幅度和位置方面发生变化,然后使其以一种固定模式在数周、数月内保持不变。

正如前文所述，北半球的陆地和山脉影响巨大。然而，这并不能解释大气长波的数量为什么变化在 3~6，也不能解释为什么它们能从极地涡旋中几个小的波纹变演到带有多个孤立细胞的往复运动。从需要保留高层系统中的涡旋这一说法可见，一个重要因素是顶层大气中西风的速度。当风速很大时，就增加了强波在 70 °W 和 150 °E 处的槽孕育下沉气流的概率，这点显而易见。然而，这又提出了疑问：什么导致风速在年际间和不同的季节里变化？

任何关于"什么创造了不同的环流模式"的理论也必须回答为什么它们的发生会有变化。北半球的冬天，仅有三到四类环流模式发生在整个冬季 3/4 的时间里。这一事实可能对研究什么造就了不同模式之间的区别很重要，由于有限的研究表明强烈环流系统中的模式确实有限制。然后，一些研究可能深入到一年中的其他时间，世界的其他地方。在这些地方，环流模式对气候影响不大。因此，最本质的问题是：为什么一种模式会固定不变，什么又导致它突然变成另一种形式，什么规定了某一模式的发生率？

寻找控制因子的很明显地方是气候系统中变化慢的成分。这就意味着，第一个且最重要的地方是海洋，当然也包括高纬度的雪和冰。但是研究之前，我们还是结合第 2 章所讨论的物理过程来分析。在低纬度，大气运动主要由地表吸收的太阳辐射来驱动；在高纬度，大气运动主要由地表放出的长波辐射来驱动（见 2.5 节）。因此，当研究高层大气中的急流发生变化为什么会导致气候变化时，我们万万不可掉进这个陷阱：高层的一个微小变化就能导致地面气候的变化。千万注意大气运动是由大气底层可以获得的能量驱动。虽然高层大气的风似乎影响着地面天气，但它们其实是大气中太阳辐射的产物。然而，糟糕的是：在研究大气环流模式变化时，总有一连串的辐射变化和水平衡变化，它们可能造成长期的影响，其中的一些甚至可能发生在大气顶层。

关于上层大气中的风，有一点需要在这里提及。即位于赤道上空平流层底部（高度在 20~30 km 的风）经常随时间而改变方向。这种风的周期约为 27 个月，常认为从强烈的东风变为强烈的西风为一个周期（图 3.9）。在一定高空，这种风常以风向改变时刻为起点再生。这种行为被叫做 QBO，且对低层天气特征似乎有些影响，例如，气温变化、厄尔尼诺/南方涛动（见 3.7 节），还有大西洋上的飓风运动。它也是天气模式中唯一清晰定义的环流模式，其周期超过一年。

与 QBO 所密切相关的是，它是大气内部的变化。这种变化的可接受的解释为平流层向上传播。向东的开尔文波和向西的罗斯贝波的耗散过程的复合作用。这些波在对流层生成，由于辐射的减少而在平流层减弱。减弱的原

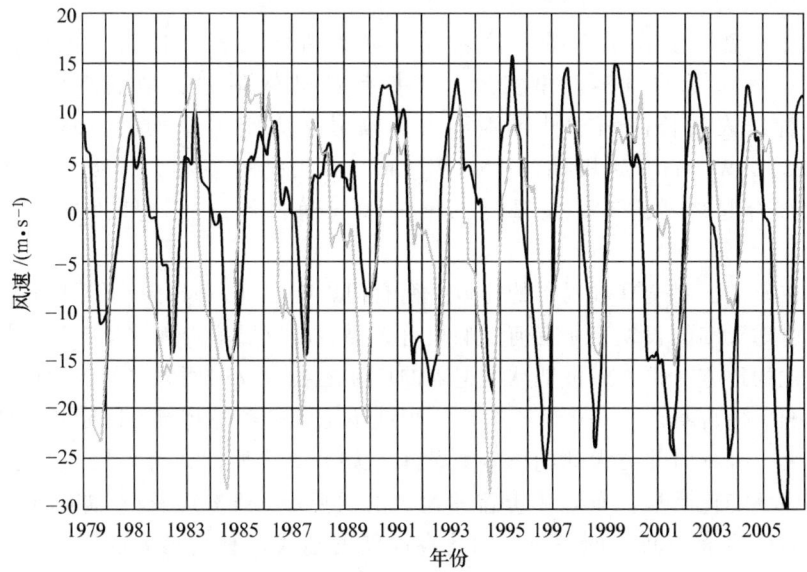

图 3.9 赤道平流层风的准两年涛动表现显著的周期性逆转，涛动的尺度在 30 hPa 附近(白线)最大，在较低层 50 hPa(黑线)减小，因为周期性的影响随时间向下移动，因此发生的峰值在高层。(引自 NOAA, 可从 ftp://ftp.ncep.noaa.gov/pub/cpc/wd52dg/data/indices/qbo.u30.index, ftp://ftp.necp.noaa.gov/pub/cpc/wd52dg/data/indeces/qbo.u50.index 获得)

因包括上升的冷空气及其与在波谷处较暖空气的辐射明显减少。位于 QBO 西边部分下面的空旷区的开尔文波能产生西风。位于 QBO 东边部分的大气长波起的作用一样。这一过程最明显的特征就是这两种波联合起来生成了上层大气中方向完全相反的风。

3.3 辐射平衡

正如第 2 章所述，地球吸收的太阳辐射取决于大气和地表的吸收、反射和散射性。如今，卫星测量已经给这些过程提供了一幅全球图，且证实了 2.1.4 节和表 2.1 中引用的大量数据。在没有云的情况下，海洋是地球上最黑暗的地方。它们的反照率在低纬地区为 6%~10%，在极地为 15%~20%。海洋的反照率随着纬度的升高而增大，这时由于在太阳入射角较小的地方，水面能反射更多的太阳辐射(表 2.1)。全球最亮的地方在冰雪覆盖的北极和南极，它们的反照率超过 80%。第二明亮区是大沙漠。撒哈拉沙漠和沙特阿拉伯沙漠的反照率为 40%。其他大沙漠比如戈壁沙漠和吉布森沙漠的反照率为 25%~30%。通过对比可知，南美洲和中非的热带雨林是最黑暗的陆地，它们的反照率为10%~15%。

长波辐射模式更系统。这表现为从赤道向两极，地表和大气温度相对一致降低的事实。事实上，当提到长波辐射时，地表近似黑体，且各种地表的长波辐射性区别不大。辐射回太空的平均能量从热带地区的 330 $W \cdot m^{-2}$ 到极地的 150 $W \cdot m^{-2}$。当把地表和大气吸收的太阳辐射综合起来考虑时，发现低纬度的大气净得能量，高纬度的大气净失能量。

在研究云对全球和局部的能量平衡有何影响之前，研究一下万里晴空时的反射对天气的长期变化有何影响很有必要。高反照率的地方也是气候最容易变化的地方。例如，极地冰雪覆盖的增加还会对反射回太空的能量产生巨大影响。使自身产生一个寒冷效应，因此不正常的覆盖持续时间越长，影响就越大。森林对北方大陆的影响更复杂。如表2.1所示，有雪覆盖的地区，其反照率变化明显。有森林覆盖的地区的反照率(35%)是没有森林覆盖的地区的反照率(70%)的一半，因此在高纬度乱伐森林会增大反照率，从而使得冬春季更寒冷。

一个类似但令人吃惊的效应是大沙漠的扩张带来的效应。同理，大沙漠的扩张会使反照率增大(表2.1)，从而使更多的太阳辐射被反射回太空。这一效应见图3.10，例如，净损失能量区：撒哈拉沙漠和中东地区。因此，虽然沙漠被认为是很热的地方，但是在没有其他补偿效应存在的情况下，它们的扩大会使气温降低。因此，一旦气候变化或人类活动造成沙漠扩大，全球就可能变冷。总之，全球变暖会导致沙漠扩大，然后气温降低作为一个负反馈去抵制变暖趋势。

云在全球的分布图表明，它们在南、北半球的中纬度含量较高。在热带地区，也有一个极大值，尤其在东南亚地区。平均而言，任何时间，都有65%的地球被云覆盖着。云比海洋和陆地(除去有雪覆盖的陆地)的反射性强，因此，与万里晴空的地方相比，有云的地方能把更多的太阳辐射反射回太空。总的来说，云的存在使地面的反照率增大了30%(见2.1.4节)。

然而，云的总效应取决于它们对太阳辐射和地面长波辐射的净影响。与万里晴空相比，在云的下方，反射回太空中的能量减少。就是这两种影响的差别导致云的存在是使地球变冷还是变暖。变暖的程度取决于云的厚度和云顶部的温度。高层云比低层云辐射少，厚云比薄云辐射多。全球所有云的平均结果是使地球吸收的太阳辐射减少 48 $W \cdot m^{-2}$，使辐射向太空的能量减少 31 $W \cdot m^{-2}$。因此，卫星测量证实了云对全球气候的变冷效应。

3.3 辐射平衡

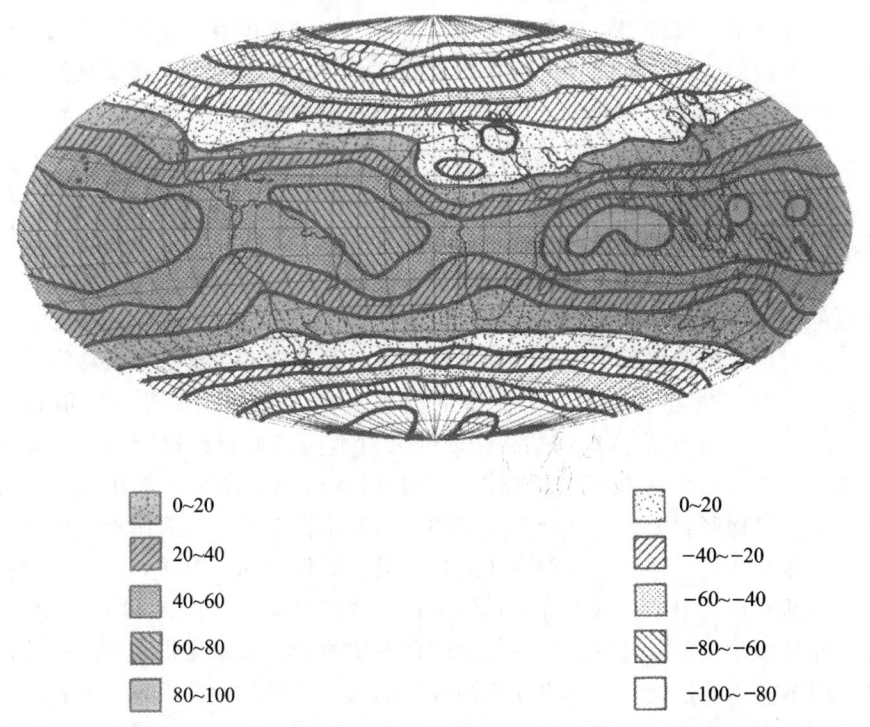

0~20	0~20
20~40	-40~-20
40~60	-60~-40
60~80	-80~-60
80~100	-100~-80

图 3.10 卫星测量的年际变化。吸收的太阳辐射与射出的陆地辐射的净平衡随经纬度的变化。观测记录表明热带和亚热带的不同部分之间的可观变化，重要的是在低纬度地区能量被吸收到气候系统而在高纬度地区被散逸。(引自 Burroughs,1991,图 13.4)

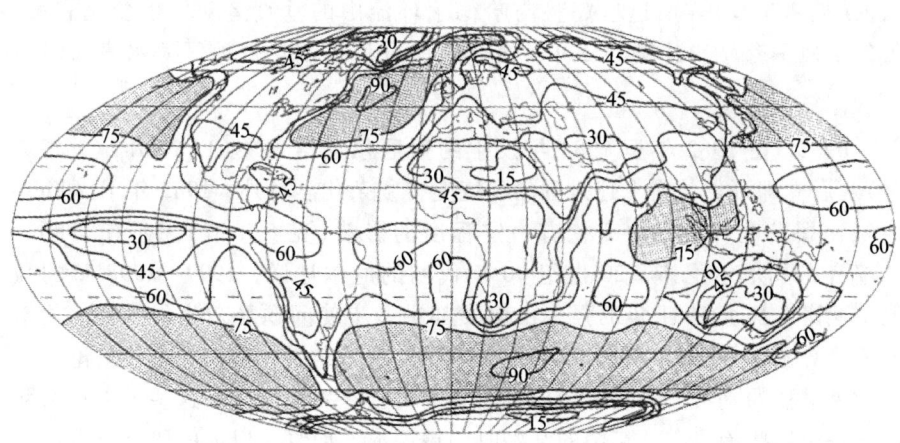

图 3.11 年平均云量的全球分布，用覆盖的百分比表示。阴影是覆盖大于 75% 的面积。(引自 Bryant,1997,图 2.10)

虽然云的全球效应很明显,但它们在区域气候变化中的作用,以及在与气候变化有关的反馈机制中的作用尚不清楚。云的影响在热带地区最大,向两极逐渐递减。这主要是由于云在热带地区位置较高,且与又薄又热的云相比,又厚又冷的云辐射较少。因此,在有大量高层云存在的地方,其辐射向太空的能量就比没云的同样地方少 $50 \sim 100 \text{ W} \cdot \text{m}^{-2}$。这种又厚又高的云一般出现在三个地区。第一个在热带太平洋和印度洋(位于印度尼西亚附近、赤道以北太平洋中的那部分)。在这些地方,上升气流形成了塔状积云。第二个在中非的季风区和南美洲北部的强对流区。第三个在北太平洋和北大西洋里的中纬度暴风区。

云对反照率的增加情况各异。就像中纬度暴风进程中的云以及冷海洋上空的云一样,热带季风和强对流中的云能反射大量的太阳能,一般超过 $100 \text{ W} \cdot \text{m}^{-2}$。最明显的区别是高纬度的云对地面长波辐射影响不大,原因是这些地方地表温度较低。因此,无论是否有云,长波辐射都比较少。总之,在热带地区,云的总效果是平衡的,而在中高纬度,云有制冷效应。在北太平洋和北大西洋,这一制冷效应更明显,其值为 $50 \sim 100 \text{ W} \cdot \text{m}^{-2}$。

全球云量的卫星记载有好多科学争论。尽管气象卫星自从20世纪60年代已开始积累日常云量图,这些云量图也有望给全球云量提供一个连续的记录,但事实并非这样。问题出在不同种类的云,其光学特性不同,还有在卫星设备的生命周期里,其敏感性会发生变化。然而,近年来,好多国际性的实验(ISCCP,国际卫星云气候学计划)表明热带地区和亚热带地区的云量发生了明显变化。观测表明了1983—2005年的情况,ISCCP的前3年云量增加了2%,接下来的5年减少了4%,然后恢复到了长期的平均值。重分析数据(见4.3节)表明这些趋势与哈德莱环流中的垂直运动发生变化有关。另外,似乎有反馈过程,云可以通过这些过程控制热带地区海水表面温度(SSTs)。

ISCCP在1982年至1983年发生的强厄尔尼诺现象(El Niño)(见3.7节)之后立即开始使得上述过程的研究变得复杂化。另外,1983年El Chichon火山爆发也对云量的变化有一定程度的影响(见6.4节)。还有1986—1987年的弱厄尔尼诺,20世纪90年代初的厄尔尼诺,1997—1998年的强厄尔尼诺,加上1991年的强火山爆发都进一步使问题复杂化。再者,关于上述趋势是否是真的,是否仅是卫星分析的一个结果,都存在一些争论。

更糟糕的是,尚没有弄明白哪些种类的云在发生变化? 这些云在什么部位? 是否这些趋势在一年中的某些时间更明显? 而且,以前的研究也没有试图弄明白可能在局部或全球尺度驱动上述变化的机制。为了弄明白气候系统中云量变化的特点,所有问题都有待于解决。这将会提高我们模仿它们,分析它们对气候系统影响的能力。因此,我们还需要50年的记录来理清自然原因造成的全球云量变化和人为原因造成的全球云量变化之间的相互关系。

测量地球云量的一种完全不同的方法是计算从地球反射回月球的太阳辐射。这种现象被称为"地球反照",由 Leonardo da Vinci 首先发现,其实是由地球反射的光,它照亮了不会发光的月亮的一部分。它被很有诗意的描述为"新月怀揣旧月",意思是它可以看做月亮的幽灵,似乎被抱在新月的怀里。

由于地球反射的太阳辐射是测量云量的一种方法,所以提供了一种单独计算云量变化的可能。把月亮照亮部分反射的太阳辐射与地球辐射作比较,可以计算地球云量的变化。迄今为止,这种方法证明了在过去 10 年云量有所改变,其改变量与 ISCCP 的结果大体一致。

3.4 水 循 环

为了弄清气候变化的因素,我们特别强调辐射平衡,但是也不能忽视它与水循环之间的联系。水是地球上量最大的液体。据估计,地-气系统中水的总量约为 1.384×10^9 km^3;其中,97.2% 在海洋里,0.6% 是地表水,0.02% 在河流与湖泊中,2.1% 以冰的形式存在,仅有 0.001% 在大气中。然而,正如第 2 章所述,水汽是大气中最易变的组分,它在时间和空间上发生变化。再者,经过几十年或者更长时间,以冰的形式存在的水会发生明显变化,从而严重影响地球气候。

无论何时,大气中的水汽凝结成液态水,足可以在全球铺一 25 mm 厚的水层,相当于连续下了 10 天雨。这就意味着在海洋、陆地和大气层之间有一连续不断的水的循环,称之为"水循环"。再者,由于水在凝结时有大量潜热释放,所以冰融化成水,液体水和水汽之间的转换都会涉及巨大的能量问题。因此,水蒸发成水汽,接着又变成雪、雨是能量传递中的一个重要影响因素。这一循环的基本因素很容易理解,且在许多气象学书中有很详细的讲解。因此我们在这里只研究不容易理解的东西:这一循环中的各组分如何变化,又如何影响气候。

关于水循环变化的关键点是有多少液体水进入了大气,它所形成的云的种类的特点,它再次凝结的速度有多快。在海洋上,最重要的因素是水面温度,其次是风速。在陆地上,土壤的湿润度是一个主要因素,生物的存在会使问题变得复杂(见 3.5 节)。进入大气中的水汽来自土壤中的水和植物体中的水蒸发,其值取决于土壤湿润度、空气温度、土壤温度。土壤温度与接收的太阳辐射量和风速有关。正如前文所述,大气中水汽的含量影响辐射,同时,它凝结形成云对气候变化影响重大。

3.5 生物圈

陆地上的植物通过水循环影响气候只是方式之一。实际上,陆地上、海洋里的所有生物都以各种各样的方式影响气候。最重要的是它控制某些温室气体。例如,通过光合作用它影响大气中 CO_2 的含量。再比如,蔬菜的腐烂产出 CH_4 可以维持这一温室气体的正常含量。生物圈的全部很难把握。在气候领域,最明显的就是一年中它如何影响大气中 CO_2 的含量(图 7.3)。在北半球植物生长旺盛的季节里,生物圈从大气中吸收 CO_2,冬天又将其释放。

在研究气候变化时,生物圈吸收 CO_2 的能力是一个重要因素。对于通过 C 循环排入大气的多余 CO_2,它就像一个临时储藏罐。这种储藏是讨论由于生物圈的生成能力发生变化导致的 CO_2 含量变化和由于人类活动产生的 CO_2 排入大气对气候造成影响的核心。由于生物圈的生产能力随着 CO_2 的增加而增加,所以这就减少了大气中 CO_2 的积累。这一负反馈机制对气候变化的影响巨大,且可以缓解因化石燃料燃烧排放的某些温室气体排放造成的恶果。

生物圈的活动形成的颗粒物是气候变化的另一个重要影响因素。在陆地上,许多挥发性有机物质(例如,枞树释放的萜类物质)的排放有利于颗粒物的形成,在热带雨林地区,还有利于光化学烟雾的形成。光化学烟雾对气候影响严重。在海洋里,有一个类似过程,即浮游植物排放二甲基硫(DMS)。这种气体是二甲基硫酸盐的一种分解产物,海藻产生它以维持海水的渗透性。DMS 逃入大气,在这里,它们中的绝大多数变成了硫酸盐颗粒物,硫酸盐颗粒物对海洋上空云的形成意义重大。因此,SSTs 的改变可能导致海藻产生变化,从而改变排入大气中的 DMS。如果 DMS 会影响云的形成,那么它就起着一个负反馈的作用,从而稳定气候。

生物圈可以以一种更直接的方式——改变地表的反照率来影响气候(表2.1)。它对陆地表面的影响是最关心的问题。在陆地表面,草原的消失会造成持久的荒漠化。由于沙漠比草原反射的太阳辐射多,所以荒漠化的结果是改变了受荒漠化影响的地区的辐射平衡。同时,草原的消失导致蒸发到空气的水分减少。这可能有另一个影响:改变空气的辐射性,减少云形成的可能性。

3.6 持续的非正常天气模式

导致云量长期发生变化的过程可能造成非正常天气模式发生。反过来,

3.6 持续的非正常天气模式

这就联系到了如下研究:气候变化的"记忆性"是否与短期的天气变化有关。以上所述说明许多气候要素(例如,雪、极冰、SSTs、土壤湿度)有累积效应。该效应指短期天气变化不可能影响气候,长期天气变化有望影响气候,因此现在的天气状况部分因过去的天气变化所致。

极端天气的规模和强度以积雪面积和极冰面积表示。SSTs 这一更重要的因素将单独在 3.7 节讨论。这里我们只讨论如下问题:一段时间的极端天气是否在时间上足够长以影响气候要素,进而影响接下来季节的天气以及造成更长时间的天气变化?

有关寒冬的研究表明积雪面积越大,越能延长北半球的寒冷天气。有关北半球年平均积雪面积变化的研究表明这些变化影响巨大。由于积雪的高反照率,所以大雪面有制冷效应。在原理上,这会造成较冷的气候从而导致降更多的雪。它应是一个正反馈,从而导致气候更冷。然而,一连串暖冬(积雪面积低于平均值)预示着气候有变暖趋势。

为了产生长期的气候效应,北半球积雪面积的变化必须持续很长时间。在冬夏季之间,积雪面积的变化超过了 10 倍(图 3.12),晚冬达到最大值,为 $4.5 \times 10^7 \ km^2$,夏末减到了最小值,低于 $5 \times 10^6 \ km^2$。因此,非正常积雪面积产生的影响在春季和夏季最大,这两个季节高纬度地区接收到的太阳辐射量最多。然而,非正常积雪面积是一个相对短暂的现象,年际间冬季积雪面积变化的幅度为 ±10%,而年际间夏季积雪面积变化的幅度高达 2 倍(图 3.12)。

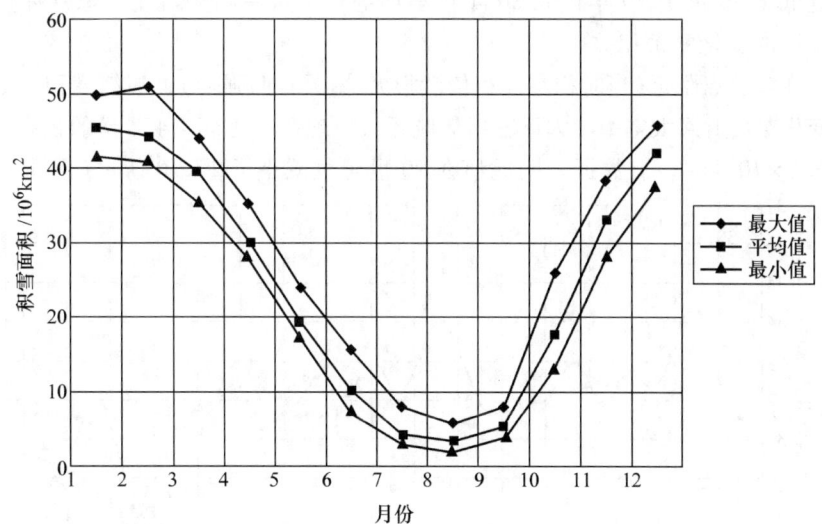

图 3.12 北半球积雪面积的年周期表明平均区域范围(b)在 1973—2006 年年年都在变化,变化值波动于月的最大值(a)和最小值(c)之间。(引自 NOAA:ftp://ftp.cpc.ncep.noaa.gov/wd52dg/snow/snow_cvr_area/NH_AREA)

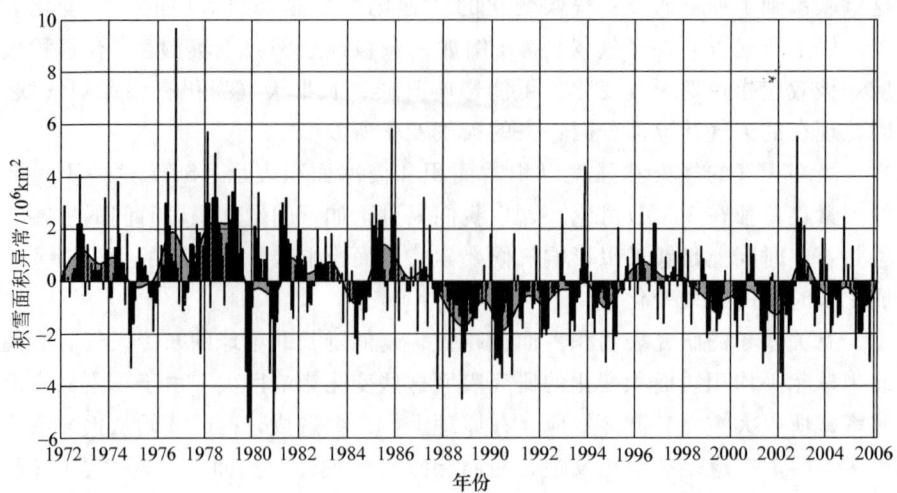

图 3.13 北半球月平均积雪面积与 1972 年 1 月到 2009 年 9 月的月平均值(黑线)和平滑的平均值(灰线)的差别。每月的波动明显,表明积雪面积有长期下降的趋势。(引自 NOAA:ftp://ftp.cpc.ncep.noaa.gov/wd52dg/snow/snow_cvr_area/NH_AREA)

地表测量给 1920 年至今的北半球积雪面积变化提供了数据。表明头半个世纪积雪面积变化很小。20 世纪 60 年代卫星的发明才有了精确测量。表明 20 世纪 80 年代末期积雪面积急剧下降。之后,积雪面积有所增大,但其量远低于 20 世纪 70 年代和 80 年代早期的量。这一趋势与北半球高纬度平均温度的变化紧密相关。

在春分点附近(当时积雪面积依然很大,白天日照强烈),高纬度积雪面积的变化对反射回太空中的太阳辐射影响很大。现在,北半球 4 月份的积雪面积为 3.1×10^7 km^2。有数据表明此值在 20 世纪里减小了 2×10^6 km^2(图 3.14)。

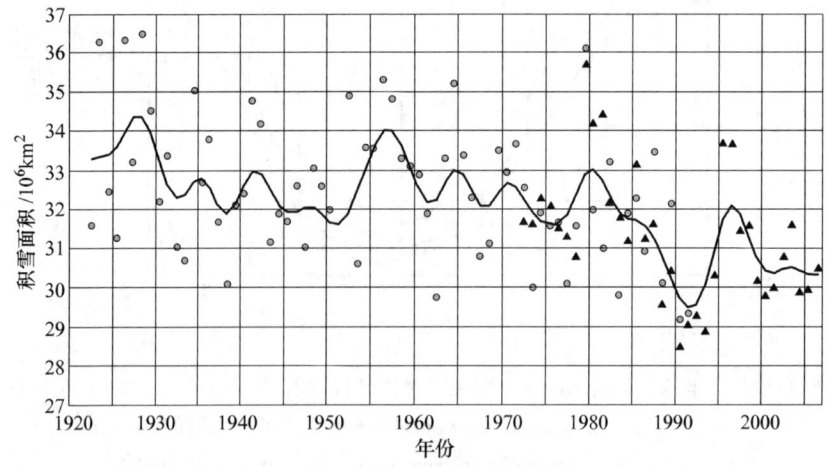

图 3.14 北半球 4 月积雪面积的平均月变化。

这些观测给积雪面积减小加剧气候变暖提供了证据。然而，对长期气候变化的研究表明积雪面积变化主要由长期变化的因素所致。例如，如果夏半年积雪面积的变化主要原因是夏季里到达高纬度的太阳辐射发生变化（因轨道变化所致），这是一个正反馈，且对气候变化影响厉害（见 2.1.4 节）。

极冰面积的变化带来的结果类似。在北半球的一些地方，最典型的如北大西洋，极冰面积的变化可影响天气模式（图 3.15）。平均而言，北极地区，极冰面积变化范围为从夏末的最小值 7×10^6 km^2 到早春的最大值 1.5×10^7 km^2。然而，这个变化幅度比积雪面积的变化幅度小得多。积雪面积在晚冬达到最大值 4.5×10^7 km^2，夏末减少到最小值 5×10^6 km^2。南半球情况正好相反。由于南极的雪是永久存在的，且南美洲、澳大利亚、新西兰的积雪面积较小，于是最重要的变化属于南极极冰面积的变化。每年内变化幅度约有 1.5×10^7 km^2，具体为从最大值 1.8×10^7 km^2 到夏末的最小值 3×10^6 km^2

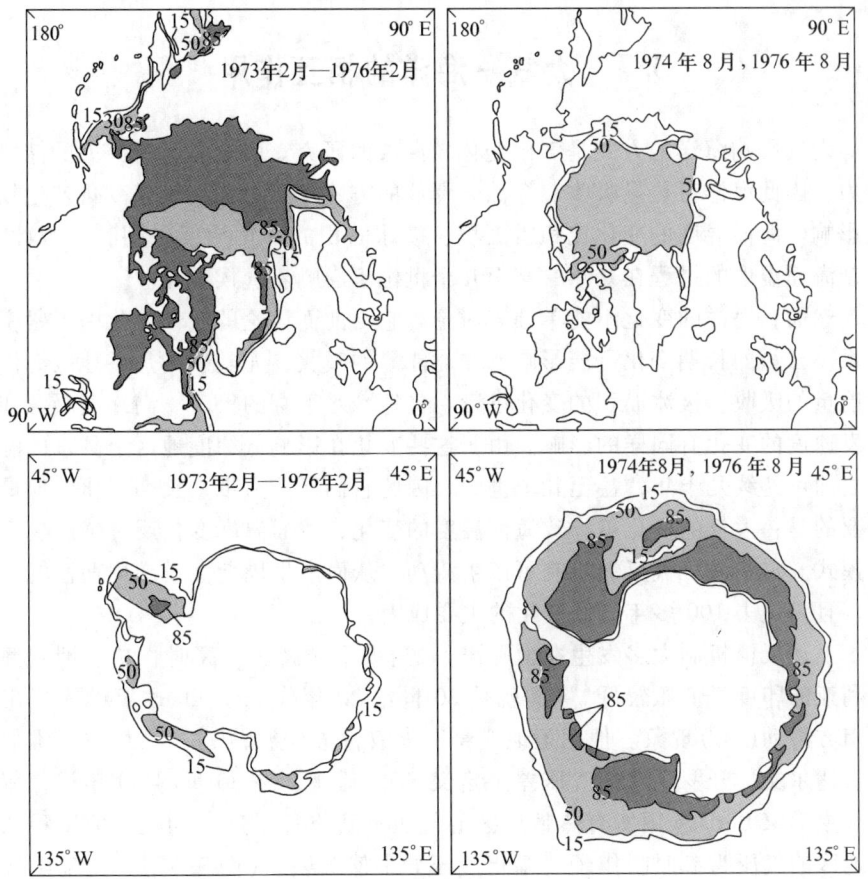

图 3.15　南、北半球 2 月和 8 月的极冰分布。轮廓显示 15%、50% 和 85% 的极冰面积。
（引自 Trenberth, 1992, 图 4.12）

左右。年际间，极冰面积的变化约有几百万平方千米(见 4.2 节)。

自从 20 世纪 70 年代卫星问世以来，全球积雪面积和极冰面积的精确测量才出现(图 3.13 和 4.7 节)。有关记录的典型特点为北极极冰面积的锐减，尤其在夏季月份。这种情况与近年来北半球高纬度地区的变暖有关。南、北半球冰面积变化情况不同难以解释。

总之，虽然雪面积和极冰面积的变化只在冬半年对辐射平衡有短期影响，但全球气候的长期变化似乎说明这些变化的短期效应比起上百平方米海洋温度的变化要小得多。但极冰面积、积雪面积的变化如何影响气候系统的其他要素尚不清楚。例如，南极极冰面积的变化能给低纬度的暴风路线带来同样的变化，进而影响云量。如果把这些附带后果也考虑在内，那么总结果可能是加剧了极冰面积变化的影响，也可能是抵消了极冰面积变化的影响。这些变化如何与海洋的变化联合起来一起影响气候显得更为重要。

3.7　大气－海洋的相互作用

大气影响海洋的方式是气候变化较深层的研究。由于海洋有巨大的储热能力，因此海洋对热量吸收、存储、释放的方式理应对长期气候变化产生较大影响。海面温度的变化比积雪面积、极冰面积的变化持续时间长。因此，控制海面温度的过程在几年，甚至几个世纪里影响着气候变化。

然而，海洋的变化不能单独来讨论。它与前面讨论的气候变化因子紧密联系。云量的长期变化可能影响海洋对能量的吸收，尤其影响热带地区海洋对能量的吸收。极冰面积的变化可影响极地冷水下翻的尺度。高纬度凝结和蒸发速度的变化有同样的影响。由于这些变化在影响低纬度地区上翻水的温度之前可持续几十年，甚至几个世纪，因此它们有能力带来长期变化。但最重要的是：大气的变化可导致海面温度的变化，海面温度变化反过来改变天气模式。这些海－气反馈机制可产生涛动，从而产生周期性或准周期性的天气，且是过去 100 多年气候变化的主要成因。

上述反馈机制大多发生在太平洋。"当太平洋高压较高时，从非洲到澳大利亚的印度洋低压较低。"这就是 20 世纪 20 年代 Sir Gilbert Walker 提出的南方涛动(SO)现象。他用圣地亚哥、火奴鲁鲁(檀香山)、马尼拉、雅加达、达尔文、开罗之间的气压差来定义 SO。后来，在 20 世界 50 年代，荷兰气象学家 Berlage 用所有热带地区的气压重新修订了这一参数。他以雅加达地区的气压为参照制作了一幅年气压异常值关联图(图 3.16)，这幅图显示东复活节岛(Easter Island)的值最低，为 -0.8(见 5.3 节)。这一分析表明，SO 是沿低纬度地区地球一周的气压记录。大气环流模式的变化与太平洋海面温度变化密切相关，这一现象称为厄尔尼诺。因此，全部状况通常描述为厄尔尼诺/南方涛动(ENSO)。

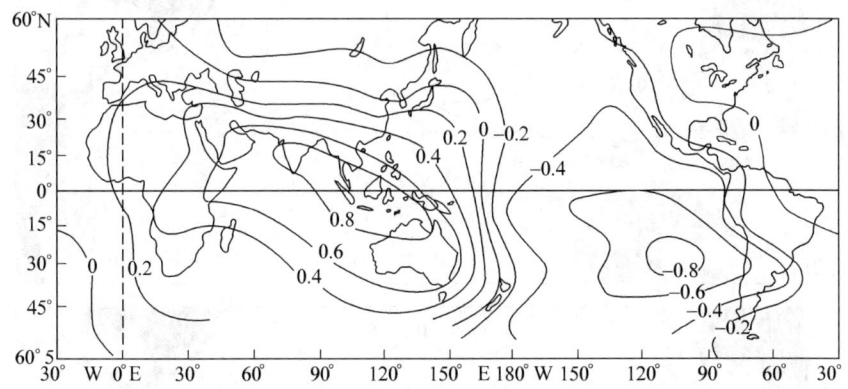

图3.16　雅加达月平均地面气压的相关系数。南太平洋呈负的高相关，印度、印度尼西亚和澳大利亚呈正的高相关。该范式被定义为南方涛动。

(引自 Burroughs,1994,图3.6)

厄尔尼诺这一叫法源自如下事实：一股暖流在1—3月沿着厄瓜多尔和秘鲁海岸向南流动；当出现这一暖流时，表示当地捕鱼旺季的结束，且它出现在圣诞节前后，表示它传统上与耶稣基督的诞生有关。在西班牙，El Niño 是"圣婴"的意思。在有的年份，气温特别高且持续时间较长，从而缩短了接下来正常的寒冷季节。因为上翻的冷水中富含各种营养，所以寒冷季节的消失对当地捕鱼业不利，且减少了海鸟数量。厄尔尼诺与这些越来越多的极端天气息息相关。

在正常情况下，ENSO 有固定的模式[图3.17(a)]。在海洋里，偏高的海面温度沿着南美洲海岸出现在3—5月。之后水温较高的这一区域沿着太平洋向西扩散。夏末，它形成了一条窄带，范围从南美洲到新几内亚岛。到了年末，这一长区域的中心已经沿着赤道退回到了130°W的地方，且温度正在沿着南美洲海岸恢复正常。6个月后，温度较高的海水已经消失，且在东太平洋，其温度已下降到平均值以下。

与海面温度变化相类似，大气环流模式也在变化。海面的气压变化、暴风骤雨记录显示，达尔文地区、澳大利亚地区的气压升高，日界线以西地区的信风减弱。这些变化发生在10月、11月，即厄尔尼诺发生前。与此同时，印度尼西亚地区降雨量减少，日界线附近的降雨量增加。另外，环绕地球的热带辐合带(ITCZ)改变了位置。在通常情况下，它季节性的变化幅度为：8月、9月的10°N与2月、3月的3°N之间。作为厄尔尼诺/南方涛动(ENSO)的一个征兆，它在厄尔尼诺年的早些月份，在东太平洋向南移动得更远，接近甚至到达赤道以南。

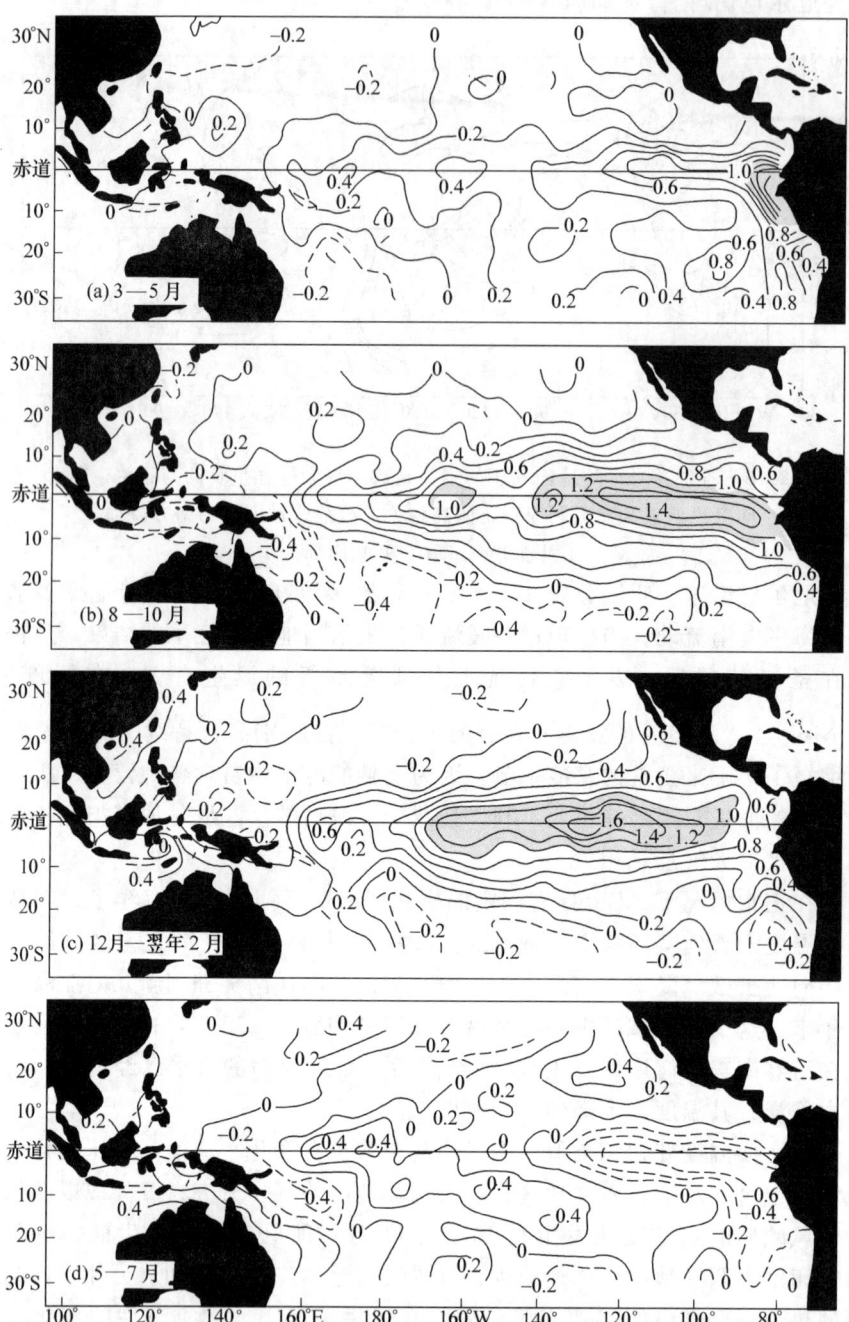

图 3.17 取 1950—1973 年事件平均的典型 ENSO 事件的海面温度异常(℃)。(a)表示事件发生的 3—5 月,(b)表示 8—10 月,(c)表示 12 月—翌年 2 月,(d)表示事件发生一年后 5—7 月的下降。(引自 Burroughs,2003,图 5.6)

3.7 大气－海洋的相互作用

随着海面温度异常向西扩散,与热带辐合带(ITCZ)相关的一个降雨充沛区出现了。在这一模式的高峰期,太平洋的大部分水面异常的热,且在太平洋的大部分水面有微弱信风[其与热带辐合带(ITCZ)的南移有关]。再者,来自海洋的热量导致这一地区上空的对流层很热,这样能确保温度返回正常值之前雨量充沛。随着温度返回正常水平,大气环流模式重又返回正常模式。伴随着海面温度和大气环流模式的变化,海面下发生着更重要的变化。太平洋可以看成约 100 m 厚温度较高的薄水层,其下是很深的冰水层。两者之间的过渡层叫做温跃层。高海面温度与深的温跃层有关。随着 ENSO 的发展,东向信风(造成了赤道附近太平洋里的洋流)变弱。西太平洋海面下降,温跃层深度降低[图 3.18(a)]。位于赤道和 10 °N 之前强劲的洋流把西太平洋的暖水移走。沿着美洲西岸,海平面上升,从而导致流向南北极的洋流。上述运动(与赤道南北大气中的气旋有关,且该气旋促成了早期的洋流)导致了一种波,称为开尔文波。

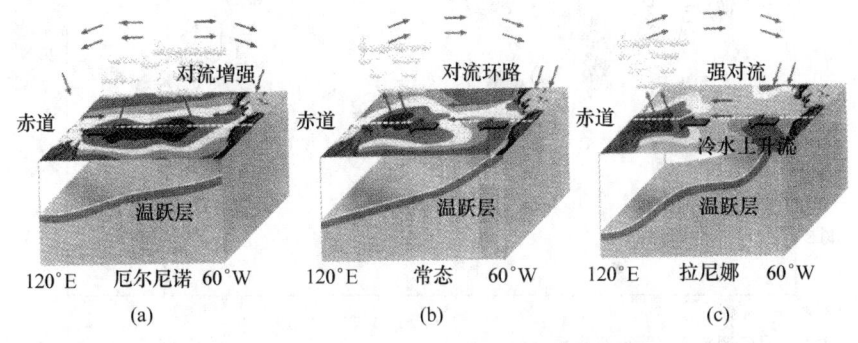

图 3.18 参与(a)ElNi ño 的条件、(b)正常条件和(c)拉尼娜现象条件变化的示意图。(a)的重要性是当东太平洋的海面温度高于正常并且在中东太平洋存在对流增加时,温跃层小于通常值。当温跃层从西到东变陡且对流进一步向西运动时,情况相反(c)。(引自 IPCC,1995,图 4.7)

海洋里发生的变化包含两条重要信息:①海洋里的运动是有风的结果。风使洋流远离南美洲海岸。这一模式使得东边比西边的海平面低。②它意味着冷水来自高纬度或深层水。随着风的减弱,洋流也在减弱。最终海平面上升,暖水重新流回并覆盖冷水。这种情况产生了反常规现象。表现为海面温度异常似乎是暖水回流的结果,其实不是。海面温度异常首先出现在秘鲁沿岸,说明回流强度的微量减小也能导致暖水覆盖冷 Humboldt 海流。但大面积的水温异常区域都出现在来自西太平洋的暖水回流之后。因此,尽管水温异常区向西移动,但确实是暖水回流导致了上述结果。这就强调了只有综合考虑海－气相互作用,才能比较全面地研究气候变化。

当厄尔尼诺/南方涛动(ENSO)不处在厄尔尼诺发生时期时,它或许正常[图3.18(b)]或许逐渐过渡到拉尼娜时期[图3.18(c)]。此时，太平洋中心和东部的水温都比正常值低。尽管拉尼娜现象比起厄尔尼诺少见，但也是ENSO的重要组成部分。就像厄尔尼诺，拉尼娜也会干扰正常的对流模式，且情况正好与厄尔尼诺相反。其显著特征是冷水出现在太平洋中心和东部。冷水上空的大气压升高，而印度尼西亚和澳大利亚北部上空的气压降低。总的来说，太平洋上空气压的变化增加了东向信风。

尽管厄尔尼诺的特点能用太平洋的变化来说明，但事实上它的影响更远和更广。其影响在热带地区最明显，从降雨情况的变化可以清晰看到（图3.19和图3.20）。雨的分布在全球范围内发生变化，由于与南方涛动相关的

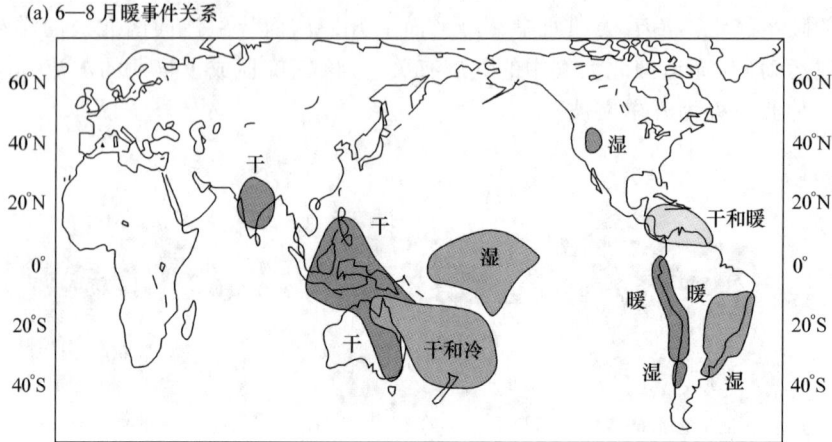

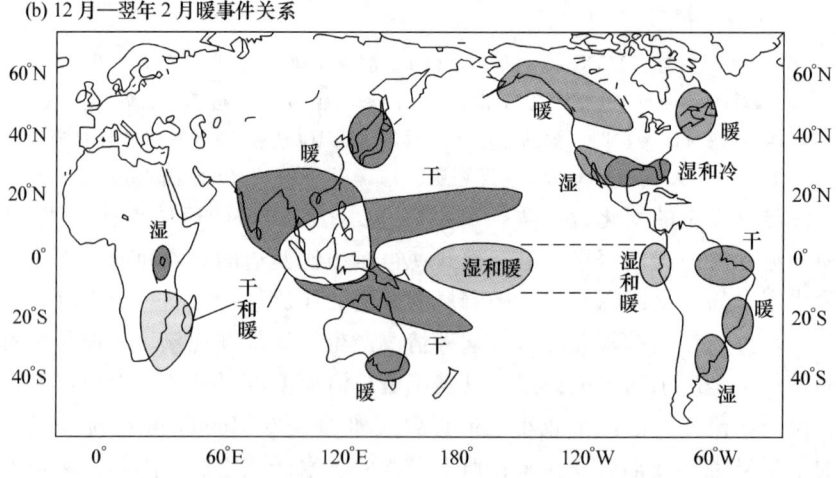

图3.19 北方夏季(a)和南方冬季(b) El Niño 事件期间连续异常降水和异常气温区域的示意图。（引自 NOAA CPC NCEP）

气压变化不仅改变了太平洋上热带辐合带(ITCZ)的位置,而且改变了研究得很少的经向大气环流。结果是印度尼西亚的强降雨区向东移至太平洋中部。同时,亚马孙河的超强降雨区移至安第斯山脉西部。更重要的一种下沉运动取代了非洲地区的上升运动。这可能能部分解释自从 20 世纪 60 年代以来非洲地区撒哈拉沙漠的长期干旱是如何由太平洋的 ENSO 影响的。

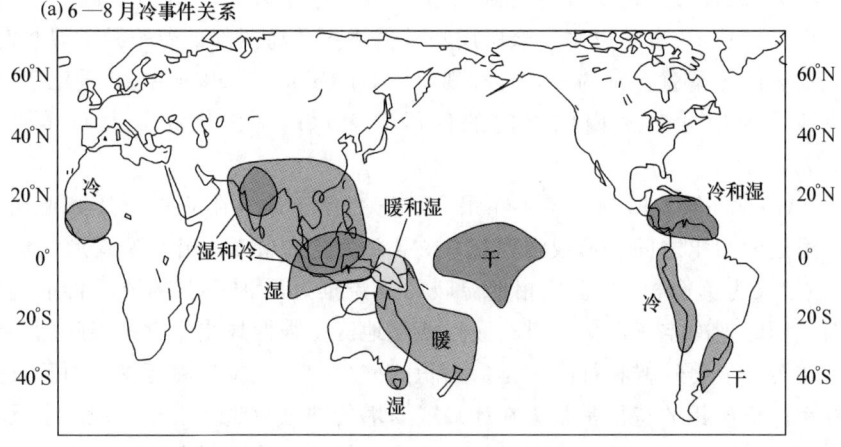

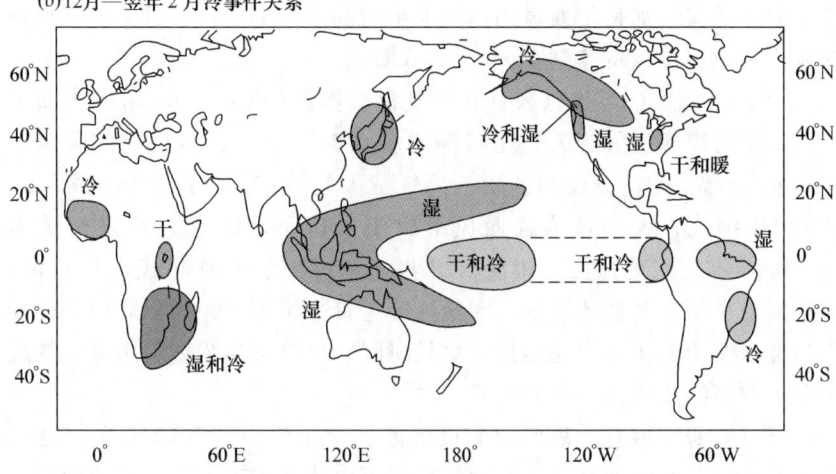

图 3.20　北方夏季(a)和南方冬季(b)拉尼娜现象事件期间连续异常降水和异常气温区域的示意图。(引自 NOAA CPC NCEP)

ENSO 与印度季风也有关系。Edmund Halley 在 1986 年在一家学报里发表了一篇论文,提出了季风的形成机理。自从那时候起,就有好多关于"为什么季风每年都在变"的猜想。在 20 世纪 20—70 年代,"ENSO 是印度次大陆夏季季风变化的一个主要因素"这一论断越来越得到证实。当太平洋温度比往常高时(厄尔尼诺年),印度地区的降水常常比往常少。近年来,这一情况变得越来越复杂。由于更全面的水面温度测量法的问世,越来越多的证据表明印度洋的海面温度变化也是季风形成的一个重要因素。热带地区如此大规模的变化(加上近几十年来,全球温度异常与 ENSO 紧密相关这一事实)说明高纬度地区也有类似异常。只是没那么明显。虽然中纬度地区气候年际变化的一些特征与太平洋的一些变化有关,但这只有一种情况。事实上,在北大西洋还有一个研究得很少的震荡,它是海-气相互作用的一个重要方面。自从 18 世纪以来,众所周知,当格陵兰岛西部的冬季异常温暖时,北欧地区的冬季就异常的冷。这种现象由 Sir Gilbert Walker 在 20 世纪 20 年代发现,他用冰岛和南欧之间的气压差表示,且称之为北大西洋涛动(NAO)。

NAO 对气候的影响在冬半年最大。它变化于冰岛附近的低压和亚速尔群岛附近的高压之间,形成强西风(被定义为正位相),相反模式形成弱环流(被定义为负位相)。正位相把温暖的气流推过欧洲中西部地区再推进俄罗斯,同时把冷空气向南推进格陵兰西部地区。强西风也常常把温暖的冬天带给北美。显著气候特征之一是雪面积的减少,不仅发生在冬季,而且发生在春季。负位相的特征常常为在冰岛或斯堪的纳维亚半岛上空出现阻塞反气旋,它把北极冷空气推向欧洲,把温暖大气挤进格陵兰(图 3.8)。这就给广大陆地覆盖了雪,加强了斯堪的纳维亚半岛和东欧的寒冷,且只要大面积雪面存在,寒冷还可以持续到春天(见 3.6 节)。

分析 20 世纪 50 年代以来日常天气模式数据(见 4.3 节)可得出如下结论:负位相的阻塞反气旋天气比阳性期多 67%。或者说负位相的阻塞反气旋天气数(11 天)约是正位相的阻塞反气旋天气数(6 天)的两倍(图 3.21)。20 世纪 20 年代,人们认为强西风形成于 1900—1915 年,后来又认为在 1988—1995 年之间更强烈。相反,20 世纪 40 年代和 60 年代出现负位相,它给欧洲带来了经常性的严冬,而给格陵兰带来了暖冬。所以它似乎比积雪面积和极冰面积的年际变化能持续更长时间。这就突出强调了阻塞反气旋在气候变化方面的重要性。

拉布拉多海、格陵兰海以及北极极冰的变化似乎与 NAO 有关,且海面压力与极冰面积之间的联系表明大气环流可以改变极冰面积。极冰面积对大气的反馈或其他影响不易察觉,但在极冰消失的地方,低压发生的次数似乎增加,大气压似乎降低,尽管这些变化不同于与 NAO 有直接关系的变化。然而,如果某一时期的涛动可造成海面温度和深水产量的良好组合,进而把它转向相反时期,那么这就可说明北大西洋可发生强烈变化的海洋循环(见 3.8 节)。

近来的研究表明大气的变化对北大西洋有影响。这一地区 SSTs 冬季的变化就是一个典型模式。这一模式年际变化的两个极端为:亚极地地区温度

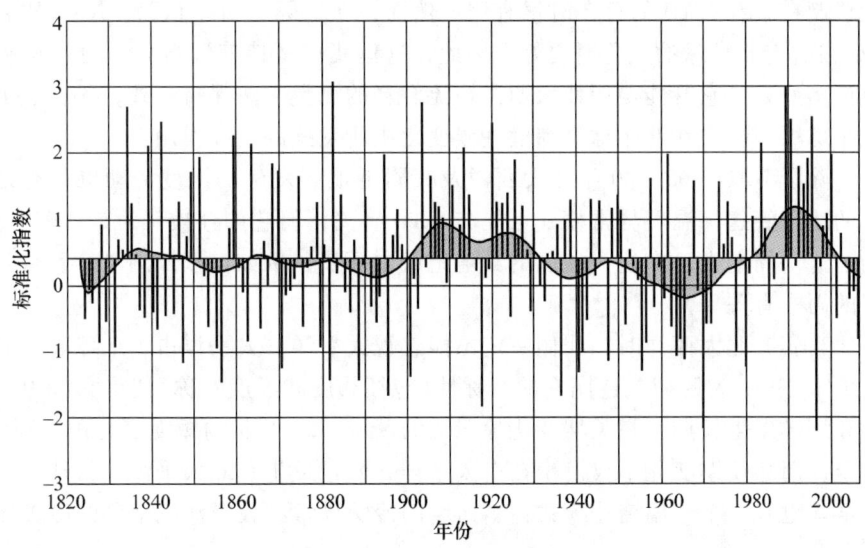

图 3.21 根据直布罗陀和雷克雅未克的异常气压差异,冬季北大西洋涛动(12月—翌年2月)提供了北半球中纬度西风环流的强度的测量。(引自东英格利亚大学气候研究小组)

低、中纬度地区温度高,赤道与 30 °N、赤道与 30 °S 温度低。这两个模式对应的 NAO 分别为负位相和正位相。在几个月里,SSTs 似乎驱动着 NAO,几天或几周里,NAO 似乎反馈回到 SSTs。

无论 NAO 对长期发展有何影响,它都是研究近来气候变化的关键,由于它对北半球气温有影响。在所有季节里,冬天气温变化最大,因此年气温通常由冬天气温决定,看它是非常暖还是非常冷。当 NAO 处于强西风时期时,它对欧亚大陆北部和北美洲大部分影响大于格陵兰岛,结果是导致前者比后者冷,且表现在年度图上。因此,自从 20 世纪 80 年代中期以来的全球变暖绝大多数与北半球的暖冬有关。事实上,自从 1935 年以来,NAO 自己可能解释 20 °N 至 90 °N 之间近 1/3 的冬季气温变化。

虽然近年来,ENSO 和 NAO 的研究已引起了极大关注,但为什么大气-海洋相互作用没有在世界其他地方产生类似的长期气候变化尚不清楚。事实上,由于研究这些相互作用意义重大,所以气候学家们已在寻找其他地方类似的联系。这项研究的成果是从北极到南极发现的越来越多的涛动。这些新联系的检验是它们是否可为气候学的研究提供新视角,它们是否能进行几个月或几年内的预报。

这些新涛动的其中之一是 AO,它反映了北半球循环模式的气候影响。这是一个有争论的话题,争论点为:NAO 是否应包括进南、北半球的环状模式(一年生模式)。AO 的发现有理论意义,因为与环状模式有关的许多物理机制在解释 NAO 的存在时很有用。然而，在实际分析中认为，NAO 比起 AO 在研究北半球的变化时更好。因此，这里我们坚持使用 NAO。这一坚持有诸多好处：它既能与用北大西洋环流解释的测量方法保持一致，又反应了北半球循环模式在北半球高纬度气候变化中所发挥的主导作用。

除了 NAO，65～80 年北大西洋及其附近地区发生的温度涛动也是有记录的。尽管这一温度异常模式可能与 NAO 有关，但它如今被认为是 AMO 涛动。这一周期也已在这一地区的其他记载中证实，例如，水面测量，且与美国的雨季有关。

当研究北大西洋时，我们一定不能忽视太平洋，太平洋占了地球表面的近 1/3。这一大区域，连同它的对称性（包括纬度和经度对称）使得它成为大气和海洋发生长期、超长期变化最明显的区域。2～8 年的短期变化由 ENSO 决定，而超长期变化不仅发生在东太平洋，而且发生在北太平洋。另外，在南半球也有一个气温变化模式：新西兰的冷暖异常与太平洋东南部的冷暖异常交替进行。

在北太平洋，主要变化由 Sir Gilbert Walker 在 20 世纪 30 年代首先发现，且把它定义为北太平洋涛动（NPO）。后来更名为太平洋年代涛动（PDO）。这些现象的测量方法基于北太平洋的气温异常，由华盛顿大学的 Nate Mantua 和其同事创立。具体为：暖事件为北太平洋和赤道附近的太平洋的气温高于正常值，而 20 °N 以北的东太平洋气温低于正常值，且阿留申群岛的气压低于正常值；冷事件正好相反。典型的 PDO 能持续 20～30 年。与 ENSO 相比，它们对气候影响最明显的地方在北太平洋/北美，次明显区域在热带地区。在 20 世纪，冷事件首次发生于 1890—1924 年，第二次发生于 1947—1976 年，而暖事件首次发生于 1925—1946 年，第二次发生于 1977—1998 年。自从那时候起，似乎又向冷时期转变。

北太平洋冬季的低频率变化与阿留申群岛的低气压有关。在暖事件，阿留申低压比正常值低，北太平洋中心的西风加强。这就导致了北美北部地区气温高于正常值，而凝结速度低于正常值；北美东南部地区情况正好相反。在冷事件时，相反的模式在北美发生的更经常。这一模式有半球循环。当暖时期正好与 NAO 的阳性期重合时，它们就可以加强半球循环的强度，从而导致全球变暖，比如 20 世纪 80—90 年代的全球变暖。

在南太平洋也有一个气温变化模式：新西兰的冷（暖）异常与东南太平洋的暖（冷）异常。这些变化被称为年代间太平洋涛动（IPO），它们的周期大约为 20 年，有时可达 50 年或 60 年。近年来的研究表明这些长期变化也能影响 ENSO 变化。

一般来讲，南半球的环流变化与 ENSO 有关。在中纬度，这些环流变化影响智利和安第斯山脉东部的刮风和降雨频率。在高纬度，气温异常常常向东移动。这被称为南极波。高温水和低温水交替变换的四个大水池似乎每8年循环一次，且似乎与南部大陆的降水变化有关。

在南半球的高纬度，也有一个气压变化的年模式，叫做 AAO，它与 AO、NAO、PDO 类似。事实上，早在 1928 年，Sir Gilbert Walker 就写道："就像在北大西洋那样，在亚速尔群岛和冰岛之间也有一个气压正好相反的情况……具体为：智利和阿根廷的高压带，威德尔海和别林斯高晋海的低压带"。可是直到 20 世纪 80 年代，才有足够数据证实这一涛动的存在，其对南极附近海域的影响及其与 ENSO 的关系。

大西洋和印度洋的长期变化对非洲、印度和南美洲的天气影响巨大。在一些例子中，这些影响能够抵消 ENSO 的影响。尤其是，印度洋的变化似乎对南非因 ENSO 发生的变化及印度的季风影响重大。不像太平洋，印度洋表面的风没有盛行东风。夏季季风期间，源自非洲 Horn 岛的强上翻运动降低了气温，加大了压力，从而形成了印度季风。近来有关海洋和大气数据的分析表明每隔几年就有一个由东向西的暖水涛动，类似与太平洋的厄尔尼诺和拉尼娜现象。这种现象可解释为什么印度洋的季风有时候与太平洋的厄尔尼诺和拉尼娜现象同时。

3.8 大洋输送带

迄今为止，人们认为海洋起作用的方式主要包括海面特性、水平运动以及海-气相互作用。这就把研究局限在了风力作用的海洋混合层的问题上。从海洋混合层的顶部到底部，几乎没有水温变化。正如 3.7 节所述，海洋的混合层下面是温跃层，温跃层是一薄层，在这里水温逐渐降低。混合层的厚度，即温跃层厚度，仅取决于风速。在混合层，其表面水由太阳供热或者因冷暖洋流的穿越而改变温度，或者因冷水的水平对流，或者因冷水上翻而改变温度。但这仅概括了海洋的一小部分。在翻滚的表面下面，有一系列逐渐趋向缓和但同等重要的运动。

驱动海洋深层水运动的主要过程是 THC。THC 是全球洋流模式的一个重要组成部分，它连同表面风的运动、深层海水中潮汐能的释放一道称为海洋深层大循环（GOC）（图 3.22）。关于海水在表层输送到高纬度或返回深处的另一种叫法为 MOC。

THC 起因于海水密度的变化，海水密度的变化由温度和盐度的变化所致（方框 3.1）。表层水比深层水密度大，它就能下沉到很深的深度。海水温度取决于表层水源自何方，海洋通过显热和蒸发潜热损耗向大气释放多少能量，以及海洋吸收多少能量。某一水体的盐度取决于通过蒸发损失的盐量（与从雨水、河流水处获得的相比）以及南极、格陵兰、极地海洋中冰盖的融

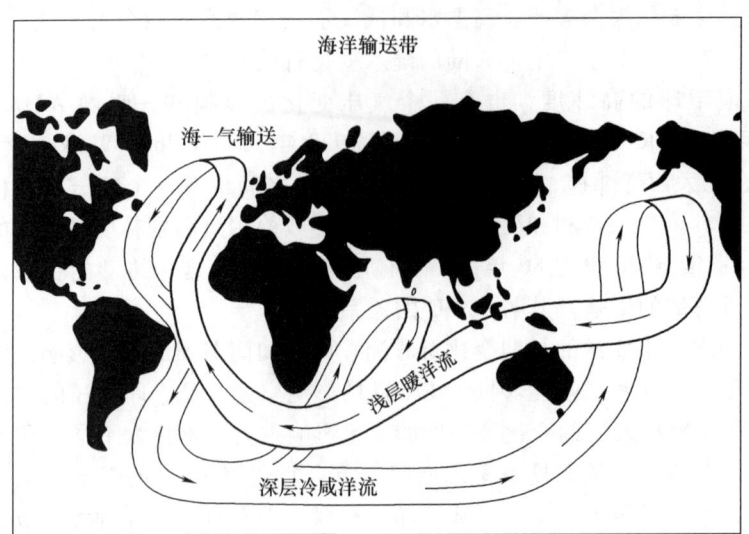

图 3.22　海洋输送带——描述全球热盐环流示意图。
(引自 Trenberth,1992,图 17.12)。

化。事实上,下沉水几乎不会对海洋中的任何区域产生大的影响。深层水,下翻到海洋中等深度的水,其仅出现在大西洋北面附近。地层水,位于深层水下面,构成了冷且密度大的水层,其仅出现在威德尔海和 Ross 海沿岸附近的几个区域里。

方框 3.1　热盐循环

海水密度 ρ 不简单的是温度和盐度的函数关系。观察这些参数如何控制热盐环流的最简单的方法是表 3.1 中密度的实际值。它表明淡水的密度在 4 ℃ 是具有最大值,盐度在正常水平 32.5‰~37.5‰,该密度随着温度降低到冰点值约 −2 ℃ 而增高。密度随盐度的变化是简单的,水越咸,密度越高。

表 B3.1　不同温度下不同盐度的水的密度(密度单位是大气压下的 σ 值*)

温度/℃	盐度/‰							
	0	10	20	30	32.5	35	37.5	40
30	−4.3	3.1	10.6	18.0	19.9	21.7	23.6	25.5
20	−1.6	5.8	13.3	21.0	23.0	24.7	26.6	28.5

续表

温度/℃	盐度/‰							
	0	10	20	30	32.5	35	37.5	40
10	-0.3	7.6	15.2	23.1	25.2	26.9	28.8	30.8
5	0	8.0	15.8	23.7	25.7	27.6	29.6	31.6
0	-0.1	8.0	16.1	24.1	26.1	28.1	30.2	32.2
-2	-0.3	7.9	16.0	24.2	26.1	28.2	30.3	32.3

* σ 是海水密度 ρ 的表示方法,相对于 4 ℃ 的蒸馏水, $\rho = 1.000$, $\sigma = 1\,000(\rho - 1)$。

表 B3.1 中密度在 0.995 7(30 ℃ 和 0‰ 盐度)到 1.032 3(-2 ℃ 和 40‰ 盐度)之间。

上述结论均可由以下数据证实。首先,低密度水(如河水、冰融化后的水、雨水)进入海洋后,它可在海面漂流,最终阻挡深层环流。其次,表面水因太阳辐射或低纬度地区暖水的水平对流而温度升高,常常形成稳定的表层水。由于表层水的稳定性,所以温跃层的深度就由风能够影响多少混合层的水所决定。最后,深层水的混合依赖于是否含有高盐度水。高盐度水因冻结而向周围冷水释放盐或高强度的蒸发所致。这些过程是 THC 形成的主要机理。

另外,表面水的运动由风所致,或由不同水体的不同盐度和温度所致。用计算机来描述这些过程很困难(见 10.1 节),由于大多数的混合运动的形式为较小的涡旋。因此,海水的密度注定随着其特性的改变而改变。这包括计算等密度表面。例如,盐度为 32.5‰,水温为 0 ℃ 的海水与盐度为 35‰、水温为 14.5 ℃,盐度为 37.5‰、水温为 22 ℃ 的海水都有相同的密度。

GOC 由 Wallace Broecker 在 Lamont Doherty 实验室发现,这对研究气候变化意义重大。然而,有一个争论认为,这一模式过于简化。更特别的是,有一个类似鸡生蛋还是蛋生鸡的问题:是 THC 造成了风,还是风造成了海洋环流,尤其对北大西洋讨论得更激烈。风和 THC 是如何联合起来让墨西哥暖流与表面洋流保持一致的呢?表面洋流向两极输送大量能量(见 2.1.4 节)。

麻省理工学院的 Carl Wunsch 认为墨西哥暖流作为洋流系统的一部分,由风使海洋旋转的扭转力驱动。冷却和加热会影响温度、盐度,但不是其根本原因。只要太阳照射地球,地球旋转,就有墨西哥暖流和其他洋流。海洋里热传递的主要机制是风生流,它们把暖水输送到两极,把冷水输送到赤道。他认为没有风的影响,高纬度的下翻运动就不能造成洋流;没有风,冷和热只能造成微弱的流动,而不是现在观察到的情况。

如果高纬度的下沉运动停止(例如,遇到海冰),也仍会有流向南方的墨西哥暖流,并且可能会更强劲,因为之后风场可能变得更强劲。如果下翻运动因低密度水注入而停止,墨西哥暖流就只受风的影响。如果风刮向更南,由这一系统输送的热就会改变,总的结果是北大西洋更冷。

洋流能以不同的状态存在是气候变化的基本因素。它尤其与北大西洋有关,由于这里的洋流向北极输送了许多能量(图2.9)。这一暖流通过蒸发向北极的空气释放能量。然后,其低温、高密度特性可使它下翻,从而形成深水层,流向南极。在那里,它是暖水,密度低,从而上升成为强烈垂直环流的一部分。南极附近的下翻冷水流向北极,进入太平洋和印度洋,这里没有下翻水。

关于北大西洋中THC的一个未解之谜是它对气候变化的影响。在上一冰期的变化证据(见8.4节)表明,在特定条件下,海洋的运动经历了缓慢而又明显的变化。如今,对北大西洋水流强度的测量少之又少。因此,关于这一重要的气候变化因素我们了解得不够完整,且关于其稳定性,我们似乎没有证据。困扰人们的是深水流测量和墨西哥暖流卫星研究均表明北大西洋中THC近几年来有明显的减速。这些是自然变化(比如说AMO)还是环流变化造成的尚不清楚。

用于预测人类活动对气候变化影响的计算机模型(见第10章)表明,全

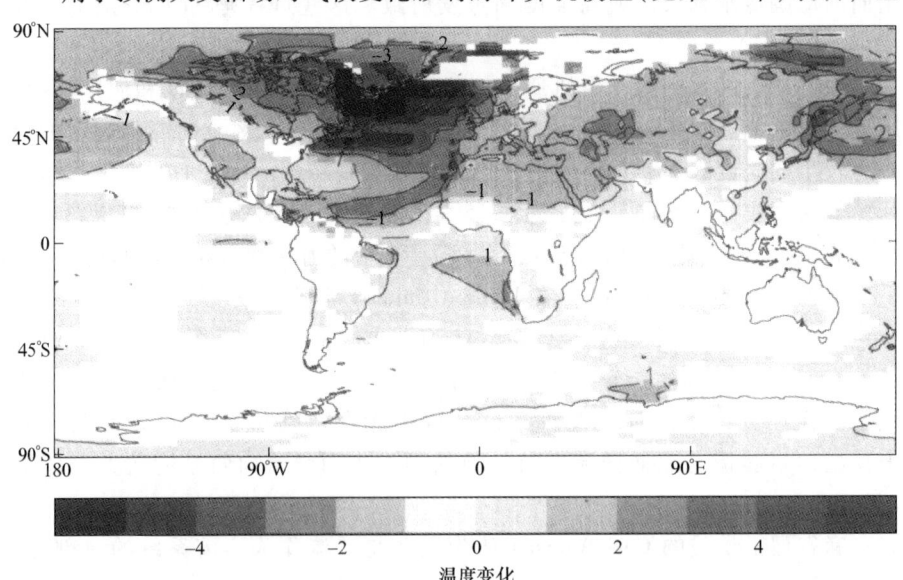

图3.23 如果北大西洋北方的热盐环流关闭,将发生的温度变化的计算机模拟。(经UKMO许可)

球变暖的原因之一可能是 THC 的减速和向北半球高纬度输送的海洋热减少。这些模型又表明，即便在欧洲海洋热的输送大大减少的情况下，但气候还是变暖。这些模型表明当代气候没有经历上个冰川期的变化。

相反，许多用于研究气候变化的模型表示气候确实经历了一个大变化。在极端情景下，变化包括墨西哥暖流的消失。在理论上，这一变化能发生在好多年内，在之后的好几十年里对北半球气候产生影响（图 3.23）。由于这些变化没有规律，所以它们不可预测。因此，即便我们发现全球变暖可能导致气候巨变，我们也不能预测它是立即发生还是在很长时间之后发生。

3.9 小　　结

气候各要素的本质特征是它们相互联系。因此，把某一要素单独研究，然后再去认为影响它的要素也会影响气候就变得不切实际。虽然这样做会提供一个全新视角，但是不研究每一个要素对整个系统的直接影响也是失败的。总的说来，只有把气候系统看成一个整体，才能正确地分析它过去是如何变化的，并预测将来如何变化。

认为气候系统内的各要素相互联系是一个正确观点。当描绘它们之间的相互联系时，我们已经研究了每个要素是如何单独作用的：

（1）地面和大气吸收的太阳能量，特别是云、雪、冰和陆地对气候的影响，还有水循环和生物圈的作用；

（2）能量如何由大气和海洋通过地表传送强调了大气对维持长期环流模式的重要性，海洋对改变自身传送和储存能量的重要性；

（3）能量如何在各种因素的控制下重辐射回太空再次强调了云对气候的影响。

时间尺度的选择对研究它们如何影响气候变化至关重要。在所有要素中，大气对各种刺激反应较快，但是它能在某一状态维持较长时间，大气的不同状态又在全球范围产生了不同的气候。然而，在大气变化的众多原因中，云的影响巨大。相反，海洋的反应较慢，但能发生巨大的变化。陆地、雪面的反应速度常常介于两者中间。这些不同的反应速度说明不同的气候要素不可能步伐一致地发生变化。相反，有的快，有的慢，从而使气候系统产生许多无常的有时甚至是相反的变化。

气候系统的各要素是如何联合起来变化的，必须放在过去是如何变化的这一大背景下讨论。为了准确预测未来气候系统会如何变化，这就涉及观察各种变化的证据、结果和测量方法。这是一个跨越很长时间的工程，需要观察各种线索才能给亟待解决的复杂体系提供指导。然而，所有这些都不能脱离如下事实：我们真正关心的东西是大气变化和海洋变化是如何结合起来导致气候变化的。

习题

1. 解释为什么低层云使气候变冷而高层云使气候变暖?
2. 利用地球仪解释为什么急流在环绕地球时是波形而不是圆形的?
3. 有人可能认为,海冰范围的减少将导致强正反馈,因为暴露的海水可能吸收更多的太阳能,进而使得地球进一步变暖。那么其他什么过程可能导致负反馈,使得许多海冰效应被抵消?
4. 利用表2.1的反射率数据计算单位面积撒哈拉沙漠能量吸收量和同等面积萨瓦纳能量吸收量的差异,有显著差别吗?如果有,这是这部分沙漠扩大对气候影响的现实评价吗?

深进读物

本书最后附有一份完整的参考文献,从中挑出的以下书籍或文章可以帮助更好理解本章内容。每个引文的详细情况见参考文献。

Barry & Chorley(2003): 是发现全球气候根本的一本非常优秀的教科书,也是相关气候变化的最好读物。

Bigg(2003): 在提供理解大气和海洋如何相互作用对气候产生影响的分析上有特别的价值。

Bryant(1997): 一本在气候变化问题上稍有不同见解的教科书,它探索人们充分理解的变化原因的难点以及模拟其因果关系。这种研究方法与清晰和直接的文体相结合,使它成为把握这些难点的重要资源。

Diaz & Markgraf(2000): 是关于不同厄尔尼诺和南方涛动的综合读物,对于这些现象的特点及其全球影响提供有价值的指导。

Open & University Oceanography Serise(2001): 是海洋环流读物,特别清晰和简明地介绍了关于海洋动力学基础知识。

第4章 气候变化的测量方法

我们对历史的唯一责任，就是改写历史。

Oscar Wilde（王尔德）

要想知道气候变化在过去如何进行，我们需有相关参数（例如，气温、降水量、云量、冰面等）的可靠测量方法。这些参数在空间上要求属于全球气象站点，在时间上要求是过去时段内我们想要的任何间隔固定的时间。事实上，我们没有这些测量方法。即便运用现代化的观测设备来研究全球气候如何变化，我们仍有许多难题。越往古代，问题越多。改进气候变化测量方法的目的在于：一、填补过去相关知识的缺陷，二、为研究气候变化发生原因奠定基础。本章研究内容如下：

（1）简要叙述测量过去气候状况各类方法的本质特征；
（2）分析其优缺点；
（3）研究是否可以综合各种方法描绘气候变化的连贯图。

这包括重新检查一些陈旧的气象站点。为了达到我们的研究目的，我们必须搞清楚是这些测量方法的哪些方面阻止我们得知气候变化在过去和现在如何进行。

4.1 原位仪器测量法

在理论上，现代化的仪器有能力测量研究气候变化所需的大多数据，但是观察时，要求无论在哪里，它们都必须能在相同的条件下测量相同的对象。气温的测量是表明这一简单要求有多难的绝佳例子。虽然一支高精度的温度计能精确测量气温，然而确保在相同条件下测量却不那么容易。基于这一原因，在测量地表气温（尤其是下垫面为草时）时，要求温度计放在特定高度。其目的在于确保所测量的是大气温度，而不是温度计吸收太阳辐射的能力或者地表被加热的程度（它们都会影响所作的观测）。因此温度计应被抬高放置在一个通风好、装有百叶箱的白色箱子内，以阻止太阳直接辐射或地表辐射到达温度计。使用温度计的这一规范性装置被称为"Stevenson箱"。

即便在一些地方有符合上述标准的气温记录，其他要求也会带来新的问题。在偏僻的地方定期测量气温费用昂贵，因此使用自动化电子测量设备存在巨大经济压力。虽然使用自动化电子测量设备（电热调节器）能进行准确、可靠的气温测量，但是改为使用这些仪器会使观测到的气温发生较大变化。使用这些设备的优点是提高气温测量的精度，缺点是具有尚未发现的仪器效应风险：可能降低观测质量。

尽管现代化的测量是在规范条件下进行的，但许多早期的测量规范程度不高。因此这就需要一些高预测性的工作来构建完整的时间序列，进而使早期的数据与现在的数据具有可比性。另外，虽然知道仪器放在什么地方，但长时间序列内土地利用/覆被变化、修建房屋均可给当地气温造成巨大影响。因此，以前是郊区的地方，会因农业生产活动的变化、森林的砍伐和修建房屋而改变。

这些效应对许多早期在城镇附近所做的测量影响巨大。久而久之，那些地方变成了城市热岛，它们导致城市和郊区气温显著升高，其被粗略当成气候变暖的原因。尽管气候变暖是事实，但郊区只占地表的一小部分，可见城市热岛导致气候变暖的观点是错误的。因此，为了研究气候变化的机理，测量结果还必须进一步修正。类似的，把一个气象站点从城市中心移到当地飞机场，这也会带来巨大变化，必须加以考虑。气象站点附近，城镇化加速以及土地利用/覆被变化是更琢磨不清的影响因素。它们以相当微妙的方式改变当地的气候。这些效应对气温测量的影响程度是一个正在讨论的话题。

规范化地表气温测量方法中的另一个问题是：虽然气温数据在一些地方高达 300 年之久，但是它们不能覆盖整个地表。直到 19 世纪末，在北半球的部分地区才有像样的气温测量站点。自从那以后，许多地方被填补气象站点，但为了弄到全球地表气温数据，19 世纪中叶以来的部分地区地表气温仍然需要通过插值来完成。

使用海洋表面气温时，有类似却又稍有不同的一系列问题。我们能够获得 19 世纪中叶以来的大气温度和海洋表面温度。白天测量的大气温度现在看来不可靠，因为甲板吸收太阳辐射后会使气温升高，然而，由于海上的气温白天与夜间区别不大（见 2.1.4 节），所以夜间的气温可以近似等于白天的气温。

海水表面的气温测量具有稍微不同的问题。在 19 世纪，大量轮船记录位于其边缘桶内收集水的温度。要想利用这些数据，一些修正必不可少，无论是来自木质还是非绝缘帆布桶内的水温，因为后者冷却得更快。较大的迷惑是，在 1940—1941 年，温度突降近 0.5 ℃ 的原因。现在已经知道这一变化起因于一份未记载的突然变化：从用帆布桶测量温度发展到在大型设备的入口测量温度。测量方法的变化是由于战争期间，夜晚在船的边缘点灯测温度极其危险。把这些修正用于大约 8 000 万数据,得出的结论是:1941 年之前的气温修正值从 +0.13 ℃(发生在 1856 年,当时广泛使用木质桶)增加到 +0.42 ℃(发生在 1940 年,当时广泛使用帆布桶)。由于自从 19 世纪以来全球海面温度升高累计达 0.5 ℃(图 4.1),可见这一修正是一次较大的调整,并且表明规范温度测量方法是多么重要。

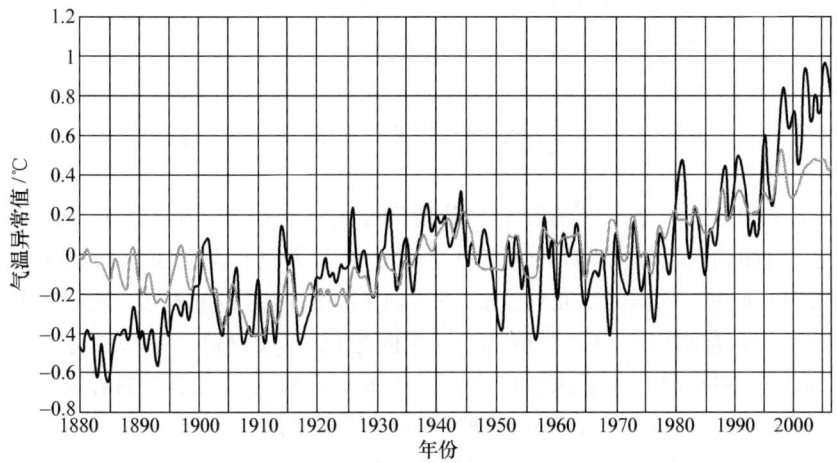

图 4.1 1880 年到 2006 年,全球陆地上空气温异常值(黑色曲线)和海洋上空气温异常值(白色曲线)。(引自 NOAA:http://www.ncdc.noaa.gov/oa/climate/research/ghcn/ghcngrid.gtml)

海面温度数据的另一大局限是空间覆盖不够全面。除了主要航线,绝大多数地区几乎没有温度数据,尤其是在早期的记录中。覆盖面主要由两次世界大战和航线变化(例如,分别于 1869 年和 1914 年开辟了苏伊士运河和巴拿马运河)所影响。即便近十年来,45°S 南面的南方海洋仍然没有数据。海洋占据地球表面 71% 的面积,可知,温度数据覆盖面不全是一大缺陷。虽然其他记录可能发现,但是完全填补未覆盖的海面希望不大,因此唯一能做的就是基于已知的温度模式把已经获得数据外插到全部海水表面,以形成完整时间序列。

追溯到 19 世纪 60 年代的全球温度数据,不区分陆地和海洋温度。陆地表面温度的不确定性主要由城市化所致。总的来说,在 20 世纪里,在所观测到的约 0.5 ℃ 气温升高中,城市化造成的升温低于 0.05 ℃。海水夜间温度和海面温度混为一谈导致另外的一些不确定性。早期的数据不准确,但是自从 20 世纪初以来,在一些数据足够多的地方(约占世界海洋面积的 60%),每十年的海面温度偏差不超过 0.1 ℃。海面温度的升高值低于修正的陆地温度升高值(图 4.1)。两者总的趋势相似。主要区别发生于 20 世纪 70 年代以来,此时段,海水温度的升高没陆地快。这一较慢的升温原因可能是因为海洋的热惯性。一致接受的全球变暖曲线是上述两组曲线的叠加。这一分析也表明南、北半球情况一致，并且证明变暖是全球现象。与一致认为的全球气温升高值 0.65 ℃（自从 20 世纪初以来的升温值）相比，不确定性大致为上下浮动 0.2 ℃。

使用 19 世纪中叶以前的温度数据也有一些问题。在欧洲和北美东部，有很长时间序列的气温记录。最长的属于英格兰中部的乡村地区。这一时间序列是我们所关心问题（我们需要修正气温值）的一个经典例子。它是 Gordon Manley 教授晚年的辛苦之作，且涉及大量多方面的劳动。首要任务是从官方气象局成立以前，众多业余观测家累积的温度记录数据中进行挑选，并进行汇总。

记录的汇总只是问题的开端。其他问题之一是业余观测家是如何观测温度的。追溯到 19 世纪早期，规范测量方法以及大量重复数据联合起来使得数据的可靠性、数据的修正（比如，一天内不同时间测得的温度）能够得到有效检验，不过越往前追溯问题越大。18 世纪 60 年代以前，一些保存完整的记录取决于拥有暴露于通风性能良好、朝北、没有火的房子中的温度计。另一个麻烦是在 1752 年，日历从儒略历变到了格里历。因此，不可以将 1752 年之前的逐月数据与英国现在的数据作比较，也不能将它们与西欧现在的数据作比较，除非有逐日数据，因为从 1752 年以来，两种日历的时间差别累计达 11 天。这一问题将在 8.9 节详细讨论。

分析其他气象要素时会遇到类似的一系列问题。陆地降水量的测量历史与气温测量历史几乎同样悠久，这里同样有早期测量结果可靠性的问题。一方面，许多早期测量因测量器的特殊位置可能低估降水量的值。测量器附近风涡的干扰能大大减少到达测量器内的降水。这些问题与气象站点附近植被利用/覆被变化、建筑物变化混在一起。另一方面，早期的降水量测量可能没有收集大多数降水。也有测量仪器的改变问题。由于 20 世纪 60 年代测量仪器的变化，苏联的所有记录全部要通过修正。

另一个问题是，降水量在空间上比气温易变，因此，在衡量长期变化趋势时，需要相当多站点的数据。在测量站点少的地方，得出的结论可能是长期变化趋势因忽略局部变化而变得不准确。例如，在英格兰和威尔士的逐月降水量的时间序列中（可追溯到 1772 年），关于早期的逐年数据，要是观测站点从 5 个增多到 20 多个，那么标准误差会减半。因此，只要拥有范围广阔的精确降水量数据，就有可能知道长期变化趋势。

基于这一情形，明白全球降水量的变化趋势的不确定不足为奇，且迄今为止，本世纪降水量随着气温的升高如何变化这一研究进展不大也不足为奇。20 世纪 70 年代之前，降水量的测量局限在陆地上，但是从卫星的问世开始，测量范围变了（见 4.2 节）。事实上，不存在一个公认的全球年平均降水量值。从1960年以来，各种全球年平均降水量测量结果的变化幅度为 $784\sim1\,041\,\mathrm{mm\cdot a^{-1}}$，且尚未向达成一致进展。陆地上，已有局部地区的一些降水量变化趋势估计。但由于估计尺度的大小问题，关于陆地是变湿润了还是变干燥了尚没有定论。

在局部地区，有时间尺度更长的降水量记录。在西欧的少数地方，这些记录能追溯到18世纪早期；在北美东部，可追溯到19世纪早期，甚至更前。但是从这些记录中仅能得到有限的结论。变湿润还是变干旱的趋势不大清晰。在英格兰和威尔士，降水量记录能追溯到18世纪中叶，不过有一些证据表明冬季在变湿润，夏季在变干旱。在美国，19世纪30年代和19世纪50年代到80年代比较湿润，20世纪降水量明显增加（图4.2）。

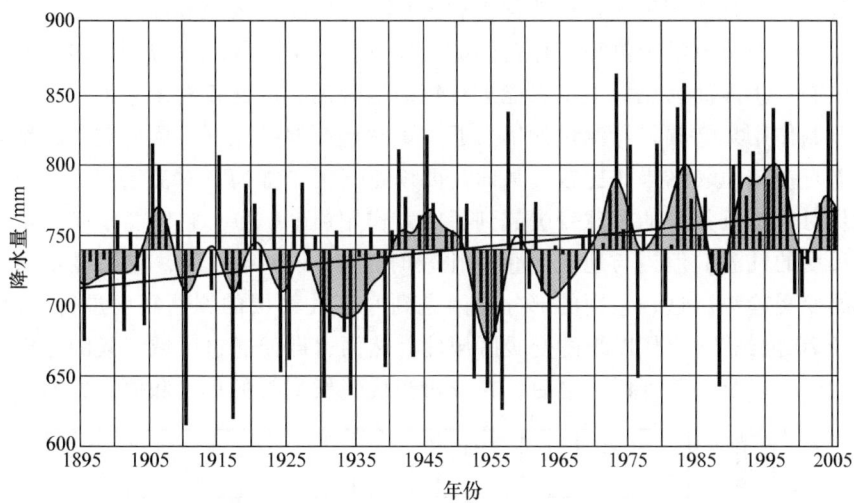

图4.2　1895年以来美国降水量变化图，同步长为9年的平均曲线一同证明降水量在此期间呈明显上升趋势。（引自NOAA）

关于其他气象参数数据，它们的主要缺陷是测量时间相当有限。因此，虽然局地效应能够衡量（例如，城市地区太阳辐射的变化是污染物影响局地气候方式的指示物），但是全球尺度气象参数的不全表明这些参数在过去如何变化不好说（尽管存在大量观测数据）。

然而，有一些新的观测系统能够给气象参数测量带来全新的视角。这种设备系统之一是分布于全球范围的船只观测网，其大约有3 000艘漂浮在海上，它们能够测量温度和海洋2 000 m深处的盐度。这种设备每隔大约300 km放一个，能首次连续测量全球气温、盐度、海洋上层海水运动速度。这种设备能给海洋上层海水运动变化情况提供定量描述，也能描述海-气相互作用模式的变化，时间尺度从数月到数十年（包括热量、淡水的储存与输送），可以说这一设备的问世已经给全球海洋温度变化情况提供了一个全新视角(见11.4节)。

4.2 卫星测量

自从20世纪60年代初以来,气象卫星使得全球尺度的天气观测成为可能。早期的卫星只能粗略测量云量、地表和云体顶部的气温。在20世纪70年代,能测量地表和大气放射出的各种波长的地球辐射的红外测量仪取得进步。卫星随着红外测量仪的发展也得到了发展,并进一步能够测量不同大气高度的气温。另外,微波测量仪也得到了发展,它以同样的原理工作,它的很大优点就是能透过云进行观测。这就意味着它们不仅能在有云的情况下测量气温,而且能精确测量极地常常有云存在时的雪面大小和冰盖大小。

虽然卫星有潜力测得全球范围的气候变化,但当提到气温测量时,有两个限制:①显而易见,卫星只能进行短期的观测,因此仅对未来的气候变化起监测作用。②辐射计测量的辐射通过了一层厚厚的大气,因此它们的结果不能直接与地表结果作比较,从而需要修正。无论如何,对流层层底的卫星测量对分析近年来的全球变暖起到了巨大作用(图4.3)。它们能精确测量全球尺度的气温。但当与地表测量作比较时,自1979年以来,它们显示出不同的变暖趋势。这一差别的部分原因是到底在大气层的哪一高度进行观测,以及20世纪70年代以来的变暖区域性。然而,即便通过区域气候的仔细检测之后,以及一系列纠正之后,在分析当代气候变暖的尺度和原因方面,这

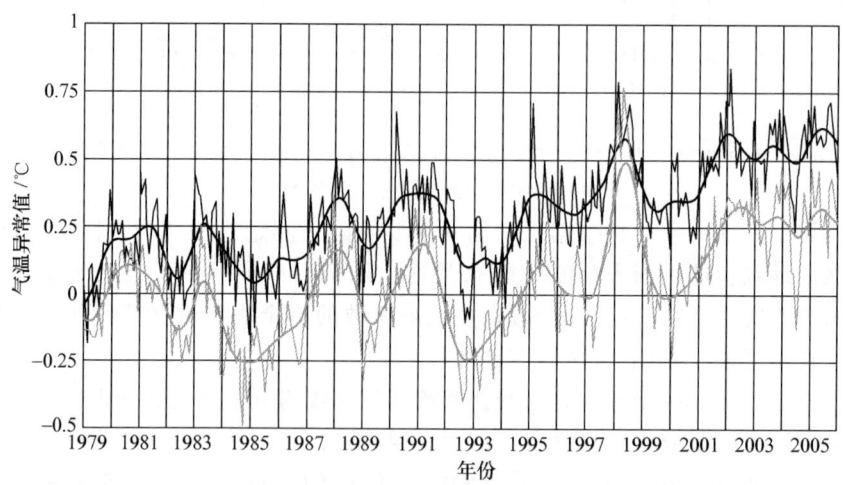

图4.3 全球月气温异常值(细黑线)、步长为25个月的滑动平均气温曲线(粗黑线)、卫星辐射仪所测全球气温异常值(白线)对比图。(引自 http://www.ncdc.noaa.gov/oa/climate/research/ghcn/ghcngrid.html,和 http://vortex.nsstc.uah.edu/public/msu/)

一差异依然存在着不能解释的问题。

卫星的最大功能是观测以前观测不到的气候参数的变化。微波测量仪现在能对北半球的冰盖面积(图 3.13 和图 3.14)和极地的海冰面积(图 4.4)进行常规测量。说到冰盖,有好多短期变化,且有证据表明北半球的冰盖面积随着全球变暖在减小。这种减少在考虑到从 20 世纪 70 年代以来,北半球大陆冬半年气温升高时,这就不足为奇了。冰盖面积减小与全球变暖是正反馈关系还是冰盖面积减小仅仅是 20 世纪 80 年代末、20 世纪 90 年代初强西向环流的征兆,这点尚不明确。然而,4 月份,冰盖面积的持续减小很严峻。

说到海冰,卫星已经改变了极地的气候参数测量。1978 年 11 月—2005 年 12 月这段时间的数据表明,北半球海冰面积每 10 年减小 2.9%,而南极附近,每 10 年增大 1.3%。这些记录的短期性暴露了描述长期变化的困难。对海冰面积早期变化的观测来源于偶然的科学研究的记录和其他数据(比如,养鱼业的记录)。在南半球,这些记录表明:在 20 世纪 50 年代末至 20 世纪 70 年代初这段时间里,海冰面积减少了大约 25%,即 $5.65 \times 10^6 \text{ km}^2$,它远远超过 1976 年以来海冰面积的增加量[图 4.4(b)]。虽然这些观测给长期的变化趋势提供了有价值的线索,但不能说它们能精确描述当时所发生的一切。然而,它们确实表明在得出有关变化趋势的结论之前,使用卫星增加更广泛的观测有多重要。

自从 1998 年 1 月以来,装在热带降雨量测量(TRMM)卫星上的微波测量仪一直在测量 35°N 与 35°S 之间的降水量。虽然,在任何有关降雨量变化趋势的结论得出之前,这些观测需要精确分类,但这一技术确实给在全球范围进行测量提供了可能。无论如何,逐月全球降雨量测量的详细结果正在出版,但随着时间的推移,它们会提供更好的信息:局部和全球降水量如何在更长时间尺度上变化。

虽然卫星一直被认为是测量云量最理想的方法,但它们不能观测长期变化。地表测量显示在过去 100 年,云量增加了几个百分点。这一增长与同时期观测到的白昼温度下降关系密切。自从 1960 年第一颗气象卫星发射成功以来,获取的影像已经提供了有关云量的大量信息,但早期对云量变化的分析结果模棱两可。首先,这涉及一个退化问题,在卫星的生命周期里,它们对反射来的光越来越不敏感。其次,任何有关云量变化的分析都必须区分云的种类和其所处的高度,而大多数观测都不能提供这一信息。然而,自从 1983 年以来的联合行动取得了不小进步。

卫星在测量地表植被的多少方面很有效。这些测量在两个领域尤其有价值。其一是分析荒漠化的原因,尤其在非洲撒哈拉沙漠以南地区。在 20 世纪 70 年代,人为原因造成这一环境灾害被国际社会所接受。然而,自从 20

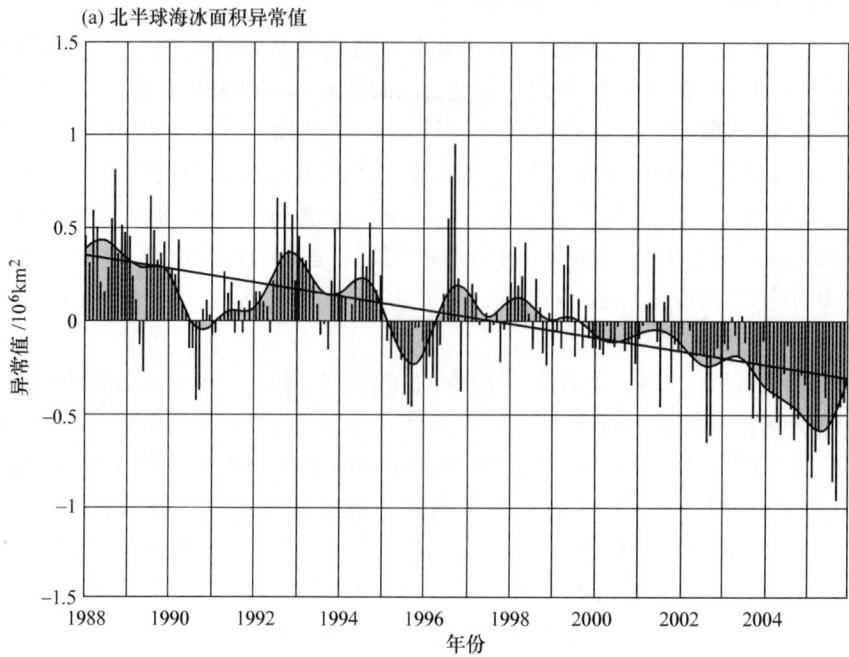

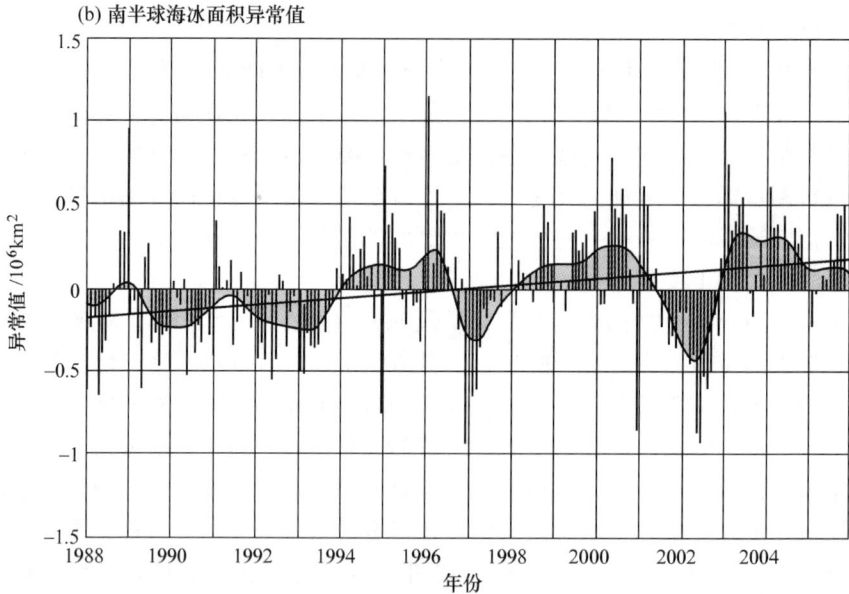

图 4.4 （a）为 1988—2005 年北半球海冰面积异常值，（b）为 1988—2005 年南半球海冰面积异常值。用 25 个月为步长进行二次滑动平均曲线以拟合月异常值，最终滤去以 12 个月或稍短时间为周期的趋势值。（引自 NOAA NSIDC http://nsidc.org/dat）

世纪 70 年代以来,卫星所搜集的数据表明,气候变化的影响被低估了。事实上,沙漠里所观测到的许多变化主要原因在于降水量的变化。卫星观测证实了降水多的年份植被恢复的情况。

许多研究也证明了这些结果,它们证明了当雨水多时,休眠的种子就萌发,此时,几乎完全荒漠化的地方,其重新恢复生机的能力令人吃惊。这就反驳了 20 世纪 70 年代许多环境学家的判断:荒漠化不仅是人类活动的结果,而且不可恢复。后一个观点尤其与许多气候变化的观点相违背。这里有一个错误,它低估了许多生命适应极端气候条件的能力。我们不能忘记它们经历了许多极端气候条件时期,而不仅仅是经历了历史所记录的时期。这意味着它们有防卫基因,可以使它们中的一些在极端气候时期存活下来。

卫星也被用于连续记录地球的植被覆盖状况。通过采用可见光区与红外光区反射光的不同,我们可能会测出植被的数量和种类。所谓的归一化植被指数($NDVI$),常被用于描绘年际间植被面积的变化图。两大测量结果对研究气候变化意义重大。其一,总初级生产力已由基于陆地的植被估计。虽然有许多变化,尤其是在热带太平洋受到 ENSO 的影响,但这些测量显示在 1982 年至 1999 年,总初级生产量上升了 6%。最大的上升发生在热带。亚马孙热带雨林总初级生产量上升占了全球总初级生产量上升的 42%。总初级生产量的上升是由于云量的减少、太阳辐射的增多造成的。

关于植被监测的另一有利结果是春季开始日期的变化:沿着北半球的大陆,越往北,春季开始得越早。在 20 世纪 80—90 年代,春季开始的时间在北美平均早了 8 天,在欧亚大陆平均早了 6 天。秋季庄稼的收割在北美推迟了 4 天,而在欧亚大陆推迟了 11 天。因此,庄稼的生长期与 20 年前相比,在欧亚大陆平均长了 18 天,在北美平均长了 12 天。

4.3 重分析工作

近年来,气象学上的一个重大进展是人们可以重分析 1950 年以来天气预报的数据。这项工作在美国由美国国家环境预报中心(National Center of Environment Prediction,NCEP)和美国国家大气研究中心(National Center of Atmospheric Research,NCAR)来承担,在欧洲由中尺度天气预报中心(Europe Center of Middle Range Weather Forecast,ECMWF)来承担。重分析工作能够在全球范围内进行高水平的大气场分析,这进而为研究气候变化提供了新方法。

重分析过程包括地表恢复数据、航海数据、无线电探测器数据、气球数据、卫星数据等。接着,这些数据通过检验且通过一系统归一化,这一系统可以在重分析过程以标准化方法操作这些数据。随着时间的推移，这就消除了与数据归一化系统变化有关的变化。然而，重分析依然受观测系统的影响（例如，早期的数据几乎没有大气上层的数据，而把卫星测量气温引入预报技术是测量方法的一个巨大进展）。因此，与近40年相比，早期的分析可靠性较差。

重分析工作的一大好处是它可以利用多年来收集的所有数据，进而产生有关全球气候变化季节间、年际间变化的较可靠测量方法。这些测量在确定一年内任何时间地球周围的情况以及高水平测量地球周围能量和水汽输送时尤其有价值。当谈到要解释从大量气候参数观测到的趋势时，要求更多的关注，由于测量技术的变化对气候的真实变化有影响。

4.4 历史记录

在观测设备不存在的年代，有关气候的信息有时候能通过历史记录（包括个人日志）获取，比如天气历史记录，与天气相关活动的历史记录。然而要想对定量测量起重大作用，它们必须符合更严格的标准。不过在欧洲和中国，每年大量事件的详细报道另外提供了有价值的信息。特别是在一些地方历史记录比仪器观测数据多，进而能对这些历史记录分类。更特别的是这些记录大都与农业活动有关。例如，小麦价格是收成好坏的良好指示物，由于收成好，麦价就低；收成差，麦价就高，但这些数据只与夏半年有关，且是气温和降水的综合作用结果。这就意味着，尽管极端年份存在，但许多变化不能归因于一两个因素。更准确的测量是葡萄酿酒的日期（即酿酒日）的记录。这是植物生长季节（4—9月）气温的绝佳测量法。

众所周知的例子是记录下来的酿酒日。法国的历史学家 Emmanuel Le Roy Ladurie 和他的同事统计了法国北部许多地方以及邻近地区的这个记录。这些记录涵盖了 Burgundy 地区从1370年到2003年的酿酒日，在 Burgundy 地区，至少从13世纪早期开始，官方公布的酿酒日就被详细地记录在农村和城市档案中。通过对比每年的酿酒日与4—9月的气温[来源于间接数据（见4.5节）和仪器测量数据]，历史记录直接测量的生长期的温度变化幅度见图4.5。尽管两者关系是非线性的，但相关度很高，因此，历史记录可以给夏半年气温提供很好的推测依据（见8.9节）。

众多其他历史记录的局限性是它们常常只记录极端事件。例如，泰晤士河上有冰雪节意味着伦敦的冬天格外冷，但没能说明它们在17世纪冷到何种程度。然而，通过全面分析所有极端记录，有时候可能得到典型变化的较完整情况。这种方法如何提供大量信息的典型例子是 Christian Pfister 的关于

4.4 历 史 记 录

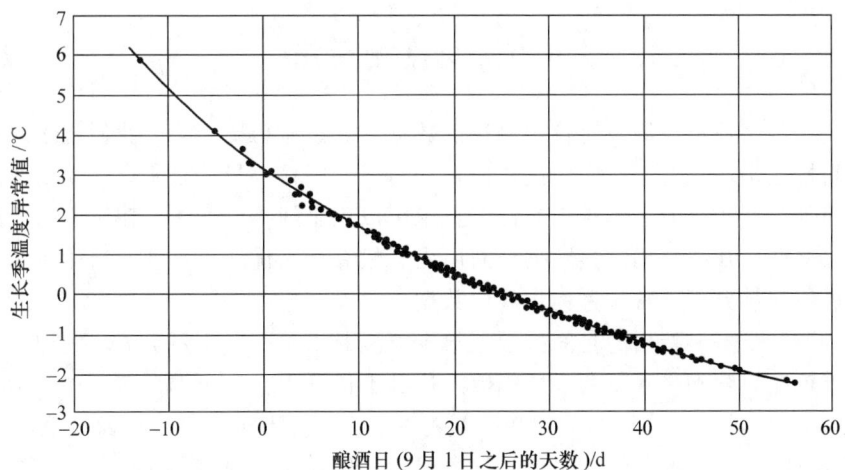

图 4.5 Burgundy 地区从 1370 年到 2003 年，酿酒日与生长季（4—9 月）气温（来源于间接数据和仪器测量数据）的相关性。（引自 Chuine 等,2004）

16 世纪初以来瑞士气温和降水量变化情况（图 4.6）的研究。但在许多情况下，记录少而旧，因此，许多做法只能是降低对极端天气变化的重视。只有在具有足够的记录进而能形成统计序列的一些地方，这些记录才能被用于得出气候变化的结论。否则，它们的价值仅体现在与间接测量得到的数据结合起来提供较完整的气候变化图方面。

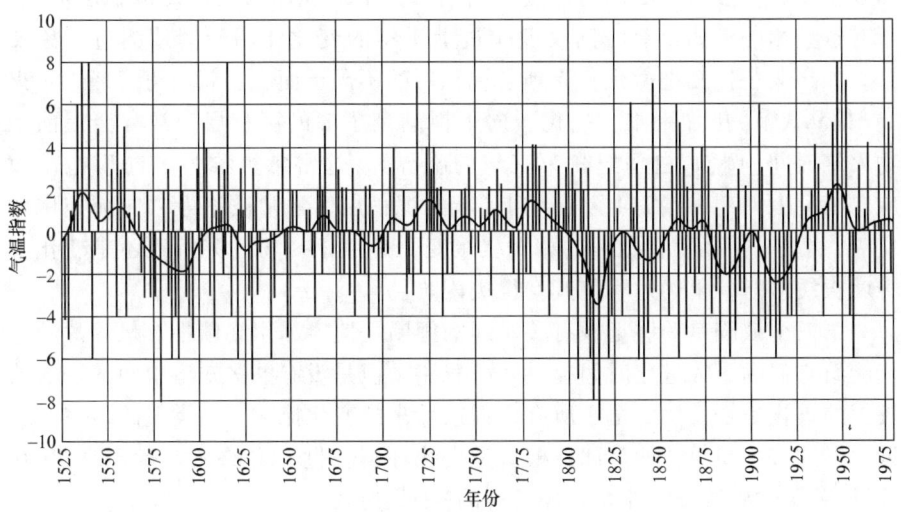

图 4.6 瑞士夏季的气温及滑动平均气温曲线，它们显示长期变化情况。（引自 Pfiste 在 Bradley & Jones 的论文,1995。Burroughs,1997,图 2.9）

4.5 间接测量法

在一些地方，既没有仪器测得的数据，又没有历史记录，我们就必须使用间接测量法。对于时间跨度比较长的情况，间接测量法是研究气候如何变化的唯一办法。幸运的是，有许多技术可以用于间接测量法。在讨论间接测量法之前，知道使用间接数据推断历史气候有什么优缺点是理所当然。用于分析的间接数据常常被称为古气候数据。

第一个需要指出的是间接数据很少能推断出单一气象要素值。例如，树目年轮是温度和降水量两者的函数，这点不仅发生在生长季，而且在非生长季也一样（可能与较早季节的降水量有关）。仅仅当树木处于气象要素极限值生长时，它们的生长才由单一气象要素（比如，夏季的气温）所决定。类似的，关于冰芯数据，除了每年累积的积雪厚度能单独衡量降水量外，其他数据衡量的都是远离降雪地点所发生的综合要素。关于其他数据（比如，花粉的成分、湖泊沉积物每年沉积的厚度、海洋沉积物所沉积的有孔虫类），所能推断的气象要素值都是利用如下两者之间的微妙关系：所测量的要素和它如何受当时气候变化所影响。

第二个缺陷是一些信息由于某些自然过程而变得不太准确。例如，深海沉积物的分解受三个要素的影响：沉积作用的低速度，沉积速度会随着时间而发生变化，爱打洞的动物可能使刚刚形成的沉积层与之前的沉积层混合。所有这些影响表明只有时间尺度超过上千年的变化能用于间接测量气象要素。如果某一搅动把微化石弄到了沉积层的不同层面，它就使得解释大量灭绝（见 9.3 节）更加困难。把化石向下搅动到了旧的沉积层，常常会提前生物灭绝时间（例如，白垩纪-第三纪的临界），这常常被称为"向后拖尾效应"；而把另一些化石向上搅动到了新的沉积层，常常被称为"向前拖尾效应"。当去分清动植物数量的相对缓慢变化是由于一场巨灾所致还是变化本身就很缓慢时，上述过程使其变得更困难。

第三个缺陷是一些记载有长时间的间断。鉴定冰川终碛中有机碎片的年代能给它们的重大进化时间提供一条思路，但是没有办法知道中间的、次数较少的进化是否发生，由于所有证据被后来的变化掩盖了。类似的，在更新世，早期过于简单的四大冰期模型是变化证据在世界上的绝大多数地方（在这里，关于这些数据的原始记载是有的）消失所致。

第四个缺陷是，在许多情况下，间接数据仅仅在有限的地方存在，使得描述全球变化状况很难。年轮数据或者冰核数据仅能在世界上的某些特定地方找到。许多化石组合是异常环境的产物，这表明保存下来的物种不代表当时正常的环境。仅仅在海洋沉积物方面，我们有足够多的数据可以给描画某些形式的全球变化提供一些帮助。

4.5.1 树木年轮

气候变化对树木的影响记载在每年它们生成的年轮中。最直接的测量方法是利用树木年轮的宽度，它们不仅仅可用于衡量气候变化的状况，而且给鉴定古树的年龄提供了基础（见4.6节）。古气象学家面临的问题是研究气温、降水量和土壤湿度怎样组合起来导致树木年轮宽度的变化、年轮间树木结构的变化。解决这一问题可以通过比较自从规范化的气象参数测量方法诞生之日起，所观测到的树木年轮宽度有何变化。然后通过统计分析各气象参数（夏季气温、年降水量）之间的相互关系可以得知年轮宽度的变化取决于各气象因素。这一计算接着就可以用于修正给定的气象参数，进而检查用年轮数据反映过去的情况效果如何（图4.7）。以此为基础，为了研究气象要素测量设备出现之前气候逐年变化状况，已经建立的统计关系就可以用于较早的树木年轮数据。

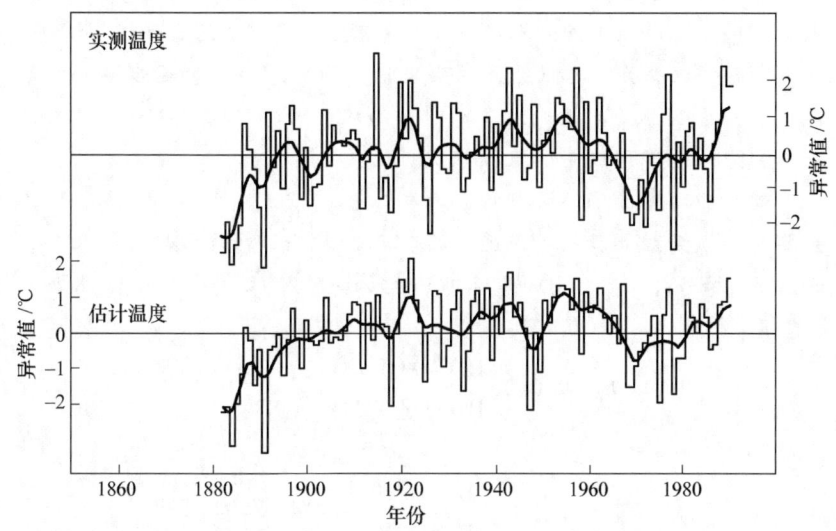

图4.7 北芬诺斯坎底亚7/8月实测气温与估计气温对比图，表明树木年轮宽度而不是仪器观测数据能以已建立的关系进行修正，从而重新构建气温记录。气温估计基于回归方程式（利用数据为1876—1975年气温数据）。平滑曲线表示的是以10年为步长已剔除趋势项的值。（经东英格利亚大学气候研究小组 K. Briffa 许可）

假如树木生长的气象要素（降水量或气温）处于极值状态，那么可以把树木年轮宽度的大多数变化归因于某一气象要素。然而，在世界上的绝大多数地方，树木年轮宽度的变化由许多因素综合所致，这就导致了树木在某一年生长得比正常年份快点或者慢点。因此，只可能得出一个较综合的结论：

气象要素是如何综合影响树木生长的。而且,在热带地区,树木生长没有明显的年循环,因此不可能获得气候变化的信息。

分析特定树木年轮之间的树木结构,还能得出更详细的信息。一些参数,比如中心树木年轮的最大宽度、外围树木年轮的最小宽度以及中心树木年轮与外围树木年轮之间的宽度可以指示特定季节的气候变化情况。例如,树木幼年生长欠佳,表明早期的春天很冷;同时,树木晚年生长欠佳,表明晚期的夏季冷又短。木头的同位素比(方框4.1)也能给分析生长季的气候条件提供一些信息。

方框 4.1　同位素比值信息

大多数元素都存在几种稳定的同位素,各同位素的相对原子质量不同。同位素之间因相对原子质量不同(例如,氕和氘,^{12}C 和 ^{13}C,^{16}O 和 ^{18}O)而改变了含有不同同位素的分子的物理性质。例如,含有氘的水分子($HD^{16}O$)比正常的水分子蒸发得慢,含有 ^{18}O 的水分子($H_2^{18}O$)也有类似物理性质。类似的,木头吸收不同氢同位素的速度取决于气温。这些说明测量冰核内、海洋沉积物内、树木年轮内某一同位素的比有望得知它们形成时的气候状况。

就天然水中的同位素来说,三种分子($H_2^{16}O$、$HD^{16}O$ 和 $H_2^{18}O$)很重要。为了全面弄清所涉及的过程,三种分子都必须考虑:因此需要测量 δ_D 和 δ_{18_O}。与 SMOW(标准平均海水)相比,两者可以用‰表示,即

$$\delta_D = 1\,000\left\{\frac{HD^{16}O/H_2^{16}O_{\text{sample}}}{HD^{16}O/H_2^{16}O_{\text{SMOW}}}\right\} - 1$$

和

$$\delta_{18_O} = 1\,000\left\{\frac{H_2^{18}O/H_2^{16}O_{\text{sample}}}{H_2^{18}O/H_2^{16}O_{\text{SMOW}}}\right\} - 1$$

用‰表示,其单位易管理,比如 $H_2^{16}O$ 占 SMOW 的 99.76%,$H_2^{18}O$ 占 0.2%,HDO 占 0.03%。南极洲和格陵兰岛冰盖上的大多数水汽来自中纬度地区的海洋。蒸发过程耗尽了其中大约 10‰的 $H_2^{18}O$。接着当水汽以降雨或者降雪的形式凝结的时候,又耗竭一部分 $H_2^{18}O$,由于它不容易凝结,尽管高纬度海洋的其他水汽会加入,但是当到达冰盖上方时就很快耗尽。因此 δ_{18_O} 的值可以用于测量其降落

时的气温。对于降落在格陵兰岛冰盖上的雪，其中 $\delta_{^{18}O}$ 的值从 $-23‰$ 到 $-38‰$；在南极洲，其变化范围从 $-18‰$ 到 $-60‰$。HDO 的耗竭过程类似，且 δ_D 的值可用下式表达

$$\delta_D = 8\delta_{^{18}O} + 10‰.$$

由于冰核中 $\delta_{^{18}O}$ 或者 δ_D 的值与水汽运动的路径密切相关，因此上述方法不能精确测量雪降落时的温度。总之，虽然这些参数的变化给温度如何随着时间变化提供了一种测量方法，但是不够精确，必须进行修正。识别哪种物理因子影响了同位素比的变化很重要。有孔虫类贝壳中 $^{16}O/^{18}O$ 的变化反映了冰盖中这些同位素的量在冰期和间冰期之间是如何变化的。由于冰以 $H_2^{18}O$ 的形式融化，因此海洋中这种分子的量会随着积雪量的增加而增加。这是衡量积雪量的一种方法，而积雪量多少又可转换为全球气温高低。但是当提到测量树木年轮或者其他有机物中 H/D、$^{12}C/^{13}C$、$^{18}O/^{16}O$ 的值，进而测出气温时，关系就变得很复杂。尽管这些同位素比与周围气温之间存在着似乎类似的关系，但是精度有多高科学上争论不休。

$^{12}C/^{13}C$ 的比值有另一个重要的特征。它与这两种同位素更适合在无机物还是有机物中存在有关。一般而言，碳酸盐中富含 ^{13}C，有机物中富含 ^{12}C。某样本中 $^{12}C/^{13}C$ 的比值与标准的、用 ‰ 表示的 $^{12}C/^{13}C$ 的比值相除，得到 $\delta_{^{13}C}$。这个比值可用于测量地球上存在的生物量，就像某一年代沉积物中记录的一样，因此可用来测量那个时代的气候状况。

事实上，在这些领域，一些研究工作已经开始，且在一些例子中已经有了成果。因此，尽管这一研究前景广阔，但是在这些技术变成气象学家的规范化武器之前，还要进行许多研究。然而，有一个领域进展很快，即晚春时间霜冻造成的破坏的发现，这是寒冷的证据。

研究树木年轮的其他方面需要细致的考虑。众所周知，所有分析必须考虑：随着树木的生长年轮宽度会自然变窄。例如，针叶树的这种变化呈指数型，阔叶树（例如，橡树）的很复杂。一种办法是给每个树种画一条生长曲线，然后分析其年变化。这一过程常常涉及时间交替、未知树龄的树木样本，因此上述办法常常忽略长期的变化，结果导致得出的气候变化信息不准确。像众所周知的"阶段长度曲线"一样，这一过程常常使树木年轮时间序列表现出长期稳定的现象（图 4.7），其实大大低估了 50 年时间尺度甚至更长时间尺度上气候变化的情况。避免这一错误的唯一办法是限制分析未知年龄的树木，但是对于一些古树，这就删除了好多没有树龄的样本，从而大

4.5.2 冰芯

南极洲、格陵兰岛和全世界山脉间冰河的冰盖上的积雪携带着它降落时气候状况的重要信息。在这些地方的积雪，夏天几乎不会融化，反而还会累积并进一步形成冰，因而它含有气候变化各方面的连续记录。它记录了温度的变化、当时的降雪量、来自低纬度的尘埃数量、来自火山爆发的辐射尘和冰截留的空气泡的成分。然而，记录比较好的地方仅仅局限于南极洲和格陵兰岛，世界上其他冰河和冰盖的记录比较差。因此，不能得到区域气候变化的许多特征。

气候变化最直接的测量来自冰内水分子的同位素组成，尤其是氧的同位素（^{16}O 和 ^{18}O）的比例（方框 4.2）。通过测量这一比例，可能观测到气温的年变化和气温的长期变化（图 4.8）。通过计算三个冰芯内的氧的同位素比（它们通过火山参考地平线联系起来），冰芯记录已经被用于计算全新世近 0.8 万年每年积雪内的同位素比；同时，冰芯内杂物的记录被用于计算全新世早期的情况。对于过去 0.69 万年的计算，最大的误差大约是 0.5%，时间更早，误差至多增至 2.0%。

在南极洲，雪的累积速度很慢，因

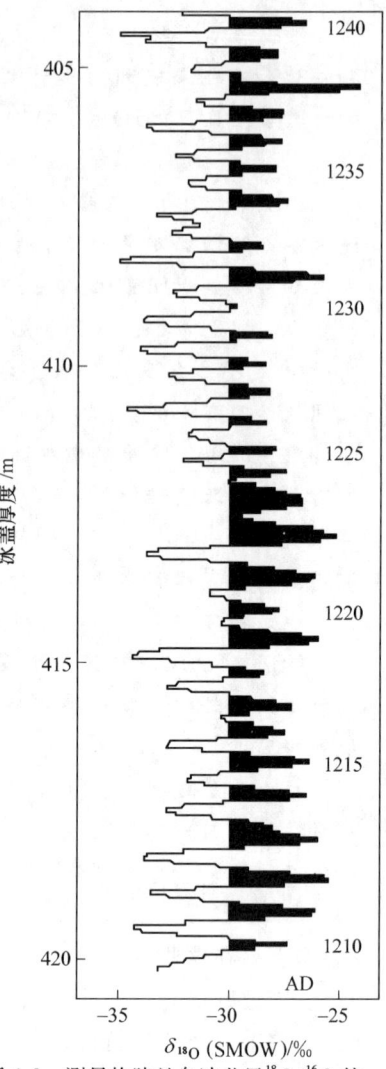

图 4.8 测量格陵兰岛冰芯里 $^{18}O/^{16}O$ 的一个实例，展示了年度变化情况。（引自 Wigley, Ingram & Farmer, 1981, 图 5.5）

方框 4.2 从沉积物记录中提取海水温度

在理论上，海洋有孔虫类中 δ_{18O} 的量可用于度量其形成时的水温。但是，正如方框 4.1 指出的一样，当冰盖中冰的数量发生变化时，使用 δ_{18O} 的量推断海水温度可能因如下理论而变得复杂：δ_{18O} 的量由冰盖中冰的数量所决定。除了测量沉积物中有孔虫类的种类以及它们的同位素比,还可测量它们骨骼中各种元素的比(例如,Sr/Ca、Cd/Ca 和 Mg/Ca),这些可用于测量海水温度。此外,某种被称为"烯酮化合物"的有机化学物质(由浮游在海水表面的海藻死后腐烂产生)的量也可以独立用来测量海水温度。

有孔虫类中 Mg/Ca 的值对间接测量过去的气温也变得越来越有价值。当把它与 δ_{18O} 联合使用时,就可测量海水中 δ_{18O} 随着时间的变化情况。这一温度测量法的理论基础是室内实验和经验观察。室内实验表明 Mg^{2+} 在方解石中的分配系数与水温紧密相关,经验观察知海洋方解石中 Mg 量依赖温度。

另一种独立测量海水温度的方法来源于被称为"烯酮化合物"的有机化学物质(由浮游在海水表面的海藻死后腐烂产生)的量。"烯酮化合物"是由几种海藻合成的酮类物质,它们的未饱和性质(气相色谱测得)可用于测量其生长时的气温。由于海藻喜欢居住在有光的区域,所以它们的生长温度与海水温度紧密相关。当使用 δ_{18O} 和/或动物测量海洋古气温时,这种方法掩盖了本身固有的缺陷,由于两者也能受到除海水表面气温外的其他要素的影响。

此不可能测量几百年内每年的情况,于是大多数测量都依赖冰盖的变化来完成。不过这并不影响格陵兰岛冰盖中心附近最佳地点 10 万年内的测量,同时南极洲东部超过 80 万年的同位素的变化已经被测得(图 4.9)。然而,岩

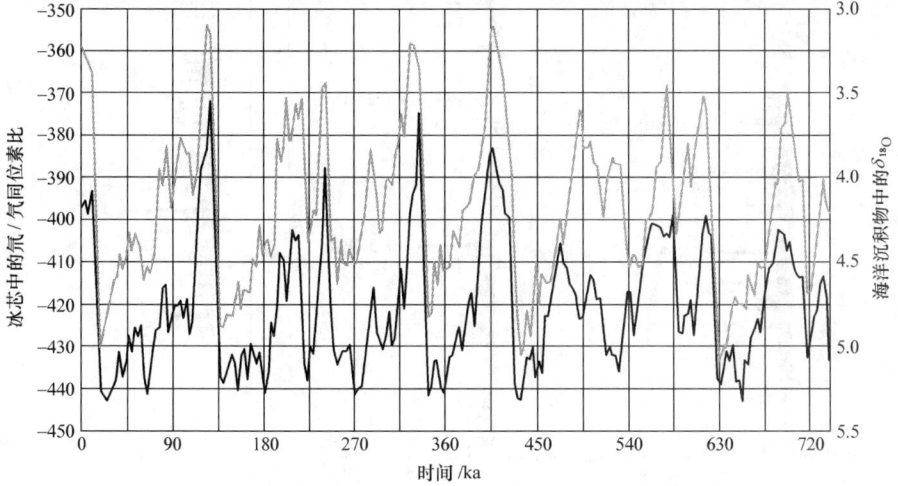

图 4.9 过去 73.6 万年,冰芯记录与海洋沉积物记录对比图(同位素比的增加表示气温的上升)。黑线表示位于南极查理高 EPICA 冰芯中测量的氘/氕的变化(数据引自 EPICA 成员,2004,增刊,www.nature.com/nature),白线表示全球 57 个海洋沉积物里有孔虫类所含 δ_{18O} 的值。(引自 Lisiecki & Raymo,2005)

床附近的冰芯受到岩床地形的影响使得记录变得极不连贯，从而使得气候变化的研究很难，甚至变得不可能去研究气候变化。

冰芯内尘埃的数量可用于测量大气循环。中纬度强劲的气流增加了到达高纬度的陆地尘埃。尘埃数量的变化随着气温的变化而变化，表明冰芯内同位素比的变化可用于测量大气环流模式的变化。

测量冰芯内不同冰层的酸度可用于研究是否有火山爆发。由于火山常常喷射大量的硫化物进入大气，进而形成持久不断的硫酸气溶胶（见 6.4 节），因此高纬度降水的酸度可用于测量火山对气候变化的影响（图 4.10）。

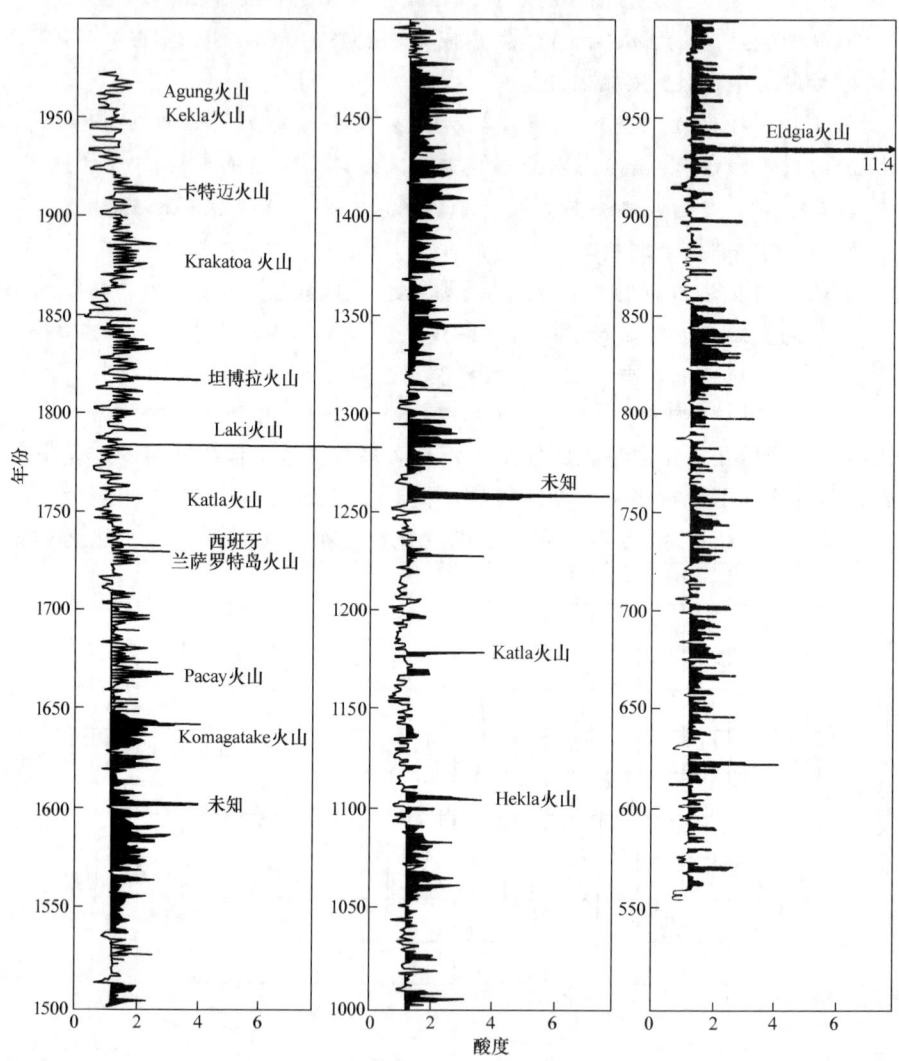

图 4.10 格陵兰岛冰芯的酸度，显示极值点常常出现在重大火山爆发之后不久。（引自 Hammer 等,1980。经 Macmillan Magazines Ltd. 许可）

冰截留的空气泡内的大气组成,可直接用于测量雪降落时大气中各组成成分的含量。这一记录可以反映痕量气体(比如 CO_2 和 CH_4)(图 4.11)的变化历史,并且说明了痕量气体的变化是如何影响过去的气候变化的(见 2.1.3 节和第 7 章)。

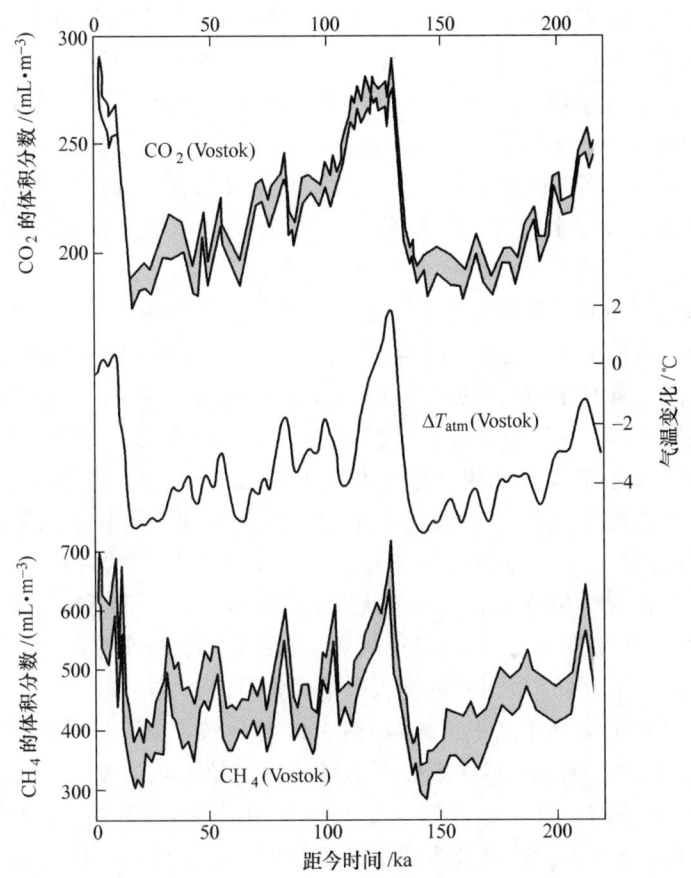

图 4.11 南极洲来自 Vostok 冰芯中 CO_2 和 CH_4 浓度与过去 22 万年气温变化对比图。(引自 IPCC,1994,图 1.6)

4.5.3 海洋沉积物

深海河床上的沉积物是测量长期气候变化的最有价值信息之一。由于这种淤泥形成了化石贝壳(无论是远洋的还是深海的有孔虫类)的躯体,它能用于测量这些小生物居住在海水表面或者海水底部当时的气候状况。因此,从成百上千年的沉积物中取岩芯,其记录于钻点以上历史上的生物种类。这些沉积物铺满大洋盆地,因此完全有可能通过大量的海洋钻探项目来测量过去 30 年的气候变化情况。

两大现象可用于分析岩芯。第一，任何时间生活在海洋表面的生物，它们的种类和丰度都是研究海洋表面温度的线索——无论这些种类不同的生物是喜热还是喜冷，它们都能直接用于测量活着时候的气候状况。因此，使用取自全世界不同时间的岩芯，分析不同种类生物的数量，可能会知道海水表面温度是如何随着时间变化的。第二是有孔虫类（生活在深海中的）的骨骼中碳酸钙里氧的同位素比。这一比率的变化由方框 4.2 中所描述的不同过程而造成。随着北半球冰盖数量的增多，锁定在冰中的 ^{16}O 的数量比 ^{18}O 多得多。因此海洋中这些氧同位素的比随着冰融化和累积而变化，并且这些变化反映在有孔虫类的贝壳中，由于无论它们生活在海洋表面还是底层，它们的形成都使用了海洋中的氧。这表明 $^{16}O/^{18}O$ 的变化可用于衡量高纬度地区冰盖大小的变化，进而间接测量全球的温度变化。

这些沉积物的年代到底有多长是一个更复杂的课题。碳的年代大约是过去 4 万年或更长时间，磁极的调换是线索。但是，对于气象学上感兴趣的时期（包括冰期），年代的测定起初仅仅依赖于沉积速度。然而，气象学家在这一大背景下很幸运，由于源自大量岩芯的数据显示如下疑惑：时间尺度上从 1 万年到 10 万年的变化受到地球轨道参数的影响（见 6.7 节）。这意味着虽然固定的沉积速度起初对许多岩芯来说看似合理，但是一旦与轨道的关系建立联系，就可修正时间尺度以更适合轨道参数。这一过程已使得对海洋同位素比的重大变化年代达成一致意见。波士顿大学的 Lorraine Lisiecki 和 Maureen Raymo 已在 2005 年发表了这一过程的最近成果。它从分布在全球的 57 个岩芯获取数据，并且测量了过去 530 万年的冰盖数量变化（见 8.2 节）。

将冰核数据与海洋沉积物数据（图 4.9）作比较，就可得知上述过程的机理。过去 73.8 万年，降落在南极洲冰盖上雪同位素比的变化与海洋沉积物同位素比（由分布在全球的 57 个岩芯所记录的深海中 ^{18}O 的数量的平均值计算所得）的关系显著。这充分表明不同测量方法各有千秋，联合起来测量全球气候变化的年代可以高达 70 万年。

4.5.4 花粉数据

在沉积物形成的浅湖或者沼泽地，花粉粒的出现能给陆地气候变化提供一些信息，类似于海洋中的有孔虫类。如果这些沉积物是有规律沉积的，那么来自不同种类树的花粉丰度可以提供气候变化的详细情况。由于不同的树种有特定的气候阈值，因此就有可能用当地的气候变化解释丰度。由于这一过程几乎可以发生在陆地的每一个角落，这就意味着花粉数据有能力弥补冰核和海洋沉积物数据无法覆盖地方的不足。

在研究气候变化方面，花粉数据尤其有历史价值，由于早期的工作记录了自最后一个冰期以来北半球的植物突出体（见 8.5 节）。大多数花粉（来源于能开花的树和庄稼)和孢子(主要指蕨类植物和苔藓)都比较小。个别直径超过了 100 μm，绝大多数直径在 30 μm 左右。花粉粒外壁的外层部分正是由孢子花粉素材料这一像蜡外衣所保护。外层壁的大小、形状，以及其内孔径的数量和分布因植物种类的不同而不同，并且能够比较容易地识别。一个独特的直径(图 4.12)能对应地层学序列中独一无二的植物种类，并且可进一步推断气候在花粉数据所包括的时代是如何变化的。

尽管有可能，但自从最后一个冰期结束以来，使用花粉数据研究气候变化大多数却集中于区域植被的变化。这项工作已经证明其中的大多数区域植被变化由气候变化所致。对于长期的区域植被变化，是否其他因素(比如，移植、植物间的竞争)也有很大的影响近来越来越不确定。有两个理论可以说明这一不确定性。其一，几乎所有的花粉数据都在北欧，因此，所得结论能否代表全球的情况仍存质疑。其二，在最后一个冰期，许多岩芯变化较大。这就给岩芯内的地层数据提出了质疑，且直到近来大量冰核数据和海洋沉积物数据能够获得，这些质疑仍得不到解释(图 8.14)。近来从美国西北部的 Cascade 峡谷里的 Carp 湖获得的花粉数据证明了花粉数据能追溯到间冰期，大约有 12.5 万年，且能给气候变化提供详细信息。但是，这些结论与从欧洲湖内岩芯得出的结论，以及与冰核内、海洋沉积物内观察到的变化之间存在紧密联系，这一联系在识别最后一个冰期的全球气候变化模式方面起的作用越来越大。

4.5.5 孔洞数据

钻入地表的孔洞能给测量气候变化提供另一条可能有价值的线索。通过在孔洞中做测量，可能把深度-温度曲线图与地表温度变化的历史联系起来。再通过一定的假设，就能转换成大气温度的变化。在理论上，通过在地下 1 000 m 甚至更深的深度做测量，这就可能弄明白过去几百年甚至上千年，当地气温是如何随着时间变化的。

由于世界上的许多地方都有孔洞，因此来自大约 1 000 个孔洞的深度 - 温度曲线已经被用于研究气候变化。孔洞的空间覆盖在北美和欧洲最密，但是大量的数据也已经从大洋洲、亚洲、非洲和南美洲获得，并且新的孔洞数据正在连续不断地被发现。

孔洞数据的计算对于"转换深度 - 温度曲线为大气温度变化"这一任务灵敏度极高。第一步的目的是设计数学过程用于把深度 - 温度曲线转换成地表温度变化，通常的假定是地表温度固定不变。第二步，使用有关地球地热属性的某些简化假设来计算在等温条件下深度 - 温度曲线究竟是什么样子，真实曲线与这条曲线的区别能转换成地表温度的历史变化。

然而，许多其他因素使得这些测量的一些解释变得复杂。其一，越往古

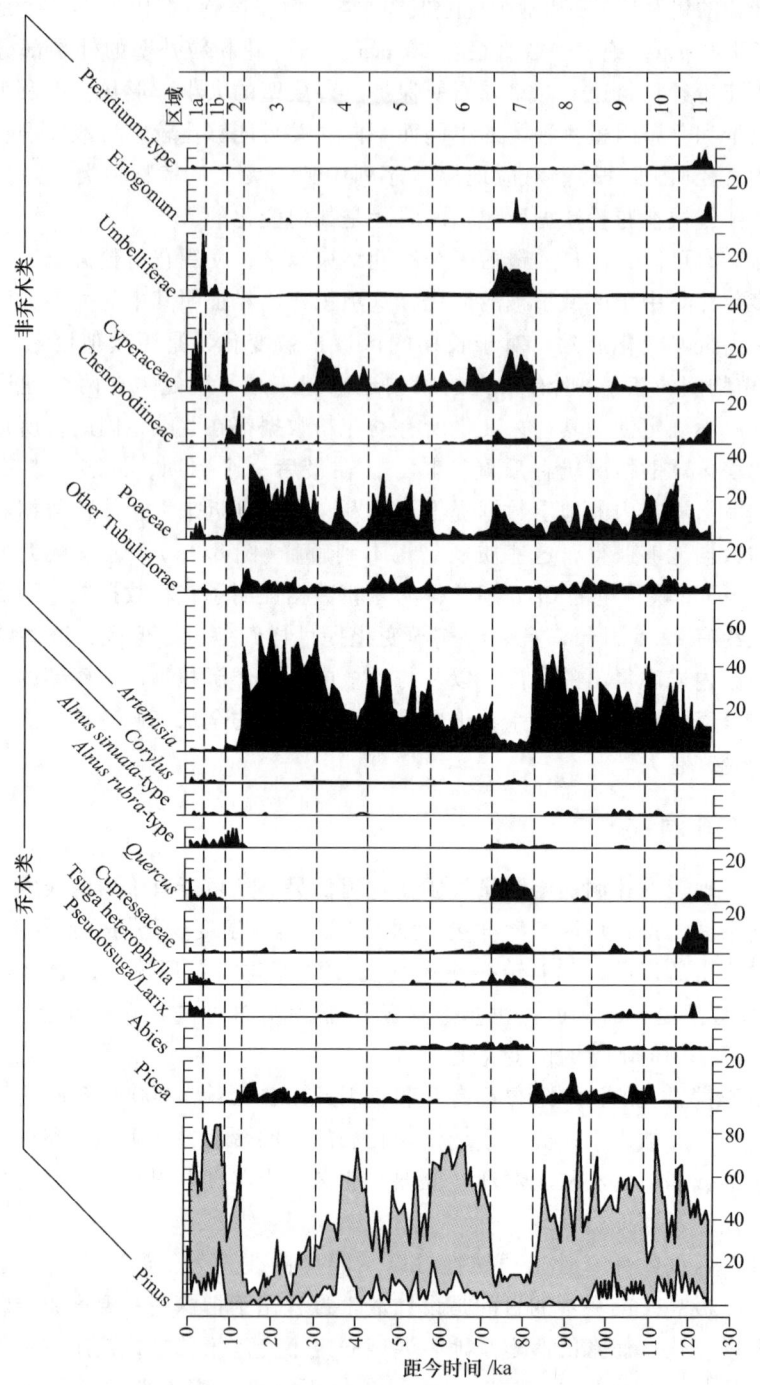

图 4.12 从花粉提取信息的一个实例。所用岩芯取自美国西北部喀斯喀特山脉中 Carp 湖底部。(引自 Whitlock & Bartelein, 1997。经 Macmillan Magazines Ltd. 许可)

代,时间的分辨率越低。其二,冬雪覆盖面积和土壤湿度的长期变化改变了地表下面的热量属性。其三,非气候因素(诸如,土地利用变化、土地覆被变化)也能影响地表温度。例如,土地利用的变化可以解释在北美,为什么孔洞数据比仪器所记录的大气温度高 $1\sim2$ ℃。

4.5.6 洞穴堆积物

在一个地方,只要一个自然过程可以长期以恒定的速度沉降某种物质,就有希望记录某些气候信息。在洞穴中,流水作用造成的碳酸钙沉积物(众所周知的石笋和钟乳石)记录了降水中同位素比的变化。因此,在这些地方,碳酸钙堆积了很长时间,它们有可能提供有用的气候变化信息。越来越多的高质量洞穴堆积物已经从世界各地的洞穴中获得。这些正在给最后一个冰期至全新世的气候状况提供详尽的信息。

洞穴堆积物的独特价值在于方解石中稳定的同位素含量。这不仅记录了气温和其他气候参数的变化,而且使用铀记录了足够长的时间,可以用于与其他间接测量法获得的数据作比较。另外,同位素比(比如,$^{16}O/^{18}O$)可以测量气温,甚至可以辨别方解石所截留的花粉的种类。它们的局限在于流水作用造成的堆积物的量可能随着时间变化而显著变化,在一些极端情况下还可能停止堆积。对于长期的记录,这完全是事实。例如,在冰期,凡是永久冻结带形成的地方,洞穴上面的记录就可能中断上千年。

近来,大量的洞穴堆积物已经被用于研究过去一两千年气候变化的情况。这些可能会成为衡量气候变化的独立方法,在一些情况下,洞穴堆积物有清晰的年记录。尤其是,它们可能记录 100 年和更长时间的变化。这对于描绘几年到几千年的精确气候变化信息很有价值。

4.5.7 珊瑚

正在萌芽的另一项间接测量法来自热带地区。在这里,对于珊瑚(比如,*Pavona clavus*)来说,在一年中的任何时间有完全不同的气温和光照,进而可能产生季节生长轮。珊瑚在温暖的环境下比在阴冷的环境下长得快。变化的密度轮能用 X 射线测量,并能用于推断季节气温的变化。另外,珊瑚中 $^{16}O/^{18}O$ 的变化是测量生长时期气温的另一种方法。使用这些技术可以测量科隆群岛(加拉帕戈斯群岛)公元 1600 年的气候变化,并且独立记录了自那时以来的 ENSO 事件。

珊瑚也可以记录流失淡水的变化,由于它们可以在年轮中吸收和储存亲水有机物。淡水中有机物的量能通过如下过程测得:当珊瑚用紫外线照射时,记录可见光的黄-绿波段的荧光。对澳大利亚昆士兰州海岸的大堡礁进行研究,已经得知生长较慢($5\sim25$ mm·a^{-1})的大珊瑚(可以生长 1 000 年,长到 10 m)准确记录了从当地河流流走的淡水量。这是测量热带大洋洲降水量的一种方法,并且给 ENSO 事件提供了进一步的证据。这一技术也被用于检测古代暴露的珊瑚礁,其与过去较高的海平面有关。

4.6 测定年龄

显而易见,测定间接数据的年代不容易。只有在有完整测量序列的地方,才有可能绘制一幅编年表。对于剩余的有两大限制。其一,在一些地方,记录中间有断裂(例如,缺乏衔接的年轮序列),就必须找到一些方法把测量数据与一定的时间尺度联系起来。其二,在一些地方,有一些物理方法可用于测量样本的年代(比如,碳的追踪,见方框 4.3),但是关于测量技术的精度存在质疑,且也会受到一些污染的干扰。

方框 4.3 测定放射性同位素的年代

假设在某一时刻,同位素的量固定不变,那么理论上任何含有放射性同位素的样本其年代都能被计算出来。最直接的方法是计算现存的同位素的量占初始量的比,两者的关系见下式

$$Q = Q_0 \exp(-t/T)$$

式中:Q 指 t 时刻同位素的量;Q_0 指 $t=0$ 时刻同位素的量;T 指同位素的平均寿命,即同位素衰变到初始数量 $1/e$ 所用的时间;e 指自然对数,大约等于 2.718。

同位素的寿命(T)与半衰期($t_{1/2}$)有关,可表示为

$$t_{1/2} = 0.693 T$$

例如,^{14}C 的半衰期($t_{1/2}$)为 5730 年,那么 T 为 8267 年[①],因此含有此同位素样本的年代可表达为

$$t = -8267 \ln(Q/Q_0),$$

式中:ln 指自然对数。

因此,假设我们知道样本形成时 Q_0 的值,从而测量 Q 就可以算出其年代。就测定放射性碳的年代而言,上述方法被局限在 t 小于 4 万年的情形,由于超过这个值,即便在大样本中,^{14}C 的量也很难测

---

① 按所给公式计算,T 大约为 8 268 年——译者注。

定。然而，其他同位素能被用于测定更久的年代。例如，^{40}K 到 ^{40}A 的衰变，其半衰期长达 12.5 亿年，常常被用于测定熔岩的年代。这一慢速的衰变过程能用于测定年代更久的样本，但是限于测定 ^{40}A 的质谱仪的灵敏度，只可能测定近 3 万年的火山爆发。

建立完整时间序列的最佳例子是通过树木年轮和冰核获得。对于冰核，数清楚任何给定核中的结冰层数很重要；对于树木年轮，使用同一地方不同的样本可能绘制编年表。由于树木每年的生长直接与天气变化有关，并且从长远来看，这些变化绝不相同。因此树木年轮宽度的变化是树木一生中如何随当地气候变化的唯一记录。再者，由于异常天气的影响范围可知，因此有可能利用树木建立几百千米范围内的编年表。总之，利用一个地区的树木样本，可测定的年代长达几百年，对于某些树木可测定的时间更长[例如，加利福尼亚白山的狐尾松（*Pinus longaeva*）能生长几千年，图4.13]。使用生长在当地树木的木材和许多年前已经被砍、现在装在建筑物中或者变成化石的树木的木材也可以测定记录的年代。通过相互连接这些样本（对近代被砍的木材，连接这些样本与活样本），可能绘制出欧洲橡树长达 8 000～9 000 年的编年表，狐尾松 8 000 年的编年表。而且，通过使用大量树木，可能解决一些单一样本（它们在一些年份经历了极端气候）年轮消失或年轮宽度狭窄

图 4.13　生长在美国西南部山区的狐尾松（刺果松）。这些树木生长在海拔大约 3 000 m 的地方。由于它们具有超长的寿命，以及几乎生长在极限气候条件下的事实，证明其在年轮气候学研究上作用巨大。

的问题。

除了树木年轮宽度,人们通过使用各种各样的记录已经估计了^{14}C的量,这些记录包括纹泥,在纹泥中来自日本 Suigetsu 湖的最长时间序列可能追溯到大约4.5万年(方框4.4)。另一项丰富的线索源头来自于委内瑞拉海岸附近的 Cariaco 海盆。这里缓慢沉降(约$0.3 \sim 3$ mm/a)下来的富含有机物的沉积物携带着明显的年沉积。而且,它们缺乏保存下来的底栖动物。这意味着沉积物沉降时环境中缺氧,因此没有爱打洞的生物破坏证据。这些沉积物由亮层(富含浮游生物)和暗层(富含矿物)组成。这有助于研究信风导致的上升流和地区降水对海水表面的影响情况。沉积物的暗层来源于周围的分水岭,并且有助于研究区域水文情况。来自 Cariaco 海盆的数据已经被用于分析过去1.5万年的年际气候变化和过去50万年每10年的气候变化。

方框4.4 碳定年的精确度

由于^{14}C的半衰期是5 730年(方框4.2),所以任何样本中^{14}C原子的数量都在以每83年减少1%的速度在衰退。因此,以最基本的水平看,测量样本的年代要么通过测量^{14}C原子衰退的速度,要么通过测量留在样本中^{14}C原子的比率。如果衰退速度能够测得,那么在碳原子数量上获得$\pm 0.5\%$的精确度需要大约4万个正在衰退的碳原子。在理论上,这对于所测样本的精确度而言大概是± 40年,并且要求几克的样本测量大约一天。然而,如果样本中^{14}C与^{12}C的比能用质谱仪直接测得,那么同样的精确度只需使用几毫克样本在几个小时内就可达到。

事实上,样本中^{14}C的比率的绝对量度只是碳定年方法中的一种误差形式。最大的误差是大气中产生的^{14}C的量会因为太阳磁场的变化而变化(见8.5节)。^{14}C的这些变化已经基于树木年轮的测量而测定。这些测量方法已经画了一条校准曲线:对比了树木年轮的真实年代和计算得到的年代(通过测量某一年代树木年轮中剩余^{14}C的比率而计算得到)。

这一曲线带来了两大突出效果:其一,最近一段时间,校准曲线上^{14}C的比率较高,因此碳定年方法(缺少校正曲线的修正)可能低估了样本的年代。其二,在时间尺度达一个世纪或更久时,^{14}C的比率发生明显的变化。这些变化(在科学家发现校正曲线上的这些变化后,就常常被称为"弗里斯摆动")在任何碳定年中都必须修正。尤其

4.6 测定年龄

有趣的是大多数明显的摆动正好都碰巧发生气候突变,这就给太阳对气候变化的影响提出了质疑。

树木年轮中 ^{14}C 测不到的年代,使用日本 Suigetsu 湖每年一度的冲积层可以测量,它有能力追溯到大约4.5万年之前。因此,广泛的国际合作已经产生了一致认同的修正(INTCAL98 校正曲线),它能把 ^{14}C 测得的年代转换成日历年:覆盖尺度为现在往前推2.4万年(图B4.1)。请看 ^{14}C-曲线的摆动,两者出现分叉大约在2千年的地方。到1万年时,碳定年大约低估了真实年代1.1万年;到1.5万年时,低估量升至0.25万年;到2.4万年时,低估量逐渐升至近0.4万年。对于介于2.4万年至4.5万年之间的碳定年年代误差,Suigetsu 湖的数据表明如何把 ^{14}C 测得的年代转换成日历年。这些数据对 ^{14}C 测得的年代与真实年代的对比可追溯到大约3.4万年之前,然后介于3.6万年和4.5万年之间 ^{14}C 测得的年代,需要加上标准误差2千年。

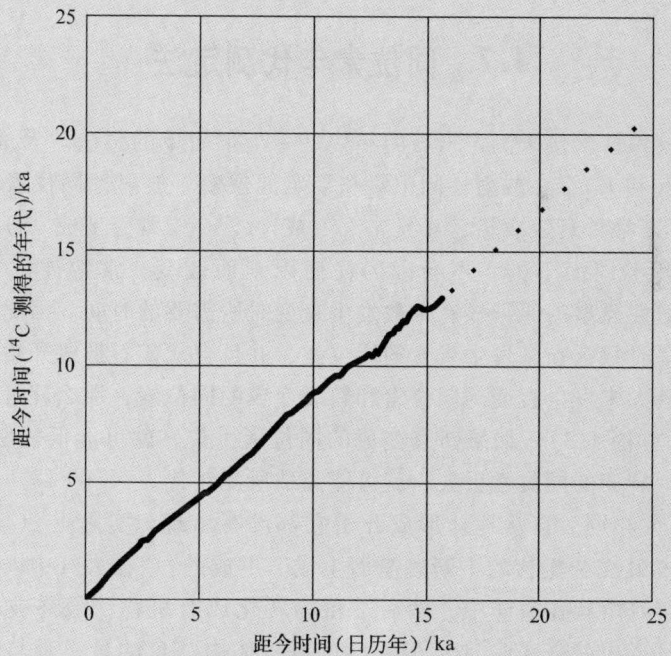

图 B4.1 ^{14}C 测得的年代与日历年的对比图,所用数据为 INTCAL98 从2.4万年前至今的数据。表明 ^{14}C 测得的年代低估了有机物质的年代。

> 其他误差很难找到。由于碳定年依赖于某一时刻正在死亡或者正在被砍伐的树木，因此，我们假设只关注此时刻样本中剩余^{14}C的量。任何其他来源（例如，其他有机物质，尤其是容易受诸如化石燃烧、核试验等人类活动所影响的物质）中碳的介入也会造成误差。硬水中生长的植物，其中的误差更微妙，硬水中碳酸钙的含量相当高，且逐渐以^{14}C的形式分解。

时间越长，测定年龄变得越困难。这些困难在前面的海洋沉积物数据中已经提到（见4.5.3节）。解决这一问题的工具之一是测量沉积物中剩余的磁场。由于地球磁场的磁极时刻都在交换，这能给当时沉降的沉积物留下不可磨灭的记录。就地质时间尺度来说，刺激交换是经常性的，但是平均来说每交换一次大约为70万年。事实上，上一次磁极交换发生在70万年之前。这一事实加上过去500万年间早期的磁极交换（已经精确测得年代）对精确测定沉积物的年代至关重要。

4.7 同位素年代测定法

利用放射性含量来测定岩石的年代是一个很简单的想法。大量元素（例如，C、K、Th 和 U）存在放射性同位素和稳定同位素。放射性同位素易发生衰变（铀同位素常常衰变成铅，^{40}K 常常衰变成 ^{40}A，^{14}C 常常衰变成 ^{14}N）。衰变速度因同位素不同而不同，不会因为任何因素而改变，常常被定义为半衰期——放射性元素的原子核有半数发生衰变时所需要的时间。因此，假设当沉积物沉降时只存在未发生衰变的同位素，并且自从矿石形成开始，没有新增也没有丢失未发生衰变的同位素和新衰变成的同位素，那么就可能测定岩石的年代（方框4.3）。如果新衰变成的同位素丢失，就可能低估所测年代；如果未发生衰变的同位素丢失，就可能高估所测年代。

^{14}C 不太相同。自从地球形成开始它都没有出现。实际上^{14}C在大气顶层通过宇宙射线和氮核的不断碰撞而生成。生成的^{14}C在大气中以 CO_2 的形式扩散，接着溶解在海洋中，然后被植物转化成有机物，最终被动物所吸纳。它一旦形成就衰变成^{14}N，但在活的有机体内，^{14}C的量一直与大气和海洋中的量持平。因此，假设海洋和大气中^{14}C的量固定不变，就有可能使用死亡组织、木材或者贝壳中残留的放射性来测定它们的年代。

对于研究气候变化来说，测定放射性碳的量，其重要性体现在测量有机样本（包括一些树木年轮时间序列和沉积物，它们的记录有断裂）的年代。它们的年代能直接通过测定放射性碳的量测得。测量的精度取决于放射性同位素碳的测定技术以及确保样本不受其他年代碳的干扰。

研究气候变化的一项新兴技术是另一种同位素测定法：利用铀衰变到铅的过程中 $^{230}Th/^{234}U$ 的值。这一方法的关键在于找到一种特殊材料，它可以形成一个封闭系统，其中 U 的数量在任何时刻都可测量并且不会有新的 Th 进来。正在生长的珊瑚虫可以从海水中吸收 3/100 万的 U，并且这一比例在用珊瑚研究气候变化的时间尺度内不会发生明显变化。同时不能忽视珊瑚中吸收进来的 Th。因此 $^{230}Th/^{234}U$ 的值只有在珊瑚成熟时才能使用。然而，这一计算常常因 ^{234}U 有 24.5 万年的半衰期和 ^{230}Th 有 7.54 万年的半衰期而变得复杂。不过当珊瑚成熟时，要是不再有 Th 的进入，这一问题可以解决。在这种情况下，Th 与 U 最终达到一种平衡状态。^{230}Th 的浓度达到与 ^{234}U 平衡的时间为 ^{230}Th 的 7.54 万年的半衰期。这项技术尤其适合用于测定间冰期（大约 25 万年前）低于高海平面的珊瑚的年代。

最后一种适于研究气候变化的同位素测定法是测量 ^{86}Sr 与 ^{87}Sr 的比值。这一同位素来自于大陆和海洋的风化岩石，并且在海洋中的任何地方都可以发现微量的该同位素。从大陆岩石滤去的溶液中 ^{86}Sr 与 ^{87}Sr 的比值很大，而海洋岛屿和火山中 ^{86}Sr 与 ^{87}Sr 的比值较小。来自于这两种不同渠道的 ^{86}Sr 与 ^{87}Sr 的比值会随着时间而改变，并且海水中 ^{86}Sr 与 ^{87}Sr 的比值也会随着时间而改变。因此就有可能通过与其他方法测得的岩石的年代作比较，进而测定这一比率是如何变化的。然后这一时间尺度可用于测定含钙化石的年代，由于 Sr 在化学性质上与 Ca 相似，且 Sr 储存在这些化石中。基于 ^{86}Sr 与 ^{87}Sr 的比值所测得的时间尺度常常被用于测定过去 0.65 亿万年前所生成的化石的年代。

4.8 小 结

努力去发现一系列测量方法是建立连贯气候变化图谱的唯一途径。但是我们的知识不够全面，并且越往古代困难越大。新技术（例如，卫星辐射计）能提高监测气候的水平和利用古数据的精度（例如，加速器质谱仪提高了碳的追踪）。历史气候变化的新线索即将发现来解决上述困难。其中包括扩展可利用的间接数据：树木年轮、冰核、花粉和海洋沉积物，以及发现新的数据源（比如，洞穴堆积物、珊瑚和孔洞）。研究气候变化机理、预测未来气候变化情况水平的提高部分依赖于从上述数据提取信息的能力。这就把我们引入了第 5 章：统计世界。

习题

1. 找出城市热岛最重要的原因。以确保城市周边所测气温不受城市发展的干扰，哪些修正是必需的？降水量是否需要类似的修正，如果要，请指出需要做哪些修正？

2. 比较历史气候各种间接测量法的优缺点。以此为基础，说明为了综合各种方法来更好监测气候变化，急需哪些改进？

深进读物

本书最后附有一份完整的参考文献，从中挑出的以下书籍或文章可以帮助更好理解本章内容。每个引文的详细情况见参考文献。

Alley(2000)：通过从世界主要冰块提取信息研究之一的冰核研究，生动地描述了的该信息能够提供对过去气候的潜在影响并对未来气候发展进行预报的问题。

Baillie(1995)：一本流畅和易懂的读物，介绍如何通过树木年轮的分析研究气候变化的历史。

Fritts等(1976)：通过树木年轮提取的气候信息，综合和全面介绍年轮气候学的一本标准读物。

Karl等(1995)：面对气候主要问题，展开使现有资料能有效利用并保证在分析中不掺杂不同意见和错误观点的大量讨论。

Pecker & Runcorn(1990)：探索全球气候和太阳变率之间联系的文章，为太阳活动碳定年龄提供了有用的信息。

第5章 统计、显著性水平和循环

一切都在变化，没有东西静止。
Heraclitus(赫拉克利特)，约公元前540—约公元前480

从现有数据提取有用的信息是解释气候变化的基础。而使用统计方法从大量杂乱无章的数据中挖掘出气候变化的周期、突变和趋势相当困难，大量杂乱无章的数据掩盖了气候变化的规律。我们需要专门的统计知识以避免掉入陷阱：把气候变化的大多数原因只归结于日常变化，因为确实气候时时刻刻都在变化。所以真正重要的是定义第1章(图1.1和图1.2)提到的专业术语的准确含义，以证实已得到的气候变化结论并给气候变化预测提供基础。

这一过程不仅仅是要识别气候变化的显著特征(例如，趋势、周期和突变)，而且还要解释相应变化的原因。后者在数据观测期的任何时刻都会变化。进行分析的唯一办法是研究统计方法，以便从杂乱无章的数据中获得最有用的信息。这就涉及一系列复杂的数学方法。这里不对这些数学方法进行讨论。相反，我们主要讨论三个比较现实的问题。第一个问题是如何对待极端气候事件，它们是气候变化的正常组成部分。极端气候事件发生频率的变化是不是气候持续变化的标志，这是一个基本问题。这就带来第二个问题：尽快识别气候数据中的显著趋势。它与如下两件事情紧密相关：解释现阶段的极端气候事件，决定极端气候事件是正常气候变化的一种表示还是更显著变化的一种证据。第三个问题找到统计方法分析数据，以识别变化周期。

5.1 时间序列、抽样和谐波分析

我们从研究数据的基本特征开始。前面章节中提到的许多例子暗示了我们想要的数据类型。理想的数据应该包括时间间隔相等的任何气象参数(比如降水量、气压、气温、风速等)的精确测量，而且为了满足时间序列尽可能长这一要求，气象参数的时间间隔需尽可能短。所谓"精确"是指相比较我们想要研究的参数的变化来说，测量误差很小。这样的时间序列允许我们得到所观测时期内气象参数更加精确的特征(方框5.1)。一方面，正如我们所知，由于各种各样的原因，记录受到了许多实际问题的限制。另一方面，在一些地方，气候数据记录相对完整，为了研究气候的长期变化，与所需数据相比，其数据可能更多。在这种情况下，我们就能够使用所需数据的最小量来满足特定的标准，以获得气候客观变化的确切信息。

最简单的标准涉及抽样的间隔和时间序列的长度。由于年循环这一显著特征，我们在研究气候的长期变化时，许多时间序列都考虑年平均值。季度趋势的分析也一样。比如说冬季气温（即12月—翌年2月日气温的平均值）的计算就是模仿年气温的计算，不考虑春季、夏季和秋季的气温。对于小于2年的时间序列，其周期性变化用上述分析不能得到任何信息。看另一个极端，如果说气象参数的记录是200年，对于大于这一时间尺度的时间序列，不可能得出周期性变化方面的任何信息，同样，大于50年的时间序列，得到任何周期性变化的信息也很困难。

这些限制条件起因于时间序列的一个基本数学特征。法国数学家Jean-Baptiste Joseph Fourier证明：任何含有$2N$个步长相等的空间点的时间序列都能用N个振幅不同的谐波之和表示（图5.1）。因此，对于一个含有200个连续年观测记录的时间序列，它能用100个谐波之和表示，其中，第1个谐波的周期为200年，第2个谐波的周期为100年，第3个谐波的周期为66.7年，以此类推，第100个谐波的周期恰好为2年。计算这些谐波振幅的过程称为傅里叶分析，谐波分析的结果被称为时间序列的傅里叶变换（Fourier transform）。因为任何时间序列的方差大小[等于时间序列中每一空间点与均值之差的平方和（方框5.1）]都是衡量变异性的标准指标，所以常常计算每个谐波振幅的平方，并且这些值构成了时间序列变异性的功率谱（power spectrum）。

方框5.1　气象时间序列与方差

某一气象要素（例如，气压、降水量或者气温）的定期测量结果可用时间序列表示为

$$X(t) = X_0, X_1, X_2, \cdots, X_N$$

式中：$X_0, X_1, X_2, \cdots$是某一气象要素在时间间隔相同的时刻$0, \Delta t, 2\Delta t, \cdots$的连续观测值。完整的时间序列由$N+1$个观测值组成，时间跨度为$P(P=N\Delta t)$。由于我们常常想知道$X(t)$与正常值相比波动幅度有多大，所以通常的做法是先计算平均值$\overline{X}$，然后再计算方差，此处，

$$\overline{X} = \frac{\sum_{n=0}^{n=N} X_n}{N+1}$$

> 从而新的时间序列为
> $$x(t) = (X_0 - \bar{X}), (X_1 - \bar{X}), (X_2 - \bar{X}), \cdots, (X_N - \bar{X})$$
> $$x(t) = x_0, x_1, x_2, \cdots, x_n$$
> 此处，$x_0, x_1, x_2, \cdots, x_n$是每个连续观测值与平均值$\bar{X}$的差值，可正也可负。
>
> 方差可定义为
> $$\sigma^2 = \frac{\sum_{n=0}^{n=N} x_n^2}{N+1}$$
>
> 方差的这一定义包含了所有观测值相对于平均值的变化情况，它不仅包含随机变化而且包含规律变化（比如，年变化）和长期趋势。参照统计学已有成果，在使用剩余残差的性质和大小之前应该从时间序列中剔除趋势。这一过程常常包括剔除年变化趋势，在光谱分析时，还常常包括剔除线性趋势（图5.2），尤其是如果一些气候参数观测值存在质疑时（方框5.2）。

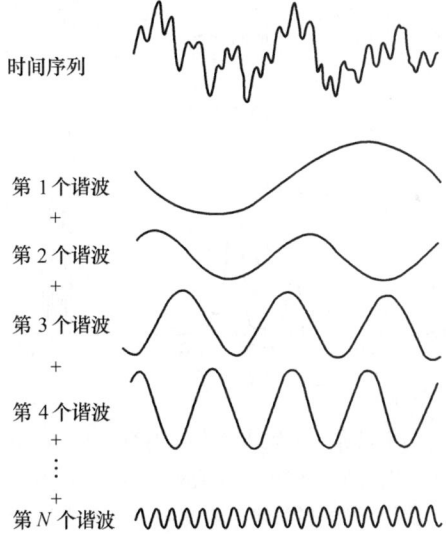

图5.1 一个时间序列可以用一组振幅不同、周期不同的正弦曲线（谐波）表示。（引自 Burroughs, 2003, 图2.1）

许多私人电脑都装有计算时间序列傅里叶变换的程序。所以非常容易计算出时间序列中的谐波主成分，非常重要的一点是准确解释我们计算出来的波谱的含义。解释这一含义的最简单的办法是去考查一些时间序列和它们的功率谱。先看一个最简单的例子，年循环因素可以解释北半球中纬度地区月气温记录[图5.2(a)]，图中几乎所有变化都在这一循环中，剩下的零星的其他次要因素反映了月与月、年与年之间的其他变化。

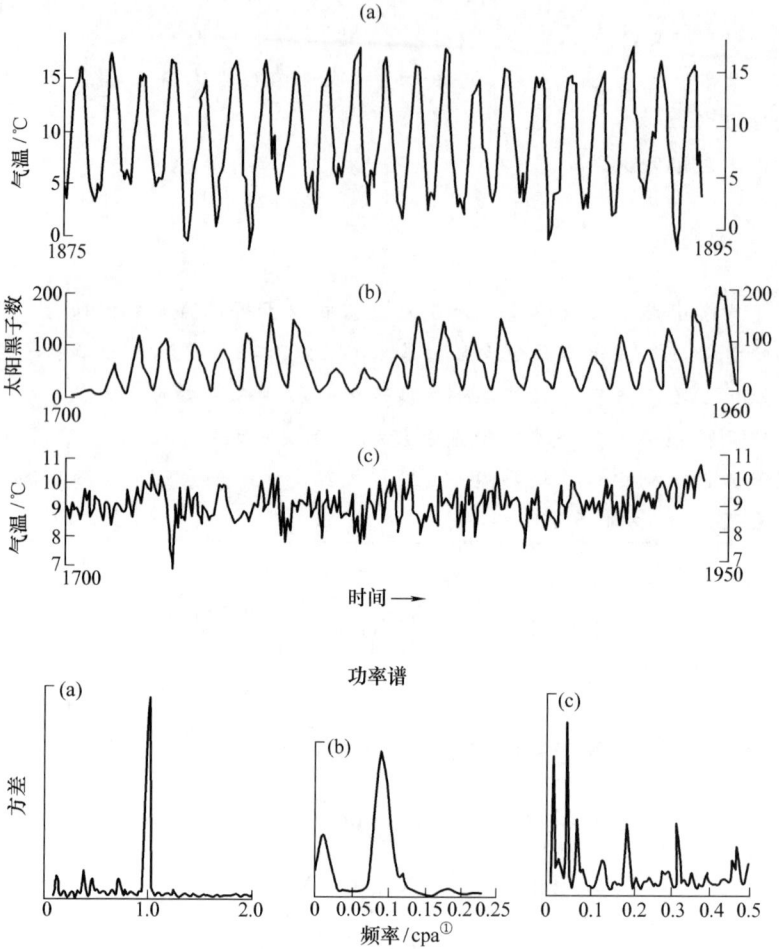

图 5.2 时间序列与功率谱：(a) 为 1875 年 1 月到 1895 年 12 月英国中部月气温时间序列曲线，(b) 为 1700 年到 1960 年的太阳黑子数，(c) 为 1700 年到 1950 年英国中部年气温时间序列曲线，表明随着时间序列的不规则程度越来越高，功率谱变得越来越复杂。(引自 Burroughs, 1994, 图 2.7)

傅里叶变换的一个较复杂例子是关于太阳黑子数的变化。因为许多天气循环与太阳活动有关，因此这是一个非常好的例子。正如 6.5 节所述，太阳黑子数有明显的循环特征，其变化周期大约是 11 年。另外，连续 11 年的高峰表明强度上的周期性变化，这个周期大约为 90 年。因

---

① cpa 表示事件每年发生一次。

此,通过计算太阳黑子数的傅里叶变换而得到的功率谱显示出两个明显的高峰[图5.2(b)]。因为这两个周期不是精确的11年和90年,因此功率谱曲线的波峰相对较宽的现象,进一步说明每次循环的周期在发生变化。但非常重要的特征是从检查太阳黑子数的记录看,功率谱所证实的结论是显然的——过去200年,几乎所有变化(见5.3节)的周期都是11年和90年;大约65%的变化,其谐波周期介于9年至12年之间,大约20%的变化,其谐波周期大约为90年。就像年气温循环的例子一样,太阳黑子数的时间序列与功率谱之间的关系显而易见。

在一个典型的气象数据记录中(关于这一气象数据记录,我们感兴趣的周期介于2年到100年之间),上述关系变得不太明显。从长远来看,年记录没有明显的循环特征。因此功率谱[图5.2(c)]包含许多振幅不同的波谱。在所感兴趣的周期范围内,最明显的周期76年、23年、14年、5.2年、3.1年和2.1年只占了这一时间序列的1/3。判断其中的特征哪些不仅在统计上显著,而且在实际中也显著需要仔细分析,这将在下一节中详细讨论。此时,一个重要的事实是通过计算时间序列的傅里叶变化,可以得到所有谐波的功率谱,它对应独一无二的时间序列。相反,如果我们仅知道功率谱,通过逆运算可以反演出时间序列。时间序列与其功率谱的这一互补性特征不仅仅是两者数学关系上的一种推倒;如果所观测的功率谱是对天气和气候在过去和未来的真实行为的一种度量,那么就可以用来预测未来的事情。成功的预测是对假设的天气和气候统计循环行为的一种检测。

有很多更加精密的计算方法,它们可以从时间序列中得到其他的信息,但是在分析气候变化时必须谨慎使用。因为对于它们中的大多数而言,循环特征不明显,因此有一个危险怕过分强调那些本来就杂乱无章的时间序列(见5.2节)。由于这些方法能够高效率地得到功率谱,因此很容易掉进陷阱。所以当我们遇到很有说服力的循环特征的例子时,我们必须遵循两个原则:其一,我们应该显示功率谱的全部,这样就可以知道有多少差异是主要特征(见5.3节)。其二,在一些例子中,功率谱的特征非常显著,它们的重要性要通过下述证据来验证,针对为什么存在这样的周期性特征,确确实实存在一个物理上的解释。

5.2 噪 声

图5.2的例子说明了天气参数和气候参数的变化组成了一个复杂的波动。除去一些易识别的规律变化(例如,日变化、年变化)以及其他可识别的气候变化的例子(图1.1和图1.2),还有一些准周期且明显随机

的变化。后者是研究气候变化特征的一个重要方面。它们是全球天气系统无序变化的后果,并常常被称为噪声(noise)。这个术语确实提供了一个相当接近的解释。

如果天气和气候在每一个时间尺度上都随机变化,那么功率谱在任何频率的概率应该与天气变化在任何频率的概率相同。虽然任何一个特定时间序列可能表现出不同的波谱,但平均而言,这些变化的功率谱在相同频率间隔里具有相同的方差。这一分布通常被称为白色噪声(white noise)——这种表述起源于光谱学中的白光(white light),它含有大小不等的各种可见光的频率。

气候的自然变化并不是如此简单。气候系统中的许多成分(见第3章)都有不同的变化频率。变化较慢的因素(比如,冰面积、极冰、SSTs和土壤湿度)似乎有惯性,并且表明天气有"记忆",所以天气变化更倾向于表现为低频变化而不是高频变化。依然引用光谱学术语,这些噪声被定义为"红色",意思是其频率大多偏向低频。事实上,由于天气对近来的事件有更好的记忆,所以短期的变化受到的阻尼比长期变化更大,并且随着时间的流逝,各因子之间的联系变得更加微妙。红色噪声的理论分布取决于如下假设:连贯事件的任何联系随着时间的推移是如何减弱的。这就使得现有的统计方法可用于估计气候记忆的时间。进而这种方法体系能用于估计时间序列波谱某些特征的显著性。事实上,这表明低频率/长周期的循环为了达到与高频率/短周期的循环具有相同的显著性,注定大多数气象参数都属于低频率/长周期的循环。

仪器测量得到的气象参数变化常常表现为红色噪声。不过对于间接测量法得到的数据,情况比较复杂。由于观测变量(例如,树木年轮宽度)与气象参数(例如,降水量)之间的关系常常不确定,因此常有随机误差。尽管这些误差可以利用近期的气象参数纠正近期的间接数据来降低,但是不能被消除。所以,对气候变化的推断将会有更大的随机性。与此同时,天气因素会包含红色噪声。所以,间接数据的光谱分析会同时包含红色噪声和白色噪声,这种噪声的组合经常被称为"粉红"噪声。这就意味着对于任何基于间接数据分析得到的光谱特征的显著性,都要考虑计算粉红色背景噪声。

5.3 方差和显著性的计算

在任何气象参数时间序列中,参数的属性可以用标准差(σ)(方框5.1)来定义。这一定义有三层含义:如果参数距其平均值的差值是随机分布,那么单个极端事件发生的概率就能计算。参数距其平均值的差值的概率密度曲线是一条对称的钟形曲线(或者叫做正态曲线,数学上常常叫做高斯曲线)。参数距其平均值的距离为一个标准差(σ)的概率为32%,距离两个标准差(2σ)的概率大约为5%(图5.3)。

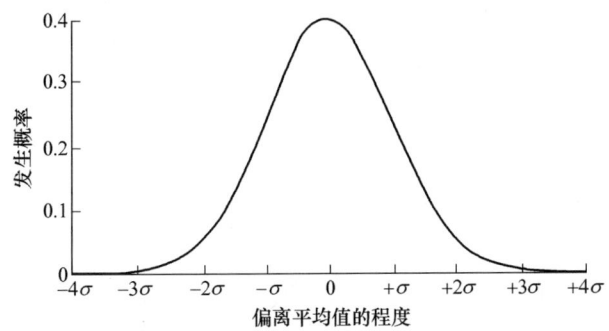

图5.3 观测值的随机波动服从正态分布,表明某一观测值发生的概率与偏离平均值的程度有关。这一分布常常用标准差(σ)表示,68%的观测值落在距平均值1σ的范围内,95%的观测值落在距平均值2σ的范围内,99%的观测值落在距平均值3σ的范围内。(引自Burroughs,2003,图A.1)

差值符合随机分布只有在有限的条件下才成立。有两个条件是很重要的:第一,时间序列必须是稳定的。也就是说,数据没有明显的长期趋势或者在观测期内没有其他形式的显著变化。第二,气象参数在其均值周围均匀分布。这方面的近似可以作气温和气压的统计。然而,在极端气温事件中,这种做法经常显得过于简单。但是,在降水量和风速的例子中,几乎所有数据都明显偏向较低值(图5.4),这是因为大多数时期都是零降水量或低降水量,而不都是潮湿季节。这种类型的曲线,我们叫做偏态分布,在较大值处有长长的尾巴,这是对在极大值附近概率很低的情况的一种反映。对于这种时间序列,使用最好的统计方法的关键是摸清数据基本分布的统计属性。只有知道差值大概服从什么分布,我们才能决定用什么样的统计分析方法。

当我们分析仪器记录的数据时,大多数变化由气候的自然变化所主宰。这就使得很难识别长期趋势、变化周期和气候突变。而极端事件对长期变化影响很大,因此许多统计学家因这一空白而着迷。

思考这些问题的最好方法是看一些实例。先从简单的例子开始,例如,年平均气温,这些数据与其均值的差值近似随机分布。数据中任何间隔的线性趋势可以对首尾数据的差值与标准差来衡量。利用最小二乘法评估线性趋势的好坏是大多数统计软件包的标准方法,并且可以计算这条趋势线的显著性水平。它们也可以提供更高阶的多项式,但是如果

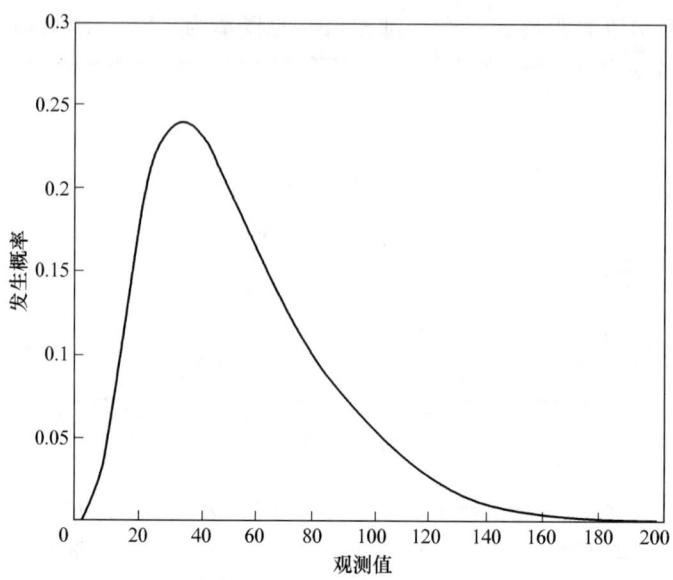

图 5.4 对于某些气象参数,其分布偏向较低值,并且分散程度不能用观测值与发生概率最高值的偏离程度表示。

没有实实在在的理由来说为什么时间序列符合这些复杂的数学公式,那么这一分析就仅仅是统计上的一种进步,而没有提供任何新的气候变化的线索。

甚至一个简单的时间序列(有明显的趋势,差值呈现出正态分布)都可以用一个很复杂的数学公式表示。例如,英国中部的气温(CET)[图 5.5(a)]在所考察的时期内明显的上升了 0.71 ℃。如果使用最小二乘法,相关系数(方框 5.2)为 0.32($r^2 = 0.102$)。然而很高的相关性只是统计上的说法,这一趋势只能解释气温参数的 10%。然而,如果采用月气温数据,那么另外一个图像就会出现。首先,大多数气温的上升都会出现在冬半年(图 8.21),并且如果我们使用冬季的气温数据进行分析(12 月—翌年 2 月),尽管气温的绝对上升值(1.14 ℃)比较高[图 5.5(b)],但是趋势的显著性明显小,r 仅为 0.24($r^2 = 0.06$),这是因为每年的变异在逐渐增大。因此,尽管气候变暖集中在一年中这段时间,并且季节趋势在统计上是显著的,但是它只能解释气温参数的 6%。也就是说,年际冬季气温的较大变化使得解释气候变化更困难,并且强调了解释统计现象时考虑潜在气象过程的重要性。

5.3 方差和显著性的计算

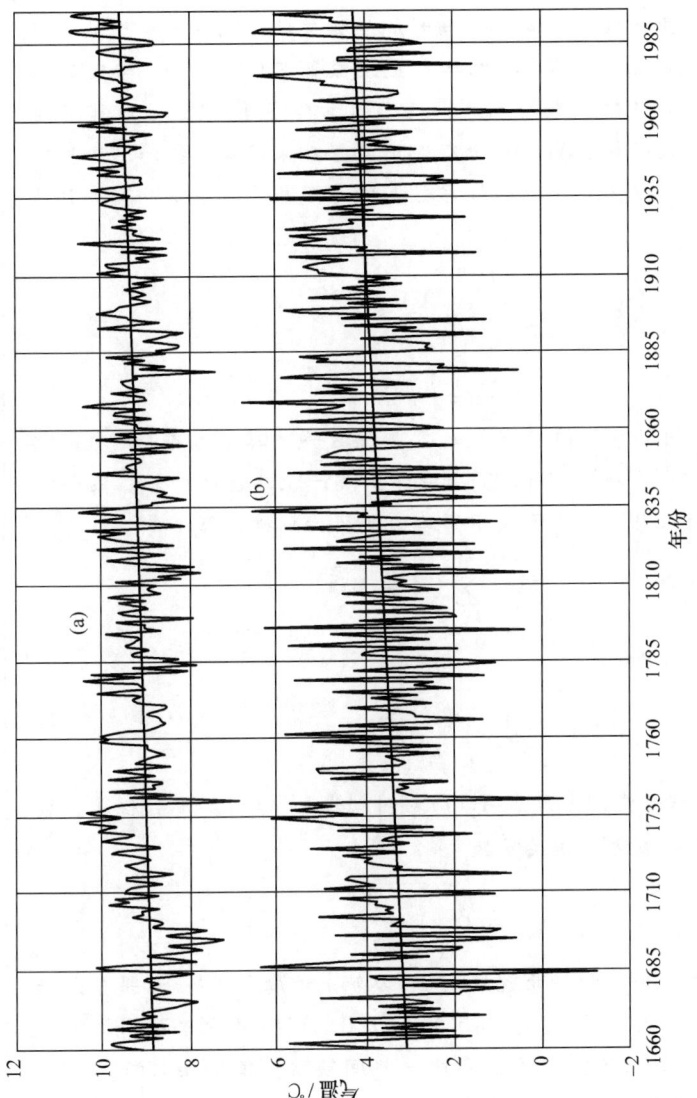

图 5.5 英国中部 1660 年到 1996 年年气温线性趋势（a）和冬季（12 月—翌年 2 月）气温线性趋势（b），两者均显示气温升高。在两幅图中，气温升高都是显著的，但是，尽管冬季气温升高幅度更大，不过其显著性较差，由于相邻两年冬季气温相差较大。

 **方框 5.2　相关系数**

统计研究的一个重要方面是探索两个统计变量之间是否存在显著的相关性。这里通常指气象参数与时间的相关性，以及一些气候敏感型变量（比如，谷物的价格、树木年轮宽度或葡萄收获日期）与气象参数的相关性。以气象参数时间序列 $X(t)$（方框 5.1）来说，可能通过计算是否存在比平均值更能拟合观测值的函数来寻找趋势。这个函数有好多种形式，这里只考虑线性函数，常采用最小二乘法计算找到最小值

$$S_m^2 = \sum_{i=0}^{i=N} (X_i - X'_i)^2$$

这里

$$X'(t) = a + bX(t)$$

是第 i 个观测值的估计值而不是其本身。这一计算很复杂（见深进读物中列举的统计资料），不过可以用许多统计软件自动计算。这一计算的最显著特征是 S_m^2 小于使用平均值进行的同样计算

$$S_0^2 = \sum_{i=0}^{i=N} (X_i - \overline{X})^2$$

这里

$$\overline{X} = \frac{\sum_{n=0}^{n=N} X_n}{(N+1)}$$

S_m^2 比 S_0^2 小的程度常用来衡量 $X_1(t)$ 对时间序列 $X(t)$ 的拟合程度，而不是 $\overline{X}$，且常常表达为相关系数

$$r = \pm \sqrt{1 - \frac{S_m^2}{S_0^2}}$$

如果相关性高，平方和的比就接近 0，从而 r 趋向于 ± 1。如果相关性差，平方和的比就接近 1，从而 r 趋向于 0。同样的方法可用于计算 $N+1$ 个气象参数观测值与同时间段一些间接观测值的相关性（比如，4.4 节中生长季气温与酿酒日的相关性）。

相关系数（r）可以进一步解释。通常情况，r 能通过一个简单的数字关系定义为显著性水平。例如，一个相关系数的显著性水平为 95%（即，只有 5% 的可能是偶然造成的），当

$$r \leq -1.96/\sqrt{N} \quad \text{或者} \quad r \geq 1.96/\sqrt{N}$$

5.3 方差和显著性的计算

> 由于在研究气候变化的许多例子中，N 很大（通常为 100 甚至更大），因此 $r=0.2$ 或者适当小说明递增或者递减的气象参数时间序列线性趋势显著。但是这对于预测未来的状况有价值吗？
>
> 解释 r 的方法是：与原始数据没有显著关系这种说法相比，寻找一组数据的线性关系的最小二乘法是如何减小变化的。其通过计算 S_m^2 对 S_0^2 的比得到，$S_m^2/S_0^2 = (1-r^2)$。以一组长气象参数时间序列为例，$r^2=0.1$，即 $r=\pm 0.31$，该数字有效（见 5.2 节）。但是换种说法，上述数字说明线性趋势只符合时间序列中 10% 的数据，其他 90% 符合其他相关关系。对于仪器观测得到的时间序列数据，注定有一种显著性趋势，即便它只能代表少数变量。然而，对于间接数据，是否在数据筛选过程中已经把一些长期变化剔除掉存在疑问（见 4.4.1 节），因此时间序列趋势的显著性不太好确定。

通过考察 CET（英国气象局记录了从 1772 年至今的气温）所记录的日气温分布状况，我们可以进一步了解英国冬季气温的变化特征。图 5.6 是 1772—1821 年 1 月的数据分布和 1946—1995 年的数据分布的比较。这两个时期的数据分布都是右偏分布。虽然，第二个时期的温度比第一个时期的温度平均高了 1.4 ℃，但是，极值的范围并没有变。在这两条光滑曲线的中间区域的真正区别在于，中位数变化了 3.5 ℃，这说明第一个时期寒冷的天气较多，而第二个时期温和的天气较多。对 12 月温度的观测，也有同样的结果，但是对 2 月数据的观测显示，温度并没有变化，而且分布还非常相似。

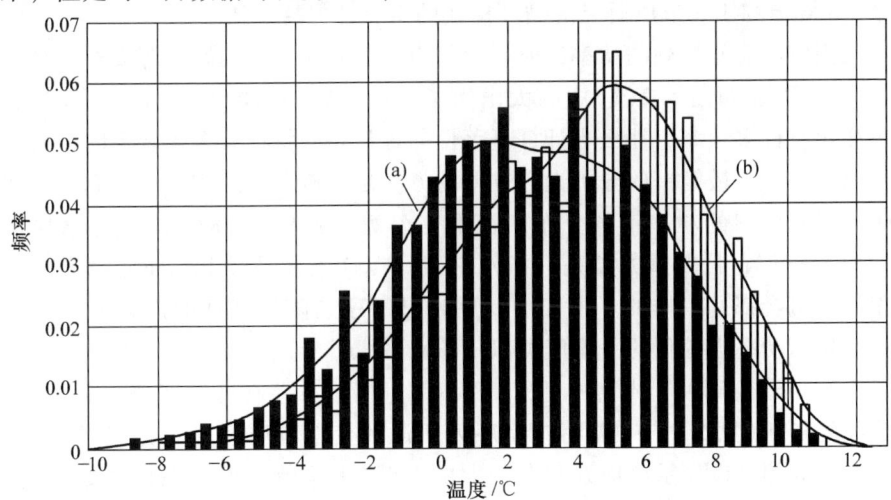

图 5.6 英国中部 1 月日气温分布图，(a) 为 1772—1821 年，(b) 为 1946—1995 年，显示两个不同时期中位气温变化巨大，极值气温变化较小。（引自 Burroughs,1997,图 5.14）

两段时期气温分布的变化也可用控制冬季天气的因素的变化来解释。对于英国来讲，如果这些因素代表了 5 大天气模式（这些模式诞生了不同的气团，进而控制着冬季的天气），那么它们就可以用它们自己的平均温度来定义。其中温度最低的是极地大陆气团（cP）。当高压在斯堪的纳维亚半岛邻近地区形成的时候，极地大陆气团（cP）就会冲出俄罗斯北部和西伯利亚大部分地区。其次是北极海洋气团（mA），它来自北极由冰雪覆盖的海洋上。再次是不太冷的极地海洋气团（mP）。当高压在北大西洋上形成的时候，极地海洋气团（mP）冲出西北部地区。较温和的极地西部海洋空气（mPw）从北美开始穿过大西洋，一路都很温暖。最温暖的气团被称为海洋热带气团（mT），它们形成于热带大西洋地区，极少数时候它也以大陆热带气团（cT）的形式出现，大陆热带气团（cT）来自撒哈拉沙漠。

用这些定义，就有可能把气温分布分解成每种气团的分布，并且可以研究这些控制因素是如何以不同的组合影响英国中部的气温分布的。图 5.6 中的两种气温分布分解结果见图 5.7(a) 和 (b)。尽管这一分解的目的是重新生成观测分布，并且与实际观测到的某一天气控制因素是如何变化的没有关系，但是它确实有重要的实际意义。这就是当用简单的气候学模式进行解释时，这些异常的统计现象就变得容易理解。事实上，分布中大多数极值的较大变化可以用东西向天气模式（把冰冷的北极气团引入英国）的减少和西南向天气模式（把温和的气团引入英国）的增加来解释，不过气团的属性没有发生显著变化。因此，这一分析表明在过去 200 多年里，影响英国冬季气温的变化是天气模式的变化，而不是北半球的变冷或变暖。这一结论也同 3.2 节、3.6 节和 4.3 节所研究的循环模式的重要性保持一致。

当解释时间序列的功率谱时，我们也要关心相同的问题。假设有一个或两个特征[比如图 5.2(b) 中的太阳黑子数循环] 不影响光谱特性，并且这一变化有许多频率，那么当计算显著性与最显著的特征有多大联系时，我们要倍加小心。最简单的分析光谱方差的方法是分析典型的例子。图 5.8 是两个有时间序列的功率谱的分布。在第一个例子中[图 5.8(a)]，光谱属于"白色噪声"，且期望方差是一条水平线。在这条水平线上，任何光谱成分出现的机会都是一样的。事实上，反映时间序列随机特征的期望值十分分散。然而功率谱变化的平均值类似一条水平线。

在"红色噪声"光谱中[图 5.8(b)]，期望方差在低频率值附近较大。曲线的形状（见 5.2 节）表明时间序列所测的变量有明显的"记忆性"。另外，实际的光谱显示出均方差有很大的波动（大量特征发生在低频处），但是均方差却类似于水平平均值曲线。

在图 5.8 中，可能把统计上的显著性与功率谱的特征联系起来。通常可以通过计算超过期望方差固定倍数的所有功率谱特征发生的概率来完成。在

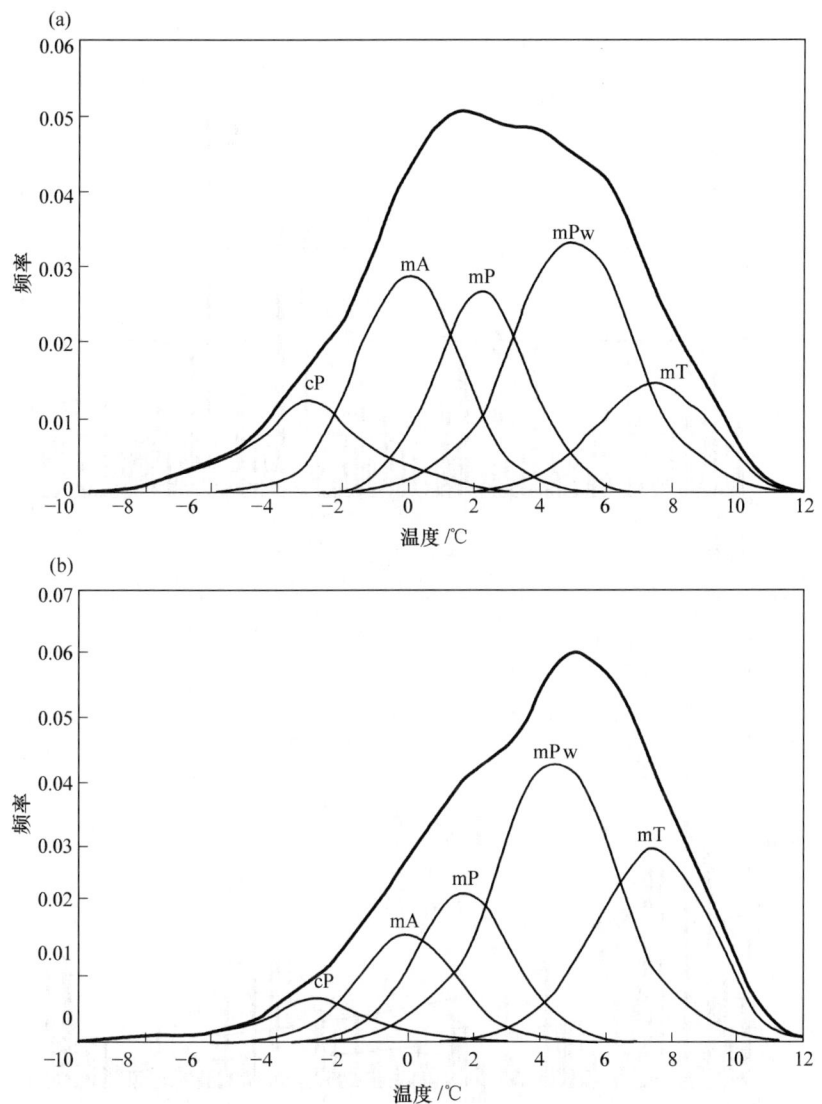

图 5.7 英国中部 1 月日气温分布图(图 5.6)的分析,(a)为 1772—1821 年,(b)为 1946—1995 年,表明它们是如何由不同气团组成的,假定这些气团的温度符合正态分布(图 5.3)。

许多发表的论文中,这些概率通过曲线来表示,表示某些事件发生的概率为 10% 或 5%,通常用 90% 或 95% 来表示它们的显著性水平(显著性水平越高,就越少犯错误)。但重要的是,对于每 100 个功率谱组成成分,它们都有相等的机会超过 99% 的显著性水平。在图 5.8(a)中,这个特征值在 0.02~0.375 cpa,在图 5.8(b)中,这个特征值为 0.045 cpa,也就说,有 0.045 的可能性犯错,但是几乎可以断定这种错误是随机误差。

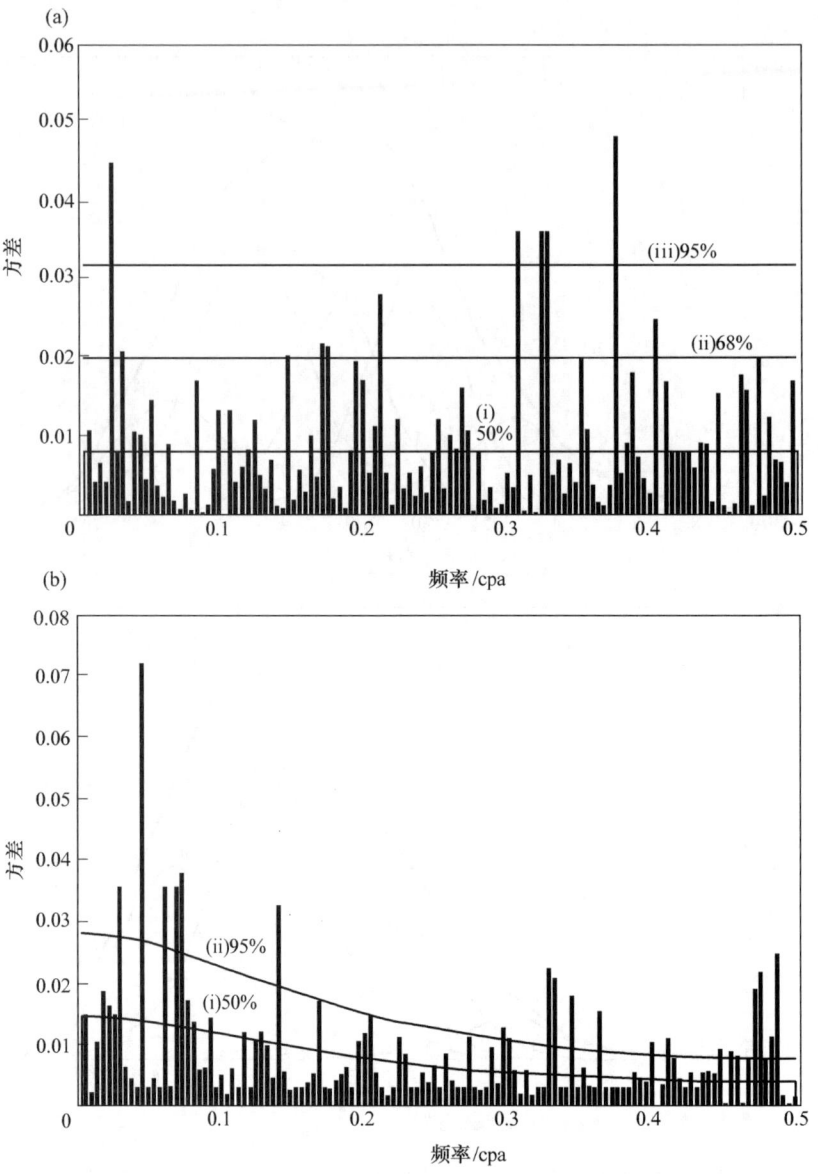

图 5.8 典型功率谱实例，(a)为白色噪声，(b)为红色噪声。柱状图表示功率谱的组成成分，水平线表示在纯随机过程下可能达到的水平。

基于这一背景，当估算一些峰值是否显著时，有两个问题要考虑。第一个问题就像 5.1 节所提，所讨论的预测频率是否是某些具体物理过程的结果。这一标准通常被称之为优先(priori)要求。第二个问题直接和定义一个具体的原因相关，在其他时间序列或者其他气象变量的时间序列中，是否也有相同的频率发生。如果这两个条件不能满足，那么，所观测的现象的显著性水平就毫无意义，只不过是时间序列的随机特征。

本节前面提到的年气温 CET 时间序列为这两个问题提供了很好的验证。1700—1950 年时间序列的傅里叶变换见图 5.2(c)。正如 5.1 节所提,六大特征(显著性水平为 95%)能够解释 1/3 的变异(在这一特殊计算过程中,变换之前要剔除趋势,因为如果不剔除的话会导致估计的范围变大)。在这些特征里,76 年和 23 年的高峰,可能和太阳活动有关(见 6.5 节),2.1 年的高峰可能是准两年震荡(QBO)(见 3.2 节)的回波。其他的特征可能是不满足优先要求或者仅仅是其他的随机波动。

CET 日气温的最后转换结果表明有哪些特征能从杂乱无章的时间序列中提取出来。在识别出趋势和六大特征以后(其中,只有三个可能是气候的周期特征),仅留下大约 2/3 的变化属于英国中部气候模式的表现。

5.4 平 滑

在许多气象数据时间序列中,随机变量占主要地位的影响意味着详细分析波谱成分毫无意义。真正重要的是通过对短期温度波动的平滑来得到隐含的长期变化。这种方法可以提取出类周期的行为和可能的显著气候变化。

最简单、最经常使用的平滑时间序列以识别长期变化的方法是滑动平均法。最基本的模式是计算时间序列中固定个数的连续点的平均值,从而形成一个新的序列。这种方法被称为"不加权"滑动平均,人们广泛使用且容易使用[个人电脑上和表格有关的许多统计软件包(例如,Excel)都提供了滑动平均法]。然而,这个方法有些限制条件,在用其他方法进行平滑和筛选的时候要考虑。

为了弄清楚平滑方法对时间序列的影响,我们必须弄清楚它怎样影响时间序列的谐波组成。正如我们看到的,任何一个时间序列都可以用一组谐函数的和表示。最简单的方法是举个例子。如果我们采用 10 年滑动平均,第一个明显的特征是,平滑得到的时间序列以 10 年为周期,振幅固定。这是因为,无论从什么地方开始,它总是以一个周期为单位形成一个平均数。类似的,它将除去所有较高的谐波,它们是平均周期为 10 年的循环中大量存在的原始循环(例如,5 年、3.33 年、2.5 年)等。它的效果同样也使得以 20 年为周期的循环的振幅减小了一半,因为当 10 年滑动平均沿着时间序列滑动时,它取半个周期的平均值。

到此为止,好像可以解决一些问题了。但是当我们要处理一些较短时期的序列时,问题就出来了。举一个周期为 6.333 年的例子(即,每经过 10 年这个变化完成了 1.5 个周期)。当 10 年的滑动平均滑动通过时间序列时,它将会形成一个均值,这个均值包含了额外的半个周期的影响。不仅会出现在平滑过的时间序列中,就原来的时期来说,也会发生颠倒。通过数学分析

(见深进读物)得到：在最糟糕的情况下，有22%的谐波通过平滑过程，并形成一种伪造的信息，这些信息完全脱离了原来没有平滑的原始谐波序列（图5.9）。这种扭曲的并伴有不同数量的高频率的出现，使得不加权的连续数据不仅无效而且还存在潜在的误导。

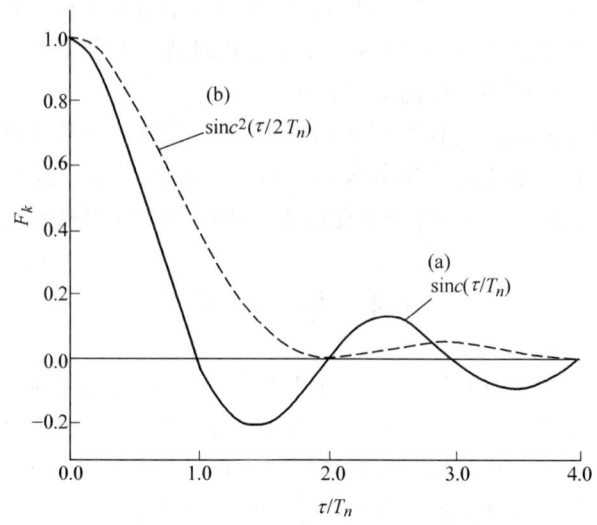

图5.9 滑动平均法（a）和三角函数加权平均法（b）的过滤函数。过滤函数（F_k）是滑动平均法中谐函数的振幅与原始时间序列中谐函数的振幅的比。这一函数被分成相等的间隔，间隔等于τ/T_n。（引自 Burroughs,2003,图 A.4）

要知道怎样得到更加有效的平滑方法，最好能用另外一种方式考察非加权滑动平均的特征。高频率波动能够通过的原因在于平滑方法处理数据的方法。以冬季平均气温时间序列为例，它在年际可以发生巨大变化。这些波动可能是随机的或者包含一些显著的周期。非加权的连续均值就像是"货车车厢"压过这个序列。这个周期内的每个点都有着同样的权重。因此，个别异常的冬天也会进入连续均值的计算，那么这些均值就会突然上升或下降，而且是以同样的方法计算。也就是说，即使滑动平均的目的是剔除所有这样的巨大变化，但是它对时间序列的影响是以一种突变的方式显示出来的。假如我们只对极值感兴趣，那么它们要么是长期趋势的证据，要么是连续变化的证据——在中间出现最大值，然后再渐渐消退。倘若这个方法解决了非加权连续均值的问题且不会引起扭曲，那么它就是检验时间序列的一种好方法。

有各种各样的加权滑动平均方法（见深进读物）。最简单的办法是对滑动平均的中间数据（峰值）进行三角函数加权[图5.10中的曲线（b）]。然而，实践证明，确实可能设计出更高效的滑动平均用作相对敏锐的过滤法，这个过滤法能够剔除所有的在切断频率之上的谐波。现在剩下的谐波就没有时期扭曲了,但是接近切断谐波的地方,它们的幅度持续地降低。选择平滑计算的数学方法在得到一个敏锐的切断频率及最小化计算量和周期长度(以产生所需平滑效果)之间平衡。后者更加重要,因为切断频率越敏锐,所用周期就必须越大。这也就意味着在得到有效的平滑的过程中,序列的末端数据很大程度上是浪费的。如果序列中只有有限个观测值,那么我们付出的代价是很大的。若是不同的观测数据,使用二项式或者高斯加权都是一个不错的妥协。

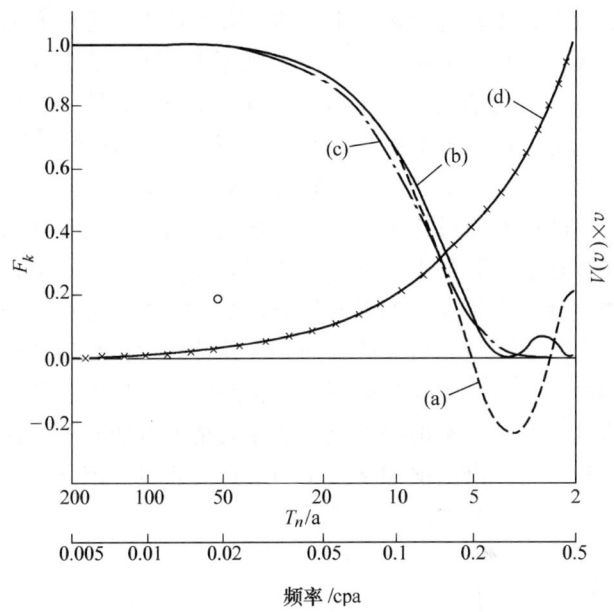

图5.10 5年滑动平均(a)、7年三角函数加权滑动平均(b)和11年双加权滑动平均(c)的过滤函数。频率经过了对数化,目的是表现滑动平均对曲线上白色无序干扰(d)的影响,(d)曲线上每一频率间隔$[V(v)]$产生的固定变化都乘以频率v,目的是使得曲线下方等的面积代表相等的变化。

(引自 Burroughs,1994,图 A.5)

如果我们所感兴趣的是频率的分布,就可能采用更具有选择性的计算方法。使用加权或不加权的方法来使时间序列变得平滑只是更多和更普遍的筛选方法中的一种。不用简单的"低通过滤"筛选法(该方法把低频率的谐波留在序列中不作任何改变,使之更容易看见),也就没有原因解释为什么这一方法不压缩高频和低频成分,而只留下有限范围的频率使之通过。这个过程的优点是:不像谐波分析和光谱分析那样(见5.1节),它允许对整个序列的周期性特征进行持续性检查。相比之下,功率谱只是明显波动的平均振幅,而在观测时期内,频率和幅度的任何变异都转化成光谱中的其他成分。

因此,如果这些变化是可测量的,光谱分析就会把这些波动真实特征的测量变得更加困难。

这样的区分是很重要的。循环的问题在本书中多次提到的原因是很明显的,那就是,有了令人信服的证据就能够解决规律的问题。在几个周期之后,一个循环可能突然消失,而后会再次出现在并不能确定的若干周期之后,或者变换周期和幅度,或者消失。因此数学方法有助于找出假设循环的真实原因,在这个问题中,用数学方法计算出循环行为的不同特征。

在理想状态下,筛选应该用一个窄的约束条件去计算所有的频率,幅度上不准有任何改变,并且要能够压缩其他所有频率(图 5.11)。事实上,这种理想状态下是不可能达到的,我们必须做些妥协,去掉不想要的数据并留下大部分感兴趣的、稳定的数据。进行窄波过滤的方法是构造一个过滤器,使其能够计算出我们想要的频率。波动幅度从最小值上升到最大值,然后再下降。筛选所用的资料数量决定了筛选的宽度,因此,波动的数目包括在计算当中——在筛选中用到的点数越多,约束的宽度就越窄。但是,对于所有的平滑和筛选过程,都是在窄的筛选约束以及计算量、可获得的数据之间寻找一种平衡。尤其是,一个敏锐的筛选方法设计到用可获得的显著的数据去计算平滑序列中的一点,它也就限制了分析的范围。还有,如果数据包含了很多没用的信息,在一个窄的频率范围要求太精确可能起不了任何作用,因为它仅仅是得到一条光滑的但却是没用的信息的曲线。因此,考虑在寻找气

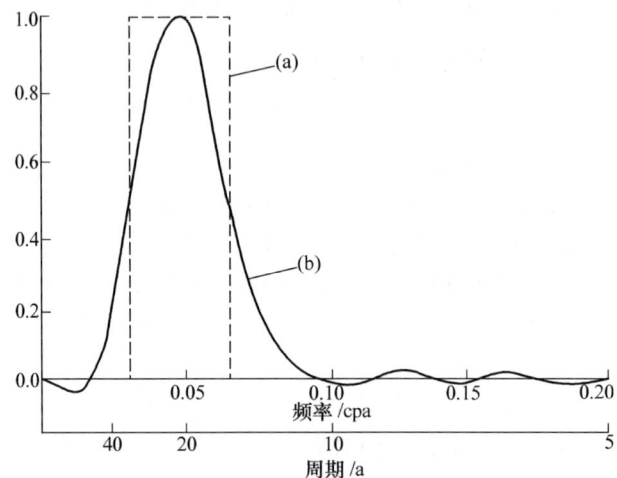

图 5.11 理想的统计过滤(去除了不想要的周期,留下了感兴趣的周期)(a)与现实中可能实现的情况(b)的对照图。在(a)中,过滤器挑选的周期介于 15~30 年,而(b)只挑选了 20.6 年这个周期,并且依照距离 20.6 年的远近,对其他周期数据的振幅进行了较大或者较小的缩小。(引自 Burroughs,2003,图 2.6)

象序列的许多方面,我们在处理数据的限制条件的时候应该做些让步。

5.5 小波分析

近年来,一种改进的特殊分析方法被广泛应用到气候变化研究中。这种技术就叫小波分析,它检测一个气候时间序列的功率谱是如何在记录的时间序列中变化的。它包括了把一维的时间序列(或频谱)转化为频率图像的二维的时间序列。通常强调这样一个事实:许多气候资料序列中都存在周期或准周期的证据。当检测整个时间序列的傅里叶变换时,这些周期可能会丢失,这就会抹掉了其中的变异,最坏的情况就相当于把婴儿连同洗澡水一起泼掉一样。

在研究气候系统中某些因素的频率变化响应时,最简单的方法是计算滑动时间序列气象资料的傅里叶变换。这可以通过选取一定的窗口尺度然后通过对时间序列的滑动来完成,其中每一个时间点的变换都只用到时间窗口内的数据。这可以提供频谱信息,但可能导致对不同的频率采用了不一致的处理。对于一个时间序列给定窗口宽度为 N 的记录间隔,而这个宽度对于解决不同的低频振荡可能会过小,而在高频区,虽然它可以滤掉高频,但是可能选取更为狭小的窗口来检验这些短时间的振荡或许更好。

小波分析所做的就是联合了一个加权的窗口和一定数量的在该窗口内给定频率的振荡。这些给定频率的波群,通常定义为 Morlet(图 5.12),通过

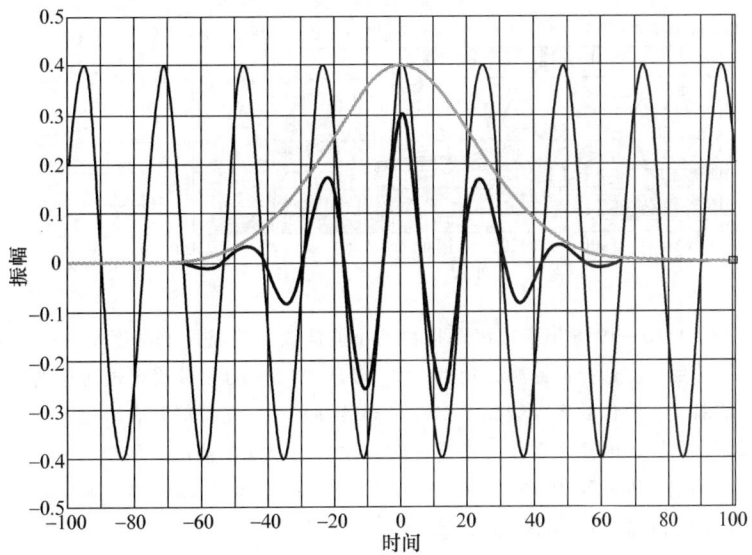

图 5.12 这幅图表明"Morlet"函数(粗黑线)是如何由简单的谐函数(细黑线)和高斯函数(灰线)组合而成的。高斯函数对"Morlet"函数的影响结果是把其限制在谐函数的六个周期范围内。

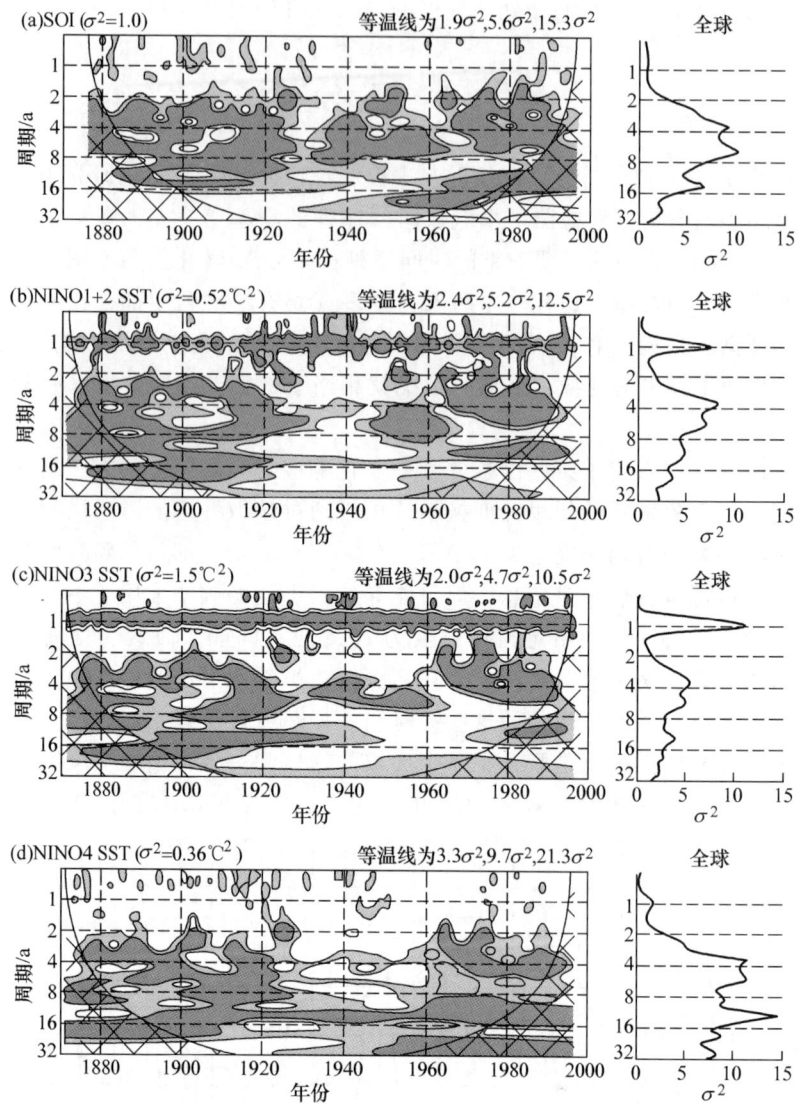

图 5.13　1876—1996 年南方涛动指数的小波能谱。等温线上温度是方差 σ 的倍数,并且温度选择的原则是使得 50%、25% 和 5% 的能量谱超过对应的等温线上的温度。黑色的等温线显示 10% 的显著性水平。交叉部分表示地下水位下降漏斗,此处,因使用零作为基准使时间序列超过观测范围,所以方差变小。

(引自 Allan,2000,图 1.4a。Diaz & Markgraf,2000,剑桥大学出版社)

卷积运算为时间系列内的任何周期变异特征的衡量提供了一个工具。这对应了由窗口变换定义的频率范围以及振幅差异如何随时间改变。正如前面 5.4 所描述的,它是一种滤波的形式。在气候周期研究中,最常用的是高斯包络,因为一个高斯的傅里叶变换是另一种高斯。

在持续时间有限的时间序列利用这种方法的困难在于，对长周期的检验会受限于子波的波长。例如，在 CET 记录(见 3.1 节)的不同分析中，即使是对 23 年周期的检验也需要一个包括 120 条记录的子波。这就意味着要假设只有记录的中间部分能被检验，而没有任何在数据记录以外 CET 记录行为。因此，小波分析有一个惯例，在图表的底角附上用交叉的平行线画出的阴影区域来标明"影响的锥"，即边缘效应重要的地方。

然而，小波分析还有一个重要的优点，就是它不需要稳定性的假设(见5.3 节)。这在检验替代的记录(如年轮)时就显得非常有益，因为它是建立在不同树木上重叠记录的基础之上的，并且经过了长时间变异的平滑(片段长度受限，见 4.5.1 节)。

5.6 多维分析

虽然气候变化的大部分证据能从一个给定地点的单一气象要素中提取，在这里高质量的数据是可获取的，但是它不可能建立一个气候变化的空间图像。多维分析就是为了提取气候变化的原因。例如，毫无疑问，在过去大约 100 年间，全球气候已经明显变暖，但是，我们很难分清到底全球变暖多少是由于气候的自然变化造成的，多少是由于人类活动引起的。在第 10 和第 11 章，我们将讨论各种尝试企图模拟气候变化和解释 20 世纪全球变暖的形成。但是，我们并没有足够的关于气候在 20 年到 100 年周期尺度的变化的知识。由于需要很长时间来建立这个背景变化，所以采用一小段时间来检验自然变化将会导致不同的人类活动影响的空间格局。这就需要对变化的格局采用三维统计分析，并跟计算机模型预测的格局进行比较。这种分析通常称为"指纹识别"(见 11.4 节)。

对气候变量的二维或三维格局在时间上的变异进行处理将我们带进了矩阵代数的领域。因为它包括了有大量因素在变化的大量数据，而统计技术的出现就是要减少参数的数量而又不改变原始的信息。这种最广泛应用的方法就是主成分分析(PCA)。它包括了一些计算机程序，通过这些程序来处理数据矩阵从而估计每个正交向量能对变异贡献多少。通过数据的线性变换可以得到第一主成分，它代表了数据变异最多的信息。下一步就是计算第二主成分并估算它引起的变异，第二主成分与第一主成分没有相关性。这种方法的价值在于在许多情况下，它把变化的重要特征归纳起来，即总的变异的很大部分可以通过少数几个主成分来描述。

展示整个过程是如何工作的最简单的方法莫过于举例了。PCA 常常被应用到气候变化的地理分布在时间上的变异。这需要分析一个地区比如北欧或美国大约 1 000 个气象站在过去大约 100 年来的数据，诸如气压、降雨或气温等。如果我们进行站与站之间差异的比较，那么就很难识别出变异的格局，因为各个站都有不同的变量。通过 PCA 我们就能对数据进行有效的提炼。第一主成分通常是跨区域气候的简单描述，它通常高于或低于正常情况（例如，比正常情况更湿润或更干旱、更温暖或更寒冷），从整体上解释了变异的主要成分。第二主成分进一步解释有多少变异是由于一半区域是高于正常情况而另外一半则是低于正常情况造成的。这第二主成分通常影响该区域显著特征因子的循环格局。第三主成分可能由对波动有影响的因子构成，这些波动与第二主成分解释的变化正交，它对变异的贡献较少。后面的主成分将会确定更复杂的格局，但通常超过 80% 的变异都会由前 3 个主成分解释而不需要更多的主成分来说明。因此，实际上对如此多的气象站的如此多的数据进行分析就可以剧减到这 3 个主成分了，这只会造成相对较少的信息丢失。

通过这种方式来提出 PCA 的原因是它已被广泛应用，这是计算机分析不可避免的产物。因此对于应用统计程序的人以及阅读科技文献的读者来说，数据是怎么被处理的是不清楚的。把大量的数据输入计算机，然后点个按钮，这太简单不过了。输出的结果是一系列的数字，定义了大量主成分的相关关系（特征向量），以及估计每个主成分对于总变异的贡献（特征值）。我们所不能忽视的是这些数字到底代表什么意思。如果不能充分理解数据分析给你做了什么，或没有充分理解文章主成分所代表的含义，就有可能导致误解。因此，无论你是准备利用这种方法还是要去理解别人分析的数学表达式（见深进读物），对它使用的简单方针有两个方面。第一，限定所分析的为那几个靠前的少数的主成分，它们基本上可以解释气候的自然特征。第二，与第一相反，在分析中解释可能不是特别清楚，除非这几个主成分能解释绝大部分的变异。

5.7 小　　结

本章简要回顾统计学的目的是强调处理气象数据的两个基本特征。其一，有许多统计方法可以用于处理海量数据。但是一旦抛弃简单方法而选择平滑方法、过滤法和波谱分析法，这些先进方法就必须更加谨慎地使用，由于没能全面理解所得出的结论，就可能产生抛弃事实真相的危险。问题的部分原因是虽然有迅速、高效处理海量数据的计算机统计软件，但是对于显著性变化认识不够。

识别气候变化的物理机理在统计分析中可能是第二个特征。事实上，大多数气候参数时间序列随机变化，几乎不存在期望值（例如，冰的年代）。这表明气候参数时间序列在理论上是杂乱无章的，并且即使有一些可识别的物理原因导致时间序列的一些显著变化，这些信号也常常是微弱的。如果我们不能深刻理解为什么杂乱无章的时间序列会呈现给定的形式，那么使用统计方法把特定的显著性归因于一小部分变化类似的行为都要多加小心。强调时间序列中的简单特征（比如，线性趋势）倒是很有道理。然而，使用难以置信的能量谱技术（这种技术的用途在于使无序数据的显著性变得更强烈，客观的显著性常常因一些实际原因减弱）只能使我们更细致地检测无序变化。这个毫无意义。我们利用统计方法的目的是帮助人类更好地识别气候变化的原因，有可能的话帮助预测气候变化的未来状况。

习题

1. 制造随机数。方法是从电话簿中找出最近的两个电话号码，然后使用简单的滑动平均法对它们进行统计平滑（使用统计软件包，例如，Excel 或者 Lotus 123，很容易实现）。尝试解释无序数据的平滑性，上述方法得到的曲线能告诉你什么？

2. 以一个气候参数时间序列[例如，从气象手册（比如，Hulme & Barrow,1997,或者 Lamb,1972）中找到的年气温或者年降水量数据]为例，使用一个统计软件包计算这个时间序列的线性趋势、方差和相关系数。再计算这个时间序列的前半部分和后半部分的上述三个统计量，然后对比三种时间序列的结论。关于你所计算的时间序列，结论的不同告诉了你什么？

深进读物

本书最后附有一份完整的参考文献，从中挑出的以下书籍或文章可以帮助更好地理解本章内容。每个引文的详细情况见参考文献。

Burroughs(2003)：本书对统计方法提供基本方向，用于从气象时间序列中提取信息。

von Storch & Zwiers(1999)：对气候资料统计分析进行全面而透彻阐述的读物。许多读者能发现分析问题的详细处理方法，而大量数据的分离技术使把握详细分析的特性更加容易。（书后参考文献没有该文献——译者注）

Jolliffe(1986)：原理组成分析的介绍读物。

Kendall(1976)：对用于分析时间序列的自然和信息的数学技术有透彻的分析。

第6章 气候变化的自然原因

> 幸运属于明白事情缘由的人。
> **Virgil(维吉尔),公元前70—公元前19**

目前为止有一点很明确,那就是气候变化是由很多因素引起的。因此,开展了对气候变化原因的评估和有关自然过程的多种研究。为了易于分析,我们应首先关注那些最显而易见的因素,其次是这些因素如何影响气候变化的趋势。这意味着在寻找自然可变性的解释时,我们要同时考虑短期和长期过程。当人为影响因素的问题被引入讨论时,将分析范围缩小在着眼于更加快速波动的因素上。因此,气候变化研究的主要目标是识别那些气候变化因素,判断在可预知的未来全球气候可能产生怎样的变化。

具有周期循环特性的气候变化机理将被特别关注。这一重点不是基于周期性现象比其他变化形式更强烈的事实,而是因为了解其变化的原因和影响的联系更为容易。这是两个因果关系,即当一个先验的后果确定循环发生时可把这个循环的变化归因于一个特殊原因的能力,以及检查观测波动及其基本原理之间自然联系的能力(见5.1节)。该识别是在周期出现后,测试可观测的波动和其假设原因之间的自然联系。因此,在某种程度上认为它们能够被识别出来,它们提供了深入观察驱动气候变化因素的途径。

6.1 自方差和非线性

在第3章对全球气候主要成分的描述中介绍了一个观念,那就是它们能以复杂方式进行相互作用而产生变化。这些过程通常被称为自方差,因为它们可以被看做气候的一个内在部分并且从根本上理解气候变化的原因。只有知道气候如何自我波动才有可能区分外部作用(如太阳活动与天文潮)和人类活动(如温室气体的排放或森林的砍伐)的影响。因此,虽然这些外部因素可以与内部变量相互交错,但是区分它们会更好。

在此之前,仍然有一件复杂的事情需要考虑,这就是非线性的问题(方框 6.1)。鉴于这一现象的后果可能被夸大、可能不稳定,甚至是矛盾的,理解气候变化的含义具有深远的意义。在最简单的层面上体现出我们对大气初始状态方面的认识错误,将导致用数值天气预报方法作出的几天的大气状态详细信息预报不准的情形(见 10.2 节)。在分析长期气候如何变化时,这种情况很可能限制我们预测未来的能力。

方框 6.1 气候是混乱无序的吗?

一个混乱无序的系统,它的运行对初始条件非常敏感,因此精确地预测未来是不可能的。即使是很简单的系统在一定条件下也可以表现出混沌行为。混沌行为的条件是数量之间的关系,条件的支配系统的运动是非线性的,换句话说,对这一关系的图形描述是一条曲线而不是一条直线。由于制约大气物理的条件是非线性的,用大气的物理关系预期能够表示其混沌的行为。数值天气预报的性能显示对初始数据质量具有强烈依赖性,证实了大气是一个混沌系统。

虽然大气是混沌的,但这并不适用于整体的气候。我们清楚地知道,在世界任何特定地方,在一年中任何给定时间内,气候是在一定范围内变化的:在南极,温度几乎没有上升到 -20 ℃ 以上,在新加坡没有下降到 20 ℃ 以下的。气候的计算机模型为这些全球性模式和它们随着季节变化提供了合理说明。也可以结合对海洋长期现象的了解,作出有效的热带季节性天气预测。此外,与较长的冰河期相关的变化情况在很大程度上可以解释地球轨道参数的变化范围。这些结果意味着气候的某些特征在很大程度上是可以预测的,仿佛显示气候环境在过去已经表现出混沌的行为,大部分不是很强的混沌。

在考虑非线性过程的基本问题时,我们的出发点是,当展示一些规则的或近似规则的波动时,全球气候系统会有怎样的行为,这可能是内部波动或规则的外部影响的结果。当受到各种循环力影响时,非线性系统最明显的效果是谐波。这意味着在给定频率下振荡时,会产生比基本频率更高的谐波。此外,如果系统受到两个或两个以上频率的刺激,它会产生这些频率的和以及差。简单的谐波产生基本频率的倍数。更高的谐波振幅将取决于系统的非线性,通常随着频率的增加迅速减少。和与差的效果最好描述为两个频率(v_1 和 v_2)。非线性系统通过这样两种周期性的输入起作用,不仅将产生频率的谐波,也能产生一系列由给定的一般表达式建立的组合 $mv_1 \pm nv_2$,其中 m 和 n 均为整数。这一过程不仅产生高谐波，也能产生被认为是半谐波的不同频率，如 $v_1 - v_2$，$2v_1 - v_2$，$v_1 - 2v_2$ 等，并产生系统中的低频振荡。

另一个有趣的频率响应被称为"夹卷"。如果一个系统具有自我激发频率 v_1，受到一个稍有不同的输入频率 v_2 影响，系统就不会按照上述方式进行。替代现在讨论的频率 v_1，v_2 和 $v_1 - v_2$，整个系统可以在伴随着产生加强频率的原始有效的自我激发振荡的 v_2 下振荡。可能会出现这种现象的频率范围取决于系统的性能，并且就像众所周知的同步区一样。一个相关但难以相信的结果是，在一些非线性系统中通过"启动"一个完全不同的频率来激发或停止一次振荡是有可能的。这一激发或停止完全是该系统随意的结果，通常用异步一词来表达其不可预测性。

这些比较抽象的概念与气候变化问题似乎没有太大的相关性，但实际上它们有可能提供有用的借鉴。一个例子也许有助于说明这一点，正如我们将看到的，气候最神秘的特点之一是具有大约 20 年的周期特性。对于这个周期实际的发生情况如何，它归因于各种太阳活动（22 年的太阳黑子活动周期）、月球潮汐（18.6 年）和气候某些部分固有的自然变动，特别是太平洋海气间作用的变动，这一变动周期的时间是 20 年（见 3.7 节）。如果在该海域发生自然共振恰巧有 20 年的周期，同时太阳和月球的波动也在这个时间尺度上对气候有一定的影响，那么它们如何交互作用将是一个复杂的过程。特别是在不同时期，我们可以期望任何外部周期，或者自然频率能占主导地位。因此随着时间的推移，三个频率中的任意一个可以通过不同振幅被观察到。每一周期的转换可能随机出现，转换很可能是这三个过程有效地被取消后的时期，且在 20 年的范围内没有明显变化。所有这些将使得变化的记录很难解释。

值得一提的是，一种行为的最终形式就是对于自我激发系统的不同反应。有些只需要从平衡开始的小振荡就能建立。这就是所谓的"软激发"。其他系统需要更大的扰动才会引起振荡，然后"硬激发"突然出现。相反，由于振荡衰减它将显示滞后现象，系统将以一种比原来的起点更小的振幅继续振荡。这种非线性系统的变量或不稳定响应对于自我激发和强迫振荡，是该系统的不可预测性的另一指标。

简单非线性系统基本观点中对全球气候的复杂性和非线性有一定的暗示。部分系统在给定的频率下有任何自我振荡的倾向将会增加或减少彼此产生的波动，其周期和幅度会随时间有多种变化。此外，卷夹和激发的属性意味着，如果有机会，全球气候的某些部分将开始在一定的频率下振荡，这个共振的发生将不可预测并且其结束同样将是突然和意外的，这与明显的维持循环的时间无关。

6.2 大气-海洋相互作用

非线性现象的核心问题是大气和海洋如何相互作用才能产生气候的长期性波动。然而像"鸡和蛋"的典型例子一样,这种相互作用因为在分析所包含过程的自然循环时没有明显的起始点,因此可以认为大气层的作用是维持环流模式,它可以产生海洋温度的变化,然后加强这些反常模式,这表示大气处于主导地位。相反,不同的论点认为,海洋巨大的热惯性抑制大气的超长波动,由此决定气候的运动如何超过一年或更长时间。

简单的"线性"答案是,大气控制短周期运动,海洋决定长周期运动。在某种程度上,这种观点由气候变化观测的频谱支持(红色噪音,见5.2节)。虽然这可以解释一些准气候循环,但是不能解决更多的突发问题,然而持久的变化对理解气候的非线性非常重要。

在考虑更不稳定的运动之前,大气与海洋相互作用的准循环运动是模拟ENSO事件的最佳方式(见3.7节)。20世纪80年代发生的重大事件导致了一系列计算机模型的出现,似乎提供了对ENSO事件在一年或未来中的发展更为准确的预测。1997年的事件使得几乎每个人都措手不及,2006年突然爆发的一个中度气候事件也是直到爆发前的两个月都没有被明确识别。因此,目前正在重新评价基本物理参数的预测模型。但是,这些模型能够模拟一个准周期振荡内的温暖和寒冷事件,这表明它们能够捕捉到一些大气的重要特征和大气与海洋相互作用有关,特别是表现了地表层的运动能力,实现从温暖到寒冷的转变,这是令人欣慰的。它克服了模型的基本问题,即通过SSTs和大气循环相结合,从而维持温暖或寒冷的状态。

这些模式如何实现这个重要结果取决于徘徊在热带太平洋上海洋表层深处的缓慢波动。波动有两种类型,接近赤道向东移动在温跃层深度变化的波被认为开尔文波(Kelvin waves)(见3.7节),它穿越太平洋需要两至三个月。向西移动在温跃层深度变化的波被认为罗斯贝波(Rossby waves),其表现与高层大气长波的流线属性相同(见3.2节)。由于海洋物理性质不同,罗斯贝波移动得很慢,在赤道它们可以经过3个月向西穿越太平洋。与开尔文波不同,罗斯贝波是由科里奥利力的影响且在高纬度地区移动较慢(在30°N和30°S,它们需要10年跨越太平洋地区)。当这两种类型的波移动到太平洋边缘时,往往向来的方向反射,从而变换类型,开尔文波返回时变成罗斯贝波;反之亦然。当与大气环流模式的实际结合时,这些过程的计算机模型展示了厄尔尼诺(El Niño)和非厄尔尼诺((La Niña))之间每3年至5年转换的特性。

该模型的其他特点是,在赤道太平洋出现了明显扰动之后,它们更有可能产生准周期振荡。但是，振荡平息后系统会变得更加无序。这种反应正像简单的非线性系统研究期望的那样，在振荡出现前需要猛烈激发的特性。此外，它反映了20世纪90年代初较少的极端厄尔尼诺（温暖）情况盛行了将近5年的情景，而模型则反复预测到将提前变换到较冷的情况。

这些问题因1997年预测极端事件遇到的困难而变得更加复杂，问题的一个组成部分是众所周知的热带天气的季节内变化。强风和暴雨的波动围绕赤道向东移动30~60天。经科学家首次确定被称为热带大气季节内振荡（MJO）后，这种现象在12月—翌年5月达到最强，它是热带地区最强烈的天气系统之一，为大气吸取了大量的热量。更多相关事实是，如果这些活动其中之一的发生伴随着强对流和西风，且恰好发生在西太平洋ENSO变暖事件即将崩溃时，则可以促进其快速发展。这现象已在1997年初发生过。然而，这些MJ振荡的性质是很难预测的，与其他大气环流的中期特性一样混乱。因此，伴随着ENSO事件的出现，在某时间大气的混乱性质可能处于主导地位，但是，就像众所周知的超级油轮一样，一旦海洋向着给定方向运动起来，就需要很长的时间才能改变方向。

北大西洋涛动（NAO）的准周期变化和在冬季的阻塞范围再次引起了关于大气或海洋正在转动的天气问题（见3.7节）。在太平洋，观察包括与北大西洋相似的反馈过程的设置、毗邻大陆和更广泛的全球大气与海洋相互作用。有证据表明，墨西哥湾流与北大西洋涛动（NAO）有联系。目前1966—1996年"north wall"的测量表明，60%的位置变异可在北大西洋涛动（NAO）中进行预测。此外，其余许多的差异可能与南方涛动的波动有关。这似乎是热带和北大西洋的气候控制因素（见3.7节）。

一个与这些有明显联系的可能解释是依靠这个事实，即在北大西洋涛动（NAO）的正位向波动过程中拉布拉多海的冷却导致更深水层的产生。这些流动向南流向北美东海岸会影响墨西哥湾流的势力和方向。反过来可能导致在北大西洋东部温度的变化，在适当的时候可以使北大西洋涛动（NAO）转换成负位相状态。但是到目前为止，没有得到令人信服的测量，尚未得到证实为什么北大西洋涛动（NAO）会正负转换，或者为什么它在特定的频率下应该如此转换。

6.3 洋　　流

洋流主要作用表现在向高纬度地区输送能量（见3.6节），也就是说这种模式的任何变化对气候具有重大影响。此外，很明显不同的海洋环流模式与大陆早期的分布格局是相关的，它是从根本上区别不同气候模式的主要因素，这种气候模式存在于过去的地质条件之上（见8.1节）。更有甚者，在最后一次冰期期间或期末的变化(见8.5节)表明，北大西洋环流可以接受突如其来的变化。这可能会导致全球气候可以存在显著不同的季节变化特征，即使系统的总体能量平衡并没有明显改变。因此，了解海洋如何大尺度运动可以作为海洋自身的自然变化和外部扰动的结果，这对解开气候变化原因至关重要。

不同的海洋循环模式在建立以往气候体系的重要性上是毫无疑问的，真正的问题是，突然变化是否与目前对于人类活动的影响相关这一问题的讨论。围绕大洋输送(great ocean conveyor, GOC)如何运转的敏感问题的讨论(见3.8节)，是淡水进入北大西洋北部引起的变化。模拟研究表明，径流的大陆环流模式极为敏感，格陵兰冰山大量崩解并伴随低气压系统的旋涡从东北方向通过冰岛进入挪威海。总输入的微小变化可以触发可供选择的模式的突然转换，以致携带表面温暖的水体下沉之前向北运动并向南返回。这种模式将使格陵兰岛南部和冰岛周围的SSTs减少5 ℃或更多。这对欧洲气候有重大影响，也将彻底改变北半球大气环流模式。

实际的问题是，是否通过改变跨北大西洋北部的蒸发和降水之间的平衡来改变模型。虽然该模型可以被调整以在环流中产生扰动，但事实上，除了一个短暂的例外(见8.5节)，这样大的变化并没有在过去1万年发生过，也不足以作为大扰动使得GOC转换到不同模式的证据。一种解释是，变化都是在最后一个冰期结束的，期间出现的各种波动是北美的冰盖定期部分倒塌，导致了巨大的冰山冲入北大西洋。这些Heinrich事件，可以在海洋沉积物记录中找到(图8.14)，对GOC有更大的影响，因此，当前气候怎样产生这种突然转换是一个还未解决的问题。然而事实上，人类活动可能导致比过去1万年见过的更大和更迅速的气候变化，这些变化可能成为GOC可以突变成不同模式的足够理由(见11.5节)。

不同海洋环流机制的长期影响必然与大陆漂移问题有关。该变化不仅表现在大陆格局上，也发生在不同时代航海道路的开放与闭合中(例如，在大约300亿年前至250亿年前，Drake通道的开放，在大约0.3亿年前巴拿马地峡的闭合)，该变化已对海洋环流和全球气候产生深远的影响(见8.3节)。然而对于气候变化的原因，一个有争议的问题是这些变化是否可作为海洋环流的主要问题。毫无疑问的是，不同环流机制在存在前和后，其发展对保持不同的气候状态有一定作用。

6.4 火 山

Benjamin Franklin首次发现火山可能改变气候。他证明1783—1784年北欧的严寒是由1783年7月冰岛Laid火山爆发出大量火山灰产生的尘埃云造成的，它也引起巴黎的太阳变暗数个月。这种爆发以及在低纬度发生的其他事件(如 Tambora)可以在格陵兰冰芯中明显看到(图 4.10)。

火山爆发可能给大气注入大量的尘埃，更重要的是，其中的二氧化硫进入到上层并转变为硫酸气溶胶。在没有明显垂直运动的 15~30 km 高度，这些微粒能遍布整个地球并停留长达数年。尘埃像高层大气中的面纱一样吸收阳光。伴随着到达地表的太阳辐射的减少，这加热了平流层而补偿了冷却了的较低气层。对过去火山爆发的分析表明，这些物理过程的确能对气候产生重大影响。然而，问题是对全球气候的影响大概有多大。这种不确定性是由于变冷伴随着全球天气模式的变化这一事实产生的。分析表明，前 19 世纪后期，北半球中纬度的气候观测中记录到对应的变冷资料，不过难以肯定这种变冷是全球性变化的典型例子。问题由于一些事实变得更加复杂，即从 1883 年的 Krakatau 火山爆发后，直到 1963 年在巴厘岛的 Agung 火山爆发前都没有真正意义上的火山爆发。缺少足够的关于火山爆发直接影响全球大气温度的资料。

20 世纪 80 年代情况有所变化。首先，1980 年 St. Helens 火山爆发。但是与现行的观点相反，它并没有对气候产生明显影响，因为并没有太多灰尘注入高空平流层。更重要的是，它的尘埃是低硫化合物，因此降温效果有限，这为气候学家研究硫黄对气候改变的根本作用提供了宝贵资料。1982 年墨西哥 El Chichon 火山爆发，这虽然是个相对较小的火山，但释放的尘埃中含硫量非常高。这为卫星测量由此产生的平流层气溶胶云提供了研究气候中硫黄的重要证据。在 1991 年菲律宾 Pinatubo 火山爆发第二次提供了验证

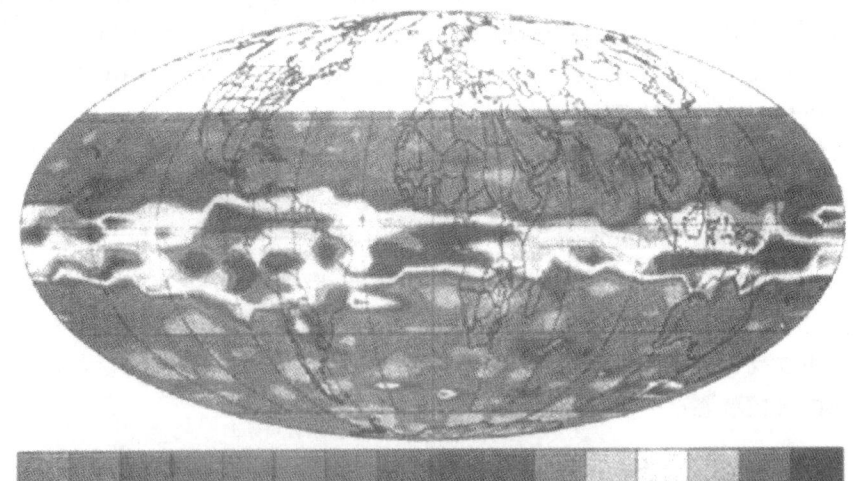

图 6.1 1991 年菲律宾 Pinatubo 火山爆发，对火山灰产生的平流层气溶胶云的卫星测量表明，火山灰笼罩地球五个星期。(引自 Burroughs,2005,图 5.11)

6.4 火 山

这些假设的机会(图 6.1),它注入平流层约 20 万 t 硫黄化合物,这是 20 世纪研究火山对气候影响方面最重要的一次火山爆发。

El Chichon 火山和 Pinatubo 火山的爆发已被用于检测它们对气候影响的机理,包括直接观测和计算机模拟。尤其特别的是 Pinatubo 火山造成的最大波动尺度被估计为相当于到达全球表面的太阳能减少了 3~4 W·m^2。这种变化与两倍于大气中的 CO_2(4 W·m^2,见 2.1.3 节)的辐射力具有相同规模。平流层温度的精确测量(图 6.2)中使用的气象卫星微波辐射计(见 4.2 节)清楚地记录了这些火山爆发的尘埃云如何使上层大气变暖。相应的低层大气降温,不仅能从表面温度的记录中观察到,而且还能用气候计算机模型精确地预测到(见 10.2 节,图 10.1)。

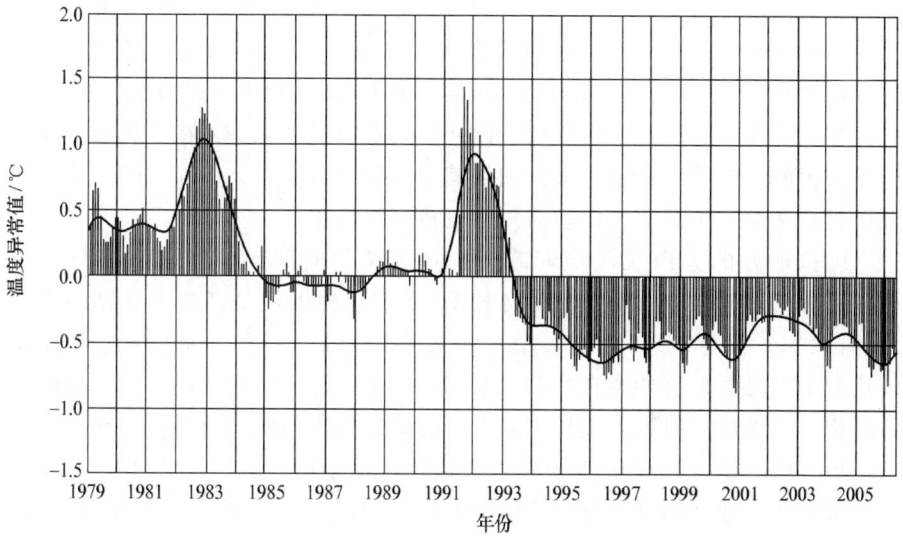

图 6.2 通过卫星观测到的 16~21 km 高度上平流层的变暖表明,月气温异常遵循 25 二项式滤波器规律(粗黑线)。(引自 http://vortex.nsstc.uah.edu/public/msu/)

这些观测的确定结果是,主要的火山的确能冷却近地面的气候,也有一个更大的变暖平流层的补偿。单一的爆发效果能持续 2~3 年。这支持了 Benjamin Franklin 原来的假设,也支持了人们普遍认为印度尼西亚 1815 年 Tambora 火山爆发向平流层注入的物质比 Pinatubo 火山多出五倍到十倍是有依据的设想,在 1816 年,因为"该年没有夏季",新英格兰异常迟到的霜冻破坏了庄稼,法国葡萄园生产出至少是过去 5 个世纪以来的最大葡萄酒产量。这种冷却作用或许还对 19 世纪前 10 年的持续低温有所贡献(见 8.9 节)。但是 Tambora 火山最多也只是这个传说的一部分,南极冰芯显示这 10 年的降温在火山爆发前已经并真正地开始起步了,并已经假定,一个较早的且不确定的火山爆发于 1809 年,它可能产生了降温。

关于早期火山爆发的时间和地点的不确定性是确立火山在过去气候变化中的作用的主要障碍。最近从北半球中高纬度地区树木年轮的研究中，已有与冰芯数据相结合产生火山爆发对气候影响的进一步分析。这证实了较大的火山爆发发生在夏季时，气温在 2~3 年有实质性的下降的事实。如果对冬季气温的影响是使之变暖，那是由于中高纬度地区有较强的西风环流。这一分析已证实了 1601 年的夏天是过去 600 年中最寒冷的夏天，可能是由于前一年其南部秘鲁火山爆发，1816 年是这一时期第二次最寒冷的时期。

从对气候的长期影响看，火山短暂的影响显示，如果它们与其他刺激变冷的干扰因素相叠加，会引发持久的变化。一个有趣的例子是，过去百万年来最大火山爆发发生在约 7.4 万年前苏门答腊的 Toba 火山。Toba 火山是巨大的，至少是 Tambora 火山大小的 30 倍。火山口长 100 km，宽 60 km，喷出物质大约 3 000 km^3。在印度洋中部，在 Toba 火山的下风方向 2 500 km 处，堆积了 35 cm 厚的火山灰层。此外，喷发物富含硫黄，在平流层形成了长期的硫酸气溶胶云。这将大大加强其对气候的影响，火山喷发的尘埃会在几个月后从大气中散去，而硫酸气溶胶将存在数年。

阿拉伯海的火山灰沉积岩芯为推算确切的时间提供了答案。可以在 GISP 2 冰芯中清楚地看到，在间冰段 20 末期这种爆发是伴随着急剧降温开始的（表 8.2 和图 8.14）。这次爆发可能产生较强降温足以使积雪常年覆盖长达若干年之久，譬如说在加拿大北部。地球上已经到了最后一个冰期的寒冷时代，积雪层反射更多阳光进入太空的额外的冷却效应很可能打乱平衡。

更一般的说，Toba 火山的影响被估计为使全球气温下降 5 ℃。在一年内温带高纬度地区的夏季气温可能下降达 15 ℃ 左右，并在未来几年内持续。关于对植物生长的影响，在大的海洋里温度下降对生命是灾难性的。像轻纱般的火山尘埃能够有效地遮蔽阳光。降温会导致不合时宜的霜冻对世界许多地区生长季节的作物产生影响。Toba 火山的较长期影响更加难以确定。火山在自然状态下的爆发暂时破坏了气候。此外，结果表明，无论阿拉伯海季风降雨的变化趋势，还是格陵兰岛的温度变化趋势，都与 Toba 火山有直接关系的观点已不能令人信服。

在地质历史上，有更大的火山爆发，通常被认为是 *traps*，喷出的大量熔岩流过数千年至几十万年。这些大规模的事件肯定会影响气候，但模糊的地质记录使检测难以进行。这些火山活动的例子最重要的结果是与以往显著大规模灭绝事件的联系（见 9.3 节），它出现在化石记录里。

可能还有火山爆发和气候变化之间的问题，颠覆了系列事件的巧合解释。这是持续的大气环流的突然变化引起的。它改变了地壳的压力，甚至被检测到在一天中的微小变化（如地球转动的快慢）。另一种机制是在一些主要的喷发事件支持下，海平面的变化(见8.3节)使火山周围海岸线附近的地壳载荷改变，并触发了火山的喷发。所以，其他许多对气候变化原因和影响的建议，正确评价因果之间的复杂网络反馈机制对于恰当理解它的变化过程是重要的。

6.5 太阳黑子和太阳活动

与地球的气候相比，太阳活动似乎相对简单。由于它是电离气体的球体，相对比较均一。然而，受巨大引力、电和磁力的影响，它是具有热对流和循环运动的集合，因此有能力进行振荡运动导致地球上的气候变化。这意味着其行为可能使地球的气候变得更加复杂，我们只能从远处观察它。

太阳有三个区域与天气周期有特别重要的联系。第一个是有形的表面(光球)，它拥有大约5 700 K辐射温度，是到达地球能量的大部分来源。这个输出能量的薄壳，厚度约100 km(太阳的半径为700万km)，受两个主要要素影响：较小的暗区域称为黑子，以及明亮的区域称为光斑。第二个区域是光球上部的不规则层，称为色球。该层对于地球天气来说是重要的，通常认为其活动可以提供解释太阳磁场的重要证据。此外，该层可以测量紫外线(UV)和短波，这对地球高层大气的性质产生相应的影响。色球测量包括研究与这些区域磁场浓度有关的太阳黑子周围明亮的边界(称为plage)，并提供了与太阳磁场有关的太阳黑子活动联系的方式。

第三个区域是太阳外层大气：日冕。这个区域在许多方面是一个谜。虽然脆弱，它的有效温度大约为1 000 000 K。其形状变化与太阳黑子周期有关，从对地球气候的影响来说，其最重要的特征是冕洞。通常发现它靠近太阳的两极，这些黑暗地区是通过20世纪70年代初天空实验室X光设备首次发现并被监测至今。当太阳活动周期处于最低时，它们覆盖大约20%的太阳面积，随着活动的增加，它们被太阳表面小规模开放的散射场区所取代。冕洞的总面积与高速太阳风有紧密联系，这似乎是全球规模的22年的太阳磁周期的一个典型代表，也是宇宙射线进入地球大气层的宇宙射线通量调节的短期表现。

太阳变化的任何讨论都必须首先着眼于太阳黑子，因为它对太阳和气候变化之间的关系起到了核心作用。正如2.2节所述，自17世纪以来，人类已开始监测太阳黑子的活动。黑子的平均数和它们的平均面积在一段时间或多或少存在波动，平均周期约11.2年(图2.10)。在这个波动期间，其数量增长的速度超过了数量下降的速度，周期变化在7.5~16年，而且变化幅度在±50%。每个周期内数量的变化范围从太阳活动最小值时的无黑子到1957年太阳活动最频繁时达到顶峰的200个。自有仪器记录以来，现在已经积累了 1 750 年左右的可靠数据,目前是其活动的第 23 个循环,2000 年达到高峰,约 120 个点。当黑子出现在北半球和南半球远离太阳赤道 35°时,每个周期即开始了。随着周期的发展,在低纬度地区(图 6.3),老的黑子消失,众多新的黑子出现。当每个周期结束时,黑子数量会减少并且黑子集中在从赤道起约 5 个纬度的地区。这种活动周期并不一定下降到零的最低标准,因为一个周期在低纬度消亡前,一个新的周期将从高纬度开始。这种重叠可超过两年。

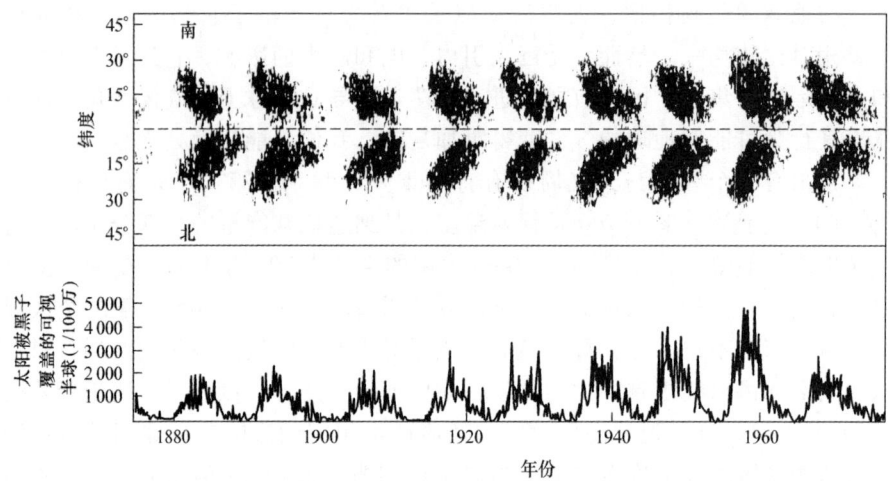

图 6.3　1875—1975 年对太阳黑子数量的观测,结合蒙德蝴蝶图,可见太阳黑子随着日光仪高度和它们的每个半球太阳黑子周期的通常运动的分布。(引自 Giovanelli,1984,由 SERC,RGO 提供数据。Burroughs,2003,图 6.2)

光斑与黑子有密切联系,而且在接近太阳的边界最容易被观察到。其输出与太阳黑子的发生率是联系在一起的,而且现在很清楚的是,它们是解释太阳活动变化如何影响天气的更重要的因子,因为与太阳黑子变暗相比,光斑亮度的增加是比改变太阳输出更主要的要素。此外,太阳表面受到一系列短期的扰动,但从其规模和持续时间上看,它们对每年的天气变化有较少的影响。

很多研究证明,太阳黑子影响到达地球的太阳能量。但地面观测无法提供令人信服的证据,原因是受大气覆盖的太阳输出的任何微小变化能产生闪烁的扰动。精密卫星仪器的出现从根本上改变了这种状况。1978 年底开始的系列卫星已对太阳的输出与 11 年的太阳活动周期变化做出了明确的测量(图 2.11)。这些结果表明,太阳总辐照水平(TSI)是太阳能的最大值。与此同时,TSI 的变化是最大的,下降到最低限度时太阳最不活跃。在 11 年的周期内,TSI 的变化略低于 0.1%。

事实上最初的 TSI 随着太阳黑子的数目上升是复杂的。由于太阳黑子是太阳发光度低的区域,据推测太阳辐射将随太阳黑子数下降而下降,因为其

6.5 太阳黑子和太阳活动

结果可能会阻止部分太阳辐射从而减少整体的能量通量。显然这并不能解释长期客观的太阳辐射的变化。相反,长期支持这种观察的假说是著名的寒冷时期的小冰期,17世纪晚期更多特别的寒冷天气,导致这一时期的太阳黑子几乎完全缺失——熟知的蒙德极小期,这个缺失在天文学界被天文学家广泛关注。

人们接受的与太阳黑子数成反比关系的解释是,一个光斑亮度的相应增加超过了太阳黑子的影响。哥伦比亚特区美国海军科学研究实验室(Naval Research Laboratory,NRL)的 Judith Lean 和马萨诸塞州剑桥研究和信息学院(Cambridge Research and Information,CRI)的 P. Foukal 第一次提出一个模型,基于微波观测整合了太阳黑子数和光斑亮度。太阳黑子灰度和光斑亮度之间的关系不是简单的太阳黑子频率最高值等于当太阳辐射能量的频率最多时的问题。例如,模型估计当太阳黑子数较多时,太阳辐射在 1980 年比 1959 年的太阳活动高峰期更高。这个模型解释了自 1980 年以来观测到太阳能量的变化,并支持了 17 世纪寒冷的天气是蒙德极小期结果的假说。

过去两个太阳活动周期内的 TSI 自身的微小变化(小于 0.1%),会使序列太短而无法解释观察到的自 19 世纪末期太阳活动和全球气温变化趋势的相关性。因此一些模型正在被创建,它们可以预测 17 世纪以来 TSI 的变化,并产生各种替代工具对太阳活动进行研究。因为这些模型产生了各种不同于太阳黑子数的有趣结果,在太阳能达到最小值时基本上为零,其他指标显示了长期的协调性。

Judith Lean 最近对 TSI(图 6.4)的分析估计,20 世纪后期在蒙德极小期与平均水平之间有 0.20%(2.8 W·m^{-2})的升幅。此外,这项工作也计算了不同的光谱波段上输出的变化。光斑主导了在紫外线波长上太阳辐射的变

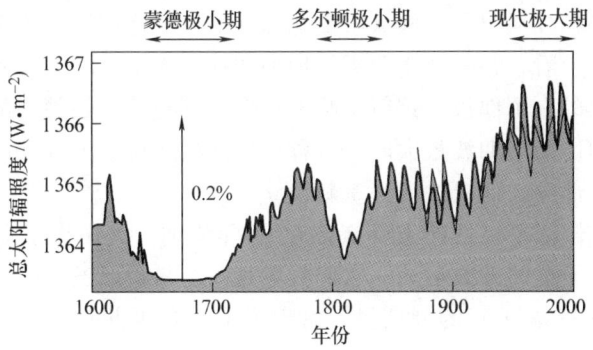

图 6.4 1600 年以来年总太阳辐照度的估计(引自 Lean,2 000)。阴影表示 11 年的平均周期,箭头表示 22 年平均周期增加的百分比(1986—1996)。浅灰色线与方型符号是由 Lockwood 和 Stamper (1999)确定的总太阳辐照度(用 0.999 刻度)。

化：200 nm 比 500 nm 处的太阳黑子更暗，而光斑是亮度的两个数量级。利用卫星测量和模型的精确估计，11 年的周期内太阳辐射在 150 nm 上的变化为 14%，200 nm 上的为 8.3% 左右，但比 300 nm 波长更长的变化不到 1%。这意味着，自蒙德极小期以来，估计太阳辐照度在波长范围 120～400 nm 上增加了 0.7%，400～1 000 nm 范围内增加了 0.2%，但在更长的波长范围仅增加了 0.07%。

事实上 TSI 波长变化如此之多的现象可能是自 17 世纪以来在太阳活动和气候变化观测之间具有密切关系的关键。因此，太阳变化有可能在地球的大气层被增强。紫外线区域变化的意义在于这些波长在很大程度上被大气吸收，这可能加强对气候的影响。特别是波长小于 300 nm 的波可以被平流层的氧和臭氧强烈吸收（方框 2.2），从而影响这些气层的温度。这些对温度的作用对赤道平流层的环流模式有影响，而赤道平流层环流模式的作用是在冬季向极地地区传送热量。

较具争议的问题是平流层太阳变量是如何影响较低层天气的解释。显然，太阳辐射伴随太阳活动进入低层大气而变化。紫外线通量改变引起平流层臭氧的变化是一个放大的过程。这在太阳周期的活动部分期间降低了冬季中高纬度到达低层大气的太阳能量。这些变化可能对全球大气环流产生重大影响的初步计算结果显示，在较低热带平流层增加的太阳紫外线，将发展哈得来环流（见 3.1 节）产生亚热带西风急流向极地和中纬度流动的通道。

另一个到达低层大气的紫外线通量改变的光化学后果是在低层大气中自由基的形成，尤其是羟基（OH）。它改变了凝结核的产生，并由此影响云的形成。由于改变太阳活动可能放大波动的过程，实际上更多的紫外线辐射到达对流层将增加凝结核浓度，从而会产生更多的云。

太阳磁场的性质也是了解太阳变化和地球天气之间可能联系的重要组成部分。从总体上看，在一个太阳黑子周期初期，太阳磁场的偶极类似于随太阳旋转轴排列的一个偶极。这就意味着在低纬度磁场线是关闭的而在高纬度地区是开放的。当周期波最大时，这种简单的模式可分解成无序状态。在循环的较后期一部分，偶极磁场又重新设立。

此外，太阳黑子极性的正反交替有 11 年周期。太阳黑子通常以成对或极性相反的黑子群的方式运动，它们就像是一个马蹄形磁铁的两端通过太阳表面一样。在一次 11 年的周期里，由于黑子沿东西方向穿越太阳表面，在北半球各组中领先的黑子一般是正极，而尾随的黑子是负极。在南半球情况相反。正是这种模式在连续的周期内转换，被称为 Hale 磁周期，这个 22 年周期是放大过程的关键，因为它决定了太阳能诱导行星际磁场的方向，在太阳风与地球磁气圈相互作用中是控制因素之一。

在气候数据上对 20～22 年周期的观察已经较 11 年的太阳黑子周期更为

6.5 太阳黑子和太阳活动

普遍。因此,任何放大太阳变化对天气磁场的影响过程,将在气候变化上起到一定作用。一种可能性是太阳磁场强度的影响来自太阳发射的高能粒子量。另一种可能是太阳磁场强度改变了地球磁场从而影响宇宙射线量(来自太阳或是宇宙其他地方的高能粒子)呈漏斗状下降到大气中。这些影响可能会改变上层大气的属性。

宇宙射线的形式多种多样。它们主要由少量氦质子和巨大的原子核组成。低能量宇宙射线在太阳中有自己的源地并被大气大量吸收。这些颗粒正是太阳活动活跃期的极光的起源。银河宇宙射线(GCRs)有着高能量并且对对流层影响明显。当太阳更活跃时,GCRs 无法到达地球,因此它们对低层大气的影响与太阳活动是负相关的。

宇宙射线能产生 NO、OH 和 NO_3 各种化学物质,可催化化学反应。导致放射性分子在大气浓度中的变化,诸如臭氧(O_3)、二氧化氮(NO_2)、氧化亚氮(N_2O)和甲烷(CH_4)。这些物质很可能出现在平流层,产生相似的影响,由太阳紫外线变化所引起的变化不显著。此外,离子的形成会影响气溶胶并对辐射具有直接的影响,同时改变整个大气中水蒸气含量进而影响卷云的形成。这些变化可能导致平流层和对流层的辐射平衡变化并引起温度的长期波动。

这些变化最有争议之处是,GCRs 是否能改变低层云量的问题。哥本哈根丹麦空间研究所(Danish Space Research Institute, DSRI)的 Henrik Svensmark,与同事展示了卫星的总云量资料与 1984—1991 年宇宙射线通量之间的关系。他们通过对地球同步卫星在南、北纬 60°之间观察到的海洋上空总云量数据分析发现,当太阳光从最大值变到最小值时,云量从 3%增加到 4%。他们建议增加 GCR 通量使总云量增加,从而使气候变冷。但是最近这种相关性给人的印象不那么深了。Henrik Svensmark 在较长时间尺度上还证明,与总太阳辐照度或太阳黑子数相比,1937—1994 年北半球表面温度更加密切地随着宇宙射线通量和太阳周期的长度变化而变化。

但是年际变化很难区分是否由温暖和寒冷的 ENSO 事件造成。如果考虑高纬度的情况,其与宇宙射线通量的相关性往往会降低。这和宇宙射线直接引起云量增加的预期不一样,因为宇宙射线通量在高纬度地区最大。此外,宇宙射线机制最有可能导致更多的云量影响高云层,因为电离在这些高度最大。但是,即使高云的确对宇宙射线有响应,目前也尚不清楚这是否会导致全球变冷,因为很薄的高云长波升温作用会被短波的冷却效果所主导。显然要解读在不同的高度和纬度太阳粒子和 GCRs 可能对大气层的影响范围还有很多工作要做。

在美国麻省理工学院(Massachusetts Institute of Technology, MIT)的 Ralph Markson 研究了另一宇宙射线通量对气候变化可能产生的影响。他提出太阳调整宇宙射线导致了地球电场的变化,即雷暴活动。这一机制有三个要点。首先,它不需要太阳能的重大变化来改变地球磁场和平流层导电状态,同时提供了释放和重新分配大量对流层已有能源的可能性。其次,它并不需要上下层大气电场之间的密切联系,因为电场的变化包括来自电离层到地表的整个大气。最后,电场应对磁场变化几乎是瞬间的,由此可以解释一天之内天气的变化或太阳活动的某些变化。

Ralph Markson 假定世界各地的雷暴在维护全球电路中起到核心作用,因此高层大气传导率的变化可以改变雷暴活动的影响范围。平流层更大的电离可能增加本地雷暴电化或作为地球电场全球变化的结果,这可能改变雷暴的发展。太阳磁场的变化也将改变高能粒子发出的数目。这会对地球大气层产生复杂的影响,其中可能包括由雷暴导致的云量的影响。高纬度地区的太阳质子通量直接与太阳活动相关,并将起主导作用。低纬度地区磁场的变化将调整银河宇宙射线并产生太阳活动位相以外的效果。这也许可以解释为什么太阳黑子周期和高纬度雷暴活动有高度正相关,反之在低纬度不存在正相关或负相关的证据。

虽然这个理论在当时没有继续发展,但是它模拟了带电粒子比不带电粒子在云浓缩核(CCN)中更为有效的可能性。特别是,在得克萨斯大学的 Brian Tinsley 提出并发展了宇宙射线和多云之间联系的详细机制,其中由 GCRs 电离的气溶胶作为冰核更为有效,并且可以造成云中的过冷云水冻结。随之而来的是增加云中的潜热释放,增强对流,促进了气旋发展,因而增加了风暴。

IPCC 第三次评估报告提出,这些建议需要更多的研究以确定气溶胶是否具有足够的数量可能导致这些功效。德国海德堡马克思·普朗克核物理研究所(Max-Planck-Institut of Nuclear Physics)的 Frank Arnold 大气物理研究组获得的最新结果第一次提供了关于对流层上层宇宙射线形成气溶胶的观测证据。与 Tinsley 的工作相关的是,虽然离子不能为水蒸气产生有效的浓缩点,但它们可以充当硫酸水蒸气的浓缩点,然后与水蒸气一起凝结成长为气溶胶,称为 CCN。此外,带电荷的水滴和气溶胶增加了它们的碰撞效率。理论上气溶胶携带电荷的水平越高越能导致更大的收集效率,这可以增加这些适合作为冰芯的气溶胶罕见数量。

与关注雷暴变化的 Ralph Markson 假设不同,这种做法更多着重于带弱电的,非雷暴云,如海洋层积云或雨层云。这是更大的地理尺度和时间范围,受电离层变化的影响,即受地球上的电流密度和宇宙射线通量的影响。通过改变降水率或辐射平衡,云的变化会影响到大气动力学和温度。但是除非我们已证明大气电流的变化导致多云模式的变化,不然我们必须谨慎对待这些理论。

6.5 太阳黑子和太阳活动

这里需要考虑两种磁场的两个特性。首先它们不以地轴对称,这将影响到宇宙射线改变高层大气(图6.5)。由于地磁极与地理极不重合,磁场的扰动将偏离轴线。北半球环流模式表现出类似的离轴形式(见5.1节)。这也与准两年震荡(QBO)和11年太阳黑子周期间的联系有关(见3.2节),在以地磁点为中心的北美上空环流和穿越北大西洋冬季风暴轨道的纬度中都有反映。

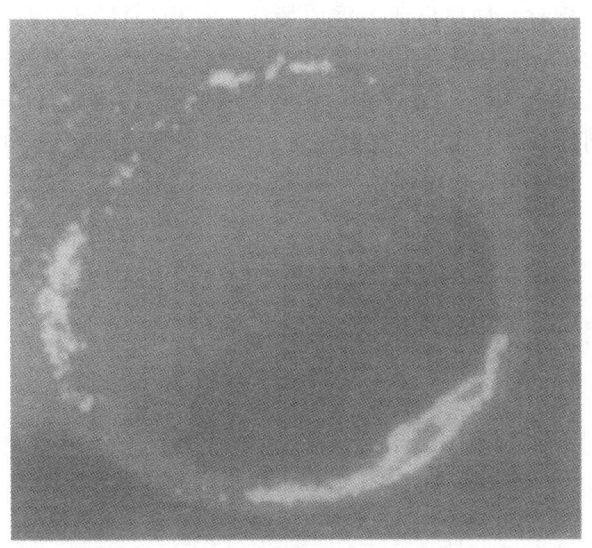

图6.5 极光椭圆的卫星紫外线影像。表示极光活动环绕地磁极,而最大的活动集中于局地午夜和中午。(引自 Lundin,Eliasson & Murphree,1991)

磁场变化的第二个结果是在20世纪存在晴天长期减少的可能性。对全球电循环强度的测量显示,与同期宇宙射线通量的同步下降有关。因此从某种程度上说这是对太阳活动如何影响全球云量的一种测量,它提供了进一步深入观测可能导致更长的地球气候周期性波动这一过程的方法。

如果雷暴在所有这些过程中发挥一定作用,那么监测的关键就在于它们的活动可能会在一个意想不到的领域进行。存在于地表和电离层之间的由大气组成的薄壳在海拔80 km左右的高度构成了极低频电磁辐射。特别是,约8 Hz的频率有40 000 km波长(地球周长),可以几乎没有损失的绕地球一周。德国科学家在1952年首次提出这个现象后被大家称为共振,该信号可以被电磁探测器测量到。这种辐射的主要来源是雷暴闪电的明亮部分。因此任何时间,8 Hz信号的大小是世界范围雷暴活动的一个直接测量指标。

这种现象的潜在重要性在于它不仅是全球性雷暴活动水平的测量,而且似乎对全球平均气温上升1 ℃将导致雷暴数增长10%的现象特别敏感。因此舒曼共振的测量方法为全球雷暴活动水平是否受太阳活动影响作出了贡献,还提供了一个监测全球变暖的不同方法。

到目前为止,我们只考虑了基本的 11 年太阳黑子周期和双黑尔周期。从图 2.10 中显而易见,连续周期中峰值尺度的变化还显示 90～100 年周期证据——通常称为 Gleissberg 周期。这个周期还与太阳活动在连续高峰期期间的变化有关,由于高峰水平的下降使该周期延长。当对太阳黑子的系列光谱进行详细分析时,显现出两个重要特征。首先,11 年左右(图 6.6)的主要周期是有两个主要峰值在 11.1 年和 10.0 年。其次,大约 20% 的太阳黑子数量总变量是与 90 年周期相关的,这可能是由于 10 年和 11.1 年两种特性之间有着不同的频率。此外,还有关于太阳黑子活动 200 年周期的提法,包括人为观察,特别是来自中国的。

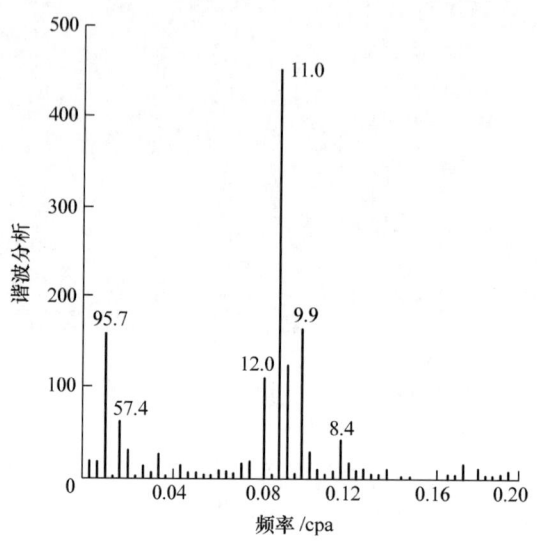

图 6.6　1700—1986 年期间的太阳黑子数的能谱。
[引自 Pecker & Runcorn,1999,经皇家学会许可。Burroughs,2003,图 6.7(a)]

太阳活动较长周期中重要的是全球气温变化与太阳黑子数量和 11 年太阳黑子周期之间的显著对应关系。Judith Lean 及其团队在早期建立描述模型时,已重建自 17 世纪初太阳紫外线辐射变化的模型以及对气候变化的影响。他们最近的工作得出的结论是,太阳紫外线辐射和北半球气温变化之间的相关性为 0.86,太阳对 1860—1970 年的变暖承担一半的责任,对 1970—1990 年气温的快速增长承担 1/3 的责任。在统计上,这个重建记录了 1610—1800 年 74% 的北半球温度变化资料和 1800—1990 年 56% 的资料。这些数字是非常重要的(方框 5.2)。

在考虑太阳活动较长周期变化可能产生的影响时,信息的最佳来源是树木年轮资料。因为太阳磁场强度调节进入地球大气层的宇宙射线通量,影响到^{14}C的产生(见4.6节)。当太阳活动强烈时,磁屏蔽也变强并且形成的^{14}C相对较低,因此合成树木年轮。相反当太阳活动减弱时,遮蔽薄弱使更多的^{14}C形成。通过测量树木年轮序列中的^{14}C含量,并与目前的进行比较,如果它一直以恒定速度生产,就可以由此建立一个测量过去太阳活动的序列(方框4.4)。

研究树木年轮记录^{14}C变化的光谱可以追溯到大约0.9万年前,可能为太阳活动周期波动的测量提供证据。已经对从加利福尼亚州白山上和欧洲化石橡树中获取的树木年轮数据进行了研究,并确定了数据中五个较强的周期特性。太阳活动发生在2300年、500年、355年、204年和154年。事实上这些变化有几乎完全一样的周期和能量密度,而且出现在地球不同地方的树木年轮中,证明它们应该具有真实性。不明确的是效果的程度如何,它们是太阳变化的产物,而不是影响大气中放射性碳量的其他因素的产物。另一种可供选择的解释包括地球磁场的变化,或地表碳汇的交换速度和尺度的变化,包括生物圈和海洋圈的变化。

200年左右的周期现象很有趣,因为它比较接近所观察的太阳黑子数量的波动。在过去的1000年,太阳活动在公元前1280年、公元前1480年和公元前1680年似乎有暂时的平静(蒙德极小期)。这些太阳活动极小期似乎与北半球气候的较凉时期相联系,特别是在17世纪末期间(见8.9节)。自从1700年起,这种模式已经不那么明显,19世纪10年代出现显著的极小期标记,在19世纪后期显著减少(图2.10)。

6.6 潮 汐 力

潮汐力和气候之间明显的联系是通过对大气运动、海洋,甚至地壳的直接影响进行的。这些联系的性质因其复杂程度而有所不同。大气中的潮汐影响相对是可预测和测量的,但与正常大气波动相比却微不足道。在海洋中这种主要的影响可以被计算出,但对洋流变化的估计要困难得多。当谈到地壳的变动时,其与太阳活动的可能联系使得这一问题变得复杂。潮汐的直接影响可能导致构造能量以火山活动的形式释放。由于有证据表明主要的火山爆发能引发气候变冷(见6.4节),这将使宇宙的影响被放大产生更大的气候波动。此外,还有与地球磁场相互作用的强烈太阳活动爆发的证据显示可测量的白昼长度的变化。尽管在地球自转速度上有微小变化,这种突然性也能引发构造活动的释放(见9.1节)。

作用于地球的重力因为地球围绕太阳公转可分为四类。第一,月球和太阳共同的引力造成潮汐力。这些潮汐力影响大气和海洋的运动,并对地壳施加压力。第二,施加在地球上的力,由于其他行星位置变换也将发挥类似但要小得多的作用。第三，存在因行星运行对伴随太阳活动的循环周期产生影响的相同潮汐力的可能性。第四是这些运动的轨道影响。这些都可能导致地球在它的轨道上加速或减速运动，也能导致太阳在太阳系中心附近做微小移动，有一个影响地球气候小周期的潜在力量。

显然所有这些潮汐力的影响是相互关联的。但是作为第一步，在努力获得综合影响的观测资料之前，我们需要单独考虑每一个潜在影响。因此，显而易见的是大气和海洋中每 12 h 一次的潮汐。这是太阳和月球引力的结果。在靠近地球一边的大气和海洋被两种力所吸引，在远离地球的一侧，地球本身被牵引着脱离了它的流体表面。由于地球的旋转和月球的轨道运动，地表任何特定地点每 25 个小时都会经历两个完整的高低潮汐的循环周期。平均来说，太阳引力大约是月球的一半。这意味着当太阳和月球在地球的同一侧并且被吸引到一起时，有 3 倍的变化，可当它们在两边时其影响会被部分抵消。

在较长期的气候变化中，海洋中潮汐能量的消耗可能是深海海水保持经向翻转环流(MOC)混合的本质(见 3.8 节)。Scripps Institute of Oceanography 的 Walter Munk 和麻省理工学院的 Carl Wunsch 在 1998 年首次提出这一想法。他们认为没有能量的动力源，海洋温盐过程是不足以保持垂直方向上的混合的。这样的动力源只有两种情况：风向和水流。他们认为深水返回到海面需要的一半能量来自于潮汐能的消耗。Topex/Poseidon 卫星测量得出一些有趣的结果，这些结果有可能为这个提法提供新的证据。在此之前人们普遍假设这种能量对月球以大约 4 cm/a 速度远离地球具有作用，因此世界各地大陆架的浅水域正在消退。现在估计大约一半的能源流向深水的地方，对主要洋流施加了强大的影响并且加强了从热带向极地传输能量的强度(见 7.4 节)。因此我们现在需要仔细看清证据，也就是说，18.61 年的周期可以在主要洋流的力量中发现，如果是这样的话，将是月球潮汐影响气候的一个潜在的重要途径。当谈到地壳运动时，与太阳活动的可能联系使问题变得复杂。潮水的直接影响可能影响构造能量以火山活动的形式释放。已有大量证据证明火山爆发能引起气候变冷，这将使小宇宙的影响被放大产生更大的气候波动。此外有证据表明，剧烈的太阳活动与地球磁场相互作用所产生可测量的日变化。地球自转速度突然的微小变化也可能引发火山活动。应当指出，虽然没有证据表明这种影响与其他因素有关，20 世纪下半叶爆发的 3 个火山(Agungin,1963;El Chichon,1982;Pinatubo,1991)对气候有重要意义，因为太阳能和潮汐作用的混乱影响的解释被间隔开。因此在寻求气候振荡的确定原因的过程中，这又是一个必须考虑的更复杂的问题。

火山活动周期最有力的证据出现于最近出版的关于两个半球高纬度地区

冰芯的分析中。这项工作研究了过去600年间爆发的61个热带最大的火山，在南、北半球至少有一个冰芯中有识别火山爆发出的硫酸盐的信号。这种方法有可能识别出所有在此期间对全球气候产生影响的火山爆发，尽管南、北半球也可能同时爆发，但发生的可能性很小。该项研究显示出一个非常明显的76年周期，在循环周期的高峰与低谷之间爆发的主要热带火山（一次爆发内的上升和下降从每5年到每15年）的影响范围存在3倍的差异。然而，就像潮汐影响一样，这一周期的一个难题被广泛关注。即没有明显的证据指出是潮汐的原因。事实上最大的可能性是太阳活动的90年周期，并随着构造运动的释放带来了更大的挑战。

潮汐长期波动可能会影响气候变化，这取决于月球环绕地球运动的性质所决定的。如果月球按照地球轨道参数精确及时地完成了运动，即带着地球完成了环绕太阳的循环运动，潮汐力模式会相对简单和重现，但事实并非如此。最接近的事例就是355天内的13个潮汐月，有时被称为"潮汐年"。因此虽然地球和月球约一年后返回大致相同的地点，但是对于更准确的路线重复，需要更长的时间才能再次出现。

地球在近日点做相对运动（在其轨道上的这一点时离太阳最近）时，月球在其轨道的近地点（轨道上的这一点离地球最近）。虽然这三个星体之间的距离变化必将对潮汐力产生不断影响，近日点和近地点的相对位置在可能影响天气的长周期中发挥着重要作用。

有两个特别重要的时期。首先是月球近地点的经线前的8.85年周期，决定了伴随地球近日点的近地点调整的次数（图6.7）。其次是节点回归线的18.61年周期，节点为月球轨道穿过黄道的连接线的点。这个周期界定了月球近地点和地球近日点路线的精确度。

18.61年周期在潮汐应力研究方面应用最广泛。这是因为节点的回归定义了月球轨道与地球赤道面夹角如何与地轴倾斜度相结合或部分抵消。这对改变月亮和黄道之间的最大偏差的变化有一定影响。因为地轴的倾斜，赤道面与黄道面之间的夹角是23°26′。月球轨道面和赤道面之间夹角，到黄道面的最大偏角可以达到南、北纬28°40′。但这种极端值只有每18.6年才会出现一次，另一个极端情况是，当中间最大偏角是地轴倾斜和月球轨道面夹角与赤道面的夹角差时，该值只在南、北纬18°21′范围内变化。这种变化的重要性在于当偏角最大时，高纬度地区的潮汐力最大。最近这些力的高峰值出现在1913年、1931年、1950年、1969年、1988年和2005年的年底。

对于月球近地点和地球近日点的结合，8.85年周期的重要性不是它对潮汐力的直接影响，而是它如何与18.61年周期相结合。从公元1100年开始，高纬度地区潮汐应力的计算显示有大约179.3年的潮汐共振。这个周期的重要性在于它是已被确定的180年至200年普通周期外的另一种

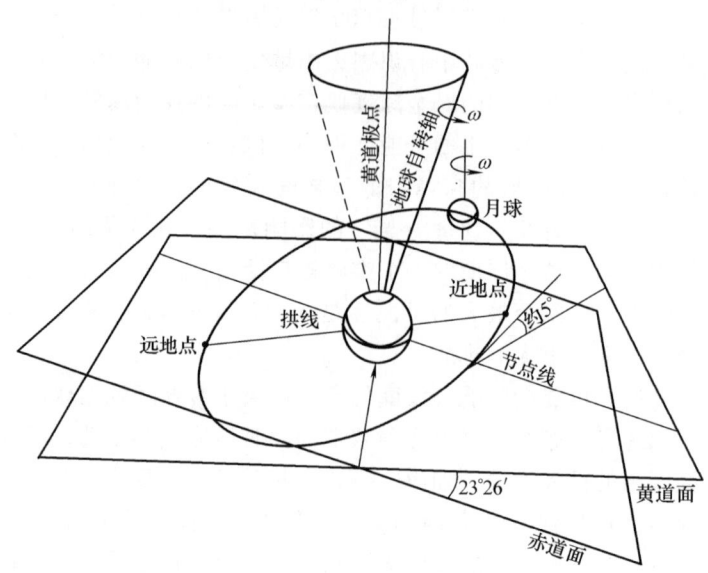

图 6.7 地月系统的轨道几何图。地球围绕太阳的平均轨道运动定义黄道和地球的旋转轴每 26 000 年围绕黄道的极旋转,地球的春分和秋分点,赤道和黄道的交叉点,以相同速度沿黄道运动。月亮轨道沿着节点的线截取黄道,节点由于太阳引力围绕黄道运动。月亮旋转轴对黄道保持法线方向。(引自 Smith,1982。Burroughs,2003,图 6.9)

周期。

除了太阳、月亮和地球对潮汐有影响之外,太阳系其他行星也有影响。其中木星、土星、天王星和海王星这样的大行星是最有趣的。这些行星的轨道周期分别是 11.86 年、29.5 年、84 年和 165 年,它们引力的单一或合并作用可以影响地球的潮汐力。实际上由于其质量和地球相对接近(是地球的 318 倍),在对潮汐力的影响上,木星在这些行星里占据了最重要的地位。此外,它的公转周期接近太阳黑子的 11 年周期,这意味着它既可以作为天气周期原因识别中的干扰因素,又可能直接与太阳黑子周期本身具有一定联系。

精确的计算表明,与太阳、地球和月球对潮汐力的影响相比,行星潮汐力对地球大气和海洋的影响规模比较小。所以除非有一个较好的物理原因解释行星较小引力对应有一个更大的影响,那么它们不太可能对气候产生重大影响。其中一个可能性是它们可对地球轨道产生潜在的重要扰动。有证据表明,地球在太阳的一面而其他所有行星在其另一面的这种分布结构在中国气候记录中反复出现。如朔望周期,虽然每五或六个周期可能缩短至 140 年,这种行星的特殊组合一般每 179 年左右发生一次。这些朔望的基本规律由木星、土星、天王星和海王星大致的组合而确定的。水星、金星、地球和火星的运动确定朔望发生年的时间。

对中国记录中其余行星组合成在地球上弧线小于 90°的情景进行了研究。中国在 1600 年后，当朔望发生在夏半年时，随后的几十年记录往往是暖夏。反之，当冬季发生朔望后会有更频繁的冷冬。此外，当组合更精密时，影响往往更为显著。对这些观测的物理解释似乎表明行星结构会加快或减缓地球在其轨道上的速度。虽然轨道周期(365.24 天)仍维持不变，但当地球是朝着巨大行星组合运动时，它的速度加快，远离其运动时速度减慢。这意味着当它接近行星组时，在轨道上少花费一半的时间，而位于距离太阳远的一边多花费一半的时间。因此如果朔望发生在夏半年，这五个时期将略有延长；反之亦然。极端的例子是在 1665 年，据估计当行星运行在距离地球 45′时，当年冬天增加了几乎两天，夏天相应缩短。这是一个潜在的重大转变，可能部分解释了为什么朔望标志着北半球处于小冰期最寒冷的时期（见 8.9 节）。

另一种可能性是行星运动影响太阳黑子数量周期的观测。在太阳黑子的记录中，木星、天王星和海王星的轨道运动时间大致符合 11 年、90 年和 180 年周期，这导致太阳黑子行星理论的产生。特别令人感兴趣的是行星对太阳系中心太阳运动的影响。计算表明木星和土星的轨道主导着这种复杂运动，特别是从木星到土星所花费的时间为 19.9 年。但在过去 1 200 年，太阳运动的周期变化在 15 年至 26 年。另一个重要的周期是 177.9 年，15 木星轨道和 6 土星轨道以其为周期近似一致。影响太阳运动的后果是影响其扁率、直径和旋转速度，所有这些都可能是影响太阳黑子的机制。因此我们不能认为太阳运动变化和潮汐力是孤立的。

6.7 轨道变化

地球绕太阳运动的轨道也受月球和其他行星在更长时间尺度上相互作用引力的影响。由此产生的扰动引起轨道偏心率和倾角有 413 万年、100 万年、41 万年、2.3 万年和 1.9 万年运动周期的上升（见 2.1.4 节）。这些变化在气候上很重要，因为它们控制太阳辐射的季节性和纬向分布。通常认为是南斯拉夫的地球物理学家 Milutin Milankovitch 提出了该气候影响理论，他改变了之前由 James Croll 提出的半定量研究，而进入一个拥有气候天文理论的数学框架研究。这一理论自 20 世纪 60 年代已得到改进并为观测过去 100 万年的寒冷和温暖冰期提供依据。

正如 2.1.4 节中提到的，要解释轨道参数变化会引发冰期，关键是了解高纬度地区夏季获得多少太阳辐射量。这对冰原增长和衰减至关重要。在北纬 65°太阳辐射量在过去 80 万年历史中的变化已经超过了 9%。这种规则的波动足以引发重大的气候响应。但是在解释观察到的气候变化时(见8.4节),有一个重大障碍,那就是人们现在普遍接受由于昼夜平分点(1.9万年和2.3万年周期)和地轴(4.1万年周期)倾斜的变化产生太阳辐射的纬度和季节变化,足以在观测时间尺度上产生显著的气候影响。相比之下,10万年离心率周期轨道的影响最弱。这将产生相当大的困难,因为在过去80万年间的气候记录中,10万年冰期循环周期是最强的。因此有必要分别考虑观察到的23万年、19万年和4.1万年周期和占主导地位的10万年周期的解释。

  罗得岛州的布朗大学的 John Imbrie 和 John Z. Imbrie 在1980年采取了一种直接方式建立冰期可能的模型。他们不是使用数字模型来测试天文理论,而是用地质记录作为衡量标准来判断各种物理模型的性能。多年来这些模型已趋于成熟,可分为两种方法。一种采取平衡的方法模拟太阳辐射的变化。包括计算能产生轨道参数的各种组合的气候条件。这种做法一定程度改变了温度模式,但未能反映气候系统的惯性,尤其是冰原增长和衰退的典型时间尺度,具有和轨道作用力相同数量级的排序。

  另一种方法使用了一个不同的模型,在这个模型中气候变化速度是轨道驱动和气候流状态的函数。这不仅更切合气候特性的实际表现,也包含了输入与输出之间非线性的重要物理因果关系。但仍然存在争议,因为目前针对该特别强调哪种气候变化因素以及它们有什么价值的讨论上没有达成一致。因此这个简单的经验方法用在由 Imbries 开发的模型中会被优先考虑,因为它为相关过程提供了宝贵的建议。

  Imbrie 模型只考虑轨道驱动功能和陆地冰川容积之间的联系。这种方法反映了一个事实,即来自深海中心氧同位素记录中的冰量变化能够最准确地确定在过去100万年左右的气候参数,同时冰雪圈是气候系统的一部分,它反映的特有时间尺度与轨道驱动的10万年主导周期非常匹配。事实上近年来所有模型在工作中的共同特点是,只有当北部的冰层超过临界尺度时,10万年周期才引入气候方程中。这被看做解释为什么大约80万年前的气候记录中该周期并未显著表现的关键(图8.9)。较早的新生代冰期,从30万年前至9万年前,几乎完全被4.1万年倾斜周期控制,在此之前的1.9万年和2.3万年周期更重要。大约在24万年前,4.1万年周期的出现与北半球主要冰期开始联系在一起。因此过去500万年左右主要气候变化的长期序列看上去是因为冰层规模日益扩大的结果。

  如果北方冰原的大小是关键,最重要的因素是冰原冰量的增长和衰退随时间的敏感度,以及北半球高纬度地区夏季太阳辐射下降的变化滞后性。一旦 Imbrie 模型获取了这一长期的有代表性的合理结果,对于其他轨道参数的全球气候的更快速的响应,会有一个线性的影响,该响应可以加入其中,这样能更好地描述冰期的进展。

尽管近年来有所发展，Imbrie 模型仍然是考虑 10 万年周期物理过程的良好开端。在模型中调整参数使得在计算冰量变化和氧同位素记录之间达到最佳。该模型最重要的特点包括：第一，在地轴倾斜的变化和轨道近日点运动中轨道驱动力是固定的。离心率的变化（例如，10 万年和 41.3 万年变化周期性）不会对季节和纬度的辐射输入变化产生重大影响。因此模型中用到的轨道引力只包括 1.9 万年、2.3 万年和 4.1 万年周期，尽管事实上过去 80 万年的冰量曲线由 10 万年周期主导。第二，冰原增长和衰减的时间常数明显不同。这反映了冰盖是缓慢建立的，但在每个冰期结束时则显著崩塌（图 8.12）。

得到的最好结果是一组参数，包括冰原增长和衰减时间常数 42.5 万年和 1.6 万年，同时轨道引力和气候状态响应之间还有 2 千年滞后期。在过去的 15 万年（图 6.8）有一个不错的关系，尽管在此之前的匹配不是太好。更重要的是，冰量变化的计算包括 10 万年和 41.3 万年周期，虽然相对强度是错误的，前者太弱而后者太强。但是这些基本周期事实上是目前所有非线性模型的文献中最重要的。输出光谱的主要特征在输入驱动函数中是缺失的，这是一个在 6.1 节描述过的简单非线性系统的例子，它可以产生和差频率。这个重要的特征是对冰增长和衰退时间常数的选择加上与非线性模型相结合可以产生的需要的较长的周期。1.9 万年和 2.3 万年之间的差别将产生 11

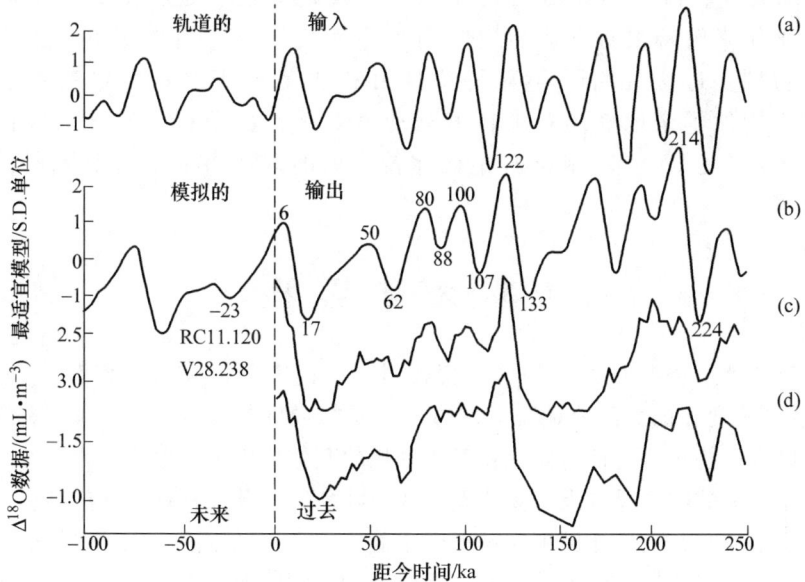

图 6.8 图 2.6 的组合轨道影响。(a) 为输入，(b) 为输出，表示与氧同位素的变化有显著的相似，观测来自印度洋 (c) 和太平洋 (d) 南部的深海核。（引自 Imbrie & Imbrie, 1980。Burroughs, 2003, 图 7.2）

万年周期，并且 2.3 万年和 4.1 万年之间的差别将产生 5.2 万年周期，两者之间的差是 10 万年周期。调整模型并强调给定的频率是有益的但也突出了方法的局限性。重大的局限在于周期依赖于时间常数的经验值，最主要的是它们只与冰层的物理性质有关。

改善冰龄模型的挑战是 10 万年周期的过程。1993 年针对这一问题的许多模型的全面评估证实，全球气候的非线性响应北方冰盖超过临界值是 10 万年周期的解释。所有这一切需要的是冰盖的建立将 1.5 万年滞后引入气候系统停止由 2.3 万年和 4.1 万年周期主导并切换到 10 万年周期模式。大气－海洋－冰系统的组合对这一响应的反应是可靠的。偏心率周期在这些变化中不需要发挥任何作用：在冰原大小随气候变化的响应中它们是再自然不过的了。

1998 年法国 CEA/DSM 提出了一个有趣的思考，他制作的模型包括气候系统在三种不同机制下变换的可能性（例如，间冰期、中冰期和完全冰期）。气候系统中这些不同的状态很可能是全球海洋热盐循环不同模式的产物（见 6.3 节）。这些机制之间转换由辐射和/或冰盖体积变化的组合控制。通过定义三个机制之间的转换，模型可以根据过去 100 万年冰盖显著的变化精度而改变。因此再次强调，全球气候显著不同的变化、保持相对稳定状态的能力，似乎解释了气候更大变化的本质。

除大气、海洋和冰盖的相互作用以及地球的轨道参数，其他因素都曾被用来解释最近地质历史时期中为何气候在冰川作用下变得更脆弱，特别是过去几百万年喜马拉雅山和北美洲西部地区快速构造抬升，它增加了全球气候对于轨道驱动力敏感性的争论。蜿蜒的极锋急流、山区（见 3.4 节）和北部地区冰盖发展的联系可能是目前冰期模式的关键。

6.8 大陆漂移

当谈到过去几百万年的气候变化时，我们需要涉及板块构造（大陆漂移）。这些变化的大部分是发生在那个时候的最好的现实材料（见第 8 章）。但是也有一些一般特征需要依赖气候变化的其他原因加以综合考虑。

在最长的时间尺度上，高纬度地区的陆地是大陆漂移最明显的结果。当其面积增加时，极地地区更容易形成冰盖。在 3.3 亿年前至 2.5 亿年前的二叠纪－石炭纪冰期，泛大陆形成。地球上所有的陆地聚在一起，形成了现在的南极洲和印度板块，它们从赤道延伸到南极，在高纬度地区形成冰河中心（见 8.1 节）。另外，北半球高纬度地区大面积变成陆地是在 300 万年前左右，这使得它更容易形成冰盖。

大陆漂移的另一个后果是大约0.5亿年前印度次大陆与欧亚大陆相撞形成喜马拉雅山和青藏高原。这个过程是渐变的，成为中新世开始时气候变化的主导因素。大约在同一时间，北美洲和南美洲西部山脉隆起，进一步改变了全球大气环流模式（见3.2节）。

大陆漂移导致的这些气候上大规模的变化已经被更多海洋通道开放与闭合的微妙变化所加强。北大西洋的冰岛-法罗群岛岩床仍然低于大约0.38亿年前的海平面。高纬度地区的水进入北大西洋使格陵兰岛和Svalbard群岛在大约360万年前分开。

也许海洋环流最显著的变化伴随着南极洲与澳大利亚和南美洲的分离。随着澳大利亚向北移动，South Tasman Rise下沉形成浅水连接印度洋和太平洋。Tasmania-Antarctica和南极洲之间的深水通道在0.34亿年前打开。大约在同一时期，一个深水航道在南美洲与南极洲之间的德雷克海峡（Drake Passage）形成。虽然浅水航道自中新世就可能存在，但这个事件使极地附近气流贯通并且使南极在气候上孤立起来。很久以后，大约300万年前巴拿马地峡（Isthmus of Panamá）的上升拉近了大西洋和太平洋的联系，从根本上改变了海洋之间的洋流环流模式。最终的变化可能为北半球永久冰盖的形成创造了适当的条件。

6.9 大气成分的变化

与当前关注温室气体排放的背景相反，很容易忽视在整个地球历史中这些气体的含量是如何改变的。自前寒武纪开始，CO_2在大气中的浓度大规模改变。这些变化的规模是一些科学上争论的主题。CO_2和O_2之间的平衡是一个生物周期的因果关系，其中包括这些气体在生物与其废弃物中的相互作用。生物循环周期里的氧气由植物光合作用产生，通过有机物氧化消耗形成CO_2。植物光合作用的过程对CO_2的消耗是这个周期的另一半循环。因此地球生物圈生产力的变化（见3.5节）已改变了大气中CO_2的含量。此外，大量有机物已经以煤炭、石油和天然气的形式储存起来，也消耗了CO_2。

然而在数千万年的时间尺度上，大气中CO_2水平的变化是受另外两个过程控制的。一是由火山爆发进入大气的物质，二是暴露的硅酸盐岩石的风化作用，消耗了CO_2。这两个过程与板块构造学说相联系。当与植物生命力水平变化结合起来时，这些过程导致地质时间尺度上大气CO_2含量的显著变化。在寒武纪之前，CO_2水平的变化有着极大的不确定性并可能是目前水平的5倍至几百倍。但是这些变化对气候非常重要，因为它们可能是地球温度相对稳定的核心因素。前寒武纪时代太阳常数越低（见2.2

节),导致温度越低,但 CO_2 水平升高则会增强温室效应(方框 2.1)。这就是为什么许多寒冷事件的表现(雪球地球,见 8.1 节)和 CO_2 水平波动是了解气候长期变化的核心。

在过去的 6 亿年,虽然 CO_2 的水平似乎波动较少,但与最近的变化相比仍然很高。特别是有一些证据表明,石炭纪大量有机物沉积导致 CO_2 和 O_2 水平(图 6.9)的变化。此后白垩纪期间,CO_2 水平上升到目前水平的 4 倍到 10 倍。在白垩纪中期之后,CO_2 水平下降,可能是因为在温暖的世界中海洋缓慢循环造成深海处于缺氧环境,这使大量的碳以富含有机物的页岩形式沉积,它含有高浓度的碳氢化合物。大气中二氧化碳含量大约在白垩纪结束时下降,除了约 4 500 万年前的始新世有增加的证据外,一直保持着一个相对低的水平。

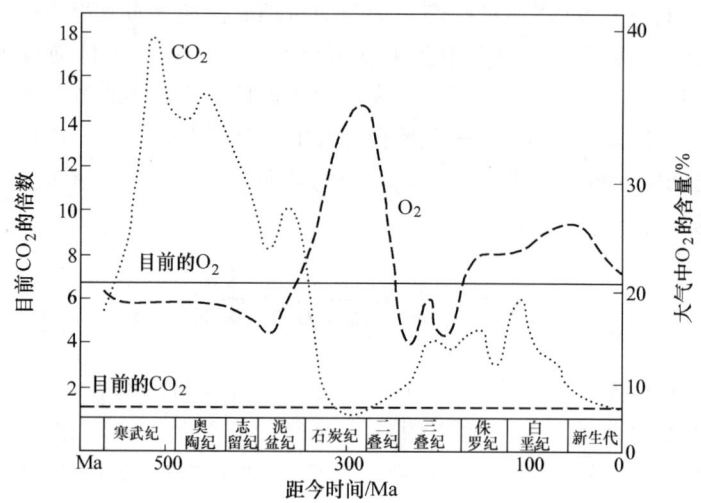

图 6.9 记录储量、通量和相互作用的复杂化石的 CO_2 和 O_2 的大气要素的精确水平,能锁定来自岩石的 CO_2 和 O_2 和释放。耶鲁大学 Robert Berner 的综合分析包含两个生动的特性,其一是寒武纪和奥陶纪的高 CO_2 水平,其二是石炭纪晚期 CO_2 的急剧减少及其氧的产生,该时期煤大量堆积。(引自 Van Andel,1994,图 14.6)

大气成分中 CO_2 和 O_2 的精确含量的测量取决于分析复杂的以多种形式储存在化石中的记录,熔解和相互作用可释放岩石中的碳和氧。

一个重要的独立测量 CO_2 水平的序列来自化石叶。叶表面的气孔密度,通过细胞的新陈代谢吸收 CO_2 并转化为包括氧气的产物,进化过程反映了大气中不断变化的 CO_2 的水平。当 CO_2 水平降低时,就需要更多的气孔;反之亦然。凡有可能找到一个物种化石的地方都有一个漫长的进化历史,古叶片气孔密度为植物的 CO_2 环境提供了线索。银杏树(the Maidenhair Tree)

6.9 大气成分的变化

就是一个这样的例子。有四类植物与银杏密切相关，其化石记录可以追溯到 300 万年前。

俄勒冈大学的 Gregory Retallack 测算了银杏叶的气孔指数和相关属性用以评估早二叠世以来的 CO_2 水平。常规情况与其他测量结果是一致的。特殊的是，CO_2 水平在 2.75 亿年前至 2.5 亿年前和 1.3 亿年前至 0.9 亿年前较高。低 CO_2 时期出现在 2.96 亿年前至 2.75 亿年前、0.3 亿年前至 0.2 亿年前以及过去的 800 万年。从高纬度地区冰川沉积物的范围推断，低 CO_2 时期与地球气候的寒冷模式（冰库）相吻合（见 8.2 节）。

气孔指数的记录是不完整的，它的分辨率比较粗（约 500 万年前）。然而与在这之前的 CO_2 重组相比，Retallack 的记录更多地显示与海洋温度记录中看到的冷暖期极值粗略的对应关系。总之，这似乎是一个 CO_2 和温度之间长期耦合的资料。此外，数据似乎能解决侏罗纪和白垩纪时期寒冷气候和高水平 CO_2 的这种矛盾现象（2.1 亿年前至 1.2 亿年前）。Retallack 的结果表明，CO_2 水平并不像其他地质资料提供的那样高，这引出了关于那个时候 CO_2 水平控制气候变化程度的有趣问题。

更新世气候的改变可能会引起人们更大的兴趣。对南极冰层中的空气泡的分析（见 4.4.2 节）显示上述气体浓度的变化（如 CO_2 和 CH_4）与温度有密切关系。在过去的 22 万年中 CO_2 水平和温度之间的相关性达到 0.81（CH_4 的这一特征为 0.76）。这两个数字具有统计学上的重要意义，它清楚地证明温室气体的变化在气候变化中发挥了一部分直接作用。这些变化虽然小，与地质时期 CO_2 变动相比，它们在解释推进最后一个冰期和预测现在大气形成中温室气体的物理过程上有重要指示作用（见 11.2 节）。

虽然进化演变极为重要，在古生代期间氧水平的变化对气候变化已没有太大的直接效果。氧首次以一种极低的水平出现在大气中是在大约 20 亿年前，在 7 亿年前，上升了大约 10%，也即达到了现在的水平。在寒武纪期间达到与现在水平相当的浓度。过去 6 亿年的波动如图 6.10 所示，留下了有待科学争论和调查的问题。

大气成分的这些变化必将对过去的气候产生影响。白垩纪大气中的 CO_2 含量较高，这是维持该时期温和气候的一个必要因素（见 8.1 节）。更棘手的问题是这个因素与大陆分布和海洋环流相比时有多么重要，CO_2 含量在过去 5 亿年左右何时长期下降以及在气候正常变冷的问题中发挥了什么作用。各种计算机模型研究的普遍结论（见第 10 章）是，大陆和海洋位置证据不够充分，并且这个时期的长时间变冷可能与大气中 CO_2 逐渐减少有关联。

图 6.10　美国亚利桑那州 5 万年前的陨石坑，直径为 1.2 km。（引自 Smith,1982,图 2.13）

6.10　来自深处的喷发

大气条件变化的一个方面需要单独考虑，这就是甲烷被众所周知的海洋包合物——海洋笼形包合物锁定的问题。在高于正常冰点温度的适当条件下，甲烷和水形成冰状物质，称为包合物，或称气体水合物。冰有一个开放的分子结构，在压力下，这种结构使它能容纳气体分子。这个作用反过来维持冰晶的生长发育，否则冰便会融化。海洋底部的压力往往为包合物的形成创造了有利条件。

包合物的稳定性受到温度和压力的限制：它们在低温和/或高压下保持稳定。这些要求与细菌作用的大量相关有机物相结合产生沉积物中的甲烷。因此，包合物主要存在于两个地区（高纬度地区和沿海周围的大陆架）。在极地地区，它们往往与陆地和大陆架上的多年冻土分布相关。在大陆边缘，发现其有机物的供应多到能产生足够的甲烷，且水温接近零度。据估计，全球 $2 \times 10^{12} \sim 8 \times 10^{12}$ t 甲烷被锁在包合物沉积中。

包合物在气候方面的重要性是，当气候变暖时，它很可能充分改变了地下条件释放出大量甲烷。这种"来自深处的喷发"可以导致额外的突然增温。这一气候变暖类型的最好例子发生在大约 0.55 亿年前的古新世晚期，靠近古新世-始新世边界（见 8.2 节）。^{18}O 同位素测量和镁/钙比值的测量表明，全球平均气温上升了 5～6 ℃。这一温暖期持续了大约 10 万年。被称为晚古新世最热事件（简称 LPTM），测定当时碳同位素比值（方框 4.1）表明，这种异常的气候事件是巨大的甲烷释放造成的。这一结论被事实所支持，同一时间的 ^{13}C 同位素记录表明，大量的碳伴随着低浓度 ^{13}C 肯定已被释放了。碳的质量足够大，可以降低海洋的 pH，推动海底碳酸盐沉积物的广泛分解。

我们研究气候变化活动的重要性与当前人类活动导致碳释放到大气中的问题具有相似性。在 LPTM 中估计碳释放数量在 1×10^{12}～2×10^{12} t，据预测这与 21 世纪人类释放温室气体的量相当。此外，释放后的恢复周期（大约 10 万年）与预测的当前人类活动时期相类似。因此，LPTM 是一个碳大量释放对气候影响的有趣例子。

6.11　灾难和"核冬天"

气候变化中的少量有争议的主题激发了比对地球最初被外星物体击中可能性更大的关注热情。这样一个灾难，即无论大陨石、小行星或彗星碎片与地球相撞的结果，在科幻小说中被广泛关注。这种反应的一部分原因是它有时被视为破坏的均衡机制（见 8.1 节），这一原理的最初设想用以解释早期地质记录。它着重强调灾难的空间特征。但是，正如这里谈到的，来自一颗小行星的偶然影响不会从真正意义上损害均衡机制。

毫无疑问的简单事实是，一个大于 1 km 的物体碰撞地球，将对气候产生临时的影响。同样的，毫无疑问这样规模的物体在过去带给地球的影响更大。问题的焦点是这些事件是否可以解释过去气候的变化，一个重要的可预见的未来事件发生的概率是什么。

地球碰撞的一个最近例子是 1908 年 6 月 30 日一个庞大物体碰撞了西伯利亚。这是直径 50 m 的陨石或彗星碎片。它在贝加尔湖西偏北处大约 1 000 km、Tunguska River 上空大约 10 km 高处烧毁，爆炸力相当于 10 万～20 万 t 当量的原子弹。它破坏了 2 000 km^2 的森林并产生大约里氏 5 级地震。尽管这一事件对气候影响非常小，但它清楚地表明了宇宙空间物体与地球相撞的可能性。同样令人印象深刻的是 1994 年 7 月与木星碰撞的彗星碎片 Shoemaker-Levy 9 的影响，这次碰撞为我们提供了这种事件后果的图形说明。最大的碎片在 3~5 km 喷出过热气体高达 1 300 km，创造的圆形云比整个地球还大。有许多不同类型物体相关影响的不同物理论据（例如，多种成分的陨石，或彗星碎片——用来描述这些物体的通用术语为火流星），描述很简单，任何 1 km 或以上的物体就会带来巨大损害并且对气候有着深刻和直接的影响。

　　火流星碰撞的可能性是部分或所有主要质量消失的原因，是一个持续争议的问题（见 9.3 节）。分析最全面的事件是在白垩纪末的整个恐龙时代。包括尺度、速度和发生在大约 650 万年前的自然灭绝的这些争论将长期持续。但是我们需要考虑的是火流星碰撞引起的气候后果。墨西哥尤卡坦半岛（Peninsula de Yucatán）的陨石坑是公认的碰撞地点。直径大约 10 km 的物体击中地球的这一部位造成横跨 200~300 km 的陨石坑。这种影响的直接后果是灾难性的。大规模地震、大海啸、大范围的森林火灾和被高高地投掷到大气中的大量尘埃、碎片，它们的组合，带来无法估量的损害。更重要的是，这是否产生了持久的气候效应并促成了恐龙的灭绝？

　　答案可能存在于对完全不同的原因作出的研究。20 世纪 70 年代末很多研究被引入核战争带来的气候影响中。这些研究考虑了相当于 60×10^8 t 当量的原子核爆炸的主要能量之间大规模原子核交换的环境后果的范围。他们估计了核爆炸的直接后果，随后产生的大火和烟雾以及对全球气候有影响的气体。这种组合预计能产生急剧的降温，其被认为核冬天。这项分析的许多特征都可以转变成一个火流星影响的灾难性后果。这是因为一些事件之间存在可比性。直径 1 km 的火流星会产生 $1\,000 \times 10^8$ t 能量的影响，而直径 10 km 的物体相当于一个 65 亿年的袭击、100×10^{12} t 能量的影响。虽然大型火流星预计的影响要大得多，但是它的影响集中在核撞击产生小得多的地方，爆炸将蔓延至更大范围，这种影响将向地球上空释放大量物质。这样熔化的陨石像下雨一样降落在广阔的地域上，摧毁森林，燃烧草原。因此类似核冬天和史前灾难关系的推理可能是一个有用的假设。事实上，全球火灾以烟灰形式存在的证据出现在白垩纪-第三纪消失边缘的沉积物中。

　　还有一个这个边缘的特征正好配合核冬天的假说。即从开花植物和蕨类植物孢子落下的花粉。这被称为蕨类植物的穗（fern spike）。在几毫米的沉积层序列中，蕨类植物孢子含量在 25%~99%。这种变化让人想起今天看到的森林火灾后常见的植被的突然变化，几年时间里一个茂密的森林由占主导地位的蕨类植物取代。

　　总之核冬天将是一个巨大但短期的事件。如果它发生在北半球一年中的夏天，可能会导致几天之内大陆表面温度下降 20~40 ℃。此后,烟雾云可能会高悬并稳定在上空长达一年之久,从而在大陆北部保持至少一个生长季,也可能是一个像冬天的环境条件一样的更长的时期。这种更普遍的降温将对全球产生影响,导致通常从未经历过霜冻的地区发生霜冻。因此对地表各种生命的影响将是灾难性的,只有最适应者才能生存。

在气候变化方面,这样的事件可以被看做极具戏剧性但同时也是短暂的。除非气候系统的其他部分出现了一些更严重的变化,正如大气清除其中的烟雾和碎片一样,这些变化将很快恢复正常。这样的一个变化可能与火山活动持续的时间一致,在地质历史上此类事件曾多次发生。持续数百至数千年,他们可能对大气产生巨大影响并使笼罩大气的尘埃(见8.4节)足够长的时间以促成一个伴随极地冰盖扩展的更长寒冷期事件的发生。有大量白垩纪结束时的火山活动的证据表示,它导致了印度西部的Deccan陷阱的形成。一系列地质事件会导致几千立方米的火山岩喷出并附带形成数百万立方千米的火山岩石。他们自身或与火流星的碰撞联合,可能导致气候的变化。的确,没有理由解释是火流星撞击还是单独的火山活动作用引起了恐龙灭亡,对恐龙的死亡他们可能有一定影响。

在撞击的影响范围和时间分布这种更一般的问题上,争论同样激烈。有两个至关重要的问题:一是不同尺度的撞击多久出现一次;二是是否有充分的理由解释最大撞击间存在规律性。了解撞击的频率不是容易的事情,因为大多数物体在大气中燃烧不会留下可发觉的证据。即使是Tunguska撞击爆炸到来后也没有留下清晰可辨的痕迹。因此通常只有最大的物体才能产生陨石坑。最明显的例外是铁陨石,它往往到达表面并产生相当大的独特陨石坑(图6.10)。此外,确定地质历史时期的主要碰撞是困难的,因为许多特征都被泥沙掩盖、侵蚀或沉积在海底。为此,评估不同尺度的碰撞速度,是基于对月球上新的小型陨石坑的分析(图6.11),这是由于它们周围的喷出物具有明亮光线。由此提出Tunguska大爆炸可能每隔数百年发生一次,而气候上的重大事件,比方说,大约$1\,000\times10^6$ t的火山灰喷发可能每1万年左右发生一次。

关于碰撞是随机的还是规律性的问题,一般来说取决于碎片在太阳系附近,特别是在地球轨道是如何分布的。小行星和陨石也许可以被认为是随机分布的,尽管微小陨石全年碰撞频率的变化(发射星)表明在地球轨道附近存在着高密度地区。彗星碎片更可能位于独特的模式中,该模式与过去被破坏了的巨大彗星的轨道相关。这些轨道在哪里的整个问题是,围绕对于地球,我们的星球以怎样的频率运转到碎片的形式而争议。我只想说,如果这些物体在宇宙空间较为普遍,当地球运动通过这些地区时撞击的风险将

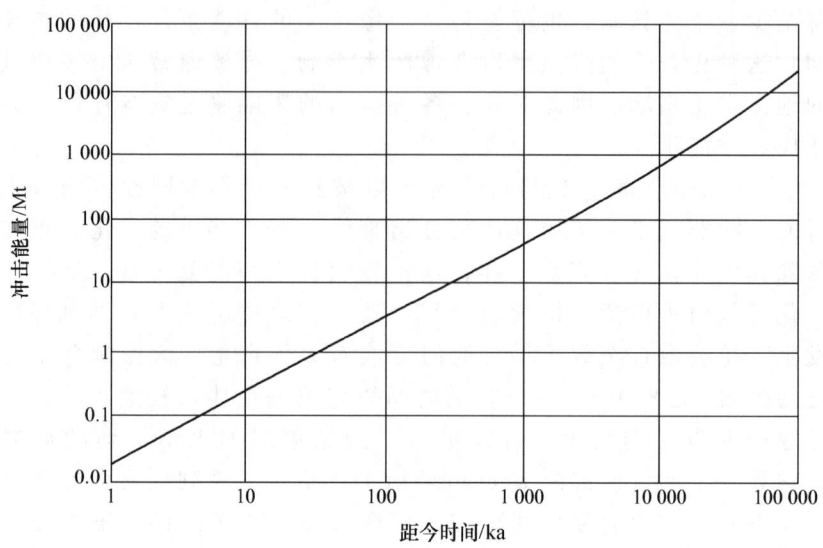

图 6.11 地球上给定能量的火流星碰撞的影响范围的一种预测。
（引自 Shoemaker,1983）

上升。

撤开有关大规模消失的遥远前景的问题，这种消失的频率已经测出是数十年到数百百万年，这里还存在着这样的问题，即有记载的历史事件是否归因于小的撞击影响。也许这种事件的最佳例子是 536 年的"神秘云"。在从罗马到中国的编年史记载中，太阳显著变灰的时间长达 18 个月并且普遍出现农作物歉收。这些当时的观测被树木年轮中反映气候恶化的清晰证据所支持（图 6.12）。这一事件表明树木年轮数据比 1815 年 Tambora 火山爆发影响更为惊人（见 6.4 节）。

最常见的假设解释是，它是一个重要火山喷发的结果，可能是，新几内亚 Rabaul 的一个重要火山爆发造成了全球高层大气的尘埃层，进而导致了地表的冷却（见 6.4 节）。但是格陵兰冰芯中的证据（见 6.4 节）表示，该结果充其量是模棱两可的；这个时候的事件既不与 Tambora 火山爆发匹配也不与 1259 年未经确认的爆发相匹配。536 年的一次异常爆发确认是例外，可以说另一种解释是必要的，外星物体的碰撞是一个似是而非的选择。这个争论将会被新的测量方法所平息，例如，冰芯毫不含糊地在一个或另一个方向上点出现。在此期间，可以说从来没有怀疑过曾经在 536 年有一个大变动事件，这产生了深远的历史后果（见 9.7 节），该事件有可能是由外星物体造成的。

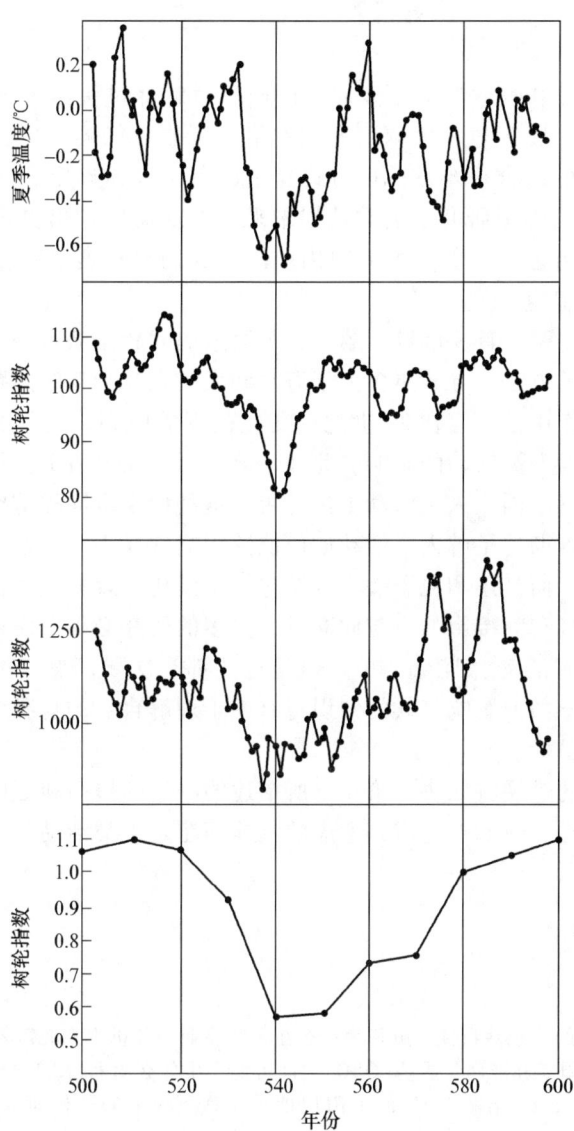

图 6.12 北半球的不同树木年轮的观测一致显示 540 年前后有明显的冷夏。从上到下依次表示芬诺斯堪迪亚的夏季气温、欧洲橡木宽度指数、加利福尼亚白山的狐尾松宽度指数，以及 Sierra Nevada 山的狐尾松宽度指数的连续 5 年的变化曲线。(引自 Baillie，1995，图 6.4)

6.12 小　　结

对气候变异和气候变化主要原因的阐述对解释过去事件或预测未来发展提出了挑战。物理过程大幅度变化的组合可能对气候产生波动，并且事实上许多这样的组合很难彼此区分，这意味着不容易确定哪些影响是最重要的。但是我们必须研究过去并计划未来。这就需要作出决定，因为分析任何变化时不可能一一尝试所有原因。因此我们要从这些组合中找到主要原因。

这一观点有两个首要问题。第一，最紧迫的问题是获得一个确定气候内部变化的更好的方法。寻找更多关于海洋和大气在几十年时间跨度和世纪跨度上如何相互作用是决定在 20 世纪内变化范围的中心，这里的变化是气候自我变化而不是人类活动的影响。此外，解释为何在最后 1 万年气候相对稳定，相对于自然原因，人类活动干扰是否对这种稳定也同样重要。

第二，更透彻地了解人类活动如何能够影响气候平衡。这不仅是温室气体增加的问题，而且还和粒子效应以及包括荒漠化、森林砍伐在内的土地利用的变化有直接和间接影响。与此同时，更多的研究必须考虑其他因素的影响(如火山、太阳活动、潮汐影响)。但是这些都是次要问题，虽然越来越多的关于这些因子如何影响气候的知识将有助于理解自然的自我变化和人类活动影响的主要目标。

这些问题的进展将取决于第 4 章所描述的测量的提高和更好的计算机模型的建立。但是，我们首先应该考虑的具体问题是人类活动是气候上最重要的影响因素。

习题

1. 给出气候的非线性特性，解释为什么在天气周期的分析中我们需要考虑年度周期的显著性。年度周期和准两年震荡(QBO)之间可能产生什么周期(图 3.9)，是 3~5 年的 ENSO 事件的信号，11 年和 22 年的太阳周期？计算预测未来气候时的假定周期值是什么？

2. 高云和喷射入高层大气的火山灰之间有什么区别，这意味着高层云使气候增温而火山灰对气候有冷却作用吗？

3. 支持和反对政策的建议是什么，即关于人类活动的许多气候变化后果可能互相补偿，因此我们并不需要采取果断行动以防止气候变化？

深进读物

本书最后附有一份完整的参考文献，从中挑出的以下书籍或文章可以帮助更好理解本章内容。每个引文的详细情况见参考文献。

Bigg(2003)：具有提供改善理解大气和海洋综合影响气候分析的特别价值。

Bryant (1997)：针对 IPCC 气候变化的不同成因以及评估它们影响能力的相对重要性，本书从不同的立场进行阐述。

Courtillot (1999)：关于主要质量的消失归因于范围广大的火山活动，这比小行星碰撞更有说服力的读物。

Diaz & Magraff(2000)：文章的编辑提供热带太平洋大尺度气候波动以及它对世界范围经济和生活的社会方面的回顾。

Gray 等(2005)：关于哈得来环流的综合回顾，描述了太阳变率与全球气候变化相联系的各种物理机制。

Imbrie 等(1992,1993)：这些文章回顾了已完成的全球气候响应对轨道强制的模拟，为我们目前的知识水平提供优质评估。

Open University Oceanography Series(2001)：海洋环流对于海洋动力学基本问题和海－气相互作用提供了特别清晰的介绍。

Paillard(1998)：原创和有影响力的文章，它提出了解释过去 100 万年冰盖体积变化的模型。

Pecker & Runcorn(1990)：这是一本论文集，它提供了独特和综合的关于自然和太阳变率起源的回顾，以及有关它们的作用如何与气候变化相联系的一系列有趣观察。

Shoemaker(1983)：火流星伴随地球影响的重要性的可能性分析。

Thomas & Middleton (1994)：关于荒漠化成因的带有显著争议分析的读物。对于期望理解该难题复杂性的人们很有用。

第7章 人类活动

> 我努力不嘲笑人类行为，也不悲哀不仇恨，而是理解它们。
> Baruch Spinoza（斯宾诺沙），1632—1677

区别于气候变化的自然原因，人类活动如何改变全球气候是最好研究的课题。当谈到如何预测未来气候变化时，如第10和第11章谈到的，我们应当将自然和人类的影响相结合进行分析。但是根据目前对气候变化原因的理解，人类活动是主要的。从全球变暖来看，这些活动导致的变化可能是21世纪对人类健康最大的威胁之一。

在局地，毫无疑问人类活动对气候有所改变。如4.1节讨论的，纠正城市化的影响是获得对温度变化方向的可靠度量。城市化除了使城市变暖外，也降低了风速，降低了粒子和光化学烟雾形成的能见度，并在某些情况下增加了强降水的可能性。这些影响仅限于在地表，迄今为止在全球气候变化上，其后果微乎其微。但它们确实提供了一个人类活动如何产生一个复杂的气候-逻辑影响网络，同时提供了一些关于更温暖的世界将会是什么样的想象。

7.1 温室气体排放

在全球范围内，与人类活动关系最密切的研究是各种辐射活性气体的散发，它们导致温室效应的增加（见2.1.3节）。这方面CO_2是主要的。从1958年已经在夏威夷的Mauna Loa火山开始监测它的大气浓度（图7.1），几乎同时在包括南极的其他地方也开始监测它的变化。与冰芯数据相关的结论是CO_2水平已经从前工业时期（定义为1750年之前几个世纪的平均）的280 $mL \cdot m^{-3}$上升到2005年的约380 $mL \cdot m^{-3}$，世界各地更确切的数字各不相同，在这一年的时间里，北半球生长季年度周期有一个显著的应力（图7.2）。这必然出现CO_2水平的上升。对Mauna Loa火山数据更仔细的研究表明CO_2在稳步增长中上升速度有明显的高低波动（图7.3）。这些波动并没有被解释清楚，但暗示了短期气候变化（例如，南方涛动）和碳参与的生物圈之间的复杂反馈机制。

7.1 温室气体排放

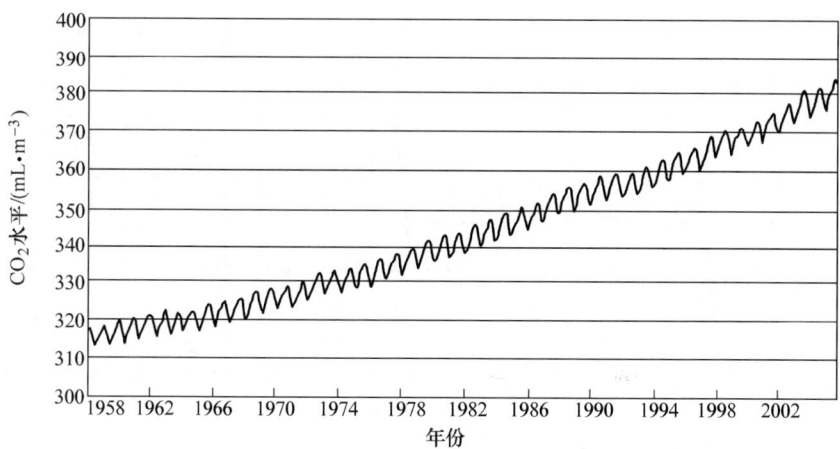

图7.1 夏威夷 Mauna Loa 火山的 CO_2 浓度的变化趋势和季节周期。(引自 NOAA,http://www.cmdl.noaa.gov/ccgg/trends/)

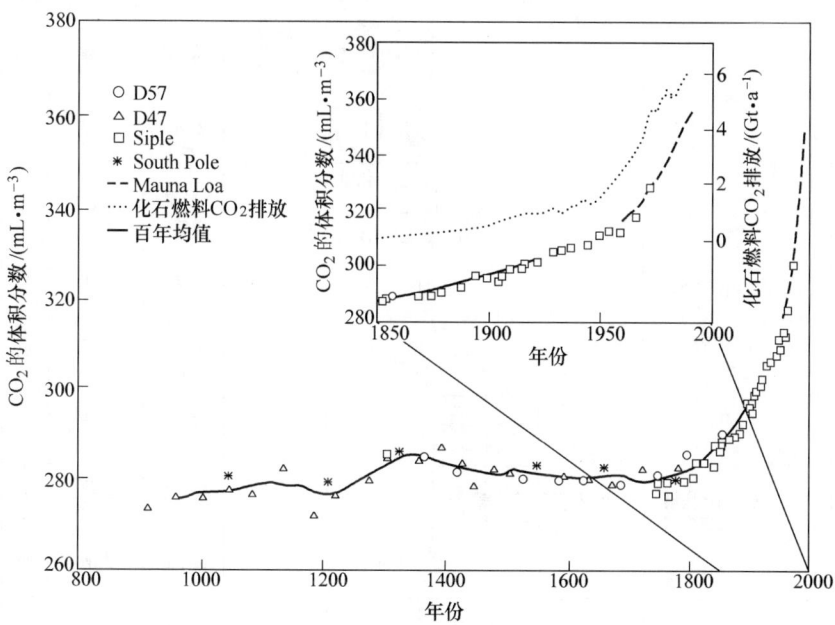

图7.2 来自过去超过 1 000 年的冰芯记录(D47, D57, Siple and South Pole – all in Antarctica)和 1958 年以来 CO_2, 测量站的 CO_2 浓度。平滑曲线基于 100 年的滑动平均。自从工业化革命以来,CO_2 浓度明显快速上升,接近于从化石燃料散发的 CO_2 的增加(见 1850 年以后时期的插图)。(引自 IPCC, 1995, 图 1.a)

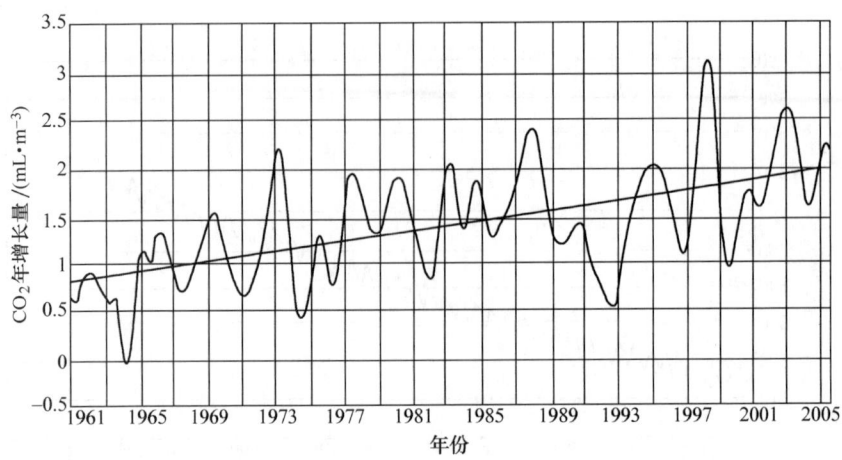

图 7.3 夏威夷 Mauna Loa 火山 1958 年以来 CO_2 浓度的年增长量，平滑线表示 2 年以上时间尺度的变化。（引自 NOAA，http://www.cmdl.noaa.gov/ccgg/trends/）

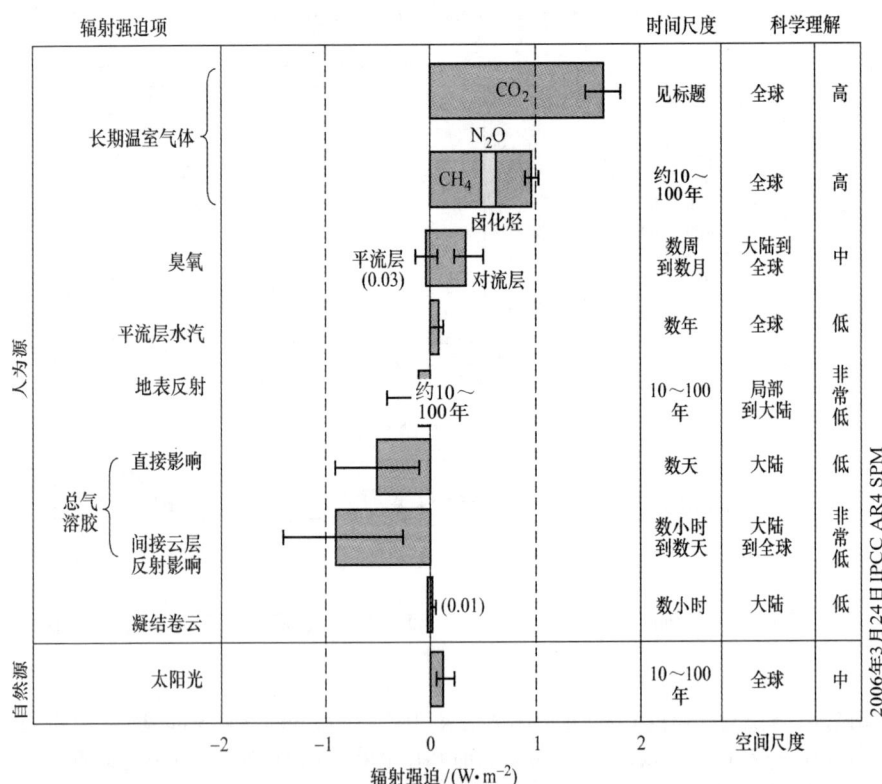

图 7.4 全球平均辐射强迫和不同动因和机制的 65% 不确定范围。右边的柱表示动因变化的近似持续时间（时间尺度），辐射强迫的地理范围（空间尺度），科学信度水平的测量（科学理解）。

类似的情况出现在甲烷浓度的分析中，即从前工业水平的约 700 mL·m^{-3}上升至 2005 年底的大约 1 780 mL·m^{-3}。尽管 CH$_4$ 浓度每年的波动很大，近几年增长率也大幅波动，从 1980 年的大约 15 mL·m^{-3} 缓慢变到 1990 年的大约 10 mL·m^{-3}，自那时以来有更大增加。大气中增加的其他重要温室气体是氮氧化物，特别是氧化亚氮(N$_2$O)。卤烃是强大的温室气体，其中包括氟氯化碳(CFCs)和其他含氯和溴的化合物。不过降低这些气体含量已成为有效的国际行动的主题(见 7.4 节)。

这些气体的总体影响表现在从 1850 年到现在产生约 2.5 W·m^{-2} 的辐射强迫(方框 2.1)。CO$_2$ 在其中的贡献约 60%，CH$_4$ 约 25%，N$_2$O 和卤代烃贡献了其余的百分比(图 7.4)。正如 2.1.3 节谈到的，相当于从前工业水平双倍的 CO$_2$ 导致的辐射强迫估计为 4 W·m^{-2}。辐射强迫变化的结果归因于人类活动带来的温室气体的聚积，这在第 11 章将详细讨论。

7.2　粉尘和气溶胶

其他人类活动对气候的影响还不是十分清楚。例如，大气微粒的形成以及它们如何影响云量的范围和性质是不清楚的。正如 3.3 节谈到的，我们并没有对全球云量有足够的测量，因此研究人类活动如何影响云量和大气灰霾是困难的。气溶胶、灰尘和其他微粒对收入太阳辐射和支出地面辐射之间的辐射平衡的影响取决于它们的吸收率、形状和大小，还取决于大气中水蒸气和液态水滴之间是如何相互作用的。这意味着粒子吸收、反射或散射辐射特征构成了复杂的函数关系。

已进行了大量的研究工作，以了解粒子对云的微观物理特性的影响，以及如何影响其形状的大小和寿命。这方面研究的一个好例子是硫酸微粒的形成，它是含硫化合物的矿物燃料燃烧的结果。排放的二氧化硫输入大气中，然后形成硫酸盐气溶胶，它能吸收和反射正面射来的阳光。它的净影响将取决于下垫面。在低反照率表面(如海洋和森林)，硫酸盐气溶胶可能会增加反射到太空的阳光量；在高反照率表面(如雪和沙漠)，则可以净吸收。据估计，整体而言，20 世纪大气中温室气体的影响推迟了气候变暖的预期结果(见 11.2 节)。

粒子的另一种重要组成来自发展中国家化石和生物燃料的燃烧。这些高浓度的煤烟颗粒可以有效吸收阳光。与广泛使用的刀耕火种耕作相结合，净效果是从根本上改变了热带许多地区低层大气的辐射特性。最终的结果是减少阳光到达地表并使低层大气变暖。

此外，大量微粒排放是改变地面的直接结果。农业导致森林砍伐、土壤暴露，这增加了灰尘进入大气的概率，尤其是在干旱时期。据估计改变地表和向大气中排放额外尘埃的整体影响有着显著的冷却效果。甚至可能足以抵消20世纪积聚的温室气体的影响。相反,全球循环的加强使得最后一个冰期大气尘埃增加,加速了变暖过程,因为大气灰尘可能比它下面的冰层吸收更多的阳光。所以,伴随着气候的许多其他方面,响应是非线性的并且依赖于其他气候因素的状态。

微粒和灰尘对气候的影响是复杂的,由于它们也影响云的属性使其具有复合性。虽然上述影响往往形容为直接影响,但也有间接影响,影响改变了云中水滴的大小,减少了降水率并且延长了云的寿命。一般来说,这些影响增加了反射到太空的阳光量,总体上对气候具有冷却效果。目前测量表明,海洋上空的层积云和积云具有显著的冷却效果。其他云的情况,特别是陆地上空的云,是否具有这种冷却规模值得怀疑。

已经观测到所有这些粒子的物理后果,1960—1990年到达陆地表面的短波辐射严重减少,被称为全球变暗,在世界各地减少的速度不同,但估计大约每10年减少2%~3%。该数字是否准确目前尚有怀疑,因为存在仪器校准精度和空间覆盖范围的问题。然而效果几乎是真实的。这一变暗已经发生,事实上陆地气温比同时期上升$0.4\ ℃$(图6.1)。最大的削减幅度发现于北半球中纬度地区。

根据表面能量守恒,变暗对表面温度的影响是违反常规的,因为较少的能量到达地表,预计将导致冷却。这只能解释为云或气溶胶产生的向下的长波辐射的增加超过了减少的太阳辐射,或者由对流和表面蒸发减少形成的热通量的减少。这表示了长波的影响不够大。因此,有人认为太阳能较少用于蒸发。这可以解释过去50年开放平面已经表现出的蒸发量下降的标准观测事实。因为蒸发量和降水量在全球范围内应当平衡,潜热通量的减少导致降水量的减少。

更令人惊讶的可能性是1960—1990年由于温室气体导致气候变暖的效果大于变暗的抵消。这意味着减少人类活动产生的粒子量的计划生效后全球变暖的速度将急剧上升。事实上最近的地面观测表明,表面变暗趋势已经反转,自1990年左右对此争论愈演愈烈。尤其在欧洲,很可能至少有些变化归因于污染的减少,因为大多数政府在减少气溶胶释放进入大气方面,比减少温室气体排放方面作了更多工作。

全球变暗下的现象也可能有区域性影响。当地球大部分地区变暖,空气污染源的下风区(特别是二氧化硫的排放)通常会降温。这可以解释为什么美国东部变冷而相对于西部地区却是变暖的。所有这些都指出,我们只了解大气中粒子的直接和间接影响是不够的,特别是云量,这是我们知识的一个很大空白。

7.3 荒漠化和森林砍伐

人类活动自有史以来就已经在地球陆地表面产生了重大影响。特别是放牧和为了发展农业生产而砍伐森林，这些过程导致沙漠地区(荒漠化)不断形成。20世纪70年代因为发生在非洲撒哈拉沙漠以南的事件使这变成一个重大的政治问题。萨赫勒地区干旱开始加重是在1968年，1972年达到了最严重。20世纪70年代末开始缓和，80年代期间又在恶化，但90年代回落(图7.5)。其最显著的社会后果是在开始阶段，超过10万人死亡，干旱地区的农牧经济遭受了严重摧毁。这些可怕事件对人们在国际救援的准备、气候的自然变化和人类活动对干旱地区影响的思考方面产生了巨大的影响。

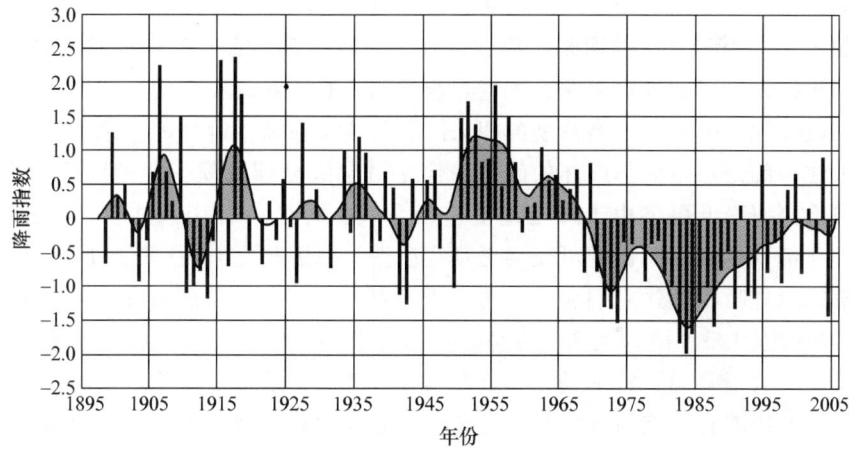

图7.5 撒哈拉沙漠地区(8°N~20°N,20°W~10°E)标准化后的降水异常资料表明，20世纪50年代晚期降雨量急剧减少(引自http://tao.atmos.washington.edu/data_sets/sahel)

第一个后果是荒漠化问题成为一个极为重要的环境问题。出现了环境神话里的惊人数字。每年超过2 000万 hm^2 (近似于不列颠群岛面积的一半以上或堪萨斯州的面积)的曾经具有生产能力的土壤沦为不毛之地。撒哈拉沙漠景象每年向南移动50多千米，这激起许多援助机构开始采取措施。1977年在Nairobi举行的联合国荒漠化会议使这种参与行为达到顶峰。它发起了一项行动计划，为了防止荒漠化，该计划在接下来的15年内将提供金额达60亿美元的资助。同时也增加了怀疑，即荒漠化的整个概念是否是错误的，真正需要做的是采取更好的改善措施。特别是，人类活动导致的恶化(例如，牧民过度放牧、收集柴火和不恰当的耕作)和干旱的影响之间没有足够的差别(见4.2节)。

　　潜在的基础物理问题即反照率的增加是否与植被变化相关并已导致沙漠的永久性扩大。在某种程度上牧民放牧的行为该为植被衰退负责，有争论说当时的荒漠化是人类活动的结果。随后卫星观测显示撒哈拉沙漠的范围与降雨量波动有密切联系，在多雨年，植被会迅速再生。此外，即使在雨季，1982—1999年卫星图像和雨量分析显示，土地被植被覆盖时有20%以上的降雨量。现在被认可的是荒漠化是一个复杂的过程，气候变化可能是主要因素，人类活动起到了相对较小的作用(见深进读物)。然而，最近的研究表明尼日尔种植和保护树木已经在农业恢复中产生了巨大影响。

　　不管萨赫勒气候事件是不是由于人类活动引起，该地区干旱的另一方面是有大量灰尘注入大气中。由于干旱改变了非洲和热带大西洋的辐射预期和水循环，大气中的粉尘长期增加。1965—2000年的表面测量和1979—2000年间沙尘光学厚度的卫星观测表明，自20世纪60年代中期起，尘埃量背景值超过了大西洋上空的两倍。因此，加上全球变暗(见7.2节)的证据，这些测量提供更多的证据表明，大气尘埃增加具有潜在的重大的全球性后果。

　　改变地表的其他人类活动的相关问题已集中在砍伐森林的后果上。最为引人注目的是热带雨林毁坏的问题。但是对导致全球气候变化的明显争论，不像反照率降低可能由干燥土地上空云量减少补偿一样引人注目。相比之下，北部森林衰退的影响可能会更具实质性。原因与雪有关(表2.1)。冰雪覆盖的森林吸收到达它们表面的约2/3的阳光，而白雪覆盖的耕地和草地只大约吸收其1/3。所以大规模森林砍伐的后果将会使北半球高纬度冰雪覆盖地区产生大幅降温，特别是在冬末和早春时节。土地覆盖变化对全球平均辐射强迫的影响有可能与气溶胶、臭氧、太阳变化和小规模温室气体的作用具有可比性。模型模拟表明，土地利用变化可能已经对气候有冷却的影响，已导致北美和欧亚大陆的主要农业地区冬季和春季降温 $1 \sim 2$ ℃。

7.4　臭氧层空洞

　　20世纪80年代，春季南极上空臭氧层空洞的发现为研究人类活动对全球大气层影响提供了有力证据。这一发现有科学和政治思想上的深刻影响。它立即导致大型国际科学组织对南极上空臭氧急剧下降原因提出答案以及采取国际行动。南极上空每年9月和10月平流层中臭氧含量直线下降的原因是氟氯化碳(CFCs)的影响，它们是用于气溶胶喷雾剂、工业清洗液和制冷设备的物质。这些污染物进行了一套复杂的化学反应，与太阳回归相结合，南极冬季的极夜之后，导致光化学反应，破坏同温层臭氧。1979—2000年，南极洲部分地区10月份大气层中的臭氧总量下降到70%，臭氧层空洞的大

7.4 臭氧层空洞

小已经从 0 发展到强大的 1 670 万 km²（南极洲面积的两倍）。在低平流层中，在海拔 15~20 km 处，臭氧浓度一般是最大的，在南极的 10 月完全消失了。

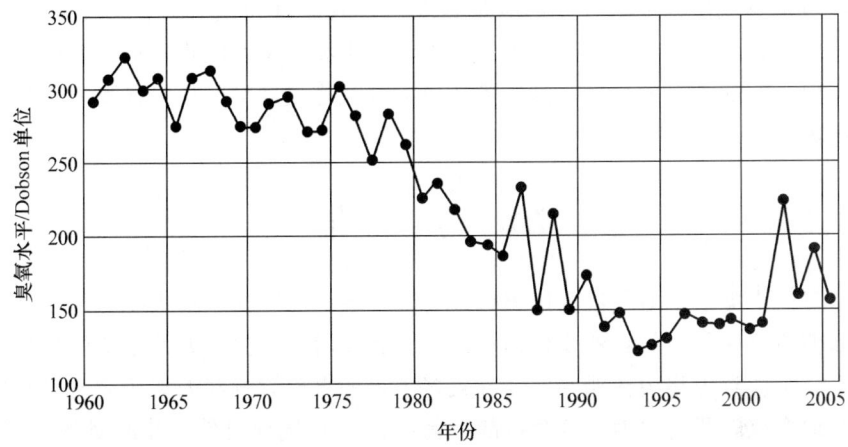

图 7.6 英国南极考察哈雷（Halley）站 1960 年以来观测的 10 月的平均总臭氧。
（引自 http://www.antarctica.ac.uk/met/jds/ozone/data/ZOZ5699.DAT）

这些变化的解释基于大气中臭氧是如何生成和消失的。它是由太阳紫外线辐射将氧分子分解为两个氧原子得来的（方框 2.2）。这些氧原子可与氧分子结合形成含有三个氧原子的臭氧分子。但是臭氧本身也有相反变化，大气中某些化学物质能与它们结合还原成氧。这种化学循环平衡使得臭氧在海拔 15~20 km 处的同温层中高度集中，即臭氧层。

氟氯化碳会干扰这些正常的过程，因为它们在上层大气中分解形成高活性氯化合物。但是这不足以解释南极上空发生的情况。南极冬季涡流发展生成的特殊条件提供的极度寒冷的环境中，在海拔 15 km 处温度往往低于 −90 ℃，能产生在表面通过复杂的化学反应加速臭氧消耗的冰晶云。

大气化学之间的巨大差别有效地限制了南极极涡，而在外部地区，很大程度上氟氯化碳对臭氧的影响将仅限于南极洲。但不得不对化学模型进行修订以考虑其他因素。特别是平流层大规模运动，与剩余全球大气相比在冬季对南极上空空气有多大影响是独立的，这个必须被纳入模型中。太阳活动变化的影响也必须包括在内，因为有证据表明，11 年这一活动周期影响高层大气中的臭氧产率（见 6.5 节）。更有甚者，火山活动可能增加臭氧的破坏强度，1991 年 Pinatubo 火山爆发使臭氧遭受了大规模的损失。

更重要的是国际社会立即做出反应。1985 年为保护臭氧层通过了《维也纳公约》，1987 年《蒙特利尔议定书》通过并随后修订，以消除某些氟氯化碳的工业生产。这一迅速行动使五年内全球活性气体的消费量下降了 40%，大气中某些含氯化合物的含量也开始下降。同时这一迅速行动表明,有重大的全球性影响的确凿证据并且原因是准确认定的,采取有效的国际行动是可能的。

虽然臭氧层空洞对气候影响是有限的,但是20世纪80年代和90年代发生的事件为目前的努力提供了经验教训,即解决人为排放温室气体量以及人类建立起的大气的挑战。这个挑战更大并且逃避问题的压力在政治上有相应的说服力。

7.5 小　　结

显然人类活动对气候的影响可以有多种多样的方法,最重要的挑战是确定如何将这些与气候自然变化作比较。与此同时,至关重要的是我们必须确保不会把注意力集中在那些已经有较多了解的自然影响和人类活动上,而是有效地探究隐藏的原因。这个挑战只能靠改进对气候自然变化测量的方式,并创建更好的气候模型来解决。

深进读物

本书最后附有一份完整的参考文献,从中挑出的以下书籍或文章可以帮助更好理解本章内容。每个引文的详细情况见参考文献。

IPCC(2007)及其早期评估:关于获得气候变化和人类活动对气候影响性质的科学辩论的全面了解已经有一些了,最近一次的评估是一致看法的最终声明。它提供了一个仔细的均衡分析和对不同论据的详尽介绍。因此不太容易阅读并且可能出现问题,如果你能够把握基本问题,那就不是混乱的。总之,它提供了一个真正全面的有关人类活动的特性和他们是否能够改变气候的评估。

第8章 关于气候变化的证据

时间是古老的文物，有一种魔力使世间万物稍纵即逝，但却留下些微小的痕迹。

Sir Thomas Browne（布朗），1605—1682

有关气候变化的多数证据都是通过间接的途径获得的，并且是比较零散琐碎的，其实仅是一些拼凑而成的证据。对过去所发生的事情以及所造成变化的可能原因人们有不同的解释。随着证据的不断增多和测量技术的不断进步，人们能够对现有证据进行更加严格的重新评估。例如，一直以来人们都认为17—18世纪的冬天比现在要冷得多，因为那时人们在冰冻的伦敦泰晤士河上举办过弗罗斯特集市（Frost Fairs）。从这些极端寒冷的季节中，我们又能得到哪些信息呢？另外，1831年，古老的伦敦桥被拆除，它曾作为一个堰堤来减小水流速度，我们又该如何看待这一事实呢？那时没有堤岸，也就是说河面比现在要更宽一些，也没有来自工厂的废热，因此可以确信的是当时河流在气候寒冷时更容易结冰。只有通过认真检查相关仪器的记录（见4.1节），才能清楚地得知当时冬季的平均温度比现在低1℃；这与仅仅依靠关于弗罗斯特集市的记录所推测出来的情况稍有偏差。

同样，对于那些古代繁荣而现在荒凉的地区而言，人们应该认真审视，以确保能够充分分析造成文明衰落的原因。同样，有证据显示过去高山冰川的范围要比现在更广一些，这清楚地表明，在气候更湿冷的时期，降雪更多。然而，这到底是怎样发生的，冰川的相继扩展和收缩是否抹去了先前的盛况，从而使人们很难建立一个随时间推移的清晰的气候变化记录。这同样适用于解释北半球大面积巨大冰原形成的证据，毫无疑问的是，这表明过去的几百万年中曾经历过一系列的冰期。

在理想状况下，证据应建立在一个既定时间和地点对某个具体气象参数准确测量的基础上。有了充分的测量数据，就可以建立一个气候是如何随时间而变化的清晰画面。然而实际测量数据却很少能够达到这个目标，即便是利用现代化仪器进行观察也存在很大的偏差，而这些差距会随着我们所追溯年代的久远而快速增加。对于反映地球要素的历史，我们都必须依靠间接的代用测量工具进行测量,例如,树木年轮、冰芯以及湖和海洋的沉积物。虽然人们能够广泛利用原始记录资料,但记录中还是存在巨大的空白的。

在探索整个地球历史进程中的气候变化时,还应考虑到一些历时长久的进程(例如,大陆漂移)。就当前对未来气候变化的关注而言,这些变化发展看似极为缓慢,好像与当前问题的相关性很小,但这种观点是缺乏远见的。对长期变化的理解不仅为当前事件设定了环境背景,而且确定了全球气候中不同要素的重要性(例如,海洋环流的变化)。因此,如果我们对过去发生了什么以及为什么发生了解得越多,就越容易解决当前我们所要面对的问题。

这种普适方法意味着我们必须清楚我们在本章中所要讨论的内容。我们的目标是明确有关气候变化的主要证据,并揭示我们在认识已发生的变化上的欠缺。这个方法可以为分析气候变化的因果关系以及我们能否预测未来的发展奠定基础。

8.1 探索时光隧洞

地质学是研究和理解地球气候在过去经历了哪些巨大变化的关键。自地质学家开始建造地球地层学模型以来,在过去漫长的时间中,地层的形成过程可用这些模型进行反演,从而使气候曾发生过巨大变化的事实也变得更加明显。最近,人们已意识到大陆的分布是随着时间的推移而不断发生变化的。因此,解释附着在岩石上的气候线索便成为一项艰巨的任务。这需要勾勒出一幅沉积物沉积过程的发生条件以及发生地点的总体画面。植物化石、动物遗骸、有机物、花粉和沉积岩中的贝壳等地质证据提供了许多线索。

通过比较这些岩石如今产生的沉淀物,可以得出一些有关过去气候变化的观点。按照这个基本原理,在早期的记录中,地质学家引用了尽可能可用的沉积物来勾画出一幅前后连贯的画面。然而,如果我们采用的是当前的大陆分布数据,对海洋沉积物的分析可能更具辨别能力,因为我们更了解这些地形和海洋条件形成时的环境。

特别是各种形式的浮游生物残骸更具极高的价值,它们广泛存在于海洋沉积物中。由于不同形式的浮游生物是非常容易辨别的,而且它们生活在一定的条件下(温水或冷水中,接近水面或深水处),其分布和物理属性(同位素组成,见 4.5.3 节)提供了关于它们生活时期气候条件的详细信息。例如,在海洋表面附近生活的一些海洋浮游生物组群可以将最近的 0.65 亿年划分为 50 个带至 60 个带。

岩石的性质可以提供各种气候信息。干涸的湖和海(蒸发)是长期干旱的迹象。碳酸盐岩的大量沉积表明正是二氧化碳在大气中减少的时期。冰碛物(含有分选性差的土壤和岩石)经过压实形成冰碛岩,而冰将冰川漂砾从可识别的地方运送到各地，并将它们滞留在不可能出现的地方（漂砾）或在它们融化之前带入大海，并将冰筏碎屑物留在海洋沉淀物中。冰移动的物理痕迹直接反映在岩石条纹上，这些都提供了关于冰川和冰原的存在及其范围的证据。

为了对过去的地质发展形成一个统一的解释，人们应用了一系列基本原则。首先，假设形成沉积层过程中所涉及的物理过程是长期稳定（均变说）的。这样，在整个地质过程中发生的情况是一致的。简而言之，"现在是打开过去的一把钥匙"。其次，连续的沉积层呈阶梯状，最新形成的位于顶部而最早形成的位于底部。此外，沉积层呈现出横向连续性且在最初是水平状或接近水平状态。这也就是说记录上的缺失是由于腐蚀或垂直运动所造成的。另外，在断层或侵入岩脉的地方（由于火山的形成），这些断层比它们穿过的沉积层形成得还要晚。

实际上，随着时间推移产生的变化使人们对地层的解释变得更加复杂，可以产生褶曲、断层以及向上和向下弯曲的地壳运动组合形式，以及连续不断的侵蚀混淆破坏了大量的记录。通过测量地层记录中的沉积物含量，人们发现90%~99%的记录已经先后遭到破坏。因此导致各地记录年代存在巨大差别。这意味着2个世纪以来，地质学家已经逐渐将时光隧洞中的零散证据拼凑到一起。在这过程中，有关一些重要事件上的观点，例如，地球年龄、大陆漂移、海平面升降，以及大规模灭绝事件的本质等，几年来已经发生了巨大的变化。

基于这些原则，人们建立了明确的地质年代表（图8.1）。需要重点关注的是每个时期所经历的时间长短，而不是用希腊文/拉丁文术语奇妙组合而成的名称（例如，古生代即过去生活的时代），以及与那些岩石首先被确定的地区间的联系[例如，曾经居住在威尔士边界（那里独特的岩石首先被鉴别）的以英国古奥陶部族和志留人部落 Ordovices and Silures 命名的奥陶纪和志留纪]。许多引用的年代仅仅有一少部分是准确的。也就是说，在新生代晚期，各个时期的时间间隔大约在10万年之内。这种不确定性在古新世大约为100万年，而在中生代则增加到数百万年。然而，为了保持年代学的一致性，引用的日期必须非常准确，以便能够区别那些相邻的事件，因为这些变化比绝对时间表给出的定义更为准确。

在最初90%的地球生命周期里，几乎没有任何残留遗迹能够告诉人们气候是如何变化的。我们不知道海洋和大陆曾经在什么地方，或大气的成分到底是什么。最初的沉积岩系大约在37亿年前形成，那时温度比现在大约高10℃。生命的最初形式可能是在38亿年前形成的，但关于气候的证据几乎没有。我们所知道的是，在27亿年前至18亿年前，气候的一个主要特征是大面积冰川的形成，至少在部分时间里是这样的。

例如，在加拿大安大略省和美国怀俄明州，保存下来的冰碛岩分别属于三个冰川期，时间在 25 亿年前至 22 亿年前。并且，最近的研究发现，接近赤道的这些地区，冰川覆盖了非洲南部的大部分地区。这就向人们提出了一个问题，地球主要被冰覆盖——有时被称为"雪球世界"——一种有可能永远存在的状态，它将大量的太阳能反射回宇宙空间。相反，当这些冰岩被碳酸盐或火山岩浆所覆盖时，可以称为灾难性事件(例如,火山爆发、停滞海洋的翻转或彗星影响,见第 6 章)，这些灾难性事件可以向大气注入足够的二氧化碳以融化行星的冰壳。无论后来的解释如何，在约 10 亿年的时间中，地球似乎始终保持温暖气候，没有被冰原或冰川所覆盖。

史前时代大约从 10 亿年前开始变得清晰。晚前寒武纪所经历的冰期，我们所知道的仅仅是它持续了大概 2 亿年左右(图 8.1)，有时称为晚前寒武纪的成冰纪时期。似乎在 8 亿年前至 5.9 亿年前至少出现过两个冰期。这两个冰期可能由若干个更短的冰川期组成，大多数的地质学家认为这是地球历史上最冷的时期。较早的年代称为 Sturtian 冰期，发生在大约 7.5 亿年前，较晚的称为 Varanger 冰期，大约发生在 5.9 亿年前。对古代冰川沉积物的分

宙	代	纪		世	距今时间/Ma
显生宙	新生代	第四纪		全新世	
				更新世	1.6
		新近纪		上新世	5.2
				中新世	23.3
		古近纪		渐新世	35.4
				始新世	56.5
				古新世	65
	中生代	白垩纪			146
		侏罗纪			208
		三叠纪			245
	古生代	二叠纪			290
		宾夕法尼亚纪	石炭纪		323
		密西西比纪			362
		泥盆纪			408
		志留纪			439
		奥陶纪			510
		寒武纪			570
前寒武纪				原生代	2 500
				太古代	4 500

图 8.1 地质年代表。(引自 Van Andel,1994,图 2.4)

析表明,大陆规模的冰原曾一度向低纬度延伸,延伸到纬度10°地区。有关最大冰雪覆盖的激烈争论一直在延续,其中有两个对立的观点:一个支持多冰雪球模型(见上文),另一个支持少冰雪球模型(Slushball model)。前者认为热带海洋曾完全被海冰所覆盖,而后一种经过计算机模拟研究得出的观点认为,一些近赤道的海域并没有被冰覆盖。

最后,人们对地球外部长期被冰原所覆盖的宇宙尘埃进行了测量。当冰原融化时,这些沉积物可以作为可辨别元素的脉冲(pulse),如海洋沉积物中的铱元素。假定沉积的速度与从现有冰原中得到的数据相同,那么推算出冰原存在的完整时间就有可能。融冰事件的数字显示,这些冰原已经存在了大约1 200万年;与更近的冰期相比,其时间跨度很长,而且数据明显地支持了"雪球地球"的假说。

在前寒武纪末期,气候发生了显著的变化。在大约7亿年前,高级植物和软体动物迅速向多样性发展。大约始于5.65亿年以前,Varanger冰期之后的寒武纪期间,动物进化突然加速,包括贝壳和硬骨类动物在内的基本动物形式首次出现在化石记录中。这通常被称为寒武纪生命大爆发。根据这些变化的规模和改善的化石记录,为了实现本书的目标,我们对气候的研究从现在开始将只限于自寒武纪开始后发生的事件。这一时期持续了6百万年,被称为显生宙(可见生物的时代)。

由于各种大陆漂移理论的平行发展,有关显生宙地质证据的解释在最近几十年变得更加简单。20世纪60年代盛行海底古磁学测量,这种测量方式确定了早期地壳板块的运动方式,也使大陆迁移历史的学说得到了发展。在显生宙的前半段时期,主要的大陆是冈瓦纳大陆,由非洲、南美洲、印度、南极洲和澳大利亚组成(图8.2)。其他大陆碎片包括今天的北美洲和欧亚大陆。对冈瓦纳大陆运动的映射导致了地质学记录的改变,这些记录可能源于当时背景下的气候变化。

在寒武纪期间,气候明显变暖并在后来的3亿年里始终保持相对温暖。这个时期被称为古生代。大约在奥陶纪末期和志留纪初期有过一次相对短暂的冰期。在现在的撒哈拉沙漠发现了这个冰期的大量证据(图8.3),当时它距离南极很近(图8.2)。在石炭纪期间,温度下降,在距现在3.3亿年前至2.5亿年前的石炭-二叠纪的冰期达到顶峰。这个冰河时代可能是最近6亿年来最冷的时期。其特点是主要冰原的连续性扩展和收缩,最大的覆盖面积超过5 000万km^2(是目前南极冰原面积的4倍)。而在石炭纪后期,当地球上所有的陆地板块聚到一起时,冈瓦纳大陆从赤道一直延伸到南极。在各个时期,现在的南极洲、印度、南美洲和非洲南部都受到大冰原的影响(图8.2)。例如,有证据显示,大约在2.8亿年前,尽管地球其他部分的气候可能非常温暖,但澳大利亚西部仍有冰川覆盖,厚度高达5 000 m。而未被冰川覆盖

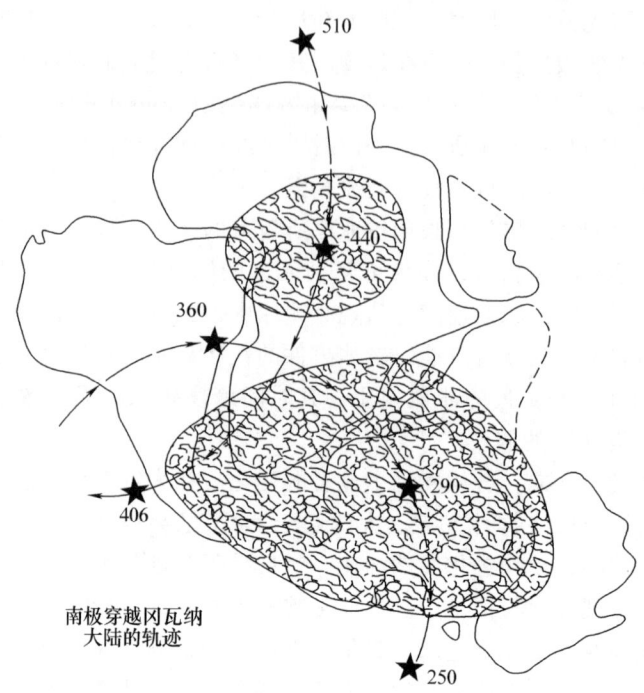

图 8.2 在前寒武纪晚期和二叠纪之间，主要的大陆为冈瓦纳大陆，由非洲、南美洲、印度、南极洲和澳大利亚组成，因此，这个时期的地理位置对于理解气候变化至关重要。南极至少两次横越这块大陆（沿着其轨迹的数量在百万年里得到进展），在极地形成冰冠（阴影区），但在其他时段极地区域并没有被冰所覆盖。（引自 Van Andel,1994,图 7.3）

的大陆内部变得异常干燥。

　　化石记录发生的巨大变化增加了对这些变化做出连贯性解释的难度。某些灾难性事件，包括小行星与地球的碰撞、巨大的火山爆发、气候突然变化导致动植物的大量灭绝等。这些事件中有五个明确被证实的例子包括：4.4 亿年前的晚奥陶世，3.65 亿年前的晚泥盆纪，2.22 亿年前的晚二叠世和早三叠世，2.1 亿年前的后三叠纪时期，以及 6 500 年前的白垩纪末期。这些结论是令人震惊的！在最近的 6 亿年中，地球上生存过的 99.9% 的物种都曾发生过灭绝。然而，生物多样性仍在不断增加，现在至少有 100 万个动物物种，其中昆虫类占总数的 3/4（见 9.2 节）。但从这种化石记录中提取气候变化的连贯记录是一项巨大而艰巨的任务。

　　在中生代早期，大陆块聚集在一起形成一个超级大陆，统称泛大陆（Pangea）。在侏罗纪和白垩纪时期，这个超级大陆向低纬度漂移并最终分裂（图 8.4）。普遍观点认为，这一时期的气候总体较为温暖，两极和热带温度相

图 8.3 来自撒哈拉沙漠的古奥陶冰碛岩,大约有 4.4 亿年历史。有擦痕的巨砾是冰川生成的指示物。(引自 Sherratt,1980,图 23.23)

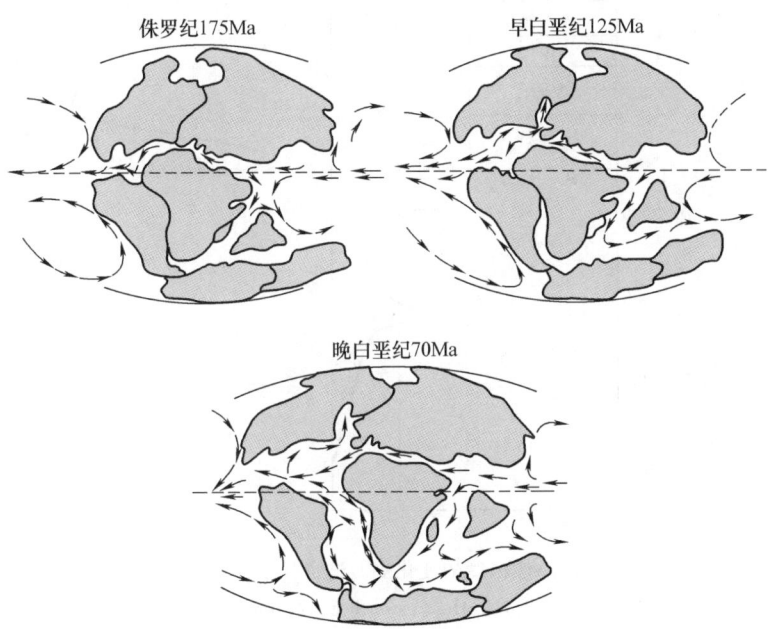

图 8.4 在中生代时期,超级大陆逐渐分裂,表面洋流从单个大陆的单一海洋的简单方式进化为白垩纪新海洋的更复杂的方式。这个时期开放的环赤道路径与缺乏环极地洋流的组合导致了今天更加均匀的温度分布。(引自 Van Andel,1994,图 10.7)

差不大，季节之间的温度变化也很小。这个均衡的时期通常与恐龙时代相关。然而，现在新的证据已经出现，证明该时期存在气候波动，包括大约在侏罗纪末期和白垩纪初期，高纬度地区的冬天更加寒冷。人们在西伯利亚、加拿大北极地区、Spitzbergen 和澳大利亚中部等当时处在高纬度的地区，发现了冰筏碎屑物，这也可以作为海平面在大约 1.28 亿年前至 1.26 亿年前急剧下降的证据（见 8.3 节），它们反映了内陆冰川在这些纬度上的作用。通过研究树木化石，人们发现了清晰的树木年轮，这表明树木在冬季停止生长，从而确认了这一时期更明显的季节性气候（见 4.5.1 节）。

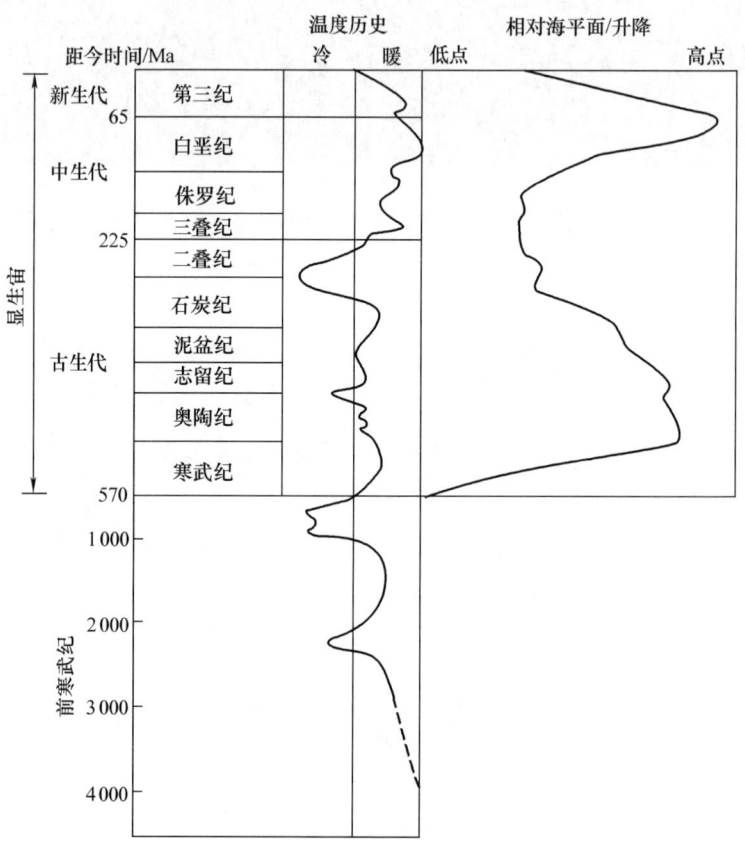

图 8.5　广义的地球总体温度的变化史。这也显示了显生宙海平面的变化情况。（引自 Brown, Hawkesworth & Wilson, 1992, 图 24.7）

已有的资料表明，大约 1 亿年前的白垩纪中期也许是地球历史上最温暖的时期。据估测，当时全球平均温度比现在要高 6~12 ℃。在热带，温度高出 0~5 ℃，而在北极，温度高出 20~35 ℃，南极的温度与北极的情况类似，与现在比较寒冷的情况形成鲜明对照（图 8.6）。白垩纪大陆的分布状况也许是保持这种温和条件的主要因素。环赤道洋流的存在和环极地洋流的缺少可能是导致气候变暖的原因(图 8.7)。对 0.7 亿年前北冰洋沉积物的测量表明，当时平均温度高达 15 ℃，处于无冰状态。这对海洋中垂直环流的运行方式

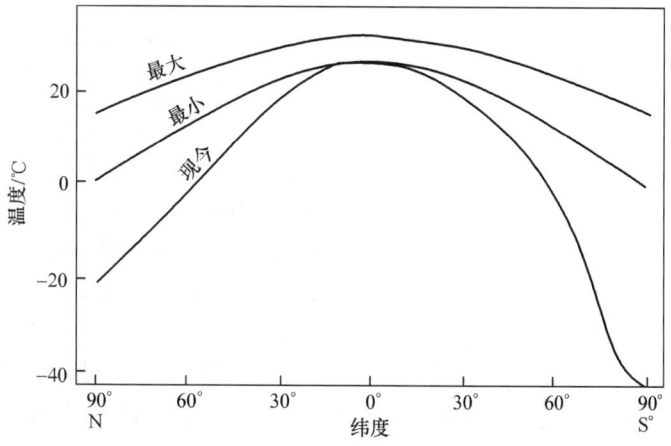

图 8.6　白垩纪中期(大约 1 亿年前)不同纬度的温度范围(最高和最低)是基于生物学、化学和物理学观察的综合状况进行确定的。本图将这些温度范围与现今的数值进行了比较。(引自 Brown, Hawkesworth & Wilson,1992,图 24.8)

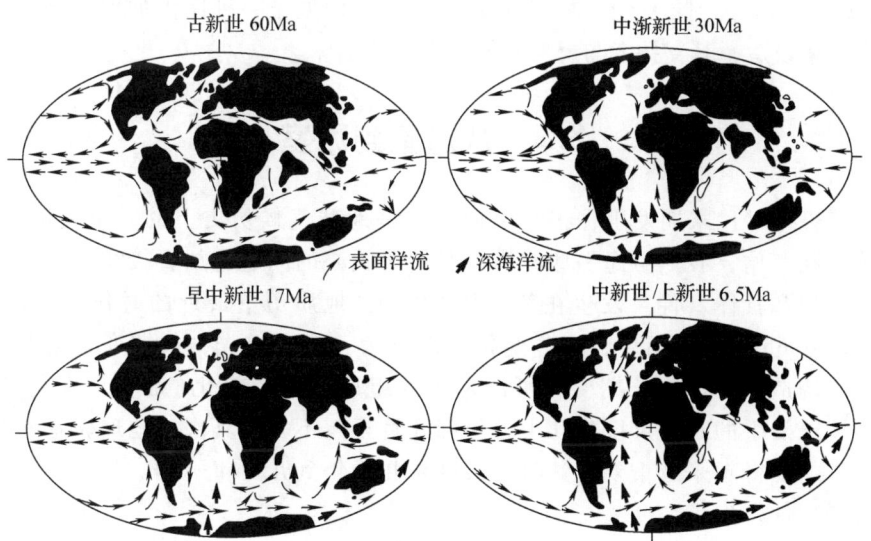

图 8.7　在晚新生代期间，大陆在今天我们可以识别的地方移动，气候很大程度上受到洋流变化的影响。有两件事情是非常重要的：一是围绕南极海道的开启(在大约 0.25 亿年前至 0.3 亿年前)，二是环赤道海道的关闭(在出现巴拿马地峡的上新世完成)。

(引自 Van Andel,1994,图 11.1)

产生了根本性影响,目前受到这些地区冷水减少的影响(见3.6节),洋流变得更加缓慢。在考虑当今问题时,需要特别关注洋流变化可能对全球气候产生的深远影响(见6.3节)。

在北极圈内的加拿大北极地区(Axel Heiberg Island),人们发现了各种白垩纪中晚期化石,这表明这里曾经是非常温暖的。这些化石可以追溯到大约0.9亿年前,它们的年平均温度至少为14℃。其中包括一个较大的鳄龙的骨骼(2.4 m长),属于长鼻利牙的鳄鱼类爬行动物。它是以鱼和龟类为生的淡水爬行动物,每年夏季需要较长的温暖期以保证后代的繁衍。

然而,由于大气中二氧化碳含量的缺乏,计算机气候模型(见第10章)无法复制白垩纪中期的条件,这也是我们了解温暖状况形成原因方面的一个空白。热带海洋是不是像通常假定的那样温暖,从海洋沉积物资料中所推论出的冬天是否比内陆更加温暖,这些争论仍存在疑点;另外,有关这些问题还有一个例子,就是基于这些零散信息建立一个真实可信的气候变化图。这也体现了理解过去气候的价值所在。考虑到地球可能变暖的影响(见11.2节),白垩纪晚期的极端温暖气候可以作为预测今后极端气候条件的参考。

中生代末期有过一次突然变冷的短暂时期,这恰好与恐龙的大规模灭绝同时发生。灾难性事件可能导致物种大规模灭绝的一个最著名的例子就是白垩纪时期的终结。对其的解释认为该事件是因为地球与小行星撞击所造成的(见6.11节)。自从大约25年前首次提出气候处于一种巨大的混乱当中的理论假设后,其支持者与反对者便一直争论不休。

8.2 从温室到冰室

恐龙时代末期发生在很久以前,它是地球气候历史上的一个突破点。从现在开始,我们考虑一些与当前我们所关心的问题更加直接相关的一系列变化和具体事件。发生在新生代的变化(地质历史最近的时代)贯穿了地球0.65亿年的历史,这些变化可以分为三类。首先,长期变化受制于板块构造学,这些长期变化可能是大气组成方面的变化(见6.8节)。这些情况发生的时间尺度从几十万年到几百万年不等。其次,地球轨道参数的影响变得越来越重要,其时间尺度从几千年到几万年不等。最后,短期突变事件发生了。

实际上,降温趋势贯穿整个新生代(图8.8)。最初,古新世期间全球温度保持在与白垩纪晚期相同,甚至不断提高的程度,到始新世初期达到顶峰。图8.8表示的很长年代的氧同位素变化,其中在大约0.54亿年前的不超过1万年的一段时期里,温度突然升高了5~6℃的原因是不清楚的。这段时期被称为晚古新世温度峰值,对当时碳同位素比值的测量说明这个异常气候事件是由于大量甲烷的释放造成的(见 6.8 节)。这个事件大约持续了 10 万年,气候在始新世逐渐变暖,并在 0.52 亿年前至 0.5 亿年前达到最佳状态。

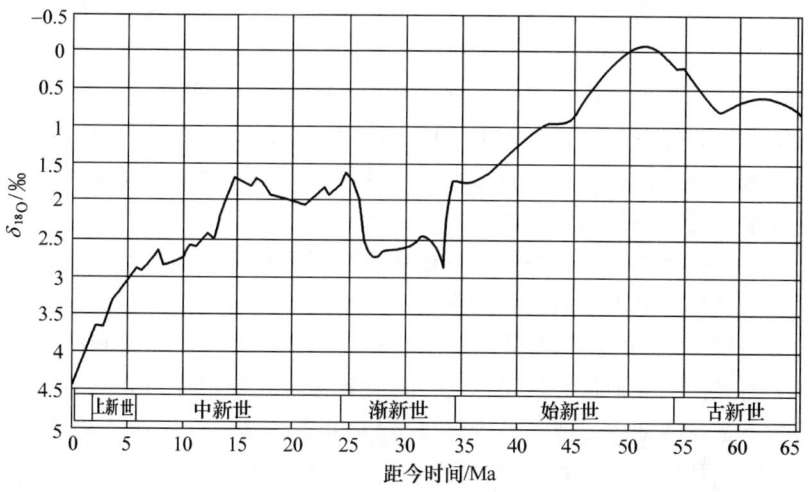

图 8.8　从温室到冰室:大范围海洋沉淀物中有孔虫类中的氧同位素比值下降,这显示了全球气候在最后的 0.65 亿年间的长期变冷过程。(引自 Zachos 等,2001,图 2)

随着大陆移动至我们所了解到的分布位置(图 8.7)以来,事态发生了变化。大约在 0.5 亿年以前开始发生真正的降温,其中高纬度地区降温幅度最大。除了 0.42 亿年前至 0.4 亿年前之间有一次短暂的停止之外,直到 0.35 亿年前气温一直处在平缓下降的状态。冰川首先于 0.5 亿年前在南极山脉形成,到 0.36 亿年之前,第一个短暂性冰原形成。大约在 0.34 亿年前,气候急剧变冷导致海洋温度下降了 7 ℃。这个在始新世-渐新世转换期间同时发生的事件持续了大约 40 万年。虽然这仅仅是一个局部反弹,但该事件标志着一个更冷时期的开始,这段时期持续了大约 700 万年,在此期间,永久性冰原覆盖了南极大陆东部的部分地区。

渐新世期间,伴随着南极地区与澳大利亚以及南美洲的分离,洋流发生了巨大变化。塔斯马尼亚-南极洲通道大约在 0.34 亿年前被打开,而德雷克海峡大约在 0.29 亿年前在南美洲和南极洲之间形成,从而形成了绕极海流,南极洲的气候从此孤立起来,这为保留南极冰原提供了良好的条件。

大约在 0.26 亿年之前,气候开始缓慢变暖。有证据表明,最晚在 0.25 亿年前,南极地区已出现森林。中新世初期,大约在 0.24 亿年前,气候出现了一次持续大约 20 万年的短暂性变冷。从那之后,气候返回到更温暖的状态,并在 0.17 亿年前至 0.15 亿年前达到最佳状态。之后大约在 0.14 亿年前,出现了显著的降温趋势,并在南极洲东部形成了永久性冰原。同时,冰川山脉开始在北半球形成。

除了极少数中断之外,整个中新世都处在持续变冷的过程中。在600万年前至500万年前的急剧变冷时期,南极冰原最后形成。同时,北冰洋中部开始形成冰块。这个时期的其他重大气候事件有地中海被隔离并随后干枯的事件,发生在大约580万年前。随着海水干枯,大量盐分沉积,水蒸气进入水循环,这个过程被称为墨西拿盐度危机(Messinian salinity crisis)。该事件降低了世界其他海洋的盐分并造成巨大的气候波动。之后大约在530万年前发生的地壳构造活动打开了直布罗陀海峡,大量湍急的海水涌入地中海,给这里带来了更进一步的气候波动。

这些包括海平面急剧升高和气候明显变暖在中新世和上新世交替时期同时发生了变化。从那之后,大约在3万年前的上新世中期冷却过程持续进行并有所加快(图8.9),同时波动加剧。在大约2.5万年前气温明显变冷,同时海平面降低,人们认为这是由北半球最初冰原迅速形成所导致的。这些变化的特点是在冰期中形成了一个清晰的以40万年为一个周期的循环。

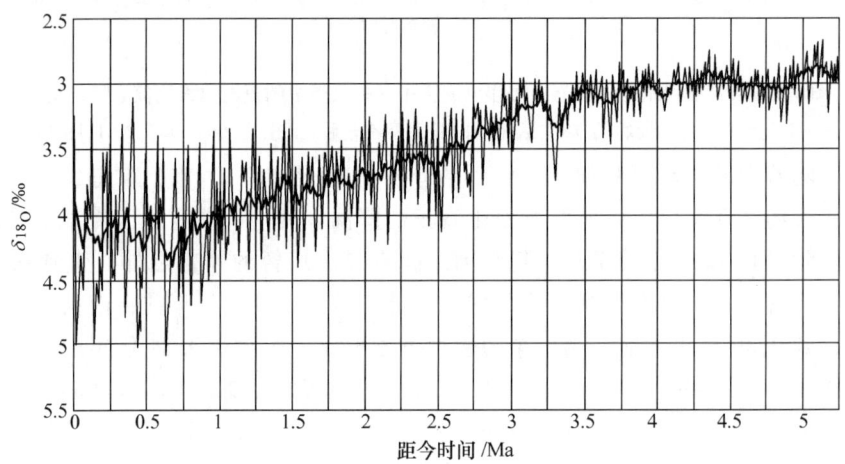

图8.9　上新世－更新世全球分布的57个深海氧18记录(δ_{18O})显示,与最后500万年长期的冷却相比,特别是自100万年前以来,变化幅度和周期一直在增加。(引自Lisiecki & Raymo,2005)

新生代时期在第四纪达到顶峰,第四纪大约自1.8万年前开始一直持续至今。在这个时期,冰不断地覆盖陆地,当超过32%的地表被冰覆盖时,更新世和全新世就诞生了:最近的1万年一直处于温暖时期。气候变化规模的稳定增加导致了冰量增加和气候波动,以及平均海平面的降低。显然,这种变化具有周期性。在最近的90万年期间,波动更大且寒冷周期更长,并伴随着较大的冰量和较低的平均海平面(图4.12)。同时,波动的周期从大约4万年转变到接近10万年。

对超过5 000万年周期的温度变化进行预测是一项复杂的工作,但将

Mg/Ca比率的测量值与δ_{18_O}的观察相结合,便可创建一个温度记录(方框4.2)。这显示了深海温度长期下降的趋势,在过去的0.5亿年中大致下降了12 ℃。这个曲线的总体形态与相应的海洋深处的δ_{18_O}记录非常相似。

新生代时期气候发生根本性变化有很多原因,这些原因都在第6章中分析过。北半球高纬度地区不断增加的陆地面积更容易形成冰原。海洋洋流通道的开启和关闭,包括在始新世期间南极洲的隔离,在晚始新世冰岛－法罗岛海丘岩床的下沉,后来更晚些时候在大约300万年前巴拿马地峡的形成切断了大西洋和太平洋之间的联系,并改变了洋流的运动方式,使新的洋流得以发展。后者在北半球冰原的形成过程中起到了关键的作用。

印度次大陆与欧亚大陆在大约0.5亿年前发生碰撞之后形成了喜马拉雅山脉和青藏高原,加之南美洲和北美洲的西科迪勒拉山脉的升高,改变了全球大气循环的模式(见3.2节)。同时,大气中二氧化碳浓度水平的降低(见6.9节)加剧了降温趋势。

8.3 海平面的波动

海平面的上下波动是气候变化不可分割的一部分。在冰期,大量的水被锁定在覆盖北部大陆的冰原中,因此海平面下降超过了100 m。但地球历史上多数时候都存在冰原,因此人们提出一个问题,海平面的变化是否包含了气候变化的重要信息。在过去的6亿年中,海平面经历了长期的重大变化。虽然绝对数值是很难计算出来的,但变化的范围从低于当今海平面200 m到高于今天250 m。这些波动不仅提供了关于过去气候的额外信息,而且突出表明了气候因素是与其他众多物理过程联系在一起的。因此,我们应当避免过早下结论,认为这些气候变化是由某些因素导致的。

海平面变化最为综合的分析是由埃克森公司的地质学家作的,其分析结果被称为埃克森曲线(Exxon curve)或威尔曲线,是以这项分析工作的首席地质学家Peter Vail的名字命名的。根据这项研究所得出的一些结论,地质学家们一直争论不休,但由于许多资料从商业上讲是保密的,因此无法建立独立的科学评估主题。此项分析主要是考察沉积物沿着古代海岸的沉积方式,以及不同沉积层如何为海平面升降提供证据(图8.10)。因为这些沉积层可能含有极具商业价值的碳氢化合物储藏,所以石油公司不愿与其他科学家分享这些资料。

虽然关于埃克森曲线的争论并没有得到解决,但其总体特征是可信的(图8.11)。第一级变化的时间跨度太长,以至于它们不可能成为气候因素的产物。石炭系末期和二叠纪期间较低的海平面是由于当时的冰川造成的,但大陆漂移和中大洋脊形成速度的变化才是海平面长期升降的原因。在这一

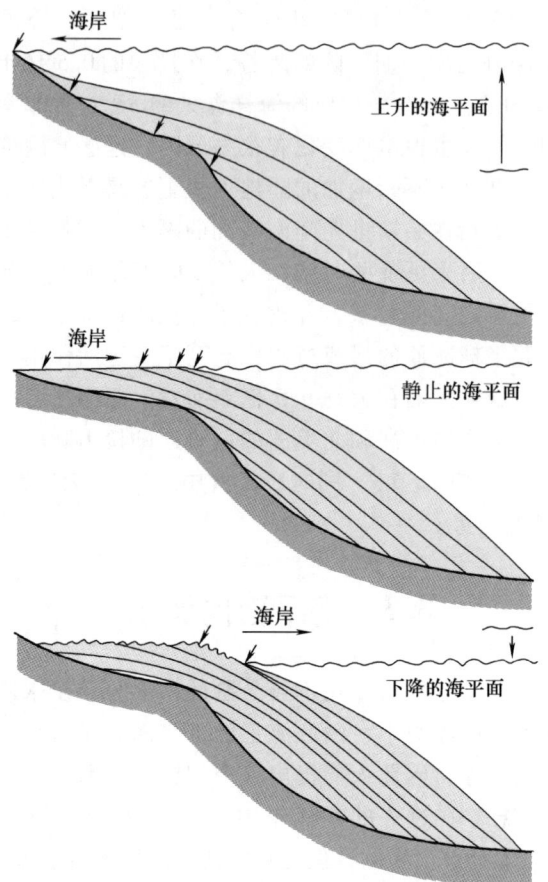

图 8.10 过去对海平面的许多预测都是依据古代海底可辨别的沉淀层的地震研究进行解释的。所发现的任何沉淀层的最高点(见箭头)被标记为当时海平面形成的最高点。依据海平面是否上升、静止或下降,在大陆边缘附近所形成沉淀层的次序的程度可以提供海平面变化的信息。这个方法被称为序列分析。(引自 Van Andel,1994,图 9.7)

宽泛模式上发生的叠加为一些更快速度的超级循环和循环提供了证据(图 8.11)。更明显的是升降的性质,上升时相对缓慢而下降时非常急速,使埃克森曲线呈"锯齿"形。有趣的是,这些波动,特别是海平面的突然降低,是否就是冰原形成的证据呢?

海平面发生突然性急剧下降的时间和规模是很难证实的。尽管志留纪末期和石炭纪期间的情况与冰原的形成有关,但大约3亿年前海平面降低的原因,我们却知之甚少。二叠世晚期,在大约2.55亿年前,海平面突然下降,这可能与当时的大规模物种灭绝有关(见9.3节)。之后在大约2.32亿年前的三叠纪发生了同样的事件,但从那之后的下一个1亿年没有发生明显的此

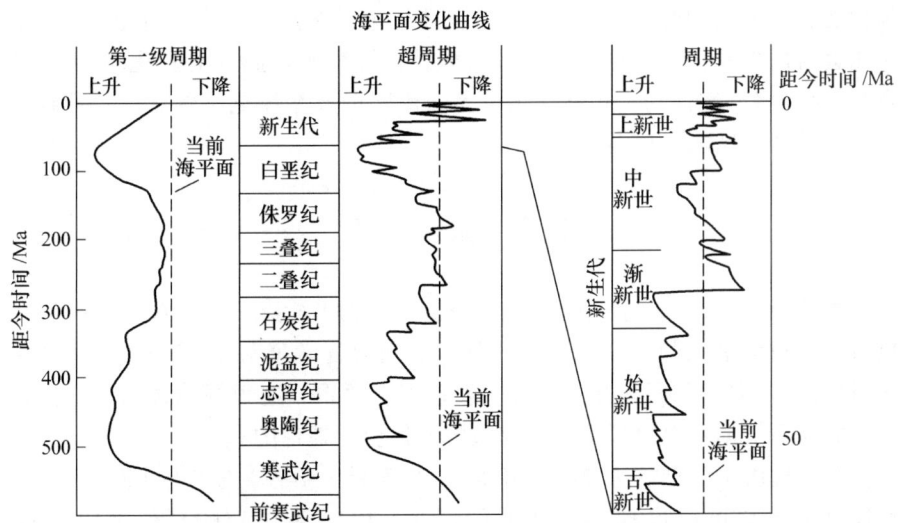

图 8.11 显生宙时期全球海平面变化的三种不同规模的序列分析。第一级变化显示其基本周期为数亿年。叠加在这些长期变化上的是一系列"超级循环",从 0.5 亿年前至 0.2 亿年前的古生代到 0.15 亿年前到 400 万年前的中生代和新生代,其周期各不相同,而对新生代更详细的分析显示,有越来越多的短期"循环"出现。

(引自 Van Andel,1994,图 9.8)

类事件。接下来两次重大的海平面下降发生在大约 1.28 亿年前和 1.26 亿年前,正好与白垩纪早期的长期较低的海平面相符。这些事件可能与大陆冰川作用相关(见 8.1 节)。因此,尽管海平面总体是在上升,但在大约 0.9 亿年前和 0.67 亿年前的白垩纪晚期出现了两次较大规模的下降。

在新生代时期,这个具体的画面变得更加清晰。在大约 0.58 亿年前和 0.49 亿年前曾发生过海平面的突然下降,接下来在 0.395 亿年前和 0.355 亿年前发生了一系列上升和下降;并在 0.3 亿年前至 0.25 亿年前这段时期内再次发生了一系列上升和下降的情况。发生在大约 0.3 亿年前的下降尤其明显,并可能与南极冰原的开始形成有关(见 8.1 节),但下降的规模显示它还受到其他更广泛的构造效应的影响。而且,这些事件发生的时间并不完全与图 8.8 中记录的温度变化紧密相关。这可能反映了近期用于记录温度的时间算法的改进。在大约 0.165 亿年前和 0.155 亿年前发生了两次急剧的下降。在大约 0.105 亿年前,曾经出现过一系列海平面较低的现象(-100 m),自 90 万年前以来,最低水平发生在 250 万年前和 150 万年前。8.4 节分析了后冰期末期的变化,而那些超过最后 0.2 亿年前的情况将在 9.4 节中进行讨论。

与其他地质记录中推断的变化相比,通过埃克森曲线中所描述的海平面变化的整体数据可以推论全球环境变化更为剧烈并且伴有较强的多样性。如前所述，海平面的升降与气候变化之间不可能直接建立联系，因为其他因素可能会对两类变化产生重大影响。例如，在解释所观测到的变化时（见第 6 章），必须将构造活动，包括火山、大陆漂移以及海洋化学的波动，导致大气成分的变化纳入考虑范围。

8.4 冰 期

尽管历史上地球大面积被冰原所覆盖的时期居多，但"冰期"一词在更新世冰川考察中却是常用的。此外，瑞士博物学家 Louis Agassiz（路易斯·阿加西）的名字与很多冰川事件的发现都有关系，这很好地说明了如何将零散的地质依据汇总以提出一个完整的气候变化理论的过程。

科学地质学的创始人 James Hutton（詹姆斯·哈顿）先生在 1795 年就首次提出了北欧可能出现部分冰原的说法，1821 年瑞士的一位名叫 Ignaz Venetz 的土木工程师又重申了这一说法。1824 年挪威地质学家 Jens Esmark 提出一个理论，他认为挪威的山脉已被冰所覆盖，而 1832 年一名德国林学教授 Bernhardi 发表了一篇论文，认为存在一个由北极延伸至阿尔卑斯山的巨大冰原。但是这些提法并未引起人们的关注。

1836 年夏季，Louis Agassiz 与 Ignaz Venetz 的朋友 Jean de Charpentier 一起在侏罗山脉进行实地考察，确信那些花岗石是从距离阿尔卑斯山 100 km 以外的地方带过来的（图 8.12）。Ignaz Venetz 于 1837 年最早提出"冰期"一词，并在 1840 年有关冰期（die Eiszeit）的提议在一本具有里程碑意义的书中被发表出来。虽然该理论起初被地质界嘲笑，但是他不断地宣传冰期这一

图 8.12　Zermatt 冰川边缘的冰川磨片岩石和冰碛岩屑。（引自 Louis Agassiz 的《冰川研究》(Neuchâtel,1840)。（引自 Smith,1982,图 1.12）

8.4 冰 期

概念,最终冰期这个词获得了认可。

Louis Agassiz 曾前往苏格兰,在那里他找到了更多有关冰川作用的佐证。1846 年他到达了 New Scotia,发现了更多有关冰川的显而易见的佐证材料。1848 年 Louis Agassiz 到哈佛大学教书,虽活跃于多个学科领域,尤其是在海洋科学方面,但他仍一直致力于新英格兰和五大湖区附近的冰川研究。以后的几十年中,各种地质证据清楚地表明北半球的很多特征只能用冰期进行解释,而 Louis Agassiz 的观点也被证明是正确的,尽管在某些方面该问题直到 19 世纪末仍然还有争议。

继 Louis Agassiz 之后,在 19 世纪末的 20 多年时间里,一个统一的关于冰期的观点出现了。即在 60 万年前到 100 万年前期间,地球曾出现了四个持续长达大约 5 万年的冰期,每两个冰期之间会有一个间冰期,而这几个温暖间冰期长达 5 万年到 27.5 万年。目前的间冰期始于大约 2.5 万年前,持续时间将不低于上个间冰期,甚至可能是无限期的(图 8.13)。通过研究受到冰川作用的北半球地形,我们可以得出该冰期进程的主要证据。明显的地形特征有:冲蚀的 U 形谷、被侵蚀的山脉、鼓丘(由冰移动形成的一堆密实的冰砾土)、蛇丘(融水从冰原边缘流出而导致沙与砾石堆积形成的脊状物)、大型冰川漂砾(漂砾)、冰碛物和终碛。1901—1909 年,德国的 Penk 和 Bruckner 所发表的作品中涵盖了这一观点。而其他一些地质学家们则对最后一个冰期事件年表较为审慎。根据欧洲和北美洲的地质证据,四个大冰期的总体概念已为人们所接受。对这些冰期和相关间冰期的命名反映出他们的地理位置。表 8.1 总结了这些冰期和间冰期及其发生时间。

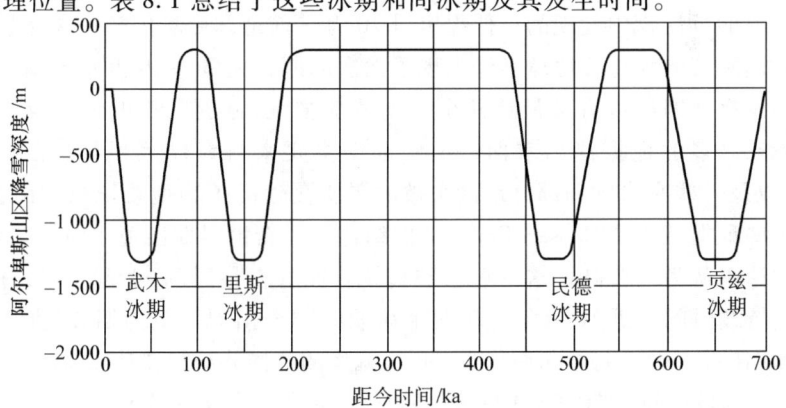

图 8.13 Penk 和 Bruckner 的冰期模型发表于 20 世纪初期,该模型是基于欧洲阿尔卑斯山区降雪深度波动的地质研究。四大冰期(武木冰期、里斯冰期、民德冰期和贡兹冰期)以阿尔卑斯山区的地名而命名,明确显示出每个冰期的地质证据。在世界的其他地方,人们是根据这些连续事件确定的地名而知道这些冰期的。(引自 Burroughs,2005a,图 2.4)

表 8.1 更新世各阶段的相关性

阶段	距今时间*/ka	阿尔卑斯山区	北欧	俄罗斯的欧洲部分	北美洲
冰后期	25—0	冰后期	弗兰德尔冰后期	冰后期	冰后期
第四次冰期	75—25	武木冰期	威塞尔冰期	瓦尔代冰期	威斯康星冰期
间冰期	125—75	里斯-武木间冰期	埃姆间冰期	米库林纳间冰期	散加蒙间冰期
第三次冰期	175—125	里斯冰期	萨勒冰期	莫斯科冰期	伊利诺伊冰期
间冰期	450—175	民德-里斯间冰期	霍尔斯坦间冰期	Likhvin 间冰期	雅茅斯间冰期
第二次冰期	500—450	民德冰期			Kansan 冰期
间冰期	600—500	贡兹-民德间冰期		莫洛佐夫间冰期	阿夫顿间冰期
第一次冰期	700—600	贡兹冰期	Menap 冰期	敖德萨冰期	内布拉斯加冰期

* 世界不同地区确认的事件，其年代和相关性更多是根据最新地质证据而得出的暂时性结论。然而，这些名称仍经常用于描述过去的气候现象，也可以了解它们各自代表的意义。

20 世纪 50 代，情况开始发生变化。芝加哥大学的 Caesari Emiliani 发表了一系列有关微生物粉贝化石属性的论文，其中的微生物是在热带大西洋和加勒比海的沉淀物中发现的。他提出以 70 万年前地球磁场倒转一次为起点，从那时起到目前为止，地球已经出现了七次冰期，大概每 10 万年出现一次。人们还没有立即认可有关最近几个冰期的新情况，但自 20 世纪 60 年代以来，越来越多的证据浮出水面，这些证据主要来自海洋沉积物（见 4.5.3 节），以及一些来自欧洲部分地区未被冰川所覆盖的植物孢粉记录和南极冰芯，这些证据证实了 Caesari Emiliani 的结论。更新世时期出现冰期的频率比早期理论中认为的要高，这一点已被公认。而且在最近的 80 万年中，每个冰期的持续时间为近 10 万年。每两个冰期间都会出现一个为期较短的温暖的间冰期（图 4.9）。每个冰期都会出现大幅度的气候波动，波动范围从极度寒冷的气候到最近间冰期的温暖气候。这些波动的统计分析显示，这些波动受到三个主要循环周期（在大约 2.141 万年到 10 万年期间）的影响（见 2.1.4 节）。

当涉及最后一次冰期中所发生事件的具体情况时，格陵兰岛的冰芯可提供最好的佐证。20 世纪 60 年代以来，人们已经获取了一系列冰芯。这些冰芯将追溯到最后一个间冰期（埃姆间冰期），该间冰期在 12.5 万年前达到高峰，当时北半球的平均温度比现在高出近 2 ℃，蔓延的北极冰融水也导致海

8.4 冰 期

平面比现在高出好几米。上述情况与 21 世纪末期的气候事件(见第 11 章)形成有价值的比较,尽管海平面上升要达到顶峰还需要更长的时间。

更令人吃惊的是,在最后一次冰期的整个过程中,波动变得更小、更频繁、更剧烈。同位素温度记录尤其显示出科学家们首次确定的 20 多个间冰阶[称为 DO(Dansgaard/Oeschger)事件](表 8.2);根据 1.5 万年前至 10 万年前这段时间内发生的短暂变暖时期看,不同气候组的计算方式不同,准确的次数可能会稍有不同。这些事件可能与北大西洋深层水(NADW)的形成速度的变化有关(见 3.8 节和 6.3 节)。相反,北大西洋深层水可能与进入高纬度海洋的淡水量有关。

这些事件通常源于格陵兰岛的突然变暖,仅仅几十年间其温度就上升了 5~10 ℃。在这之后,气候逐渐变冷,时间长达几百年,甚至会更长。这个变冷阶段通常在最后一次温度突降到寒冷(亚冰期)时的情况为结束。间隔约为 1 500 年,也有可能为 3 000 年或 4 500 年。

气候突变的第二个形式与众所周知的北大西洋海洋沉积物中的海因里奇事件(Heinrich 事件)有关,这个事件以首先发现它的科学家来命名。覆盖北美洲的劳伦太德冰原的迅速增加也与其相关,这些冰原将大量冰山送入北大西洋。有几千年间隔的冰山(图 8.14)在海洋沉积物中留下了冰筏碎屑的印

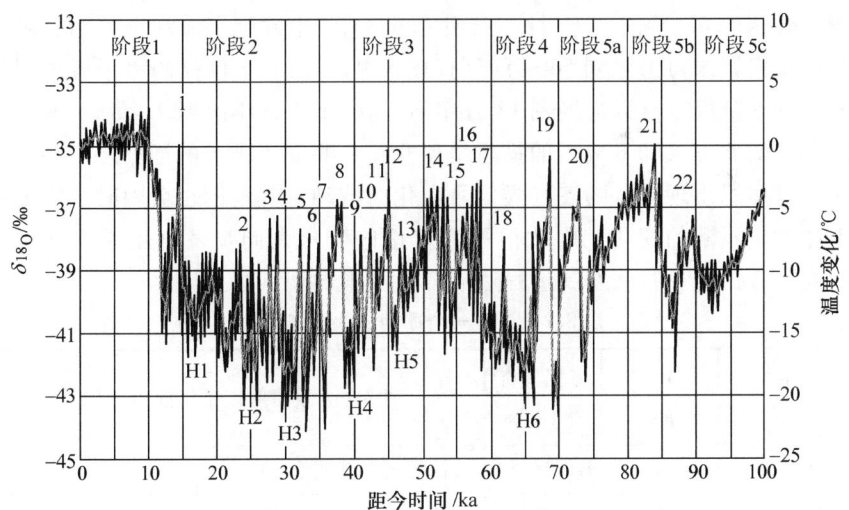

图 8.14 格陵兰岛冰芯(GISP2)中 δ_{18O} 的记录(图中黑线表示每 50 年的数据平均值,灰线表示该数据的 41 点平滑)。这些曲线显示了 20 个 DO 变暖时期(图中标为 1 到 20),其中有 6 个与海因里奇事件相对应(图中标为 H1 到 H6)。这些变化所涵盖的温度范围大约有 20 ℃,它是最后 1 万年最冷和最热时期之间的差值。图中的第一行表明了深海氧同位素记录分析中确定的各种海洋同位素阶段。(引自美国科罗拉多州博尔德世界古气候学数据中心)

迹,伴其左右的淡水足以中止 NADW 的形成,特别是寒冷的亚冰期状况的形成。寒冷的海因里奇事件似乎也与南极洲东部不寻常的气候变暖有关。这些不同的变化模式与 Didier Paillard 的冰期模型吻合(见 6.7 节)。

还有冰芯数据提供了更多的最后一次冰期气候变化的信息,即冰芯中以气泡形式存在的温室气体的程度。与同位素测量的温度变化相比,我们可以很清楚地发现温度的变化与 CO_2 和 CH_4 含量的上升或下降之间存在细微的差别。这表明其他气候因素是导致气候变化的主要原因,而温室气体的变化可能只是次要因素。最值得注意的是,当 CO_2 含量的上升与温度的升高保持一致时,CO_2 含量将不会随着温度降低而进入冰期状况。相反,在最后一次间冰期的几千年里,CO_2 含量保持在一个相对较高的水平,之后分两个阶段降低到最低水平。有关 CO_2 含量在 11.5 万年前到 7.5 万年前处于中级水平的另一种解释是,直到第 4 阶段末期,海洋继续维持着较高水平的生物活性(表 8.2)。因此,作为正反馈机制中的一部分,温室气体可加剧最后一次冰期的气候变化。这些事件可以作为一种指南,指导人类认识排放这些气体的后果,人类需要认真对待温室气体排放。

所有这些工作的成果是为了得到有关最后一次冰期中北半球冰原扩张和变暖的更详细情况。表 8.2 显示了这些波动的总体情况,其中的关键元素就是表中公认的 $\delta_{18}O$ 阶段,大量冰芯(见 4.5.3 节)中发现了海洋沉积物,其中的氧同位素记录可追溯到 500 万年前(图 8.9)。表 8.2 仅仅涵盖了海洋同位素的 1 到 5 阶段,可以追溯到 13 万年前。在 11.7 万年前到 7.4 万年前这段期间内,对北方大陆形成后的描述是建立在一些支离破碎的证据之上的。这反映了自冰原出现后,随着气候信号变化的波动,其范围也会因时、因地在北半球发生不断的变化。因此很难确定这些变化是同步发生还是独立发生的。表 8.2 提供一些就发展过程达成广泛共识的观点。

表 8.2 最后一个冰期的大事年表

$\delta_{18}O$ 阶段*	距今时间/ka	DO 事件	海因里奇事件/ka	注解(大致时间以千年前为单位)
1	15—0	1(14.5)	H1(16.5)	冰原开始后退(17)。
2	29—15	2(23.4)	H2(23)	冰原的最大范围(25—18)。
		3(27.4)		
		4(29.0)		
3	59—29	5(32.3)	H3(29)	北美洲和欧洲的间冰阶(30)。
		6(33.6)		
		7(35.3)		

8.4 冰期

续表

δ_{18O}阶段*	距今时间/ka	DO事件	海因里奇事件/ka	注解（大致时间以千年前为单位）
		8(38.0)	H4(37)	斯堪的纳维亚冰原扩大(42—35)。
		9(40.1)		
		10(41.1)		
		11(42.5)		欧洲部分情况减缓(45—40)。
		12(45.5)		加拿大西部的大部分地区没有冰川(60—30)。
		13(47.5)		
		14(52.0)	H5(51)	
		15(54.0)		
		16(57.0)		
		17(58.0)		
4	74—59	18(62.0)		欧洲的间冰阶(60)。
		19(70.5)	H6(约70)	北美洲的冰川范围极不确定(79—65)，美国西北部气候凉爽干燥。
		20(74.0)		
5a	85—74	21(84.0)		斯堪的纳维亚冰原扩大(80—75)，明显的间冰阶(85—80)，欧洲北部地区再次出现混交林。
5b	94—85		H7(87.0)	美国西北部地区夏季比现在更温暖多雨，欧洲北部地区进入泰加林区和苔原。
5c	107—94			美国西北部地区气候凉爽干燥，明显的间冰阶(105—94)，欧洲北部森林复苏。
5d	117—107			美国西北部地区夏季比现在更温暖多雨，欧洲北部的冰期气候开始从温带森林向泰加林地区转移。
5e	130—117			美国西北部地区的气候比现在更凉爽湿润。北美洲和欧洲的最后一个间冰期(埃姆间冰期)通常比现在更加温暖干燥。

* 数字表示交替的寒冷时期(偶数阶段以及5a、5c和5e)和温暖时期(奇数阶段以及5b和5d)。

在大约 2.1 万年前，最后一次冰期的冰原范围达到最大，称之为末次盛冰期(LGM)。这次冰原厚度达到 3 km，覆盖北美洲大部分地区，南至五大湖，斯堪的纳维亚半岛的所有地区，并延伸至 Brithsh Isles 北部地区和俄罗斯的乌拉尔地区。在南半球，阿根廷、智利和新西兰的大部分地区都被冰所覆盖，如澳大利亚的雪山山脉和南非的 Drakensbergs 山脉。据估计，当时这些冰原所冻结的冰的总体积在 8 400 万 ~ 9 800 万 km^3，而现在冰的总体积仅有 3 000 万 km^3 左右。这足以导致全球海平面降低近 130 m(图 8.15)。

最后一次盛冰期期间的全球平均温度比现在低了 5 ℃ 以上。北半球冰原的温度降低了 12 ~ 14 ℃。热带地区的情况还不太清楚。20 世纪 70 年代的一个重要国际研究(气候长期调查测绘和预测计划)得出的结论认为：当时的温度更接近现有数值，尤其是一些热带海洋的温度。推测的最大变化出现在中高纬度地区，尤其是在与大冰原接壤的北大西洋地区。

赤道附近各大洋的变化要小得多。值得注意的是，太平洋西部的温度似乎与现代情况基本持平，某些情况下甚至较目前的温度要更高一些。综合结论是：地球在冰期的温度降低幅度极小，尤其是高纬度地区。气候变化的极地放大现象说明了由冰雪覆盖面积扩大而引起反照率增加的正反馈机制。陆地上的森林减少了而沙漠扩大了。北半球冰原到底有多厚这一问题更是人们讨论的重点。我们可以肯定的是：末次盛冰期的海平面下降幅度非常巨大(图 8.15)，无论这段时期海平面下降的确切程度如何，都对高纬度地区的气候造成了巨大影响。

在过去 20 年里，有关末次盛冰期情况的观点已经有了新的进展。越来越多的知识强调在末次盛冰期时期发生变化的复杂性。这些问题的原因是两方面的：首先，这存在着一个基本度量的挑战，即如何协调各种代用记录的

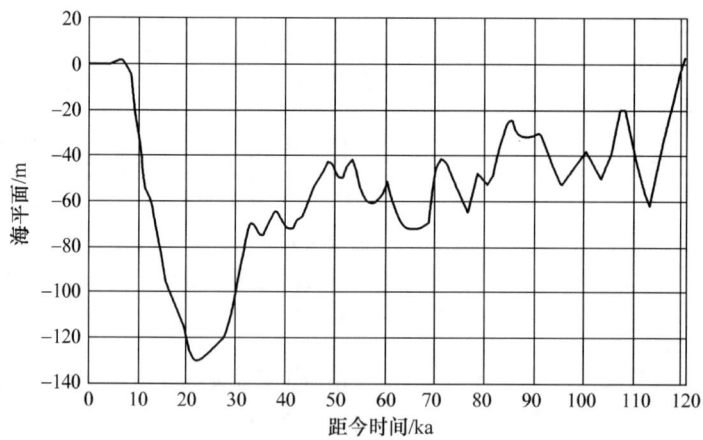

图 8.15　海平面在过去 10 万年里的变化。(引自 Mix, Bard & Schneider, 2001; Lambeck 等, 2003)

不同度量结果。其次，毫无疑问的是北半球在不同时期出现了最低温度。尽管如此，计算机气候模型的快速发展已经使人们更加容易探索气候情况的本质。

末次盛冰期时期的重要变化与热带地区有关。各大洋总体温度虽然只下降了 1~2℃，但热带低地的温度却降低了 2.5~3℃，较高纬度地区可能降低了近 6℃。这样的变化将导致水循环的减弱，这与热带很多地区出现的干旱情况完全一致。然而，在末次盛冰期期间，区域气候的大量不确定性对利用计算机模型预测未来气候变化提出了相当大的挑战（见第 11 章）。

8.5　末次冰期

到目前为止，气候变化的证据已经将那些超出我们现有经验的时间尺度纳入考虑范围。贯穿地质时代巨大而缓慢的变化似乎太遥远了，以至于对我们的生活没有什么影响。然而，自距今约 1.5 万年至 1 万年的末次冰期的地球气候与我们当今的气候变化存在直接的相关性。这次过渡发生在 1 万年前的气候温和期（全新世）不仅仅关系着冰期气候和冰后期气候之间重要的过渡如何影响早期人类社会发展的，同样重要的是它们所提供的关于气候稳定性的深刻见解。

末次冰期冰原的零星消失，以及植被的相关进化在陆地上留下了许多线索。冰原的终碛，以及陷入冰块中湖泊的起伏波动为地质学家辨别北欧和北美洲后移的各种不同阶段提供了大量的证据。同时，植物学家通过从泥炭沉积所搜集到的植被和昆虫中获取信息，并从泥炭层和湖床沉积物中收集花粉记录。在 20 世纪初，这项工作帮助植物学家为欧洲和北美洲发生的事件制订出了一个详细的但相对独立的年表。表 8.3 回顾了这项工作的主要内容，通过冰芯数据来确定时间尺度。

更进一步地说，开启末次盛冰期晚期序幕的是部分劳伦泰德冰原的崩塌。这导致了大量冰山向北冰洋涌去以及在大约 1.65 万年前发生的最后一次海因里奇事件（表 8.2 中 H1）。关于欧洲北部花粉记录表明，在最后一次冰期之后，在大约 1.45 万年前有过一段突然并强烈的变暖过程紧随其后，人们称之为波林阶段，它与海平面的快速上升同时发生。这次上升一定与其中一个主要冰原的崩塌有关。这次有淡水汇入的气候变暖与发生在大西洋北部同样有淡水汇入的气候变暖不同，因为前者会加强海因里奇事件 1 的效果。目前普遍认为这股水流来自南极冰原破裂的一部分。融冰涌入南大洋导致温度急剧下降，并引发北大西洋热盐环流的反常现象（见 3.8 节和 6.3 节）。这导致北半球迅速变暖。

然而波林阶段存在时间并不长。在数百年的时间里，波林阶段在恢复到温度较高水平(即间冰期,人们根据在丹麦第一次发现其存在的地方将其命名为阿勒罗德间冰期)之前曾受到一次强烈干扰,即老仙女木事件。大约在12 900年前,气候恢复到接近冰期水平,并持续了1千年左右,这一阶段被称为新Dryas事件。人们认为,这次事件发生的范围证明了它可被视为另外一起海因里奇事件。然而很少有证据能够证明这与冰山数量增加有关,并且湖泊的大量冰川融水很有可能是在劳伦泰德冰原之下形成的。

新仙女木事件可以看成冰期时代最后一次大规模发作,并且影响了整个北半球。持续了1千年左右的温度骤然下降之后,出现了一个同样的突然变暖过程。在欧洲,这个寒冷时期夏季的温度较目前低5~8 ℃,冬至温度较目前低10~12 ℃。冰芯中记录的事件与德国南部发生的变化匹配程度非常高(图8.16)。这表明,可以结合使用不同的代用测量方法,为气候变化提供更连贯的描述。在新仙女木末期,除了发生在11 250年前的一个暂时性事件,在1万年前左右气温始终在持续上升。

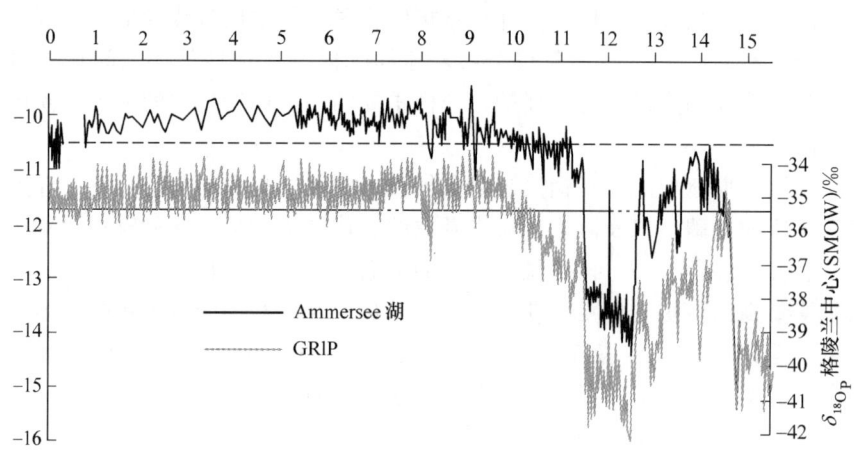

图8.16 德国南部Ammersee的记录与格陵兰冰芯(GISP2)数据的比较,表明了分别在12.9万年前和11.6万年前,在不同地点发生的新仙女木事件间的紧密联系。

(引自von Grafenstein等,1999,经作者许可)

在南极洲附近,没有证据表明那里曾受过冰川控制,像北半球一样出现大的起伏。更让人吃惊的是,南半球变暖的开始时间要早2 000~3 000年。北半球变暖的延迟或许是由于北部大陆冰原巨大的热惯性造成的,这也使高纬度事件发生的时间延缓了几千年。考虑以下冰融化所需要的时间,这也就不足为奇了。即便是考虑到北半球可能发生的大气循环的巨大变化以及高纬度地区持续增加的日照时间,冰原融化需要的热量以及提供这种热量需要的时间是要以千年为单位进行计算的。

表 8.3 末次冰期末期的变化

距今时间/ka	欧洲北部	美洲北部
17	阿尔卑斯山冰川消融。	部分冰原崩塌。
16		美国南部气候湿润期,在大约 1.5 万年前从大盆地到佛罗里达州的湖平面达到历史最高水平。
15	温度突然回升,大约 1.49 万年前森林向北部扩张(即波林间冰期)。	
14	自 1.4 万年前低温回归并持续近 500 年(即老仙女木事件)。1.35 万年前气温回暖(被称为阿勒罗德间冰期),尽管对气温与波林间冰期相似有怀疑。	科迪勒拉冰原从普吉特海湾消融退却。
13	在大约 1.29 万年前,气温急剧下降(即新仙女木事件),森林后退到南部,冰原范围扩大。	劳伦泰德冰原融水从墨西哥湾流向圣劳伦斯河。同时哈得孙湾冰山增加,北大西洋气温下降,从而引发新仙女木事件。
12	在大约 1.16 万年前,气温骤然变暖并持续,这一时期通常称为前北方期。	劳伦泰德冰原再次导致融水流向墨西哥湾,因此宣告新仙女木事件结束。
11	欧洲北部森林开始生长。	科迪勒拉冰川迅速融化,并于距今大约 1 万年消失。
10	尽管在大约 0.85 万年前芬诺斯堪迪亚冰川并未完全消融,但高纬度地区已经开始出现森林。	劳伦泰德冰原缓慢融化,在大约 0.7 万年前最终消失。

  理解两大半球大冰原如何崩塌对解释当时气候变化是十分重要的。在欧洲北部,芬诺斯堪迪亚冰原大片消融发生在 0.85 万年前,因此在今天的波罗的海地区形成了一系列冰川融水湖,但并没有证据表明其是否会对气候造成灾难性后果。

  更大规模的劳伦泰德冰原融化的情况却与此完全不同。它对北半球气候变化造成了广泛的影响。劳伦泰德冰原融化期间在北美洲中部形成了一个主要的冰川融水湖,即现在人们所知的阿加西湖。在它长达 4 500 年的历史中

(约 1.37 万年前至 0.82 万年前),它的容量已经发生了巨大变化。它早期的范围达到 17 万 km^2,容量多达 13 000 km^3,几乎相当于现在的苏必利尔湖(Lake Superior)。中期最大时湖面积大约为 250 000 km^2,容量约为 23 000 km^3(大约是现在五大湖区的全部容量)。后期由于与另一个冰川湖欧吉布威湖(Lake Ojibway)合并,阿加西湖(Lake Agassiz)的面积大幅度扩大。在其最终灾难性地将水大量排入哈得孙湾(Hudson Bay)之前,两湖合并面积达 841 000 km^2,容量达 163 000 km^3,大约是现在五大湖总容量的 7 倍。

在阿加西湖存在的漫长历史中,它曾向北大西洋排出大量冰融水。其中包括在 1.29 万年前(9 500 km^3)和 1.13 万年前(9 300 km^3)两次事件。这两次事件都与新仙女木事件以及前北方期事件的开端不期而遇。这表明,阿加西湖这样多次排放冰融水,可能会影响海洋环流和北大西洋深水的生产,从而不断影响半球气候。反过来,这又改变了北大西洋北部许多地区的地表温度,并且改变了北半球的气候环境。

直到大约 0.6 万年前,劳伦泰德冰原才完全消失。进入全新世后,阿加西湖的历史也走到了尽头。在大约 0.82 万年前,该湖最后一次发生了灾害性的融水排放,总量大约有 16.3 万 km^3。虽然这次强度远远超过前几次,但这是在全球气候进入全新世模式下发生的。所以,这次灾害尽管导致了格陵兰岛在 0.82 万年前至 0.8 万年前气温骤降了 5~6 ℃,且北大西洋地区温度骤降了 1.5~3 ℃,但还是比不上新仙女木事件的规模。据推测,这次激增的淡水流经哈得孙海峡,然后注入拉布拉多海(Labrador Sea),这样可能破坏了北大西洋环流并且加速了上一次新仙女木事件的发生。

从新仙女木事件到全新世的过渡标志着从冰河时期具有的变幻莫测的气候过渡到更加稳定、更加温和的气候。这种标志是针对这两个时期而定义的。在大约 1 万年前,气温上升到近似于现在的温度。0.82 万年前到 0.8 万年前的降温可算是末次冰期的最后残留。除了这个小插曲以外,冰芯温度的记录表明,全新世的气候进入了一个显著的稳定期。

短期内气候多样的变化也同等重要。通过科学家收集的 6 万年前的每 20 年间隔的 GISP2 冰芯记录的样本(图 8.17),我们从冰河时期末期温度的起伏和随后的气候变暖,能模糊地看到短期的气候变化。这种模糊性是对每十年气候变化的一种衡量(即正好在人的一生内)。通过计算详细的数据变化情况,可以把过去 6 万年前的这种可变性从冰芯记录中抽离出来(方框 5.1)。这可以通过计算记录中的个别测量值之差的平方,以及周期小于 200 年的平滑数据(见 5.4 节)得出 [图 8.17(a)]。这种变量的价值在于揭示了任何既定时间点短期气候变化的破坏性潜力。

利用这种方法测量极端气候事件产生的影响并不是一种数字游戏。事实上,一个很简单的实例就可以证明这一点。如热带风暴对经济的影响,据显

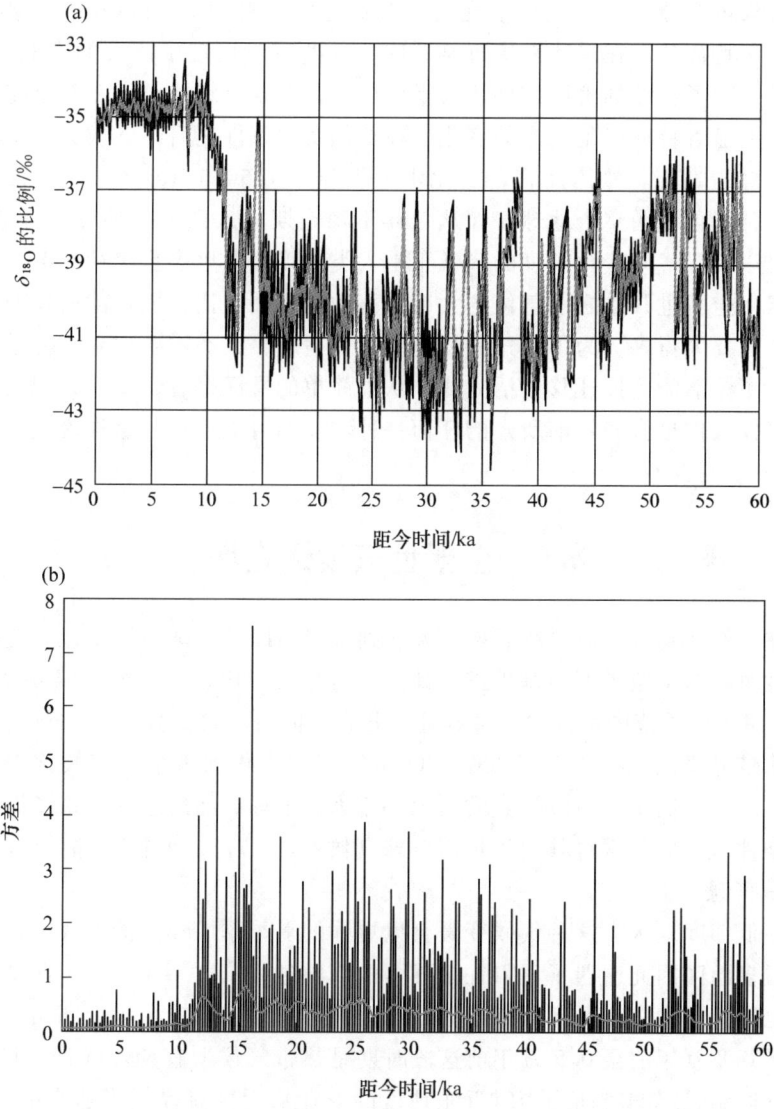

图 8.17　过去 6 万年气候变量的变化评估。(a) 为 GISP2 记录中每 20 年的冰芯数据变化曲线 (黑色) 与其 21 点滑动平均曲线 (灰色) 的叠加；(b) 表示 (a) 中两条曲线之差的平方。这种描述为格陵兰岛和北大西洋周边地区的气候变化提供了一种测量方法。(引自 Burroughs, 2005a, 图 2.9)

示，风暴来袭时对陆地造成的损失与风速的平方成比例。因此，对破坏性风暴而言，通过保留一系列记录并计算风力平方的方式往往能更准确地揭示其造成潜在经济损失的规律。一般来说，大量证据表明，天气偏差越大，很多人类活动受到它的影响或多或少都会更大。

从 GISP2 记录中的长期趋势中存在的短期波动的变量计算表明，在 1 万年前气候可变性较大，之后呈现出相对稳定的态势[图8.17(b)]。这次计算的显著特征是，在末冰期接近结束时，这些变量出现了巨大的降低现象。事实上，除了在波林阶段前期比较平静以外，在6万年前至1.2万年前这整个时期的显著特征就是剧烈的变化。在新仙女木事件之后，气候进入了一个更加平静的时期。整体而言，变化水平下降了1/5~1/10倍。统计数据表示，这种变化说明整个地球好像从气候不稳定期进入到了一种环境舒适期。或许可以说，气候变化幅度的降低正是人类得以建立更多稳定社会群体的重要因素。全新世开始之前气候的大起大落的程度一定比我们目前所处的气候变化程度要大得多。为了与这种环境变化相适应，人类需要建立一种适应性更强、更灵活的弹性迁移生活方式。从最简单的层面来看，即便是现在，这样的气候条件也会使目前所知的任何一种农业不可能存在，这样说或许一点都不为过（见9.6节）。

8.6 全新世气候适宜期

在大约0.6万年前，冰后期气温达到顶峰。以北半球中纬度地区夏季平均温度时的树木覆盖率为基础进行计算，与今天相比，当时的气温要高2~3℃。树木生长范围不仅向北部延伸，并且也向海拔较高处扩展。英国当时的树木带界线比现在海拔高200~300 m。气候变化的这个时期被称为大西洋期，因为人们认为一股强烈的西风环流为北半球高纬度地区带来了温暖潮湿的条件。人们常常将其视为目前全球气候变暖（见8.10节）可能导致结果的一个实例。

在低纬度地区，这种气候变暖会以更强的夏季季风环流的形式出现。亚热带很多地区因此遭遇了比以往更强烈的降雨过程。这不仅影响了印度次大陆，也影响了中东以及部分撒哈拉沙漠地区。秘鲁安第斯山脉上冰川的冰芯证实了0.8万年前至0.5万年前这段时期是热带气候适宜期。或许，1万年前的这段温暖湿润时期为当时近东地区的农业从无到有提供了适宜的条件。但全新世时期(图8.17)这段极不寻常的气候稳定期对评估目前气候变化的潜在影响具有重要意义。因此，除了两次显著的例外之外，与末期和后冰河时期的急剧变化相比，全新世整个前半期发生的变化要小得多。如前一章所述，第一次是发生在0.82万年前的气温骤降现象。第二次是0.55万年前撒哈拉沙漠地区的突然干涸(见8.7节)。

通过对全新世时期格陵兰岛冰芯中灰尘以及海盐的测量表明，在百万年时间尺度上中纬度地区西风带风力与以前相比发生了显著的变化。或许这些全球天气模式的各个方面解释了为什么与格陵兰岛上的温度记录相比，世界上有些地区发生的变化要更剧烈一些。这使我们关注全球天气模式中沿纬度方向变化更为细微的一些地区，以及气候对全新世中期气候长期变化的非线性响应。随着撒哈拉沙漠地区的逐渐干涸，非洲南部变得温暖湿润，南极洲聚集的浮冰向高纬度地区后退。靠近浮冰群顶部的沉积核表明，在1万年前至0.55万年前，沉积核中并不存在浮冰碎石。从那之后，浮冰群退回到了较低的纬度地区。

另外一个有趣的现象是，全新世早期极少发生厄尔尼诺现象（见3.7节）。从Galápagos群岛附近的海底沉积物中有孔虫类的镁/钙比中获得的末次盛冰期以来海平面温度的记录，为厄尔尼诺的波动提供了很好的解释。人们注意到，在末次盛冰期期间，温度只降低了1.2℃，这反映了热带温度的渐变过程，以及热带辐合带向南移动的趋势。这种趋势表明热带太平洋地区持续的厄尔尼诺现象。自末次盛冰期晚期到全新世早期，气温在1℃的范围内波动。在全新世中期，气温下降接近1℃，这表明伴随海平面温度上升趋势而出现的拉尼娜现象以及信风带的加强。

8.7 有历史记载的气温变化

大约在0.55万年前，气温开始下降、气候变得干燥。这种变化趋势恰好与古埃及文明以及古代中东文明的诞生时间相吻合，因此可以被视为有气候历史记载的开始。从这段时间开始，有关气候变化的实物证据可以与各种文明的记载结合起来。其中最大的变化发生在撒哈拉沙漠地区、中东地区以及远东地区。曾经为亚热带很多地区带来强降雨的夏季季风环流此时已经减弱。这种效应在撒哈拉沙漠地区表现得尤其明显。在0.55万年前，整个撒哈拉沙漠地区及阿拉伯地区突然出现干旱环境。持续了大约0.9万年的湿润状态停止了。从北非地区西海岸的深海沉积记录中，可以清晰地看出撒哈拉沙漠地区降雨减少的情况。北非地区记录显示，该地区借助东风携带的灰尘量突然增加（图8.18），气候立刻变得异常干燥并开始形成沙漠。

通过对撒哈拉沙漠地区大约0.5万年状况的大体研究表明，虽然这些变化的分布和发生的时间呈现出有趣的区域性差异，但整个撒哈拉沙漠地区却变得越来越干燥。尤其是东撒哈拉沙漠地区的干旱化过程早在0.65万年前就开始了。到0.55万年前，撒哈拉沙漠与Libgan沙漠共同向南部（现苏丹地区）推进。只有在干枯河床地区，萨瓦纳（Savannah）气候才成为区域的主要气候，这些地区现在已经成为沙漠。这种剧烈变化与太阳辐射的纬度变化（见6.7节）影响了热带辐合带的位置有关。这种位置或剧烈程度变化对热带不同地区的湿润或干燥程度有极其重要的影响。在大约1.45万年前，夏季阳光照射纬度提高到了65°N，这在夏季足以引发热带辐合带突然向北移至撒哈拉沙漠地区。这相对增加了撒哈拉沙漠部分地区的强降雨，同时减少了吹入大西洋的灰尘量(图 8.18)。除了在新仙女木时期,夏季日照程度使气候形式仍然处在全新世,北大西洋环流被打破。之后,在大约 0.55 万年前,照射在 65°N 的夏季日照逐渐回落,热带辐合带向南移动,撒哈拉沙漠地区快速变成了沙漠。这种变化在撒哈拉沙漠地区中部和东部以及阿拉伯地区最为迅速,只用了一个世纪左右的时间就达到了极端干旱状态。这种急剧变化与热带太平洋地区的变化恰巧一致的事实恰好说明了在全球自然状态下热带气候与全球联系的特性。

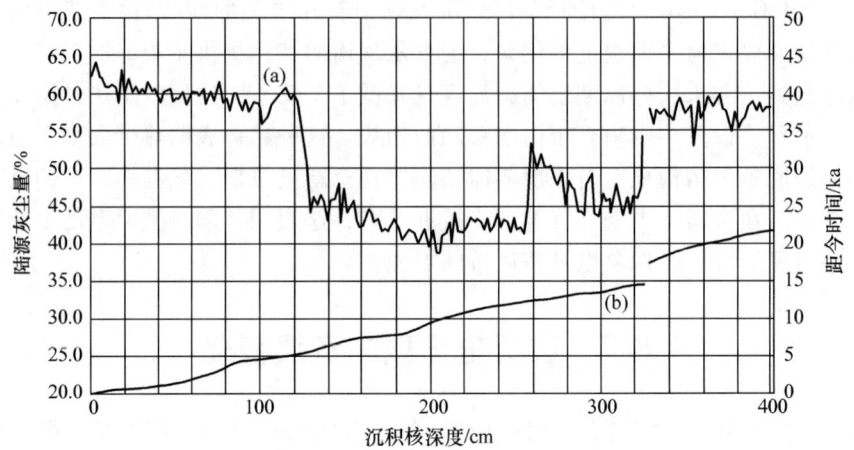

图 8.18　来自撒哈拉沙漠西部热带大西洋地区的海底沉积核。这些数据表明,在 1.5 万年前至 0.5 万年前,来自撒哈拉沙漠的矿物质灰尘量(即陆源灰尘量)急剧减少。(引自 Burroughs,2005a,图 2.11)

在中纬度地区,风暴带也向赤道移动了几度。对格陵兰岛冰核中钠离子量(海盐的测量方式)变化的观察以及钾离子量(大陆灰尘测量方式)变化的观察显示,在 0.58 万年前至 0.53 万年前,冰岛低压和西伯利亚高压都曾有所增强。这表明,在那段时期里北半球中纬度地区环流有所增强。大约在同一时间里,北半球海冰覆盖范围急剧增加,北美洲干旱范围大面积扩张,这种状况持续了数个世纪。一个来自玻利维亚安第斯山脉的冰芯也显示,在大约 0.55 万年前再次发生了厄尔尼诺现象。大约在同一时期,厄尔尼诺现象的回归导致更多变量条件的明显变化。秘鲁海岸发现的软体动物贝壳可以作为这种变化的考古证据,在位于赤道南部的 Laguna 底部发现了更多的冰芯也可以证明这些变化。

另外一个明显的变化是大约 0.43 万年前中东以及北美洲降雨的减少。同时,横贯加拿大北极地区以及西伯利亚地区的森林线开始后退,在随后的几千年里,森林线向南部后退了 200~300 m。这种情况一直延续到公元第一个千年的末期。这种变化对气候趋势的影响是鲜为人知的。公元前 2500 年左右,高山冰川大量扩张,但在公元前 2000 年左右,高山冰川又向高纬度地区后退(图 8.19)。

对这一时期气候恶化的解释主要集中在自然环境变化上,或者更具体地

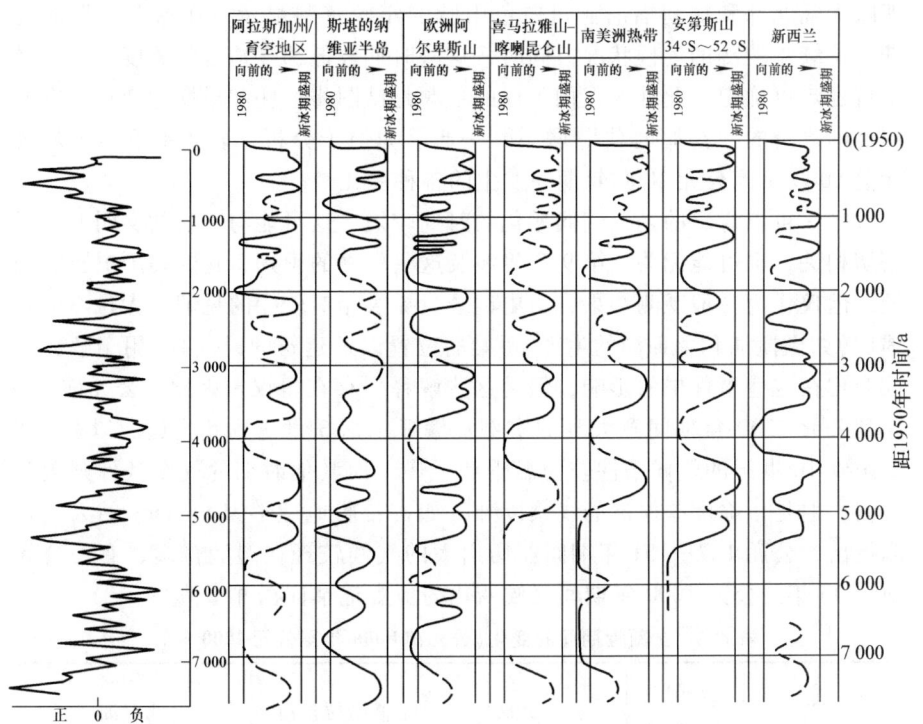

图8.19 通过对比放射性碳产生的变量,对过去7600年南、北半球冰川变化现象进行的分析。放射性碳产量为负时,表明太阳活动低,并且与冰川前进有关。冰川前进是气温下降的一个标志。(引自 Burroughs,2003,图4.12)

说,集中在大规模的火山爆发上。气候的自然变化对北大西洋气候的影响形成了大约1500年一个周期的变化,这有可能是太阳活动造成的。在大约0.45万年前至0.42万年前,北大西洋地区发生了明显的降温现象,这与冰岛及格陵兰岛附近海洋沉积物中的冰漂碎片有关。另外,在公元前2354年,格陵兰岛和南极洲地区的冰芯的确发生了大规模的火山爆发,这时期的树木年轮也反映出气候恶化的现象。这次事件也造成了冰岛海克拉火山的爆发。

欧洲北部的树木年轮显示,直到公元前1700年左右,欧洲北部的气候都是温暖干燥的;随后,公元前15世纪,气候变冷。这中间有一个大约70年的显著升温期,公元前1400年至公元前1230年,气候变得更加湿冷。这导致阿尔卑斯山的一些冰川扩展到从未到达的极限。公元前1200年左右,随着水平面的上升,人们不得不大面积放弃在湖边的定居点。与深海沉积物记录的广泛联系表明,这种过渡或许反映了北大西洋海洋表面更低的温度。同时,地中海东部显著降温,最初表现为冬季极其寒冷,这有可能增加该地区的旱情,从而把气候引入了黑暗时代(见9.5节)。

有大量证据显示,公元前200年和公元500—800年冰川再次出现扩张。

亚欧大陆北部和加利福尼亚州白色山脉的年轮资料显示,在这个时期的晚期,持续着较冷的气候状况。同时,这些时期较低纬度地区的温度变化和降雨量也难以确定。此外,人们争议的主题是试图将这些和早期的变化与古文明走向衰退的"黑暗时代"联系到一起。为便于分析,表8.4总结了从公元前8000年到公元1000年期间发生的各种变化。

唯一可以肯定的是,气候恶化的时期较短,这可能与一定的文明的衰退密切相关,也可能无关。第9章将涉及这些事件的识别、起因和历史影响问题,但仅作为一般观测结果,历史记录只提供相对较少的见解。大量习俗和惯例(如橄榄油和葡萄酒的生产、桥梁的位置以及建筑的设计)可用于解释气候变化在这些事件中的影响,但是这些解释仍存在争议。因此,公元前300年到公元1300年期间意大利的实例汇编显示从3世纪到5世纪,以及从8世纪到10世纪的气候条件较为温暖和干燥,而其他时期的气候条件则较为湿润。但是,除那些偶然的线索以外,如古希腊地理学家Ptolemy的天气日志指出,公元127—151年期间亚历山大的气候较现在湿润得多,有关公元前3000年到公元1000年期间气候变化的历史记录证据并不清楚。

表 8.4 全新世期间的变化(公元前 8000 年至公元 1000 年)

时期*	英国中部/℃	欧洲	撒哈拉沙漠	北美洲
亚大西洋期,公元前900年起	15.1/4.7/9.3** (公元前900—公元前450年)	公元前900—公元前450年,气候较寒冷和湿润,公元前450—公元前400年,气候一直较为温暖和干燥,之后直到公元1000年,气候变冷并且更为多变。	普遍干旱,但有证据显示非洲北部多雨。	公元前900—公元1200年,北部大平原地区气候较现在干燥,并且在公元200—370年、公元700—850年和公元1000—1200年,出现极端干旱。公元900年,白色山脉地区气候最为寒冷。
亚北方期,公元前3000—公元前1000年	16.8/3.7/9.7	公元前1500—公元前1000年,气候普遍干燥温暖,公元前1500—公元前1200年,气候变得寒冷潮湿,之后气候一直温暖。	公元前2350年,西部沙漠的潮湿时期结束,此后较为干燥。	公元前1200—公元前1000年,白色山脉地区气候较为凉爽。公元前2000—公元前1200年,北部大平原地区气候较为温暖(1~2℃)干燥。

续表

时期*	英国中部/℃	欧洲	撒哈拉沙漠	北美洲
大西洋期，公元前5500—公元前3000年	17.8/5.2/10.7，气候比现在湿润	北欧地区泥煤迅速积累，但阿尔卑斯地区出现寒流（公元前5500—公元前4500）。	乍得湖仍比现在高了30~40 m，但是公元前3500年，东部出现干旱情况。	公元前3300—公元前2800年，白色山脉地区骤冷。
北方期，公元前6900—公元前5500年	16.3/3.2/9.3	升温1~2 ℃。	埃及较为湿润。	公元前6500—公元前4700年，劳伦太德冰盖扩张（Cochrane再前进）。
先北方期，公元前8300—公元前6900年			乍得湖高了52 m（面积为400 000 km^2）。	

* 这些时期的时间长短差异较大，而时期的标题也较为灵活广泛，它可用于将相关的时间尺度与气候变化的证据相结合。对这些事件的时间已达成共识。

** 英国中部气温，分别为夏季高温（7—8月）、冬季（12月—翌年2月）以及基于生物依据的年平均值。其中20世纪的三个值为15.8/4.2/9.4。

8.8 中世纪气候适宜期

到9世纪和10世纪，有关气象的历史证据数量增加，越来越多的证据证明一个事实，即北欧和北大西洋的气候在9世纪和10世纪逐渐回暖。在某种程度上，这是从该地区经济发展和农业活动扩张中推断出来的。因为与现在相比，当时农作物种植区远在挪威北部。同样的，近几个世纪的事实证明，种植在英国高地上的农作物产量也不高了。挪威9世纪在冰岛的殖民统治和10世纪末在格陵兰岛的殖民统治也是当时气候较温和的很好例证。

毫无疑问，北欧大部分地区气候温暖的情况一直延续到11世纪和12世纪，但其他方面的证据说明这一时期情况复杂，我们称之为中世纪气候适宜期，这时期的复杂情况还引起了一次激烈的争论（方框8.1）。主要证据源于树木年轮。例如，东英格利亚大学气候研究小组的 K. Briffa 和其他同事的研究发现，从公元870年到公元1100年间，Fennoscandia 北部经历过一段温暖时期

(见 5.4 节)。研究数据还显示,从公元 1360 年到公元 1570 年间,也曾经历过一段温暖期,但是他们对乌拉尔北部生长的树木作了类似的检测后,没有发现早先温暖期的迹象。相反,发现了最温暖的时期是在 13 世纪、14 世纪和 15 世纪后期。

最近从奥地利阿尔卑斯山洞穴获取的数据为我们提供了一个更加清晰的画面(图 8.20)。很显然,欧洲部分地区的温暖期从公元 800 年左右开始一直延至公元 1350 年。更引人注目的是出现在 11 世纪和公元 1250 年左右的不寻常温暖期,这个时期的温度接近甚至超过了近几十年来的水平。另外,这些数据与 Bermuda Ridge 的海洋沉积核中分析总结的温度数据极其吻合,Bermuda Ridge 的高沉积率有助于得出关于气候年际变化的清晰结论。更有趣的是,两组数据与当时大气中 ^{14}C 的含量比例有着密切的关联:对当时太阳活动的观测(见 6.5 节)。

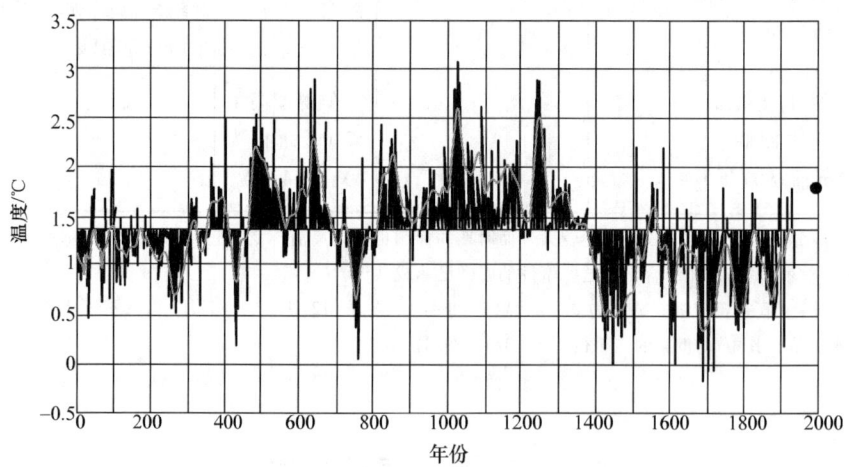

图 8.20 温度记录来源是从石笋中氧 18(δ_{18O}) 中获取的,这种石笋位于奥地利中部海拔为 2 347 m 的 Spannagel 洞穴内。黑色柱是 5 年平均数据,灰色线是 11 年滑动平均数据。位于 2000 年上的黑点是洞穴当前的年平均气温。(引自 Mangini,Spotl & Verdes,2005。美国科罗拉多州博尔德世界古气候数据中心)

这些温度变化从其他记载中也可以找到。格陵兰冰芯数据(见 4.5.2 节)显示,温暖的气候早在公元 600 年左右就开始了,到了 12 世纪初,气温达到最高,而在后来的 200 年里,气温骤然下降。然而有一些记录没能反映出有关这一温暖时期状况的证据。因此,数据整体上是缺乏连贯性的。这可能反映了数据的区域局限性,并且反映了这些数据只和某些季节有关的事实。因此,联合国政府间气候变化专门委员会在第四次评估报告中总结(方框 8.1 和 10.2 节),在全球范围内,中世纪气候适应期的气温并不等于 20 世纪后期的气温,而 20 世纪后期被认为至少是过去 2 000 年间最热的一个时期。

方框8.1 "曲棍球棒"曲线

过去2 000年左右的天气变化规模,包括20世纪气候变暖的"中世纪气候适宜期"和"小冰期",已经成为更具争议的主题。关键的问题是近年来的气候变暖在多大程度上是人类活动所造成的,多大程度是由于自然气候变化造成的呢?近年来一些代用记录的整合,尤其是树木年轮的记录,已经可以用于计算过去1 800年的气温变化趋势了。当我们把一个特定的分析与19世纪中期以来的设备检测数据相结合时,这个分析就会以一种令人惊讶的图表形式显现(图B8.1)。这段时间的数据排列形状如"曲棍球棒",这组数据说明近年来的全球气候变暖趋势使过去两千年左右的自然变化相形见绌。

"曲棍球棒"曲线是否是过去2 000年气候变化的准确评估,这是一个备受争议的问题。因为近年来的气候变暖比以往的自然波动更加明显,这就意味着这个长期缓慢的下降趋势在人类活动的影响下于19世纪末发生了翻天覆地的变化,且是一次最显著的自然变化。如果情况属实,那么我们现在才努力减少对气候的消极影响,至少可以说似乎是有点晚了。

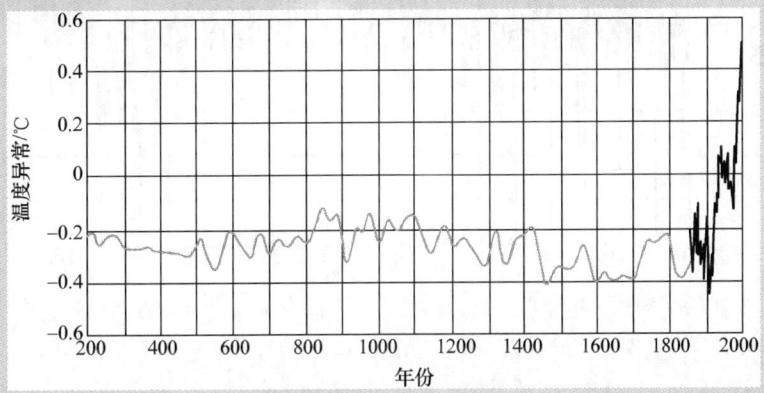

图B8.1 "曲棍球棒"曲线北半球气候重建指的是,根据高分辨率代用气温数据推算的过去2 000年前的地表温度(灰色曲线)以及仪器所记录的1856年以来北半球的地表温度(黑色曲线)。这个组合数据表明,20世纪后期的气候变暖程度至少在过去2 000年里是前所未有的。(引自Mann & Jones, 2003。美国科罗拉多州博学德世界古气候数据中心)

争论的焦点在于显示"曲棍球棒"曲线的方法是什么。有人认为这个曲线严重低估了过去的自然气候变率,特别是中世纪气候适宜期和小冰期的气候变率(见8.8节和8.9节),这或许已经成为阶段长度曲线的例子(见4.5.1节)。

最近,有些专家更进一步考察了千年尺度气候变化的长期影响,从而了解自然气候在10年到百年间的变化模式。这次考察主要用1年到10年的时间分辨率的树木年轮数据,并结合湖泊和海洋沉积物的数据。虽然后者数据的时间尺度较短,但是能提供百年时间尺度的气候信息,这是树木年轮所不能提供的。其中一个例子分析公元1000年到公元1100年间的气候,选用了小波分析(见5.6节),因为它能更好地表示了长期气候变化。结果显示的气候变率(图B8.2)比"曲棍球棒"曲线变化幅度大,这段时间的气温和1990年前的20世纪的气温相近,最低温度出现在公元1600年,大约为-0.7℃,低于1961年到1990年的平均温度。这次重大的气候变率和图8.20的显示结果一致,说明大自然可能会继续发生数十年或百年变率,此结论至关重要。

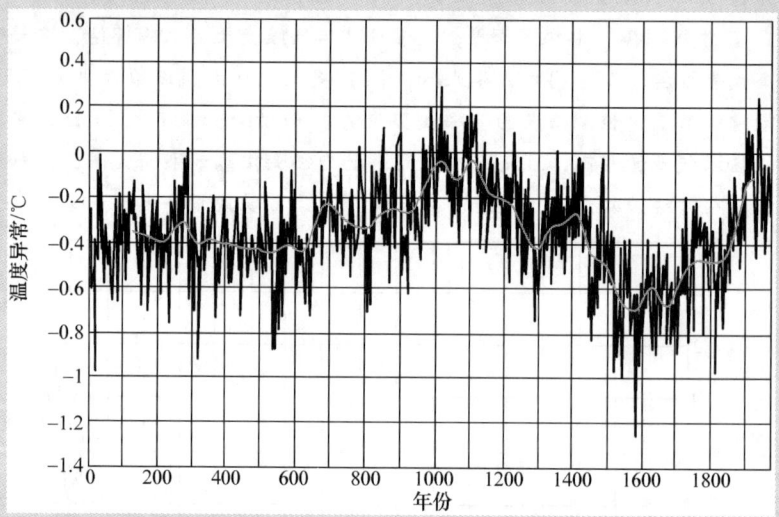

图B8.2 利用代用数据,对过去0.2万年间北半球气温异常的估计,以充分研究长期的气候变化周期。(引自Moberg等,2005。美国科罗拉多州博尔德世界古气候数据中心)

关于近年来气候变暖之前发生自然变异的争论仍没有定论。同时,联合国政府间气候变化专门委员会在第四次评估报告中总结到,目前多方面的代用数据之多,说明20世纪气候变暖程度比过去2 000年来的任何时候都严重,并且19世纪是过去至少1 300年中最热的一个时期。因此进一步得出了这样一个结论,我们必须在遵循现有国际协议的基础上,继续对已发现的变化作出及时回应。但是,如果"曲棍球棒"曲线是正确的,那么真正的问题便是我们如何适应已无法阻挡的巨大变化,同时,不让情况变得更糟。

8.9 小冰期

通过与过去几个世纪的不确定性相比，16世纪中期到19世纪中期较冷时期的资料证据似乎是建立在更为坚实的基础之上的。这是历史记载的最著名的一次气候变异。最常见的画面就是频繁的寒冬，在伦敦泰晤士河畔上，雾罩冷杉。在欧洲的其他地方，寒冬和夏季的冰冷潮湿气候破坏收成的情况也经常出现。众所周知的小冰期备受关注，气候学家多年来都在深入仔细地研究这一时期。不断完善的研究表明，从气候变化的各方面讲，真正的情况比简单的教条理论更加复杂。

第一个问题是小冰期是何时开始的？虽然标准答案应该是16世纪中期，但通过观察图8.20，我们发现北欧的冰期始于15世纪。在16世纪上半叶的温暖期过后，下半叶便进入寒冷期，并且从此每90年左右出现一次气温骤变，这种规律一直持续到19世纪末。瑞士伯尔尼大学的Jurg Luterbacher及其同事的研究证明了这些主要特点，重新建立了欧洲1500年以来地表温度的月、季变化的综合代用数据。这些信息表明，1500年到1900年的冬季温度经常比20世纪的温度低。相反，从现在的情况看（图8.21），夏季的温度并没有经历跨世纪的系统性下降。

对15世纪的气候观察相对较少。这可能反映了以下一个事实，那就是14世纪出现了鼠疫（黑死病）、饥荒以及无休止的战争这一连串的灾难性事件，它们使人口急剧下降，相比之下，15世纪出现的气候灾害就显得无足轻重了。但是毋庸置疑的是，欧洲的气候在16世纪下半叶出现了恶化。阿尔卑斯山的冰川面积急剧扩大，到了16世纪90年代末情况最为严重。伯尔尼大学的Christian Pfister对气候和动植物有关行为的大量历史记录进行了研究，研究结果清楚地证实了在1570年到1600年，瑞士湿冷夏季出现的格外频繁。这些记录还证实，16世纪90年代的冬季，气候非常恶劣，而Ladurie葡萄酿酒日显示了16世纪末夏季气候的恶劣情况。Burgundy的葡萄酿酒日，其突出的特点是夏季温度相对稳定（图8.22）。

把小冰期理解为持续寒冷的时期，这一观点在后来的几十年的研究中并没有站住脚。16世纪90年代后，虽然寒冬气候出现的频率一直很高，但生长季节的气温恢复到了比较正常的状况。从荷兰商人对运河冻结和贸易中断时间所作的记录显示，从1634年到17世纪末的冬季温度比随后几个世纪的温度大约低0.5℃，其中17世纪90年代的冬季尤其寒冷。这里多次提到17世纪90年代，这是因为这一段时间的冬季和夏季都异常的冷，经常出现农业歉收的情况，这在芬兰、法国和苏格兰尤为严重（见9.5节）。这个寒冷的时期往往和太阳黑子减少有关：蒙德极小期（见6.5节）。

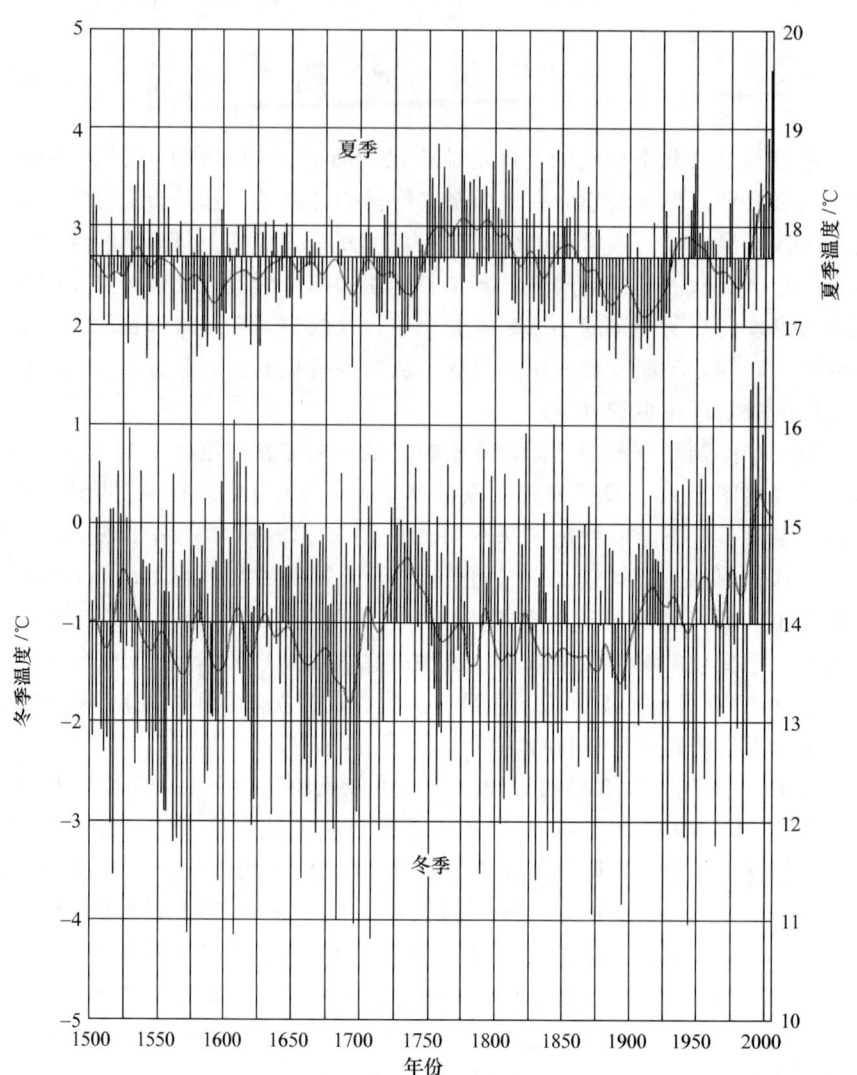

图 8.21　欧洲 1500 年以来夏季和冬季地表温度的综合代用信息重建。(引自 Luterbacher 等,2005。美国科罗拉多州博尔德世界古气候数据中心)

根据 1659 年开始用仪器记录的英格兰中部温度(中欧时间)和 1705 年在荷兰的记录(见 4.1 节),我们可以掌握更多的细节。英格兰中部温度记录表明,17 世纪 90 年代出现异常低温,尤其是最后几年的春季温度偏低。同样引起注意的是,17 世纪 90 年代到 18 世纪 30 年代之间的气温骤暖(图 8.23),这在欧洲冬季气温记录中凸显出来(图 8.21)。在不到 40 年的时间里,气候状况从小冰期的极冷转变为与 20 世纪最温暖时期类似的极暖状态。这段温和期持续到 1740 年就突然停止了,伴随而来的是气温骤降,尤其是后半年,寒冷期又回来了,而后的 150 年左右没有出现明显的变化趋

8.9 小冰期

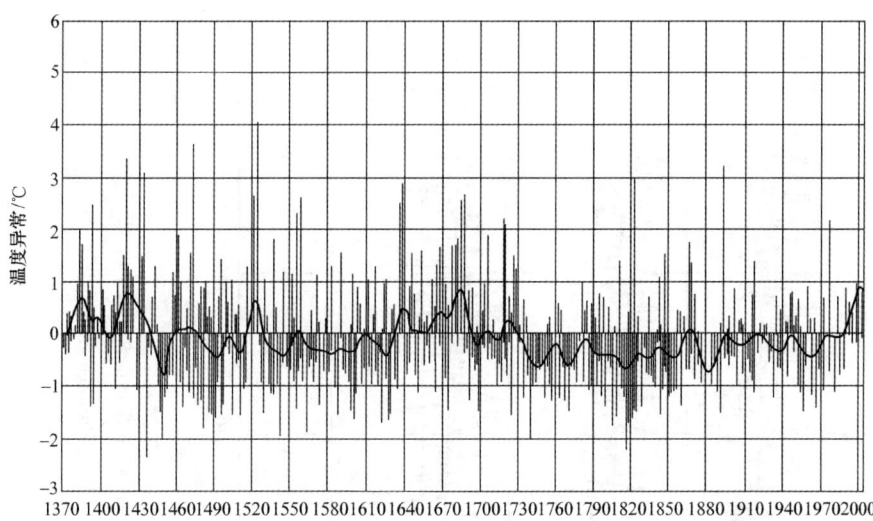

图 8.22 Burgundy 的葡萄酿酒日,准确地指示了自 1370 年以来葡萄生长季节的温度。(引自 Chuine 等,2004。美国科罗拉多州博尔德世界古气候数据中心)

势。18 世纪中期其他欧洲城市的各种记载也证明了这个结论。自 1850 年左右开始,冬季明显变暖,但 20 世纪以前的年气温数据并没有显示出任何明显的上升迹象。此外,生长季节(4—9 月)的温度迄今为止基本保持稳定(图 8.23)。在小冰期期间,欧洲温度较低的时期主要集中在冬半年。

另一个更为显著的特点是年代际变化的基本依据。即 19 世纪前 10 年的低温冷夏和 18 世纪 70 年代末、80 年代初以及 1800 年左右的高温暖夏形成巨大反差。近年来有更多的数据显示了同样的年代际变化。19 世纪 80 年代和 90 年代的特点是寒冷冬季的出现更加频繁,而 19 世纪 80 年代和 20 世纪前 10 年出现了更多的凉爽湿润的夏季。

类似的气候变异也出现在世界其他地区。亚洲东部最寒冷的时期是 17 世纪,另一段寒冷时期出现在 1800 年前后几十年间,但是到 19 世纪后期,并没有经常出现和欧洲一样的低温时期。相反,北美洲记载的数据显示,该地最冷的时期是在 19 世纪。树木年轮数据说明,17 世纪的美国北部也很寒冷,但是美国西部似乎比 20 世纪时还要温暖。南半球为数不多的记录显示,最明显的相似状况早在 16 世纪和 17 世纪已经出现。从热带地区积累的数据更为少见,但是对秘鲁安第斯山脉中冰芯的测量结果显示,从大约 1500 年到 1800 年,该地区一直处于低温状态。然而,世界其他地区的冰芯数据却显示了更多不同的情况。

因此,最明显的结论是,虽然有些地区较其他地区而言更为寒冷,从

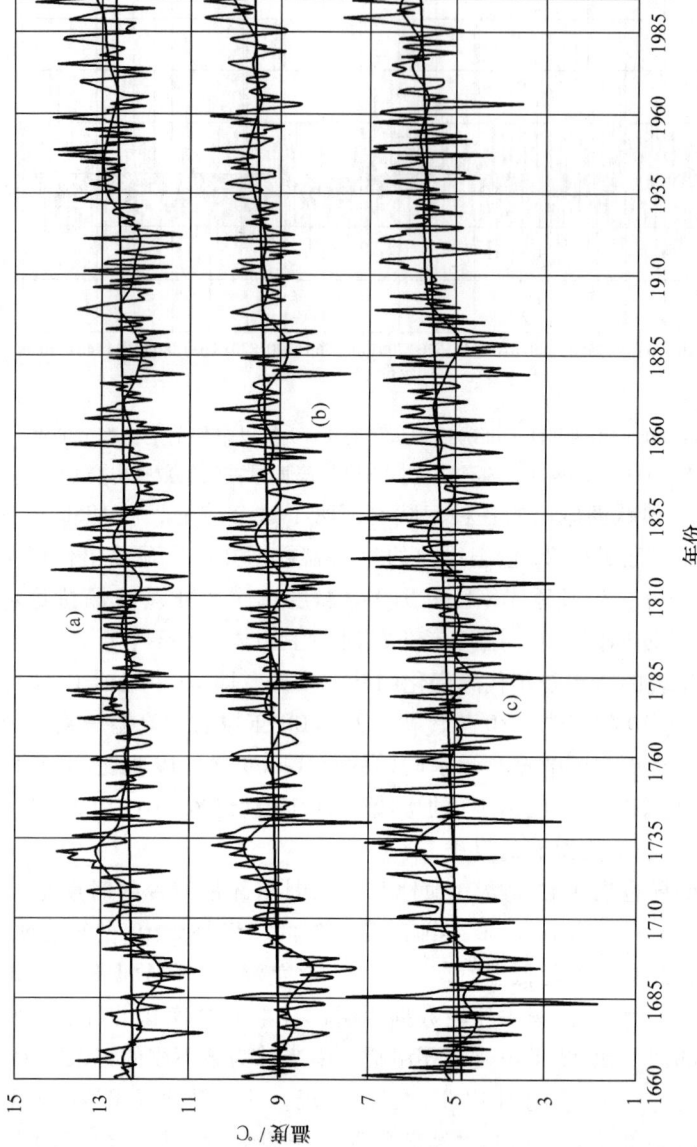

图 8.23 自 1659 年以来英格兰中部气温的记录。该记录说明年均气温的升高（a）主要是由冬半年（10 月—翌年 3 月）的气候变暖（b）所致，而夏半年（4—9 月）的气温相对变化不大（c）。（引自 Burroughs，2001，图 4.21）

16 世纪到 19 世纪并不存在任何持续的寒冷期,只有一小段降温期似乎和半球变化及全球尺度同步。最引人注目的地方表现在,16 世纪 90 年代到 17 世纪的前 10 年,在 17 世纪 90 年代至 18 世纪头 10 年以及 19 世纪 80 年代到 20 世纪 90 年代,这三个时期是与全球同步变暖时期。而 17 世纪 50 年代、18 世纪 30 年代以及 19 世纪 20 年代这三个时期的全球同步性更为明显。气候异常的地域范围不具有同步性,一个地区最冷的时期并不一定与其他地区同时发生。Roger Bradley 和 Phil Jones 对 1500 年以来的气候作了一个全面综合的研究(见深进读物),得出的总体结论是,"小冰期"这个词应谨慎使用。

8.10　20 世纪气候变暖

自 19 世纪末以来,有关全球变暖的证据主要来自仪器检测数据。这些数据的可靠性以及对解释气候变暖原因带来的意义在第 4 章和第 6 章都作了详细分析。对 1901—2005 年全球变暖的最准确估计是地表的温度平均每年增长 0.65 ℃ ±0.2 ℃,南半球比北半球增长幅度稍大[图 8.24(a)、(b)和(c)]。尤其明显的是,1998 年和 2005 年是记录中的最热的年份,在六个最热的年份中有五年是在 2001 年到 2005 年之间。气候变暖多发生在 1910—

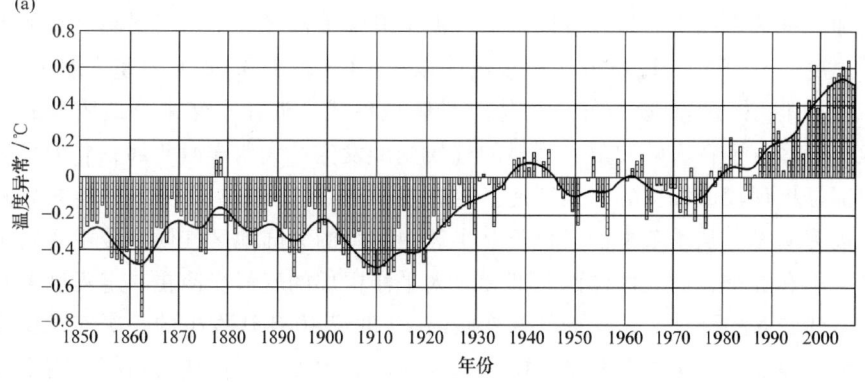

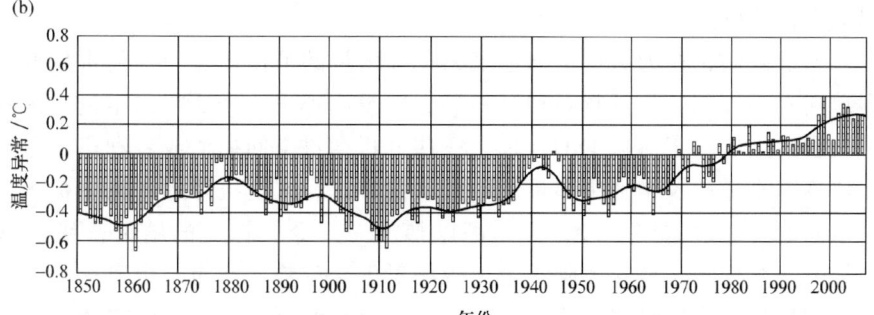

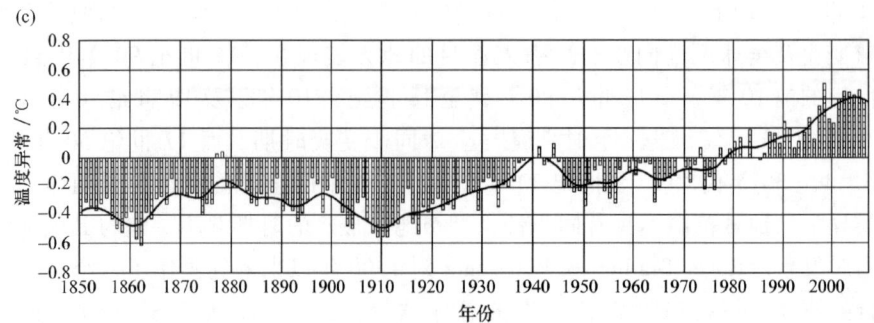

图 8.24 总结了 1850—2006 年相对于 1961—1990 年地表气温和海平面温度（℃）的异常情况（柱条纹表示年数据，实平滑线表示全年性数据的 21 年滑动平均）。（a）为北半球，（b）为南半球，（c）为全球。（数据由英国气象局在 Hadley 中心网站 http：//www.hadobs.org 以 HadCRUT3 系列公布）

1945 年以及 1979—2005 年。在此期间，全球气温分别以每 10 年上升 0.14 ℃ 和 0.17 ℃ 的速度变化。期间有一段轻微的降温期，在北半球比较明显 [图 8.24（b）]，而南半球的变暖趋势更为连续稳定 [图 8.24（c）]。

自 1979 年以来，南、北两半球的陆地气温上升速度是海洋气温的 2 倍（陆地每 10 年上升 0.25 ℃，海洋每 10 年上升 0.13 ℃）。随着这次气候变暖，受异常低温天气影响的地区减少了，受异常温暖天气影响的地区有小幅度的增加。在最近几十年里，夜间最低气温上升速度已经高于白天最高气温的上升速度。在 1950—1993 年，昼夜温差以每 10 年减少 0.08 ℃ 的速度缩小。

20 世纪气候变暖的另一个特点是区域模式。近几十年来，最明显的气候变暖多发生在大陆北部，明显的气候变冷发生在大西洋西北部，北太平洋中部也出现较低程度的气候变冷。这些变化在冬季的 12 月份到翌年的 2 月份最为明显。从季节来讲，位于北半球中纬度的大陆地区气候变暖主要发生在冬季和春季，而大西洋西北部和北太平洋中部的气候变冷在一定程度上和全球变暖互相弥补。这次的气候变暖与 20 世纪 40 年代发生的一次气候变暖相反，地点主要集中在北半球的高纬度地区。此外，气候变暖初期，南半球温度变化较小。

虽然我们正在为保持全球地表的年降水量的平衡而努力，但进展并不大。在对现存的数据进行各种分析后，并没有得出一个清晰的结论。这在很大程度上取决于对数据的处理。一些分析通过空间插值或者利用卫星数据估算降水量以及结合更多最新的数据的方式，来解决降水量测站覆盖不足的问题。通过这些手段，我们可以得出一个令人惊讶的结论，就是 20 世纪的气候变暖已经导致降水量出现相对下降趋势，然而，由于这个结论并没有确切的数据证明，所以这个结论是值得怀疑的。它并没有谈到当前气候变化的真正问题,当前气候变化涉及全球性的年代际变化,例如,萨赫勒(Sahel)地区的干旱问题。实际上,全球数据一是根据主要大区域的气候异常,这些异常彼此制衡;二是根据世界各地区有关气候持续变化的真正问题。

但是,关于 20 世纪北半球气候怎样按纬度变化这个问题,我们得出了一致性的结论。高纬度地区($55°N \sim 85°N$)出现了气温上升趋势,虽然部分地区的情况无法用现有的设备探测出来。南、北半球的中纬度地区没有明显的变化。最明显的结论是北亚热带地区($10°N \sim 30°N$)的日趋干燥。这种趋势在非洲萨赫勒地区尤为明显。该地区在连续 30 年里(1931—1960 年以及 1961—1990 年)降水量减少了 25%(图 7.5)。位于热带和亚热带的部分地区并没有长期变化的迹象。例如,整个印度夏季季风指数趋势,如果有的话,暗示着一个多雨的趋势,并且与 1920 年以前的趋势相比,近几十年来的气候将不会有多大变化。

近来全球气温上升以及区域降水量的变化仅仅是我们关注的气候变化问题的一部分。在经济影响方面,最具有破坏性的后果将是,极端天气情况出现的频率会大大增加(见 9.8 节)。这件事并没有那么容易被界定,因为这取决于对极端气候的选择以及对这类情况的可靠测量,这些情况发生在能代表全球气温变化趋势的大范围内。

世界各国共同努力,通过观察和分析世界各地每天的气温和降水量,近日制作了一套气候变化指数图。这项工作的首要重点是计算和分析极端气候事件的发生率。包括从大约 200 个温度监测站和 600 个降水量监测站中分析得出的分布概率,分析 1901—2003 年近乎完整的数据以及 1901—1950 年、1951—1978 年以及 1979—2003 年这三段时间北半球中纬度大部分地区的数据(以及澳大利亚部分地区的降水量数据)。

分析结果包括整个 20 世纪主要气候变暖的影响。在气温指数分布中,差别最明显的是最近的两个时间段和与最低温度有关的那些指数。全球数据显示,最主要的温度变化表现在:霜日(最低温度低于 0 ℃ 的天气)的缩短、种植季节的延长(见 4.2 节)、气温年较差缩小以及夜间气温变暖的情况增加。每年的寒冷期明显减少,而暖期明显增加。不过,暖期延长趋势程度加大,并与 20 世纪 90 年代初以来气温指数的大幅上升有关。这些观察都表明,温度的变化幅度缩小了。在降雨方面,特别潮湿的天气明显增加,湿润季节延长,干燥季节缩短。

关于方框 8.2 提到的几点,由于这些数据分布具有非高斯分布的性质,关于 1951—1978 年以及 1979—2003 年这两段时间的数据分析结果如下:

(1)从寒冷夜晚情况看,平均气温上升,温度变化减小[正好与图 B8.3(c)相反]。从寒冷白天情况看,平均气温稍有上升,温度基本无变化[图 8.3(a)]。

(2) 温暖夜间和温暖白天的分布(比如,最低气温和最高气温的比例高于第 90 个百分数)范围扩大,因此平均气温升高,温度变化增加,且温暖夜晚温度升高的幅度更大。

这些变化一年四季都在发生。总而言之,如果有比最低气温降低更重要的情况的话,从过去 50 年的数据中可以看出,全球变暖的特点是最高气温值的上升。关于极端气候的补偿变化引起的影响在第 9 章中有说明。

更普遍的是,气象学家总结出近几十年来温度年代际变化并没有出现一致的趋势,降雨的变化也没有出现一致的变化模式。强降雨的情况也是如此。由于降水量数据有非高斯性质,我们无法确定各种降水指数分布的明显变化。降水指数显示,20 世纪降水量趋于增加,但是我们很难从空间上统一描述这些变化。某些区域似乎出现一个明显的趋势,即强降水量天数增加。

方框 8.2　气候变化及变率

提到极端气候,我们需要回到气候变化和气候变率的区别上(见 1.2 节)。现在要做的是确定 5.3 节中所提到的数据统计分析中的两个概念。

对于气温的统计,如果气候以一段时间的记录为准,其参数以钟形曲线的形式呈现;曲线的高度是平均值,曲线的宽度是变率的尺度[图 B8.3(a)]。如果气候变暖,而变率不变,则钟形曲线向两边移动。这种变化的结果是寒冷天气减少,炎热天气增加,最高气温很有可能会再创历史新高。然而,如果变率增加,平均值不变,钟形曲线就会变宽,钟顶会下降[图 B8.3(b)]。这种变化的结果是寒冷天气增加,炎热天气减少,最寒冷的天数和最炎热的天数都有可能再创历史新高。如果平均值和变率都增加,那么钟形曲线既向两边移动又会变宽、变低[图 B8.3(c)]。这种变化的后果是,寒冷天气的变化相对较小,但是炎热天气会大大增加,最高气温会创历史新高。从原则上讲,我们可以计算出极端温度的影响范围如何改变预测升高的平均气温和气候变率。而实际上,极端气候的数据并不会显示正常的钟形曲线,它们属于高阶非高斯分布(见 5.3 节)。

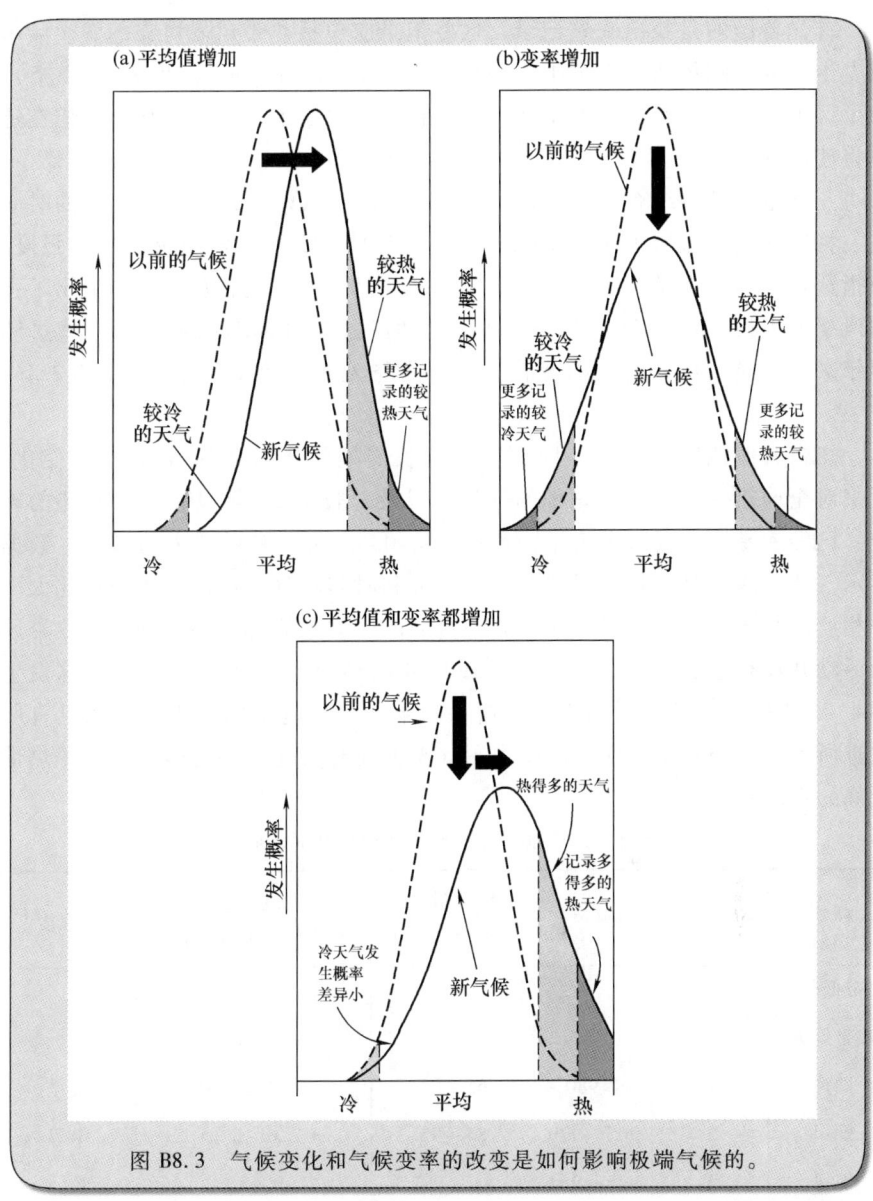

图 B8.3　气候变化和气候变率的改变是如何影响极端气候的。

如果气候模式发生变化，图形也会变得复杂。很少有证据显示温带低气压的数量和强度表现出明显的变化趋势。人们对热带风暴问题有一个激烈的争论，即近几十年来更加强烈的风暴是否有所增加。如同对其他领域的不确定性一样，很多不确定性都是由于观察资料的质量不高所造成的。那些认为没有可靠变化趋势的学者声称，主观的测量手段和多变的程序，使现存的热带风暴资料不足以供专家们找出极强风暴发生的频率。

首先要做的是找出一些记录,这些记录应包括热带风暴可靠的发生频率和发生强度。飓风的标准分类方法被表示为 Saffir-Simpson 尺度表(表 8.5)。为了反映出随着风暴强度的增强,损害程度会急剧上升这一规律,我们在这里将使用 NOAA 的累积气旋能量指数[accumulated cyclone energy(ACE)index]。该指数是持续 6 h 风速的平方,以 n mile 为单位,它是在一定的时间段、特定的热带流域中所有系统的指数,并且至少能表示热带风暴的强度。该指数重要的特点是,它成为衡量风暴破坏潜力的尺度,从而更加突出了强烈风暴的力量。自 1951 年以来,关于大西洋盆地的 ACE 指数显示,过去 50 多年来,气候存在着明显的变化。这可能与大西洋数十年振荡(见 3.7 节)有关。

热带其他地区也发生了类似大型的长周期年代振荡的 ACE 指数变化。近来对全球热带风暴发生频率的分析,以及对过去 20 年风暴活动趋势的确定,已经使专家们发现了海平面温度升高 0.2~0.4 ℃后产生的影响。数据显示,北大西洋盆地热带风暴强度的加大和时间的延长这一趋势与东北太平洋相反的趋势互相抵消了。所有其他流域的变化趋势都很小,全球性热带风暴活动并没有显著变化。从 1986—1995 年间到 1996—2005 年间,全球发生的 4~5 级的飓风数量增加不大。这一小幅增加可能是由于观测技术已有所改进所致。这些结果表明,除了海平面温度还有其他重要的因素影响了热带风暴的强度和频率。

表 8.5　热带低气压、热带风暴和飓风的特性

种类	气压属性*	中央风速	持续最长风暴潮/n mile	高度/英尺(1 英尺=0.304 8 m)	损害程度**
热带低气压			<35		
热带风暴			35~64	<4	
飓风	1	≥980	65~83	4~5	最小
飓风	2	965~979	84~95	6~8	中等
飓风	3	945~964	96~113	9~12	较强
飓风	4	920~944	114~135	13~18	极强
飓风	5	<920	>134	>18	
灾难性的					

*飓风的级别是根据 Saffir-Simpson 尺度表划分的,此表以绘制它的气象专家 Saffir Simpson 为名。热带低气压和热带风暴并不是以气压级别分类的,而仅仅是以风速划分,因为这是它们活动的唯一明显区别——它们可能或不可能升级为飓风或干脆悄然而逝。

**损害程度几乎完全以风暴对海岸线以及内陆的影响来分类的,也包括海上损失。

8.11 小　　结

　　显然，从古至今都有充足的证据来证明气候的变化，而且这些变化显然已经给我们周围的世界带来了重大影响。虽然我们积累了许多证据，但仍不能全面把握历史气候变化，仍不清楚这些变化是何时和何地发生的。这种限制因素甚至也妨碍了我们如今的仪器观测，当我们回到过去，这种限制因素更为明显，因为小冰期和中世纪气候适宜期都存在着许多不确定性。最近冰河时代和地质年代表中长期波动的主要特征很明显，但是几乎每个时期所存在的问题都还很多。

　　这些差距使人类对气候变率和气候变化影响的探索更为重要。在许多情况下，从远古时代的大灭绝到对最近受天气影响的经济和社会动荡的现象来衡量，我们无法确定气候波动的哪一部分发挥了作用。因此，每当有人认为气候因素是其他现象变化的原因时，我们需要仔细审视这些人的观点。第一个阶段是必须获得独立的证据，来证明那些关于气候变化的观点。通常，提供的资料要么太稀少要么过于含糊，使我们无法得出明确的结论。如果这些反对意见是合理的，那么我们所应当把握的唯一办法是，只有利用改良的测量技术获得了新证据，我们才可以得出结论，这个证据才更具有说服力。第二个阶段是证明所推测的变化给人类所带来的影响。要做到这一点，我们必须仔细找出例证，证明气候变化和其他严重后果的相关性，从而确定气候的哪一方面真正发挥了作用。

习题

　　1. 有人认为，发生"雪球地球"的一个可能解释（见4.1节）是当时地轴的倾斜度比现在要大很多。为什么这会改变赤道和两极的温度分布，地轴又是怎样转到现在这个角度的呢？

　　2. 世界海洋面积是 3.6 亿 km^2，如果末次盛冰期冻结在冰原中的额外冰的容量为 6 000 万 km^3，那么请计算海平面应该下降的数据，如果你计算所得的数据比4.4节中给出的数据大，请就这一差别解释还有什么其他的物理影响。

　　3. 目前南极和格陵兰冰原需要融化的比例是多少才能使海平面平均上升 10 m？当考虑到这一变化对世界不同地区变化的影响时，这是一个有用的数据吗，还需要考虑其他因素吗？

深进读物

　　本书最后附有一份完整的参考文献，从中挑出的以下书籍或文章可以帮助更好理解本章内容。每个引文的详细情况见参考文献。

亚历山大等(2006)：对世界各地极端气候事件发生的变化进行了详细描述。

本顿(1995)：是对地球生命如何多元化以及大灭绝在这一过程中发挥的作用等近期观点进行总结的一篇非常优秀的评论文章。

Bradley & Jones(1995)：知名学者研究过去1 000年气候变化所写的一系列论文，为积累可靠的历史气候研究资料提供了许多有价值的见解。

道森(1992)：本书主题是冰河时代末期的地理和气候状况，它全面综合地描述了12.5万年前至1万年前的全球环境，内容通俗易懂。本书唯一的局限是它不包括关于气候突变的最近研究工作，正是因为这样，这本书显得更为有价值；因此我们急需一个新的版本。

Frakes等(1992)：全面介绍了气候按地质年代表进行变化的诸多方面，以及关于这些长期波动周期性的有趣理论。

Grove(1988)：一本关于小冰期气候研究证据的学术分析，重点主要是世界各山脉上冰川地带的气候波动。

Lamb(1972,1977)：两本涉及气候变化多方面的经典著作，包括了早期研究历史气候波动的综合信息。

Lamb(1995)：涉及记载史上气候波动带来的历史影响，是一本备受关注的分析著作。

第9章 气候变化的影响

自然界既无奖赏也无惩罚——有的只是后果。
　　　　Robert G. Ingersoll（英格索尔），1833—1899

气候变率和气候变化所带来的显著影响为我们的生活和周边世界提供了一个度量气候变化重要性的标准。在许多理论中，未能认识气候变化是如何影响事物的发展结果，而这些会导致人们对过去事件的认识过于片面或不够准确。弄清楚那些最重要的影响结果便可以找出问题之所在。人们还需要对这些问题进行进一步的研究，这对预测未来可能出现的变化及其影响是极为重要的。同样重要的是，通过研究过去气候变化所引起的后果来帮助我们了解未来气候的潜在变化的能力。

在第8章里，我们对过去气候变化影响的分析自然地被划分为两大部分。首先，在全新世开始之前（1万年前）曾出现了长期的经常性大幅度波动。而全新世的气候则相对稳定。这种稳定性意味着气候变化的影响与其他事件是紧密相连的，因此焦点问题是这些变化在人类经济和社会发展中是否已经起到重要作用。而这样的划分并不意味着在末次冰期之前不存在气候稳定期。实际上，如8.1节所述，地球可能曾经出现过大量的地质时期，这些时期的气候较最近几千年来更为温和。然而，这有助于区分关于长期气候变化对各种地球科学影响的解释，也有助于区别眼下一些对目前气候波动如何影响我们生活的认识性问题。

9.1 对地质的影响

检测地质记录时的一个基本问题就是：是否能从地质变化的其他起因中找出气候因素。显然，冰原的消长、大陆内部的干旱和海水的干涸等气候事件，对地球上大部分地区的地质有着重大影响。真正的问题是：这些事件是"原因"还是"结果"？如果这些事件是地球地质史中基本过程的"结果"，且地质史主要与地壳板块构造相关并改变了火山作用的级别，那么在气候变化重要性的认识方面，我们觉得"结果"的作用较小；相反，如果这些现象对地下构造变化的速度和方向发挥重要的推动作用，那么"原因"的作用会更大些。这可归结为两个问题。首先，通过改变由两极冰原形成或消失所引起的地壳负载或改变海平面，分析气候变迁是否在地壳构造活动（如火山作用）中发挥了重要的反作用？其次，如果气候能够影响地壳构造活动，那么它是否也会受到来自地球外部作用（如地球的轨道参数、太阳能的输出波动，或太阳系穿过银河系的运动）的影响呢？

迄今为止，人们对于气候变化是否对地质构造活动产生重大影响这一问题还尚未达成一致看法。然而，我们已经有足够的证据表明气候可能在以各种方式产生或减轻地壳内的应力。例如，在末次冰期时，地中海地区的火山似乎在海平面急剧变化时爆发得更为频繁。这也支持一个推论，即在欧洲北部，由于冰原的形成或消失所导致地壳负载的变化确实对该地区的火山活动程度造成了影响。而这在当时又是如何反作用于气候变化的还尚不清楚。

气候变化的一个更微妙的全球影响表现在日照长度的变化方面。如果大气循环速度加快，那么根据角动量守恒定律，地球旋转速度必须减小到一个极小值才能抵消大气的加速度。近几十年来的测量结果显示：当气候变暖时，由于厄尔尼诺现象所造成的影响（见 3.7 节），赤道风速加快而地球旋转速度下降。在 1997—1998 年的事件中，昼间长度增加了近 0.4 ms。这表明在气候发生突变时，地球的转速可能会大幅度增加或降低，相反，这可能会使地壳内部产生应力，导致火山活动的增加，从而进一步增加气候的额外扰动。

关于宇宙对气候的外部影响，本书对此有详细探讨（见第 6 章）。地球轨道参数的变化最为明显，这也是冰期动力学的主要因素。如果冰原动力学与火山活动之间存在必然联系，那么这种联系就应该作为另一种因素包含在气候变化的综合理论中。再深入思考一下，如果地质构造活动的改变是气候变化的影响之一，那么我们就必须考虑宇宙影响在该过程中发挥核心作用的可能性。

实际上，第 8 章中所讨论的地质记录已经清楚地说明了气候因素是地质构造发生巨大变化的一部分。煤炭、天然气和石油的储量是包括气候变化在内的一系列事件的产物。例如，原本高产的温暖浅海可以产生大量的有机物，但是随后出现的干旱期使得海水干涸，而原来的有机物也被防水的蒸发岩层所覆盖，这样就产生了油气田。这是个典型的过程。其他一些外力，例如，分离海洋、加速干旱的构造抬升，可能也会推动这些过程，这个事实并不会改变另一个事实，即气候发挥了重要的作用。这意味着，要想理解地质记载就需要了解全球和区域气候在地层形成时的情况。因此，一些机构（包括石油公司）将资金投入到通过远古海洋有机物如何沉积的研究，从而进行未知油田资源的探索。

9.2 对动植物的影响

在过去气候波动的证据中已经涉及对动植物的影响。然而，针对过去动植物分布依据的某些特征，需要考虑动植物如何进化以应对气候变化带来的挑战。因此，人们所认为的一些似乎只能在温暖气候条件下生存的动物（如恐龙）不具备在某些具有明显季节周期性变化的较冷地区生存的能力的假设是不可靠的。例如，在北极圈以北地区所发现的骨骼残骸表明，这里至少存在八种恐龙物种，而且这些恐龙曾在温和的气候环境中生活过（见8.1节）。这些恐龙曾在以落叶松和阔叶树为主的森林带三角洲环境中生存了整整一年，经历了漫长昏暗的寒冬低温气候。

关于恐龙在北极昏暗的寒冬环境中如何存活下来这一点又引出了一些不同的问题被提出来。有人认为可能是因为它们与现代的北美洲驯鹿一样进行了迁徙。但是，也有人提出异议，认为小恐龙的腿较为粗短，无法迁徙太远，而且与它们的父母相比，小恐龙比四肢瘦长的小驯鹿小得多。虽然北极有充足的食物供它们过冬，但是作为冷血爬行类动物，这些恐龙如何保持活动状态并寻找食物呢？这八种恐龙物种中至少有一种恐龙的眼睛非常大，这或许能作为部分答案解释这个问题。

同样，有关目前喜暖植物的化石亲缘植物（如苏铁类，见下文）只能在全年温度均衡或温暖的气候中生存的这一假设可能也低估了远古植物的适应能力。植物界的发展（图9.1），尤其是维管植物（这种植物体内具有输导水和养料的维管系统）很好地证明了植物与气候变化的互动作用。这些植物可分为以下三类：

(1) 蕨类植物；
(2) 裸子植物；
(3) 被子植物。

蕨类植物（带孢子的植物）最早出现在大约4亿年前的海洋保护性环境中。接下来是裸子植物，属于长有果球的木本植物，能够产生裸露的种子（即胚珠并不是被子房壁所包裹）。在裸子植物中，雄蕊产生的花粉粒借助风力传播到大量雌蕊的胚珠（未受精的种子）上。被子植物或显花植物是最近出现的两种裸子植物。这两种植物的胚珠外部包有一层保护性组织——子房。通常子房的上面是花柱和柱头。花粉粒到达柱头后即萌发并产生花粉管，通过花柱向下进入子房腔，然后到达胚珠。

被子植物首先出现在早白垩纪（大约在1.2亿年前），是现代植物中最大的类群，其种类数目大约为250 000种，已超过了松柏类和苏铁类植物，成为当今地表的优势植物。因此，它们充分说明了缓慢变化的气候变率是如

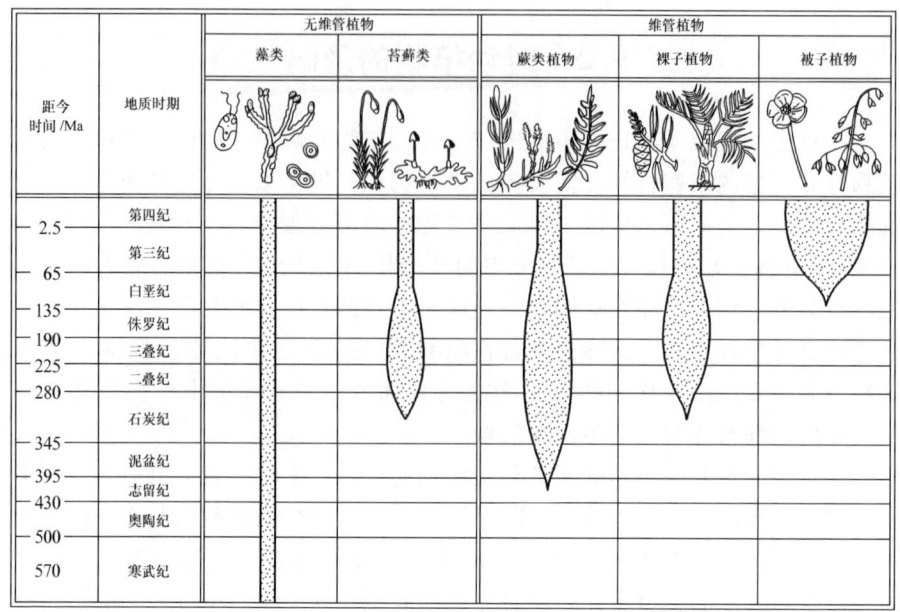

图9.1 地质年表中植物界的发展情况。(引自 Hickey & King,《100科开花植物》,剑桥大学出版社,1988,图1)

何对物种分布和发展产生控制作用的。在过去的1亿年里,大陆不断漂移直到现在的位置,晚白垩纪和古近纪温暖的气候是促使被子植物种类多样化并使其逐渐占据大部分陆地植物群落的关键因素。直到始新世,大约0.5亿年前,热带和亚热带植物的范围不断扩展,向北到欧洲西部和美国的太平洋西北部地区。而随后出现的降温趋势又将这个范围缩小了。

我们更容易通过更新世的开始、周期性扩张以及北半球冰原的萎缩对被子植物范围的剧变加以理解。北美洲地区的植物能够随着气候带的变化进行南北迁移,因此,气候变化对植物造成的后果是有限的。我们能通过花粉分析检测出来(图9.2),因为花粉分析显示出很多物种的消长是随着温度的升降而发生变化的。在欧洲,阿尔卑斯山脉像是一个屏障对南北迁移构成了一个更大的挑战。因此,一些中国和美国常见的物种由于要经历连续性的冰期而濒临灭绝,如猕猴桃属(奇异果科)、鹅掌楸属(郁金香属树)以及枫香属(胶皮糖香树),这些物种都出现在欧洲,而不能到达阿尔卑斯山的南部。随着各种物种对一些较短气候波动的迅速适应,该过程一直延续至今。20世纪40年代初,丹麦经历了一段连续三年的严冬气候期,导致冬青属植物(枸骨叶冬青)数量大大减少,而在20世纪40~50年代期间,为了躲避60年代的寒冬,九带犰狳(*nine-banded armadillo*)[袋鼬(*Dasypus novemcintus*)]的范围向南扩张到了得克萨斯州(Texas)和俄克拉何马州(Oklahoma)。诸如此类的变化为过去气候变化和未来全球变暖的潜在影响提供了依据(见第 11 章)。

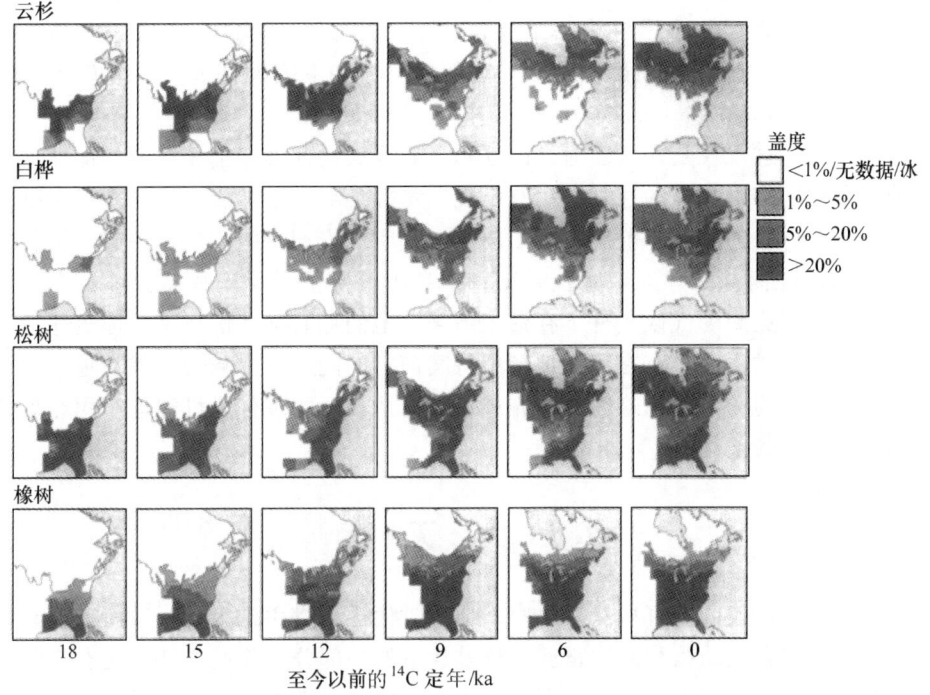

图 9.2 根据花粉的分析数据描述的北美洲东部冰期后一些主要树种的分布与数量的变化。(引自 IPCC,1995,图 9.3)

更引人注意的是这样一个理论:气候变化在人类进化史过程中发挥着极为重要的作用。由于遇到地轨倾斜的变动周期(地轨变动的时间周期为 4.1 万年),自上新世中期(图 8.9)以来的气候持续恶化,以及 250 万年前出现的更大的气候波动都可能激发物种进化。在上新世时,气候开始逐渐变得干燥,这在冰期的寒冷地区尤为显著。在最后的 280 万年中,曾出现过 60 多起事件。然而,这种日益干燥的气候条件却有利于耐寒抗干旱性类群的生存。同时,这样的气候也为非洲萨瓦纳原始人类的迅速进化提供了条件。气候越干燥,辽阔的土地上季节变化更加明显,这种情况导致人类需要到更远的地方寻找食物,也鞭策面临新的选择压力的早期人类在身体和生理方面的演化。尤其是二足性和脱毛演化似乎已经反映了这些问题。因此,我们人类的存在可能是巴拿马地峡闭合(见 8.1 节)和 280 万年前冰期循环逐渐开始的一个结果。

现代人(*Homo sapiens sapiens*)出现在倒数第二次冰期(20 万年前至 15 万年前),尼安德特人(*Homo neanderthalensis*)在 3.5 万年前至 2.5 万年前消

失,这可能都是冰期气候剧烈波动所产生的后果(见8.4节)。正如进化论中所讲的许多问题那样,这是一个知识混乱的阶段。简单地说,在这些问题中理论比证据还要多。我们从少数资料中得知,能制造工具的聪明的原始人类显然已经在欧洲生活了近50万年。但是10万年前曾在中东地区出现的现代人也在非洲出现了,并且似乎已经和尼安德特人在一起生活了好几千年了。

然而,这仅仅是一次暂时性的迁移。直到大约8万年前至7万年前,这种决定性地移出非洲的迁移并没有出现。大约在4.5万年前,现代人迁入欧洲,并在后来的2万年前至1万年前中一直和尼安德特人生活在一起,尽管DNA显示他们并没有近亲繁殖。良好的身体素质使得尼安德特人能够在末次冰期变幻莫测的气候条件下存活了下来。他们拥有强壮的体格,能迅速适应寒冷的气候,并具有在崎岖地形中持续前行的能力和忍耐力。然而他们却在末次盛冰期消失了,这时拥有先进工具制造技巧的现代人已能够利用冰后期的更多良好条件。

9.3 大 灭 绝

迄今为止我们一直将焦点集中于地质时代逐渐发生的变化。然而,这些地质年表中有关动植物的大量变化仅是故事的一部分。除此之外,还有一些化石遗迹中显示的巨大突变,即大灭绝。这也是科学界所争论的另一热门话题。争论的焦点不仅在于引起这些灾难的气候原因,而且还有一些其他原因,以及这些灾难是如何快速发展的、灾难数目到底有多少的争论。这在很大程度上取决于化石遗迹的质量及其有助于揭露生命历史模式的能力。一些古生物学家认为这些化石遗迹足以得到结论,而其他古生物学家则认为这些化石遗迹不足以说明3亿年前所发生的事情,因为遗留的化石较少,而寻找这些化石所作的工作也较少。

过去的6亿年呈现出一种大统一的局面。该情况显示从寒武纪末期所有海洋和陆地生物的多样性开始急剧增加,包括微生物、藻类、菌类、原生生物以及动植物,现在物种总量已达到500万种至5 000万种。而大灭绝阻断了这种多样性发展,包括五大灭绝(见8.1节)在内的最大的几次大灭绝分别发生在4.4亿年前、3.65亿年前、2.55亿年前、2.1亿年前和0.65亿年前。最重要的一次大灭绝发生在晚二叠纪(2.55亿年前),此次大灭绝中60%以上的物种遭到了灭绝。96%的物种可能已经消失,陆地生物死亡率比海洋生物高。5.2亿年前,早寒武纪发生的更大规模的灭绝事件也属于这些大灭绝事件的一部分,这次大灭绝涉及的物种数目和有关灭绝如何快速发生的不确定性都说明我们必须谨慎对待这次大灭绝。此外，我们也从化石遗迹中发现了许多较小但仍具有重要意义的灭绝，其中最后一次发生在大约0.38亿年前的晚始新世。发现这些意义较小的灭绝事件的部分原因在于进化的化石遗迹，因为它让我们更接近现代。然而，一系列日益频繁的连续小灭绝事件也导致了很多物种的消失。五大灭绝是属于这一系列连续事件，还是属于某种完全不同的形式，这一点还尚不清楚。但是，总体而言，大多数时候物种灭绝的风险较小，而这种相对稳定的情况偶然会被风险较高的灭绝所打断。

巴黎大学Vincent Courtillot的著作对一些主要的大灭绝作出了概括性解释（参见其他深进读物）。这很好地论证了火成岩圈与大灭绝间的紧密联系（见6.4节和6.10节）。然而，我们不能否认的是，在晚白垩纪发生的大灭绝是受到小行星撞击地球的影响，而且在其他灭绝事件中还没有发现与这些灾难性事件吻合的撞击证据。相反，有大量证据表明，灭绝更有可能归咎于大规模的火山泥石流的喷发。尤其是，二叠纪末期——最大规模的灭绝——似乎与德干(Deccan)玄武岩的形成密切相关，而德干玄武岩的形成可能在当时的气候变化中发挥了重要作用。

科学家们曾经尝试按主要灭绝发生的时间顺序建立一种模式。有一项提议引起了人们的关注，即迄今为止仍未知的一个天体Nemesis（死星）——在太阳附近的一个极小双星——每2800万年就会干扰彗星轨道一次。这些天体撞击太阳系并偶尔撞击地球。人们对影响或灭绝的规律性证据进行了激烈的辩论（见深进读物的van Andel）。Courtillot认为2.5亿年前发生了7次可确定的大灭绝，其中每两次灭绝相隔2千万年至6千万年，但他认为这些大灭绝的发生并不存在周期性。然而，美国纽约太空总署哥达德太空研究院(NASA Godddard Institute)的Richard Stothers最近一项研究再次引发了一场争论。这为2.5亿年前以来地球表面周期性出现的主要撞击坑找到了更有说服力的理由。直径超过35 km的11个撞击坑的时间间隔大约为3 000万年。直径超过5 km的20个较小撞击坑集中在主要撞击坑的两侧，其周期为2 900万年至4 300万年。

所有这一切都表明有关大灭绝的争论将会继续下去。先进的遥感技术也许会帮助科学家找出更多的撞击坑，而年代测定方法的改良将进一步证实这些撞击坑的时间间隔是否具有周期性。因此，有关以下问题争论的平衡点摇摆不定：火山活动的突然发生，与小行星或彗星碰撞所导致的灾难或全球生态系统对灾难性事件［如晚古新世的极热事件（见6.10节）］的非线性响应能力（见6.1节），以及它们的气候推论和随之而来的进化危机。

不管气候在大灭绝中起到何种作用,核心问题是生命的多样性在整个地质时期都有所增加。当灭绝和其他环境变化而导致严重阻断发生时,很多生命形式也在各种不断变化的条件下不断进化。具有强大选择压力的较冷时期打断了从"温室"到"冰室"的长期变冷过程(见8.2节),因此,物种能够迅速适应这些变化而生存下来。

所有这些对那些试图根据可识别植物种类(其中这些植物可能为了生存已经适当地进化了)的地质分布来总结过去气候的人提出了警示。这种适应性在未来气候变化的情况下如何发挥作用仍是个未知数。由于很多物种已经对过去的变化产生了遗传抵御机制,其中一些物种将具备应对未来挑战的能力。哪种物种将存活下来,以及哪种遗传抵御机制将提供最好的保护机制以抵抗自然变异和人类活动的影响,这些都还尚不为人所知。

9.4 海平面、冰原和冰川

在8.3节中,我们已讨论了地质时期的海平面变化情况,而最近的一些变化又使我们离全新世时期生存挑战问题的解释又更近了一步。全球在陆地冰中存在的淡水的变化量会对许多方面产生影响,它影响着全球海平面的变化(也称之为海平面升降)。因此,它是末次冰期末期气候剧变不可分割的一部分(见8.5节)。

末次盛冰期全球海平面的深度比现在海平面低了130 m。末次冰期后,北美洲和Fennoscandian冰原的相继瓦解导致海平面迅速上升(图8.15)。直到全新世中期,海平面的上升已经淹没了2 500万 km^2 的大陆架;地图也随之改变成我们现在所看到的样子。北海到比斯开湾的辽阔区域、中南半岛与印度尼西亚(Sundaland大陆)之间的部分地区、巴布亚新几内亚和澳大利亚之间的大陆桥,以及西伯利亚和阿拉斯加(白令海)间的大陆桥都被淹没。这次水灾大约在2千年前才真正停止,而直到100年前海平面才出现明显改变。

通过仪器测量得到的有关现代海平面变化的估测数据显示,19世纪末海平面开始上升。据20世纪后半叶(1950—2000)的最新估计,全球海平面每年平均上升2 mm以上。而如今的卫星观测则可提供几乎能覆盖全球的精确的海平面数据。这些数据表明,从1993年到2005年这段时间内,海平面以3.1 mm/a的速度不断升高(图9.3),该速度明显高于过去几十年的速度。然而,20世纪90年代海平面加速上升,究竟是由人为造成的全球变暖所引起的,还是自然气候变率的结果,还是由两者共同影响所致,这一问题还尚未解释清楚。这些数据还证实了全球各地的海平面上升并不一致。自1993年以来，某些地区（如太平洋西部）的海平面上升高达全球平均值的5倍，而其他地区（如太平洋东部）的海平面正在下降。

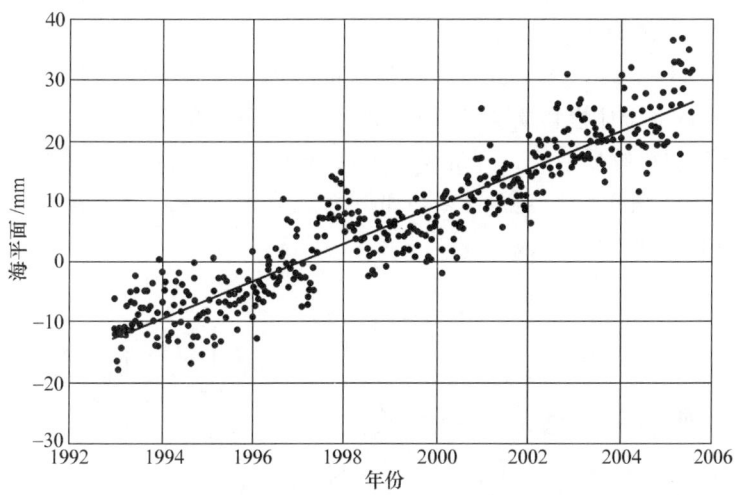

图9.3 1993年以来海平面上升的卫星测量数据。（引自科罗拉多大学，网址为http://sealevel.colorado.edu/current/sl_ib_global.txt）

根据过去50年的海洋温度数据，科学家估计热膨胀已导致海平面每年上升0.4 mm以上。近几年来（1993—2003），热膨胀是导致海平面上升最主要的原因，它使海平面每年上升1.5 mm以上。在过去的40年里，冰川和冰盖的大量融化导致海平面平均每年上升0.5 mm以上，而近年来的上升速度则更快一些。自20世纪90年代起的观测数据表明，格陵兰岛冰原和南极洲冰原的融化同样导致了海平面的上升。卫星测量显示出，特别是从2004年起，格陵兰岛冰原的融化速度急剧增加。整体而言，1993年以来所观测的海平面上升速度与已知的影响因素基本吻合。

冰川和冰盖的变化将影响当地居民的生活。在一些案例中，有关冰川长度变化的书面报告可追溯到1600年，并且冰川长度的变化与低频气候变化有着直接的关系，总体情况是冰川的平均长度在缩短（图9.4）。自1800年起，冰川开始退却，从1850年到20世纪，所有地区的平均退却率一直居高不下。1970年到1990年冰川退却速度变慢，而20世纪90年代速度又加快了。唯一例外的是，降水增加的地区导致了斯堪的纳维亚半岛的西部和新西兰冰川的提前形成。

冰期中较大规模的冰原消长将在地形上留下痕迹（见8.5节和9.1节）

并影响我们的生活。这是冰川造成地壳变形的持续影响的一个后果。"地壳均衡"说用于一种理论,这种理论认为地壳最厚的地方将延伸到它下面的地幔。由于地壳密度低于地幔密度,因此地壳能够有效地形成"根基"来支撑山脉。这一理论也同样适用于冰原形成的地方。当冰原融化时,密度较小的"冰根"不仅需要支撑,并且会回移。大约在1.8万年前的末次冰期,加拿大 Shield 和 Baltic Shield 等一些地区的地面负重加大,致使地壳下沉了700 m。这是由于地幔物质从负重高的区域逐渐移开所造成的。北半球冰原的融化导致地幔物质逆流,并且现在仍以 10 mm/a 的速度继续缓慢隆升(冰川地面回升)(图9.5)。这意味着在北美和北欧的一些沿海区域,这种现象与海平面的上升同样重要。

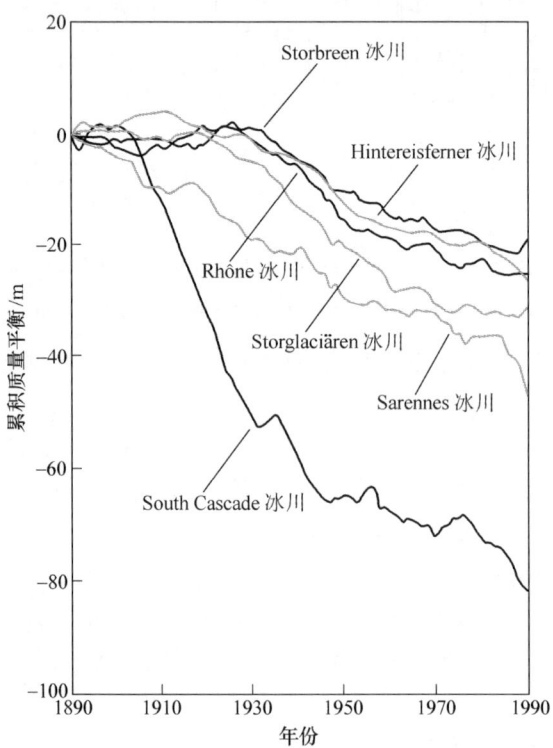

图9.4 Hintereisferner 冰川(澳大利亚)、Rhône 冰川(瑞士)、Sarennes 冰川(法国)、South Cascade 冰川(美国)、Storbreen 冰川(挪威)和 Storglaciären 冰川(瑞典)的累积质量平衡。这些冰川是具有长期时间观测序列的数量极少的冰川,它们需借助精度高的水文气象模型进行观测。数据均以1890年为基准。(引自 IPCC, 1995,图7.3)

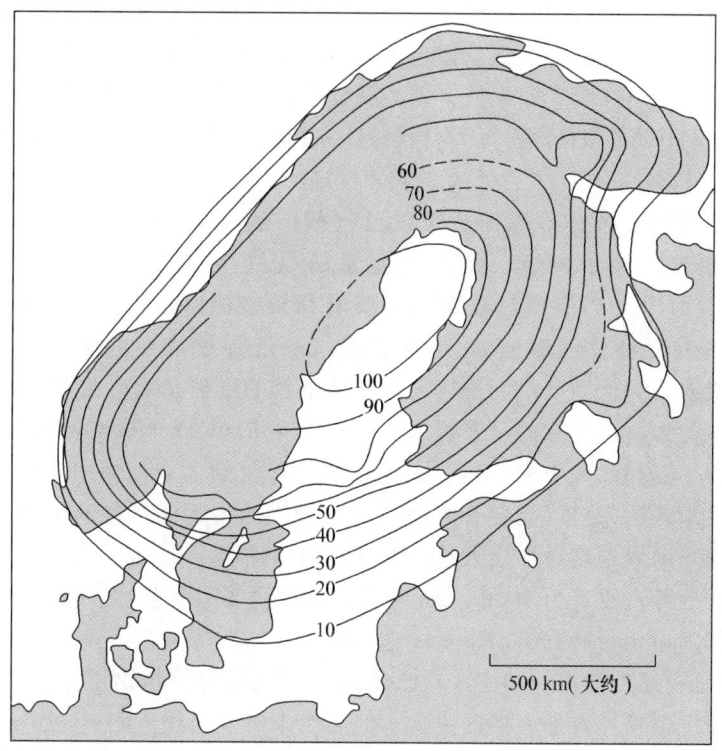

图9.5　0.5万年前斯堪的纳维亚半岛的海岸线海拔地图(单位:m),用以说明冰川退却后的地壳均衡"回移"的情况。(引自 Smith,1982,图15.5)

9.5　农　　业

从冰期到全新世的这段过渡期对人类产生了巨大影响。在进入相对平静的全新世之前,我们需要回顾一下1.2节中探讨的一些概念。实际上,这意味着我们将从气候变化问题转移到气候变率问题上来。过去1万年中出现的一些波动(如撒哈拉沙漠地区的干旱,见8.7节)可能是特定物理原因所造成的结果。与末次冰期及冰期后的灾难性变化相比,除了撒哈拉沙漠地区的变化以外,这些波动充其量也只是一些轻微变动(见8.5节)。在全新世稳定之前,直到"新仙女木"事件的末期,普遍较高的气候变率使得无法开展有组织的农业活动。我们需要更仔细地研究一下这个问题,并考虑随后发生的波动对农业造成的影响以及对人类活动的后续影响。

农业的出现是激烈辩论的主题。很显然,全新世中稳定的气候为农业活动提供了一个可能性。而对人类何时开始有组织地开发利用植物这一问题的回答目前还不很清楚。很多狩猎-采集的群体开发利用了野生植物群的种子与果实的方法。通过这种方法，他们似乎已经发现了如何将他们的采集物进行存储用以度过短缺时期。从以色列北部的 Ohalo II 期的一个古遗址中得到的证据显示，早在 2.3 万年前，人类就已经采用了这种生存策略。还有一些研磨粮食制作面包的证据，因为保持这一过程的持续性就需要有存粮。

直到末次盛冰期之后，有关野生植物规划管理的证据才开始浮现。1.5 万年以来，波林阶段的变暖以及气候改善期变率的降低为较为固定的生活方式提供了机会。最值得注意的是发生在亚洲西南部的 Fertile Crescent，那里人们能够对较暖和的温度和较多的降雨所导致的这片富饶土地进行开发利用。随着人类的定居，发展原始农业的机会也增加了。这很可能涉及为提高产量而进行大片本地植物的维护和杂草的清除工作，本地植物中尤为值得注意的是野生大麦，以及生长于 Anatdia 东部和 Zagros 山脉的单粒小麦和二粒小麦。尽管这次气候改善受到了老仙女木事件的干扰，但是受益地区的人口可能会有所增加直到极为寒冷而干燥的新仙女木时期，再加上变率的大幅度增加导致这一发展时期停滞了下来。

最近的考古发现为 Malthusian 农业起源提供了有利依据。在位于如今叙利亚北部 Euphrates 的 Abu Hureyra 遗址中，考古学家发现人类早在 1.3 万年前（比新仙女木时期早 400 年）就已经系统地栽培谷类植物了。之前的四个世纪，野生植物一直是人类的主食。但是后来野生植物急剧减少，人类才开始栽培农作物。英国伦敦大学学院的 Gordon Hillman 和他的同事发现，人类收集作为食物的野生植物品种在种植品种出现之前就逐渐消失了。那些主要依赖水源的野生种子最先消失，然后较为耐寒的野生种子也逐一消失了。因此，狩猎-采集者开始栽培他们以前从野外收集的一些粮食品种。由于所处环境的不稳定，第一批农民只是简单地将极其耐寒的野生植物转移到更为适合种植的地方进行栽培。

全新世上半叶才建立了作为人类食物主要来源的农业。农业在这一时期已经发展到整个欧洲，并在远东和古代中美洲独立发展，这意味着大多数人类在 0.5 万年前就已经依赖农业的成功而生活。事实上，气候波动极易影响农业，这意味着气候对于我们祖先的生存至关重要。直到工业革命时期，这种情况才结束。例如，在中世纪的欧洲，人们 80% 的开支用于购买粮食。因此，粮食供应的波动和价格的上升对大多数人造成了直接而巨大的影响。当饥荒发生时，死亡率也就上升了。然而，根据对英格兰 17 世纪和 18 世纪的死亡率统计，5 年来天气因素导致价格变动的累积效应基本为零，这是因为该累积效应只是改变了在任何情况下都很可能会很快发生的死亡时间的算法。

价格高和粮食短缺的社会破坏性影响更加难以量化。很多历史学家已经提出了此类波动与普遍社会动荡间的联系。例如，有人将 1789 年的法国大革命与破坏性夏季风暴联系在一起,该夏季风暴加剧了本来就已经脆弱的粮食供应并导致社会动荡蔓延。但是,在这一时期中,气候变化的程度并不是特例,过多地强调前一两年中发生的具体的极端天气事件似乎忽略了更为广泛的社会和经济因素。为证实这种联系的存在,我们需要找到那些天气同样恶劣,却没有导致类似内乱爆发事件的原因。而可能的解释是,天气因素导致价格上升可能对动乱产生催化作用,刺激动乱,而对暴动影响最大的其他社会和政治因素并不存在。

这些因素使得很难确定气候恶劣时期对农业社会的总体影响。正如8.9节中所述,在小冰期(不是较低温度的持续期)中,大多时候的气候较20世纪而言并没有出现明显的寒冷,但是却穿插着较为寒冷的几十年,这些寒冷时期发生在世界各地的不同时间和不同地点。在14世纪10年代、16世纪90年代和17世纪90年代,欧洲发生了几次最大的农业灾害。每个灾害以其独特的方式为主要的短期破坏提供了有用的见解。

尽管中世纪气候适宜期的程度(见8.8节)尚未明确,但是大量证据表明,13世纪晚期欧洲西北部的气候中暴风雨天气增多,并且14世纪欧洲冬季天气历史记录的分析显示该世纪最初的25年天气特点以寒冬为主。但是,1314年到1317年出现的极为寒冷潮湿的夏季及由此引发的歉收是欧洲历史上最大的与气候相关的灾难。很多地区(从苏格兰到意大利北部,从比利牛斯山到俄罗斯),出现了前所未有的大量的庄稼歉收、饥饿和瘟疫。该时期粮食价格上涨到的水平在随后的150年里都未被超越过。凡是有详细记录的地方,死亡率急剧上升,1316年夏季Ypres Flemish镇死亡人口超过10%。虽然当时的影响很可怕,但这一系列恶劣夏季天气的持续性后果却很小。这些天气的影响显示出人类的脆弱性,人口数量被当时的农业发展水平所限制。1348年的黑死病和大部分世纪中整个大陆不断的战争将人口减少到一定程度,而在这个程度时,多变的气候对社会历史的影响较少。

气候、农业以及养活日益增加人口的能力,这三者之间的联系在16世纪末期再次出现并困扰着整个欧洲。阿尔卑斯山北部地区曾出现过一段较为频繁的寒冬和凉爽湿润的夏季时期。在英格兰,农业歉收和粮食价格上涨意味着劳动人民的生活水平下降到最近七个世纪以来记录的最低水平(图9.6)。越来越多的社会动荡导致立法恐慌。议会通过了一项大法案,该项法案将大量的区域法规和当地扶贫实验编成法典。同时,该项法案还恢复了很多四年前废除的法律限制条款,如公共土地圈占以及将耕地变为牧场。

在17世纪,虽然不断发展的农业满足了欧洲人口的需求,但17世纪90年代异常寒冷的天气却导致了严重后果。影响的程度因地点而异,并且这也充分反映了不同社区对气候影响的脆弱性的差异。首当其冲的是具有高密度人口的法国,两次农业歉收导致法国在1693年陷入了中世纪早期以来最严重的一次饥荒。相比之下，英格兰的损失相对较小，但是持续的寒冷天气对斯堪的纳维亚半岛的影响极大。据估计，1697年芬兰的饥荒导致了1/3的人口死亡。然而，可能对苏格兰的影响最为持久，在1693年到1700年间，山地地区的庄稼（以燕麦为主）8年中有7年歉收。死亡率上升到这些山地地区人口的⅓~⅔，超过了黑死病期间的记录数据。最重要的是，也许正是这些灾害年的经济后果使得英格兰和苏格兰在1707年形成联盟成为必然。

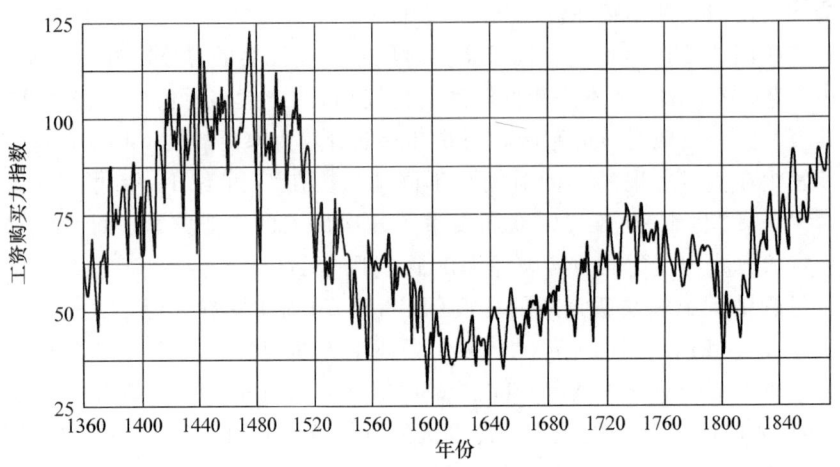

图9.6　6个世纪中英格兰建筑工人的工资购买力指数。（引自 Burroughs，1977，图2.5）

在世界的其他地区，气候变动对农业的影响大多是干旱引起的。有很多事例已经证明，持续的干旱是如何轻易地摧毁欣欣向荣的农业社区的，但是只有在这些干旱导致随后的活动管理发生根本性改变的情况下，才可以说干旱产生了真正后果。这种反应的一个很好的例子是美国政府如何应对19世纪30年代沙尘暴区的挑战。自从定居者将耕地业引入大平原的大部分地区后，定期炎热干燥的夏季已经摧毁了庄稼，很多农民被迫离开家园。在19世纪90年代和20世纪10年代，由于庄稼歉收，很多地区的人口普遍减少。

而在1934年和1936年，整个大平原小麦的平均产量下降了约29%。堪萨斯州和俄克拉何马州最严重的地区大约有超过一半的人口外流。民主政府认识到，如果中央政府不采取行动，这种周期性干旱问题将一直持续下去。他们得出的结论是，大平原的大部分农业并不适合这种干旱地区，因此政府在边缘购置了一些土地，让这些农民其退出农业耕种将其改为种植草场。同时，政府针对农业生产开展了一系列教育活动，指导农民种植树木形成防护林带，这样农作物才能更好地适应干旱气候，并且还引进了一些保护方法（如等高耕作法、水源保护和带状耕作法等使部分土地得以休耕）。尽管第二次世界大战导致这些边缘土地在气候潮湿的20世纪40年代重新变成了耕地，但是随后的干旱使得州和联邦法律不得不对此做出规定，即这些土地应予以保护以免过度开发。

从萨赫勒地带的事件分析以及印度季风变化的长期研究中得出的结论是，热带海平面温度（SSTs）是亚热带地区降雨变化的主要因素（见深进读物）。尤其是，欧洲南方天文台（ESO）能够很好地预测热带各地区气候的干湿。在20世纪90年代，ESO似乎可以提前几个月准确预测出与萨赫勒、南非和整个南美洲的降雨模式以及印度季风之间的联系（见3.7节）。因此，厄尔尼诺引起的气候准循环波动对农业具有广泛的影响力。近年来，其他海洋盆地更为广泛的测量数据以及季节内振荡（热带大气季节内振荡，见6.2节）的不规则活动资料显示，为得到可靠的长期季节预报，使得农民能够根据旱季预报或雨季确定种植适当的作物之前需要进行更多的工作。

尽管未来改进的天气预报可在农业应对气候变率方面取得一些新进展，但是在遇到极端天气事件时，我们将仍然很脆弱。这也就意味着一旦气候更加多变或经历一些更为显著的变化后，全球各地的粮食生产将更为艰难。从本质上讲，任何变化都将是一件糟糕的事，尤其是不断增加的世界人口导致社会需要生产率不断提高。

这一令人沮丧的结论，加之长期极端天气破坏农业和农村社区所带来的惨痛教训对很多国家目前的耕作政策造成了重大影响。众所周知，如果没有政府的参与，极端天气事件将导致其他供需波动增大并从总体上破坏农业利益和农村社区。因此，未来气候变化可能给农业部门带来最重要的影响是确定政府对市场的适当干预机制。从过去的农业经验中提取正确信息的能力将是规划未来气候变率（见第10章）这一过程重要的组成部分。

9.6 气候变率的历史意义

古代文明的兴衰是亘古不变的魅力源泉。在发现很多武装冲突留下的遗迹的同时，人们还发现了一些反映出更普遍文明衰落情况的迹象。这些衰落时期（黑暗时代）与气候事件可能存在的关联性慢慢浮出了水面。而一些考古学证据表明0.52万年前的气候事件对早期文明发展产生重大影响，直到青铜器时代，黑暗时代的历史影响才被凸显出来。中东地区存在着大量有关大毁灭时期的考古学证据。考古学家在所有遗址中都发现四个连续不同的破坏程度，其中最为突出的分别发生在早青铜器时代的末期（大约0.43万年前）、中青铜器时代的末期（大约0.365万年前）和晚青铜器时代的末期（大约0.32万年前），而考古学家原以为这些是由地震所造成的。这三个事件中的第一个和最后一个分别与急剧的气候变化时期相吻合（见8.7节）。

这些事件的地域范围太大以至于无法将其归于构造活动。更可能的解释是，大约0.42万年前的气候变化造成了一些农业灾害和长期干旱，随后导致亚洲西部、非洲北部和欧洲东部人口密集地区社会秩序的崩溃。此外，中国和美洲大约在同一时间发生了类似的生态和社会剧变。有关气候恶劣时期的解释偏重于自然气候变率或更具体地说是大型火山爆发。

这些剧变中经常提及的就是大约0.42万年前的阿卡得文明(在现今的叙利亚)的迅速消失与前所未有的干旱期有关。在阿卡得崩溃100年前，阿卡得的国王Sargon就已经征服了整个美索不达米亚平原并控制了它，其建立的疆土范围远至波斯湾和幼发拉底河的上游地区。这是一个国家征服其他独立社会群体而形成一个国家的第一个例子。美索不达米亚平原的北部是这个帝国的粮仓。帝国建立了一系列要塞以控制其小麦生产。同时，在国家南部地区，帝国花费大量其税收加长灌溉渠道，成立新的官僚机构，并修建宫殿和庙宇。

这个帝国延续了不到100年。考古学家从美索不达米亚平原北部的Tell leilan的遗址中发现，该遗址在这座城市的城墙建成的几十年后突然被废弃了，而其宗教营地也进行了修整，其粮食生产也重新进行了组织。对Tell leilan的多层遗屑的分析显示，阿卡得人占领这片土地后这里曾有段时间并没有人类活动迹象，只有毁坏了的黏土的砖块。在大约0.42万年前它就被遗弃了。从采集的土壤样本可以看出，当时的土壤肥沃，表面是由风吹而堆积的层层尘土，除此之外还发现当时的降雨量已经大幅度减少和一些蚯蚓活动的迹象。所有这些都表明，Tell leilan人废弃这个遗址是因为当时气候突然变得更加干旱和多风。这也加速了阿卡得帝国北部省份的崩溃。只有当气候变回潮湿的状况时(在大约300年后)，Tell leilan才又重新被占据。

大约在同一时间，较为干燥的气候条件给原本经常发生洪水的古王国——埃及带来了饥荒和灭亡，这也是"第一中间时期"的开始。通常用于保护埃及避免恶劣的灾变性气候的尼罗河泛滥减少了。沙尘暴的记录中提到南方吹来的热风带来了沙尘风暴，以致人们都无法看见被遮住的太阳。这种破坏持续了一个多世纪。这也导致了埃及经济体制的崩溃。地方官员自行负责所在省份，保护水源，驱逐外来饥荒者从而减少饥饿人口。

下一个黑暗时代发生在公元前13世纪，该时期气候出现恶化(见8.7节)。大约在公元前1250年，欧洲北部水平面上升，湖边定居地的废弃可归因于那时气候的持续转变。地中海东部的变化似乎引起了大规模的人口迁移，而这个迁移通常与"海上民族"相关。最出名的就是海上民族发动的两次反对埃及的袭击，最终以公元前1232年和公元前1183年的战争告终。尽管在两次袭击中他们都被击退了，但是埃及在遭受一次次袭击后已不再是一个帝国。同时，一些其他文明也遭到了重创。Anatolian的Hittite王国在19世纪对埃及构成了严重威胁，并在其Anatolian中心地带遭到完全毁灭，但是在叙利亚留下了一些文化的延续。在希腊，Mycenae 文明遭到毁灭。

海上民族可能是大批移民中的一部分，而导致他们流离失所的原因可能就是当时的气候变化导致庄稼歉收。他们能够顺利延续的原因似乎是他们主要集中袭击国家首都和一些对政府来说相对重要的城市。他们摧毁了这些城市中的政府办公建筑、宫殿和庙宇，却留下住宅区和周围的村庄。由于他们摧毁了当地的领导机构，才能轻易获得胜利。他们似乎在摧毁 Mycenae 后，向 Troy 转移。在公元前 1250 年，他们摧毁了 Troy。紧接着他们又进入了地中海东部地区的 Levant 和埃及，在那里他们进行了上文中提到的两次袭击。

尽管这些黑暗时代与气候变化有关，但是这种关联如何与其他考古依据（如战争、侵略和社会动荡）相结合就需要进行小心处理了。因此，在讨论这些气候事件时，我们不能陷入片面地选择性使用这些考古依据的陷阱中。特别是一些标有具体时间的事件（见 4.5 节）使一切变得简单以至于无法将其与看似惊人的巧合事件相联系。尽管通过大量的工作我们已经得到爱琴海地区和安纳托利亚地区的一系列树木年轮的年表，其准确的时间范围为从公元前 1800 年到公元前 800 年，但尚未找出气候变化的明显依据。大约在公元前 1650 年，爱琴海中 Santorini 大规模火山爆发可能导致一个较为突出的事件发生急剧变化。这个时间与格陵兰岛冰芯中记录的爆发时间相匹配，但是比以 Crete 上的 Minoan 文明的衰落相关的考古依据为基准的时间早了近 200 年。目前这些观点尚未得到统一。

然而，公元 9 世纪玛雅（mayan）文明的衰落充分说明了气候事件是如何形成的。在公元 8 世纪时，玛雅文明达到顶峰，当时玛雅低地的人口密度远高于目前水平，已经超过了现代危地马拉、伯利兹、洪都拉斯和墨西哥。高度精确的玛雅历法和玛雅人习惯于建立一些纪念碑记载事件的详细情况，使得考古学家准确地推定灾难性衰落的年代成为可能。此外，Chichancanab 湖（现位于墨西哥）的沉积物测量显示，在过去的 0.8 万年中，公元 750—900 年这段时间是最干旱时期。这表明，干旱期可能削弱了玛雅社会支持不可一世的神权政治和建立大型纪念碑的能力。而干旱也将增加很多玛雅城市反抗这些需求的敏感性。当然，这也要视各个城市的情况而定。同时这也解释了为什么各城市事件记录的终止时间的差异，其中维持记录时间最长就是那些位于河边的城市。

更为明确的是格陵兰岛上北欧殖民地的消失。有关殖民地从 10 世纪晚期建立到 14 世纪消失这段时间内的记录和格陵兰岛冰原中冰芯的数据（见 4.4.2 节）使我们对气候恶化有了清楚的了解。虽然人们对于寒冷天气破坏了殖民地这一点毫无争议，但是这种天气究竟将殖民地破坏到何种程度仍是人们争论的主题。另一种解释是，如同变冷的气候趋势一样，当时社会结构的僵化和拒绝采用更适于恶劣气候的 Inuit 技术与殖民地的衰落密切相关。

再看最近的历史，过去1千年中的气候变化（见8.8节至8.10节）虽然很大，但并没有对历史进程产生决定性影响。事实上，大多数历史学家争论的是这些变化是否具有任何显著影响。因此，与其探寻气候变化对历史造成的一般负面后果，不如审视气候变化很可能造成影响的社会经济活动，以及对这些变化是否具有更大意义而提出质疑。这种方法也为考虑未来气候变化如何影响现代社会的最脆弱部分奠定了基础。

9.7 疾病传播

流行病的出现有时与气候因素有关。但是，任何分析都必须考虑粮食与人口的变化。因此，一个良好的气候时期（如欧洲中世纪气候适宜期，见8.8节）可导致人口持续增长，但随后却会放大恶劣天气的破坏性后果。在历史上，人口增加而粮食减少将导致人们对疾病的抵抗力降低。因此，任何有关气候变率导致饥荒和社会退步的解释都应考虑人口结构的变化趋势。

大规模流行病与严重社会混乱时期的对应关系还存在着其他内在原因。这些原因是那些危害人类疾病的本质的一部分。疾病（如黑死病、流感或斑疹伤寒）与动物和人类直接的共生关系意味着致病生物中潜在的恶性突变可能会保持非活动性状态，这是因为当地动物或人类具备一定程度的免疫力。但是，当发生一些重大变化时，如干旱、地震或洪水的发生会使人口分散，进而与其他免疫力较弱的人群混合，从而导致新的瘟疫以可怕的速度发展。

这一连串含有气候要素的事件包含6世纪的Justinian瘟疫、14世纪的黑死病和19世纪30年代的全球霍乱大流行。每个事件都值得研究，因为这些事件为所涉及的变化过程的复杂性提供了重要信息。公元542年Constantinople在位期间发生在Justinian的瘟疫是人类的首例鼠疫。虽然历史资料声称这次瘟疫来自埃塞俄比亚，但是它的起源很可能与公元536年"神秘的云带"（见6.9节）相关的温度骤降有关。而后来从罗马到中国各地区的庄稼歉收导致了饥荒蔓延。不断增长的人口压力又为大规模流行病的出现增加了社会负担。没有什么方法可以量化气候对这些事件的影响程度。但是，在接下来的一个世纪里，欧洲人口数量减半，人口较为稠密的地中海地区的更严重情况可说明这个问题。实际上，地中海地区再次陷入了农村恢复期和若干世纪的黑暗时代。

有关黑死病起源的分析同样涉及复杂的综合因素。人口压力、恶劣天气和庄稼歉收的同时发生已经成为14世纪早期欧洲北部的一大特征（见9.6节）。但是，如8.8节所述，还没有明显的证据说明那时整个北半球存在着一个持续的气候趋势。因此，假设瘟疫来源于中国，则需要提出一个更深入地方层面的解释。在1332年，中国遭遇了可怕的洪水。据报告，那次洪水导致几百万人死亡,全国的大部分地区遭到破坏,大量野生动物离开,鼠疫和黑死病(淋巴腺鼠疫)开始流行。黑死病的引发可能是这种破坏所致,假若中国经常遭受破坏性夏季洪水的袭击,一旦产生这种致命的新的黑死病,那么其流行只是时间问题。因此,当气候事件开始活动时,它的活动会非常小,但却是后来灾难性大流行病的重要组成部分。

霍乱大流行则更为复杂。在1800年以前,霍乱大流行似乎并不为孟加拉国以外的人们所知。1815年Tambora火山爆发(见6.4节)似乎扰乱了全球气候,导致孟加拉国庄稼歉收。由此产生的饥荒引发了第一次霍乱大流行,并在1832年霍乱蔓延到了欧洲和美国东部。俄罗斯的死亡率极高,而纽约在1832年夏季每天死亡人数超过100。

这些气候变化可能引发全球性流行病的历史实例与气候变暖的潜在影响分析有关(见10.3节)。人们普遍认为热带疾病的传播以及携带这些疾病的昆虫媒介向高纬度地区的移动是目前气候变化令人担心的特点之一。最近ESO事件期间各种热带疾病的传播经验为我们了解这些变化发生的潜在性提供了重要信息,但是我们也必须留意19世纪公共健康中所取得的进展。

在热带和亚热带的发展中国家所有与气候相关的健康危害中,疟疾是迄今为止最具破坏性的疾病。实质上,疟疾就是热带和亚热带的一种疾病,因为这种寄生物(孢子生殖)的生命周期中最关键的一点就是对高温环境的依赖。疟疾还要取决于易于蚊虫繁衍的环境,这个环境的相对干净的水,通常是由降雨形成的死水池。因此,疟疾在潮湿的热带流行,因为那里的一年四季都在下大雨。但是,在湿亚热带,雨季和旱季交替,具有明显的季节性,而蚊虫则在雨季繁衍。此外,这种疾病的传染程度还取决于出现的具体的蚊虫媒介。疾蚊类的蚊虫传播所有疟疾。一些疾蚊种,尤其是撒哈拉沙漠以南的非洲疾蚊,更偏爱吸人类的血(食人习性)而不是诸如牛之类的动物血。这是一直进化中的人类处于明显不利情况的一个残酷的例子,因为这些叮人的媒介蚊虫导致疟疾传播得更为频繁和严重。

每年疟疾导致150万至270万的世界人口死亡,90%的死亡者为5岁以下儿童。疟疾的影响在非洲最大,尤其是撒哈拉沙漠以南地区,特别是南非。区域气候可对疟疾原虫的发展和媒介蚊虫的行为造成影响。每年的气候变率尤为重要。疾病的发生会受到旱期或大量降雨的影响。在长期干旱期间,人们对疟疾的免疫力降低。当雨季来临时,则经常出现流行病。因此,在应对疟疾灾害时,了解热带地区的季节性降雨如何受到其他热带地区厄尔尼诺现象和海平面温度(SSTs)的影响是至关重要的。

人类健康已经成为有关地理研究领域和经济发展的一般性辩论中的重要部分。哈佛大学教授Jeffery Sachs和哈佛大学国际发展中心的同事研究了疟疾对热带地区,尤其是非洲地区经济发展的影响。他们得到的有关疟疾对经济影响的结论是，疟疾发生的地点和严重性主要是由气候和生态因素所决定的，而不仅仅是因为贫困。疟疾发病严重地区几乎都是那些贫困地区，并且其经济仍保持在较低的增长水平上，而富裕地区能够减少疟疾。因有效杜绝了疟疾的地区经济会稳步快速地增长。诸如香港和新加坡这些地方都向我们清楚地显示出，一旦一个地区或国家的公共健康和财富到达相当高的水平后，将能够有效地控制其主要经济活动的环境，并且在很大程度上不受气候情况的影响。

9.8 极端天气事件的经济影响

日益频繁的极端天气（如干旱、热浪、飓风和冬季风暴）所带来的经济影响是全球变暖背景下人们议论的主要话题。由于人们对气候变率感知的不同，导致对这个问题的定义产生了不同的解释，而该问题也是我们研究过程中的一大难题。然而，虽然目前还没有证据可以证明极端事件的发生率出现了显著转变（见8.10节），但是人们普遍认为全球变暖将导致更大的气候变率；在诠释目前变化趋势和预测今后气候变化影响过程中，必须审视过去极端天气事件的影响。

在20世纪期间，世界各地发生了各种不同形式的破坏性极端天气事件。季节性降雨的缺失给热带和亚热带很多地区带来了巨大的苦难。而中纬度地区工业化国家也遭遇了各种破坏性事件。例如，北美洲连续遭遇了暴风雪、洪水、飓风、龙卷风、夏季干旱和热浪，以及严寒冰冻等一系列灾害，这些灾害给北美洲国家造成了巨大的经济损失。欧洲同样经历了类似的各种灾害，虽然飓风和龙卷风并不具威胁性，但是强烈的温带低气压却是主要问题。

8.10节中已经对20世纪极端天气事件发生率变化的相关证据进行了考察。从健康后果角度来说，寒流和热浪是极端温度的两个最重要的表现形式。自1951年以来，在每年的暖期明显增加时，春季寒流则会明显减少。然而，一般趋势是暖期的数量多于寒流的数量，并且自20世纪90年代早期以来，暖流数量大幅度增加。俄罗斯中部和北部、中国部分地区和加拿大北部地区的寒流明显减少，但是美国大部分地区的寒流却明显增加。而美国中部和东部地区、加拿大、欧洲和俄罗斯部分地区的暖期明显增加。

近年来，公众关注的焦点集中在热浪上，尤其是2003年夏季欧洲的酷热事件。很多地方的温度都已打破以前的温度纪录，比平均气温高了10~15 ℃。罗马在6—8月中有42天的最高温度超过35 ℃。而夜间最低温度同样很高。也许，给人留下深刻印象的夏季极端气候的衡量源自Burgundy Pinot Noir红葡萄酒的产量分析，其时间可追溯到14世纪（图4.5）。我们得到的结论是，2003年夏季事件是史无前例的。当时的夏季温度比1960—1989年的平均气温高了近6 ℃，而1523年出现的另一个异常高温只比平均气温高了4 ℃。因此，这次热浪极为严重。2003年8月，欧洲西部地区在20天内有3万多人丧生，也就是说，每天死亡人数近1 500，是欧洲50年来所发生的灾害中每天死亡人数最多的一次。仅法国在15天内每天死亡人数就高达近千人。其中大多是未配有空调设备的养老院的老人，这些老人的儿女早在8月初就离开大城市出去度假了，而家中急救人员又严重不足或是无人照顾老人。

我们应该在更宽泛的灾害背景下看待这些死亡率统计数据。这些数据突出显示了温带地区国家，尤其是在北半球，每年死亡人数在冬季都会急剧上升。在天气极为炎热时，死亡人数也会增加。但是死亡率上升幅度最大的国家并不是那些温度最冷的国家，而是气候相对温和而且偶尔会出现寒流的国家。例如，在欧洲，爱尔兰和葡萄牙的死亡率最高，而诸如挪威、芬兰这样较冷国家的死亡率则最低。事实上，全球冬季平均温度最低的城市——西伯利亚的雅库茨克的冬季并没有出现极端死亡率，该地区的人们已经完全学会如何适应极度寒冷的天气。

近一半的冬季极端死亡是由冠状动脉血栓症造成的。这些死亡高峰期通常在寒流高峰期之后两天出现。而剩下的另一半的冬季死亡是由呼吸道疾病引起的，通常寒流高峰期后12天将出现这种疾病的死亡高峰期。冠心病急速死亡的主要原因是人体受寒时体液转移导致血液变浓，冠心病的死亡率仅次于呼吸道疾病。高温致死的原因通常是由于排汗过多引起人体盐分和水分丢失从而导致血液变浓。据估计，每年英国有20 000人到50 000人死于超级寒流。相比之下，每年有近1 000人死于夏季热浪。

可能除了一些热带国家之外，全球变暖能够减少因严寒天气导致死亡的人数，而增加高温致死的人数，其中减少的人数将多于增加的人数；但是不同气候下的人口统计数据显示，人们能够适应全球变暖，且死亡率变动也会极小。在全球变暖期间，需要采取一些措施以控制以害虫为媒介的疾病，但目前的迹象表明寒冷气候仍是造成生病和死亡的主要环境因素。

其他破坏性天气事件则存在另一基本问题：记录的这些变化是否是真实的？还是发生极端天气事件地区的公众意识在日益增强以及人口的日益增加所导致的？20世纪50年代以来美国龙卷风数量不断增多(图9.7)的记录能够很好地说明这一现象。虽然观察的龙卷风数量明显增加，但是我们还无法确定其中到底有多少龙卷风是由气候变化所引起的，而有影响的较小龙卷风又有多少。事实上，自1950年以来有关强龙卷风(F3)到极强龙卷风(F5)(龙卷风破坏程度等级：从F3到F5)的发生记录中并没有显示任何预测趋势可以支持这一结论。对龙卷风影响的其他测量结果显示了自1950年以来每年死亡人数都有所降低,但这可归因于更为有效的预警使人们能够及时逃避。也许更为重要的是,每年观察龙卷风的天数表明近几十年来龙卷风数量并没有什么增加,且每年造成人口死亡的龙卷风数量也没有上升。

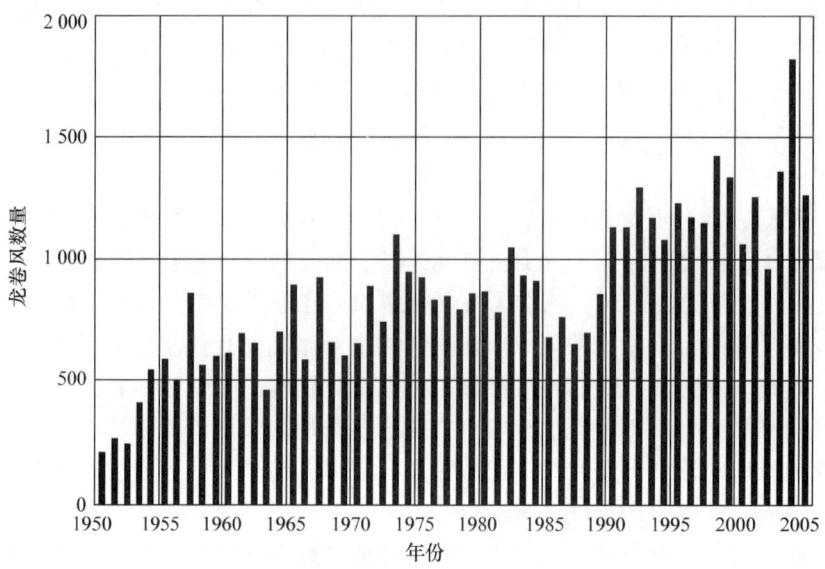

图9.7　1953—2005年美国所观察的龙卷风的数量呈现出强劲的增长趋势。而这种趋势是气候变化的结果还是全面观测的结果尚不清楚。(引自 Burroughs, 2001,图5.8)

第二个因素是在人们集中研究与全球变暖相关的事件时,极端气候指数是否高估了任何趋势的经济影响。这一点必须引起重视。如果该指数观察的事件有所升高,比如说,相应的严冬天气相对减少,并且春季霜冻消失,那么经济后果便会大大减轻。

经济影响的更直接的衡量方法是观察保险损失的趋势。近几十年来,保险损失不断快速增加,但必须谨慎地对待这种增加趋势。任何分析都必须考虑到不断变化的保险覆盖水平、敏感区的人口密度(如沿海地区)、通货膨胀,甚至包括欺诈性索赔。上述的这些修正条款还必须与以下情况相结合,即还没有相关证据表明极端事件有所增加,以及一些重大灾害对这些分析造成的重大影响(如1992年安德鲁飓风袭击迈阿密或是1987年10月和1990年1月英国遭遇的风暴)。只有从长远角度充分考虑所有相关因素后,才可能在关于目前的经济发展中是否存在重要的气候组件这一问题上形成一个平衡的观点。

美国的飓风损失数据充分证明了应用这种修正措施的重要性。美国海湾和东海岸地区平均每年因为飓风而遭受近50亿美元的损失(1995年美元)。但是其中超过83%的损失是由强烈飓风(达到3级以上的,表8.3)所造成的,这些飓风仅占沿海岸登陆的热带气旋的 1/5。此外，一场单一的大规模风暴可对我们的思考造成很大影响。例如，据估计当时的安德鲁飓风造成近 300 亿美元的损失，这可能是美国历史上"最昂贵"的一场风暴。而安德鲁飓风之前刚发生在 1989 年雨果飓风造成了 60 亿美元的损失。后来人们普遍认为这些巨大损失是气候急剧恶化的产物。

在及时应对这些重大事件的过程中，缺少对美国海岸沿线飓风造成的损失的成本趋势进行全面分析。这需要解决两个主要问题。第一个需要考虑的因素是飓风的破坏能力。美国国家海洋和大气局对 1950 年以来的每次风暴的破坏潜力进行了评估。这项统计数据包含整个风暴周期中连续 6 h 以上时段内累计的持续风速的平方值。平方关系的应用反映出风速越高破坏越大。累积气旋能量指数 ACE 是衡量大西洋盆地的飓风季节活力的重要指标。自 1950 年以来（图 9.8），每年的累计气旋能量指数清楚表明 1970—1994 年间的飓风活动出现过明显的间歇。1970 年以前和 1995 年以后飓风季节更加猛烈。

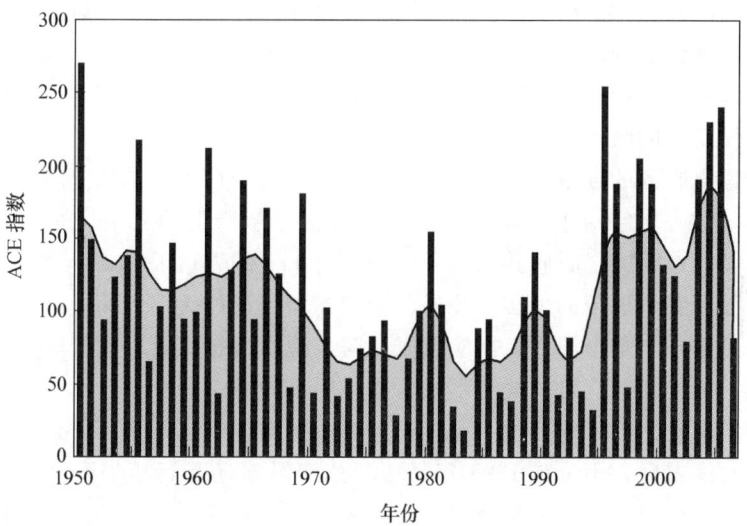

图 9.8　大西洋盆地飓风每年的潜在破坏力以及每年数据的标准 7 点滑动平均值。

第二个需要考虑的因素是经济指数。这不仅需要考虑通货膨胀，还要考虑沿海地区人口和资产的变化，而近几十年来飓风袭击的这些沿海地区在人口和资产方面都已出现大幅度增加。20 世纪 90 年代晚期开展的这个规范化进程显示，近数十年来的损失并没有出现上升趋势。这种方法得到了一组与图 9.8 相类似的数据，数据显示整体并没有明显的上升趋势，但是 20 世纪 70—80 年代出现了明显的间歇情况。此外，以安德鲁飓风为例，如果 1926 年袭击迈阿密的飓风发生在 1995 年，那么该飓风造成的损失将超过 700 亿美元。

　　这些计算的另一面表明了该项设计过程的本质。这些不仅需要提供足够的防御准备和应急服务，还要决定开发的地点以及风险负责人。这可以归结为一个基本问题，那就是为确保人们能够在具有吸引力却又隐藏危险的地区生活，政府能在防御方面投资多少。社会变化长期影响的近期评估削弱了预测热带气旋变化的效果。以全球变暖对热带气旋的影响而导致单位破坏增加的美元金额为标准计算，2050年脆弱地区的人口和资产的增长将很可能导致每单位的破坏增加22~60美元。

　　由于近期的事件，所有这些数字已引起了人们的高度重视。这些都表明，不仅仅与气象事件的等级有关，与应急管理和准备水平也有关系。2005年"卡特里娜飓风"给我们最惨痛的教训是：这次灾难是防御不足的后果。在"卡特里娜飓风"中，死亡人数超过1 800人，预计经济损失超过2 000亿美元。就天气预报而言，对于卡特里娜飓风线路和强度的预测十分准确。尽管卡特里娜飓风在墨西哥湾的级数已达到5级，但是袭击新奥尔良时该飓风已减弱为3级风暴。在原则上，设计并建造的用于守城的防洪堤足以承受这种强度的风暴。但事实上，这些巨大的损失主要是由于风暴防御不足以及建造和维护这些防御本身存在缺陷所造成的，这个事实使得人们更加关注气候变化的政治本质。

　　在紧急服务的准备方面，据估计，新奥尔良居民的全部撤离时间至少需要72 h。这一数字对于那些拥有汽车并时常留意警报的人来说是合理可行的。不幸的是，这个时间并没有考虑到约有1/3的人口因为缺少交通工具而无法转移到安全地带的现实。此外，滞留在城市里的大多人为年老体弱者或穷人。于是，当整个城市急需应急服务时，原本应提供管理系统响应的那些应急服务机构却在应对挑战时不知所措，轻易投降了。

　　近年来发达国家的其他主要气候灾难中同样出现了一系列类似问题。例如，特大洪灾后，不论是1993年密西西比河洪水还是近年来欧洲主要河流的泛滥，都出现了一系列规划问题，这些都与防洪管理、为洪泛区居民提供足够的保险条款（其条款必须包括人们可在洪泛区定居）以及应急服务管理有关。因此，极端天气事件的经济后果必须与我们的社会经济体制如何应对极端事件相结合才能提供一个均衡情况。此外，还可能会出现一些大规模事件产生多种后果的个别情况：这些结果有好有坏。

　　1997年厄尔尼诺现象的发生很好地说明了一些事件的均衡本质。尽管美国出现了大量的负面宣传，但是整体经济影响却出人意料的有利。原因有两点：首先，出现厄尔尼诺现象的年份通常比正常的大西洋飓风季节安静得多，这一点在1997年发生的事件中得到证实（图9.8）。考虑到美国的飓风事件造成的大规模损失，这是一种实质性利益。其次，正如1997年广泛预测的一样，厄尔尼诺年份通常导致加拿大和美国北部地区的冬季变暖。厄尔尼诺现象发生在1997—1998年，冬季死亡人数和暖气费用的降低表明厄尔尼诺现象为这些国家节省了大量资源。

不利的方面是，整个秋冬季太平洋西北海岸一直遭受风暴袭击。美国加利福尼亚州的大部分地区12月至翌年3月的降雨记录已突破或接近历史最高纪录，并且这段期间还发生了洪水和泥石流；而从路易斯安那州到佛罗里达州的美国东南地区这段期间的降雨同样接近历史最高纪录。即使如此，加利福尼亚州的内华达山滑雪胜地因有了得天独厚的积雪条件和漫长雪季获得了收益。近海地区异常温暖的海水对海洋生物和渔业产生了巨大影响。然而，虽然以均衡方式处理这些影响有些困难，但是从整体上看，厄尔尼诺现象带来的收益高于北美洲遭受的损失。

这些观点的含义是，虽然极端天气事件的发生率变化代表最直接的气候变化威胁，但是对于具体极端事件增加的索赔解释必须进行仔细分析。因此，我们必须对各种类型的极端天气事件的潜在破坏力作出最新的可靠评估，并制定一些准确措施用以应对气候在既定模式里发生变化时这些极端事件的上升或下降。随着我们对于未来气候变化预测能力的不断增强，我们将能够对经济风险的任何特别发展进行更加准确的预测。这些参数将越来越多地主导决策过程。

9.9 小　　结

虽然气候变化的后果是巨大的，但是我们并不能只强调负面影响进而夸大后果。至关重要的是，任何关于气候事件影响的分析都必须准确地反映出论题讨论的各方面内容。这就需要双向的平衡工作。在过去的研究中，我们发现只有深入了解有关气候变化起因的其他解释，气候学家才能得出这样一个结论：气候因素是进一步了解气候事件的关键。这意味着如果历史性事件的其他解释中没有涉及气候因素，那么这些解释都不够充分完整。相反，在考虑未来气候时，我们必须将气候变化的后果与社会面临的其他威胁进行比较，并对此作出准确评估。

平衡和均衡的必要性不仅适用于诠释过去事件，而且还对强调更好地测量过去事件非常重要。在很多情况下，对过去变化的气候解释的缺点是无法精确确定当时气候变化的程度。这不仅适用于文明的兴衰、饥荒的产生、动植物群的变化规律以及疾病的蔓延，而且还适用于一些更为深奥的问题，如人类物种的进化和大灭绝的发生。在通过分析过去事件引导我们思考未来气候变化的潜在后果时，我们还必须确保能够客观地衡量过去事件。但有一点是可以确定的，近年来我们已经不断更新过去气候变化的知识，增进了对气候功能的了解。因此，我们现在需要进入下一个阶段，即我们是否能够成功地模拟气候，预测未来的气候变化。

习题

1. 在过去的气候变化中，很多动植物都能够迁移到适合它们生存的新的气候地区。为什么这种选择在未来气候变化时却不适用于很多物种？
2. 为什么古文明书面记录的终止能够给人造成社会极度衰退的假象？
3. 根据厄尔尼诺是否对社会和经济造成积极或消极影响的知识，列出世界各地厄尔尼诺的不同影响。这些影响趋势会在何种程度互相抵消，如果抵消，那么获取利益的一方能够通过哪种方式弥补利益受损的一方？
4. 保险公司可以采取何种措施减少各种形式的极端天气事件所造成的损失？谁将遭受这种损失？

深进读物

本书最后附有一份完整的参考文献，从中挑出的以下书籍或文章可以帮助更好理解本章内容。每个引文的详细情况见参考文献。

Brown 等(1992)：本书包含大量的地质资料，包括对古气候学和火山的探讨。

Burroughs (2005a)：对一些关于过去气候变化引起经济和政治后果的实例进行了详细分析，并就其对未来的重要意义进行了评估。

Burroughs (2005b)：有关气候变化和目前变化中涉及的部分人类活动的辩论的分析，该分析运用历史观点，结合了经济和政治分析以及一些气候学解释，如运用气候学解释极端天气事件对社会各方面的影响。

Fagan(1999)：对 ENSO 的性质和影响进行了生动而折中的分析，全面展示了气候变化的历史后果。

Fagan(2004)：就末次盛冰期后气候改良的意义提出不同观点，以及气候变化如何在人类历史的各方面留下印迹，提供重要的关于人类社会如何易受气候变化影响的考古学家观测资料。

Grove(1988)：有关小冰期证据和后果的全面分析，其分析范围覆盖了整个全新世时期世界各地冰川的收缩和膨胀。

Lamb (1995)：该领域的学术权威就气候对人类历史造成的影响进行了分析。

Van Andel (1994)：就气候变化的地质后果各方面进行的一系列分析和讨论。

第 10 章 气候模拟

膨胀的野心驱使我不顾一切地去冒险。

莎士比亚（《麦克白》）

制作能够准确反映地球气候复杂性的计算机模型是一项巨大的挑战。即便只是将重点集中在自然变异和人类活动的影响等优先领域上，这些任务也是非常艰巨的。如果模型包含气候变化的所有潜在因素，其困难程度将是无法想象的。因此，所采取的方法必须是开发一个能够激发我们自信心的系统来解决优先领域的问题，然后继续探索对气候敏感性产生影响的其他因素。要做到这一点，唯一方法是创建一个详细的全球气候计算机模型来评估各种不同的假说。第一个阶段是确定这些模型是否能够再现气候的现实情况，并对大多数明显的可量化扰动作出回应。第二个阶段是考察气候变化其他可能原因的相对重要性，以便我们能够准确掌握优先领域并对过去的事件有更好的理解，同时保证我们对今后变化预测的准确度。

根据这些总体的目标，本章的目的就是描述计算机模型的基本特征，然后对其再现气候已知特征的性能进行评估。之后，将考虑计算机模型处理气候自然变异的能力和人类活动可能造成的影响。根据这项分析，本章讨论了计算机模型建造者所面临的挑战，即气候变化的可靠预测在可预见的将来是否是一个现实的命题。

关于气候方面的有关见解受到 IPCC 大量工作的影响。通过 IPCC 每 5 年左右出版一次的评估审核报告为每一轮的活动制定了新规则。自 1990 年出版第一份报告以来，这项活动的规模不断扩大，而作为每轮活动一部分的评估结果也显示了我们对气候变化性质的理解还在不断加深。2007 年初出版的第四次评估报告达成了越来越明确的共识，即最近几十年气候变暖主要归咎于人类活动的影响。这个共识是如何形成的，以及这对今后意味着什么构成了本章和下一章的主题。

10.1　全球环流模式

在考虑气候模型时，显而易见的出发点是能够为我们提供日常预测的数值天气预报。由于我们对计算机模型的这些结果非常熟悉，因此很容易与它们的功能联系起来。天气预报是关于数理方面的问题。用于预测的计算机模型包含一组非常庞大而复杂的公式,这些公式是基于影响天气系统生成、发展和消亡的物理学和动力学规则而形成的。公式中体现了物质、能量和水在各个阶段的动量守恒定律,用于研究气团的牛顿运动方程,以及用于研究入射的太阳能和射出的热辐射的热力学、辐射规律,以及大气的物态方程。前文指出的参数包括地球的大小、自转、地形,吸收的太阳辐射及其在日间和季节上的变化,还包括由土壤性质、植被、雪和冰的覆盖,以及海洋表面的温度所决定的陆地表面的辐射和导热性能。

通过世界各地的地面观测站、船舶、浮标,以及从高层大气中用飞行器和气球上的仪器得到的观察数据,大气的物理状态不断地被更新。大气模型被划分为70层,而在最先进的大气模型中,每层都被划分到大约间隔为40 km的网格中。在全球大气模型中还可包含区域性大气模型,可以提供12 km坐标比例尺的预报,以及地方级别4 km坐标比例尺的预报。大气模型在每次运行时,网格中的每一个点都会显示新的温度、气压、风力和湿度,而在每个点中,控制微分方程式的时间步长为15 min,以预报未来长达10天的天气情况。大气模型可以做成数百个关于气压、温度、风力、湿度、垂直运动和降雨的预测图表,这些图表用于提供各种预报。

因此天气预报的预测规模为我们带来了一个很好的启示,即这些资源可以用来进行气候变化方面的研究。然而众所周知,天气预报具有很明显的缺陷。我们在天气预报领域已经取得了很大的进步,现在三天的预报准确率已经相当于20年前一天的预报的准确率。这种缓慢的进步突出表明了大气的不可预测性。关于气候的长期变化,我们所关注的焦点是如何运作这些模型(见3.2节、3.6节和7.2节)。一般的天气预报无法很好地预测稳定的环流模式之间的突然变化,它们最多只能能够通过统计学的方法给出一些提示,以检验大气是否处在一个不可预测的状态。这些提示是通过以略微不同的初始条件运行模型而获得的,并观察这些天气预报是否能够相互支持或很快产生分歧。当建模者面临着分析全球气候对各种扰动的反应,以及预测今后气候变化过程的问题时,这一套方法则起到了很好的指示作用。

首先,气候建模者使用的大气环流模式(GCMs)无法像数值天气预报那样表示全球气候,因为他们为了考虑可能的变化,必须将这些模型运行数十年甚至几个世纪。由于运行最先进计算机的高昂成本和完成计算所需要的时间限制,这个模型只能使用较低的空间分辨率。通常,目前最先进模型的水平分辨率在125~400 km,但垂直分辨率仍然很高,在大气层中大约能达到20层。因此,他们采用与天气预报模式相同的数学和物理原理,在预测大气模型时无法达到与天气预报相同的程度。

将海洋过程和大气环流模式进行结合是一项重大的挑战。与大气相比,

10.1 全球环流模式

海洋的热容量是巨大的,并能向大气散发热量或从大气中吸收热量。要想给出海洋热储量和吸收的温室气体量,需要一个完整的三维海洋气候模型。必须模拟出深水和西部边界流的详细情况。深水形成的变化强度和位置对大气有着深远影响。过去,海洋温盐环流的变化导致了主要的大气反应。模型还必须能够模拟短期的波动,如厄尔尼诺和南方涛动。

近年来,一些考虑到了海洋大气界面表面变化过程和海底变化情况的气候模型已经有了很大程度的提高。全球海洋环流模式要求更高的时空分辨率来捕捉关于主要洋流、海底地形,以及与盆地几何学特征相关的涡流过程。因此,与大气环流模式一样,在电脑上制作高分辨率海洋模型也是很费时的。为了能更加真实地模拟10年间甚至更长时间的气候状况,需要对其他气候系统的模式进行整合,特别是低温层和生物圈模式的整合。

近几年来,大气－海洋环流模式(AOGCMs)的运行已经取得明显的改进。计算能力的迅速提高不仅提高了时空分辨率,而且改善了数值法和参数化法(例如,海冰、大气边界层、海洋混合)。许多模型增加了更多的程序,包括影响云属性的作用力(例如,大气微粒的形成)的一些关键过程,这些过程如今已被应用到了许多模型中。

最简单的效能衡量标准就是它们所预测的全球温度和降水量。温度测量结果的显著特征是,观测值通常会保持在合理一致的水平线内,各种模型之间的离散值各不相同,与过去气候变化和预测的未来变化相比,这些离散值相对较大。模拟温度的季节性变化与实际值之间存在显著差别,最大的差异出现在高纬度地区的各大陆上。相反,在海洋上这些差别较小。

除了少数情况以外,绝对误差(极地地区以外和其他数据贫乏地区)小于 2 K,通常个别模型有较大误差,但除了高纬度地区,多数还是小于 3 K。一些更大的误差出现在海拔变化剧烈的地区,这可能是由于地形模型(通常较为缓和)与实际地形之间不匹配所造成的。还存在一种趋势,这就是陆地上的系统性冷偏差和海洋上的热偏差。在极地以外地区,相对较大的误差在热带海洋盆地的东部地区表现较为明显,这很可能是低云模拟问题的一个征兆。

降水量模拟显示出很大的离散性。在所有模型中,出现了与热带降雨相关的许多特征以及中纬度风暴路径。这些变化与降雨强度有关,而在热带变化最大。这些差异非常重要,因为降水量是衡量水循环强度的尺度,而且它影响着海洋的温盐环流。一般来说,如人们所预期的,模型中平均温度越高,降水量就越大。因此,地球温度越高就可能出现更为强烈的水循环。此外,模型中很清晰地给出了海平面气压的季节平均值。

当进行降雪和海冰覆盖的模拟时,这些模型还是遇到了尚未解决的困难。在第三次评估报告中,对一整年的情况进行了观察。在一些模型中,冬季有过量的积雪覆盖,并一直持续到夏天,而在其他模型中,北极地区海冰全部消失，南半球所有的海冰几乎全部消失。显然，无法准确模拟某个地区气候的重要特征是下一步工作需要解决的问题。最新模型的另一个特征是在大气-海洋环流模式中的冰雪圈的反馈幅度始终存在极大的不确定性。这主要是由于模拟气候反应的传播扩散所导致的，特别是在高纬度地区。从全球范围来看，反馈到所有模型中的雪和冰冻表面的反照率都是正值，并且在当前的模型中出现了比云反馈程度更小的传播扩散。极地成云过程、海洋热和淡水转移之间的强耦合作用，使人们对海冰反馈的理解和评估工作变得更加复杂。

直到最近，环流的描述在功能上仍存一定的局限性。然而，最近高分辨率的模型能够更真实地模拟出海水水团结构、温盐环流（见大洋输送带，3.8节）和海洋热量输送数值（见2.1.4节）。但是，多数模型在模拟南大洋过程中产生了偏差，导致了在模拟气候变化时海洋热吸收出现了一些不确定性。因此，下一步的工作需要提高模型的准确性，并检验全球变暖对未来的海洋洋流循环模式的可能影响。

云模拟是存在不确定性最多的地方。这是一项重要测试，因为云对射入的太阳辐射和射出的地球辐射（见3.3节）产生巨大的影响。因此，任何模拟的缺陷可能会对模型的可靠性产生重大影响。最根本的问题是气候变化是否会导致云层的连续的变化，这将强化变化的趋势（正反馈机制）或弱化变化的趋势（负反馈机制）（方框1.1）。通过提高时空分辨率，以及改善数值格式和参数化方法（例如，海冰、大气边界层、海洋混合）从而形成气候模型。许多模型增加了更多的程序，包括对作用力至关重要的一些关键过程（例如，许多模型都对大气微粒进行了交互模拟）。

尽管最近的模型能够更好地对云进行描述，但这些过程在预测人类活动导致的气候变化方面仍存在很大的不确定性。在云模拟系统方面取得了一些进步，最著名的是海洋层积云的例子，海洋层积云在热带海洋上的冷却中发挥重要的作用。然而，这些模型最多只是描述了地球云层纬度和季节性分布情况。它们低估了中低纬度地区冬季和夏季的云量，高估了较高纬度地区的云量，特别是在南极地区。这些地区的卫星测量数据在测量云层和下方冰雪时也存在不确定性。

一般来说，温度值模型的差别主要是由云反馈的交互模式差别引起的。边界层云的变化对射入的短波辐射的影响，以及对较小范围的中层云的影响，是造成全球云反馈跨模式差异的最主要原因。在当前气候条件下，这些云模拟的相对不准确问题是一个值得关注的问题。深对流云在全球变暖下相应的变化也是预测不确定性的一个重要原因，因为当前的模型预测这些云团有着不同的反应。通过观察，已经对云反馈进行了评估。这些反馈表明，各气候模型显示了各自不同的优势和劣势，而目前还无法确定哪种气候变化云层反馈的评估结果是最可靠的。

云的模拟还存在另外一个问题,这就是全球变暖是否会改变云的降水属性。海洋温度不断上升,越来越多的海水被蒸发到大气中,这一现象的总体影响引起了气象学家的激烈争论。如果仅仅导致底层大气的水蒸气增加,来自云的降雨加大,那么影响不会很大。但是,如果导致整个对流层的湿度增加,那么就会出现正反馈影响,即气候变暖程度将会加剧,因为水蒸气是最重要的温室气体(见2.1.3节)。尽管这个反馈的强度在各个模型中有所不同,但是随反馈的递减,对模拟气候敏感性扩散的总体影响也会相应减小。一些新的研究表明,模拟的对流层相对湿度与所观测到的数据一致。将这些研究综合起来看,结果有力地证明了大气-海洋环流模式中发现的整体水蒸气影响力的递减规律。

10.2　气候变率模拟

大气-海洋环流模式(AOGCMs)预测气候变化的实用性基础测试就是检验大气-海洋环流模式对当前气候自然变异复制的能力。直到最近,我们完成了这项模拟,通过运行GCMs,使其在不受外来扰动的情况下,模拟相当于若干世纪的全球气候,以观察它们按照自身规律上下波动的程度。然而,真正的模型测试是对大范围气候变化模型的成功模拟和预测,这种大范围的气候变化在第3章和第6章中有详细说明(见3.6节至3.9节以及6.2节)。

这些模型在最短的时间尺度内对气候的天气系统变异性进行了认真的模拟。但它们确实低估了最大风暴地区的变异性。这些模型也已倾向于低估阻塞的数量(见3.2节),因此,这一重要现象造成气候的可变性。最近的研究发现,GCMs现在能够更准确地模拟北半球的阻塞情况,但模拟结果通常都比实际观测到的持续时间要短些,发生频率也更低一些。由于不存在普遍认可的阻塞,这一分析变得非常复杂。这是一个elephant级的天气当量:很难对其进行界定,但当你看到它时就会知道。因此,对各种阻塞研究进行比较是非常困难的。然而,如果20世纪北半球观测到的年代际阻塞具有重要意义的话(见3.7节),那么关键的是如何更好地应对造成这些变化的原因。

我们不得不面临的问题是确定一个阻塞指标,该指标并不会严重影响GCMs中的阻塞模拟结果,这个阻塞模拟旨在探索如辐射强迫作用等方面的改变所带来的影响。否则,结果将只能反映模型初始条件下设置的一些偏差,而这个结论很可能类似于旧计算机原理输入偏差等于输出偏差的一个重新定义。而且,GCMs的模拟和长期数据的分析表明,阻塞频率存在巨大的年际变化和年代际变化。这强调了当评估观察到的或是模拟的短期记录的阻塞气候时需要特别留心。阻塞事件在南半球对气候产生的影响较小，也许这可以解释为什么没有对观测到和模拟到的阻塞现象进行系统的比较。

对大气-海洋环流模式在几个月到几年的时间尺度上进行比较的结果显示，近表面温度的标准偏差基本符合所观测到的实际值。在热带，热带大气季节振荡（MJO）的模拟结果（见 6.2 节）并不令人满意。能源是如何并从哪里被输送到热带大气中的，这是建立 MJO 模型的关键，所以那些模拟 MJO 一些基本特点的模型需要接受进一步的检验。同样，一些模型模拟了具有 MJO 特征的变异性，但这并不常见，或不具有足够的振荡强度来清楚地说明上述背景的变化。因而，造成对 MJO 对流和风变率的强度和连续性的低估。结果是，如季风降雨变化、热带气旋和 ENSO 的发生都无法在这些模型中得到很好的模拟。

年际变化同样也很复杂。一些大气-海洋环流模式显示了与 ENSO 变化相类似的方面（见 3.7 节）。尽管取得了一些进展，但在模拟平均气候和自然变化过程中还是存在严重的系统性错误，其中包括处理模拟热带年度循环中热带辐合带的问题。沿太平洋赤道，多数大气-海洋环流模式无法充分捕捉到纬向海温梯度；赤道冷舌区与赤道的距离设定得太近。模式通常会出现异常：向热带太平洋西部延伸过远，无法观测到太平洋东部子午线周围的异常情况。而且，温跃层通常过于分散。大多数的模式中会出现过于快速的厄尔尼诺变异——两年至三年内达到顶峰——很难观测到锁定在年度循环和 ENSO 之间正确的相位。此外，一些模型无法显示 El Niño - La Niña 不对称的时空结构。

模型显示，温带气候变异的主要形式仍然给模型带来问题，而那些温带气候变异则反映了 3.7 节中所讨论过的各种涛动，例如，北大西洋涛动（NAO）或北极涛动、南极涛动（AAO）、太平洋年代际涛动（PDO）或太平洋十年规模涛动（IPO）。以 NAO 为例，多数模型出现过多的海平面气压变化。一些耦合的 GCMs。

准确地模拟了 NAO 的年际变异，而其他一些则变异太大；对于那些模拟较强变异的模型，其异常状态持续时间要比观察到的还要长。相对于亚年代际变异而言，多年代际的变异级别要小很多。

尽管 AAO 的空间结构由最近的模型很精确地被模拟出来，但其他特点如振幅、具体的带状构造和时空关系并不总是与美国国家环境预报中心（NCEP）的分析数据相符。多集合整体的不同模拟结果之间的这些特性差别很大，与站点数据相比，美国国家环境预报中心分析的 AAO 的时间变异是值得怀疑的。

耦合模型似乎可以很顺利地模拟多 IPO-like 这一类变率，即便是那些非常粗糙以至于无法恰当地解决对 ENSO 动力学非常重要的赤道陷波问题的模型。一直以来人们很少对耦合模型中太平洋年代际变率的振幅进行评估。有一个模型显示，变化大致有一个向右的振幅，但有一种更详细的调查方法，一种专门关注 IPO-Like 这一类变率的最新模型可能对解决这一问题很有帮助。

在大西洋多年代际振荡(AMO)中，耦合模型模拟了一段 65～80 年的波动。多年代际变率似乎受到了表面热通量的影响，因此，大气变率似乎与北大西洋温盐环流(THC)强度的平行波动具有一致性。然而，在各种耦合模型组合中，控制这些变率的机制千差万别，特别是，海洋和大气之间的耦合作用同海洋变率有着明显的差异，海洋变率在一些耦合作用中起主导作用，而大气变率在另外一些耦合作用中占据主导作用。在不同模型中，高、低纬度气候变化过程所担任的相对角色也有所不同。这些不确定性对理解当前气候变化至关重要，因为强烈的大西洋多年代际变率有可能将人为削弱大洋 THC 的影响达数十年。

另一个检验 GCMs 预测潜在气候变化准确性的方法是，看它们如何处理自然扰动的具体形式。这个过程的最好例子就是大型火山爆发的影响。由于这些过程导致到达地表的太阳辐射减少(见 8.4 节)，这一减少程度相当于大气中二氧化碳双倍增长的温室效应，模型对重大火山影响的计算能准确地检验出它们预测人类活动的影响能力。对 1991 年 6 月菲律宾 Mount Pinatubo 火山爆发(图 10.1)后变化的预测结果表明，模型能够很好地预测具体扰动的全球性影响。这次成功的预测说明，虽然 GCMs 还存在许多缺陷，但它们

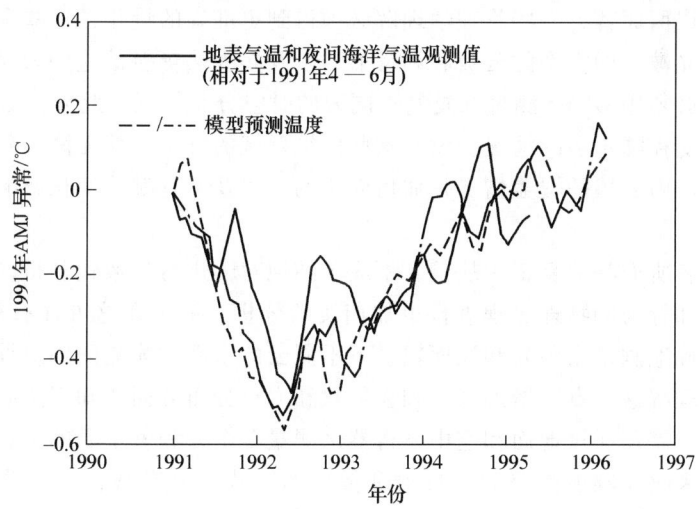

图 10.1　Mount Pinatubo 火山爆发后，预测的和所观察到的地表和夜间海洋气温的变化情况，依据 1991 年 4—6 月和 1995 年 3—5 月三个月的滑动平均值。(引自 IPCC,1995,图 5.20)

预测人类活动的累积结果的能力（见11.2节）使自身比预期具有更高的价值。

另一种流行的模型性能测试是探究它们如何模拟过去的气候。接受检测最多的是大约6千年前（见8.6节）的全新世大暖期的气候状况，以及相对的约21 000年前（见8.4节）的末次冰期末期最冷时期的气候状况。模型表现出了看似合理的气候现象。然而，长期以来，我们对气候状况知识的局限使得我们很难确定这项工作是否是真正的模型检测。实际上，与验证模型的过程相比，这些研究成果对检测气候变化机制与已获证据之间的物理含义更具有意义。

10.3 建模者所面临的挑战

改进GCMs的潜力取决于一些领域的进展。显然，我们需要拥有更大和更快的计算机。然而，在10.1节中被验证的过程的物理表示有可能会发生意想不到的进展。包括改善的云处理和地表的变化情况，如土地湿度、森林破坏、农业活动，以及积雪和海冰。这些领域的进展将取决于针对实际情况而进行的改善的实验研究。

10.3.1 云

大气环流模式中云现象的各个方面几乎都需要进行改进（见10.1节）。从最基本层面而言，一些物理学理解必须得到更准确的量化，这些理解包括多少太阳光被不同类型的云吸收和反射，以及多少热辐射被这些云吸收或反射。然后必须用GCMs测量和复制不同云的时空分布情况。此外，必须更准确地界定受控降水多的情况。没有这些前沿领域的进步，就无法准确估测较长时间尺度内云层的覆盖情况是如何变化的，以及又有哪些变化影响着气候变化。

建模者所面临的真正挑战是，不应单纯地对云进行参数化分析，而是要对云形成和行为的物理过程进行更加翔实的分析。要想在这方面有所改进，需要更准确地测量太阳光和地面辐射下不同云的水滴和冰晶的辐射性质。为了更好地理解这一点，增加对云颗粒形状和大小分布方面的知识是必不可少的。此外，需要通过地面和空中飞行器来测量单个云和若干云的组合是如何通过大气来改变辐射的吸收、反射和散射的方式。只有获得了这些测量数据，GCMs才能够对当前云层进行更真实的气候再现。

使用卫星测量建立一门更先进的云类型气候学，从而研究各种云量从每日到10年际不同时间尺度上的变化情况，这是我们下一步将要做的事情。一旦准确确立了云类型的地理分布，我们就可以用它来改善GCMs的性能。

这些测量还可以用于检验人类活动另一个潜在的重要方面，即微粒的形成，这主要来自二氧化硫排放和化石燃料燃烧（见 4.8 节）。我们需要的是有关这些微粒吸收情况和反射了多少阳光的准确数据，以及这些纯效应又是如何通过下垫面的反照率进行调整的。

微粒除了能够产生直接的影响之外，还会对云的形成造成间接影响。即微粒对云层覆盖程度及其时间的影响程度。目前，建模者尚不明确这些究竟会造成云的增加还是减少。卫星对船舶路径的测量显示微粒增加了云层覆盖量。据预测，人类活动产生的微粒对云性质的单纯影响可能是导致一些额外降温的原因，但具体的数量却无法计算。

10.3.2 热带风暴

大气-海洋环流模式的有限分辨率的影响扩展到了热带风暴频发地区，包括龙卷风和飓风（见 8.10 节）。在热带气旋的模拟方面获得改善的同时，模型还是无法解决热带气旋的问题，而且无法模拟它们的强度。然而，一些模型可以模拟那些推导出其频率和分布所需的大规模天气情况。它们还可以模拟任何一年的热带海面温度结构如何影响热带气旋轨迹变化的情况（例如，从厄尔尼诺发展成拉尼娜），同时模型还能够模拟这些不同情况。这在预测破坏性飓风的轨迹的变化方面是非常重要的。然而，分辨率不足使我们在理解热带风暴对全球能源转移所起的作用，以及它们对所预测的 21 世纪气候变暖的影响上仍然存在巨大差距。

针对这个挑战，美国国家大气研究中心（NCAR）的 Kevin Trenberth 及其同事展开了研究。他们探索了全球能源变迁的各个方面，包括使用高分辨率的地区模型（覆盖半径为 400 km，分辨率为 4 km），并将其嵌入了低分辨率的 AOGCMs。以墨西哥湾发生的大飓风（2004 年的 Ivan 飓风和 2005 年的 Katrina 飓风）为例，研究显示，这些带有海面温度 SSTs 的风暴强度与潜在的破坏性之间存在着很强的联系，表明降雨增加及更强风暴出现的可能性在增强。这些研究得出的结论是，自 1970 年以来，程度更强且伴有强降雨的飓风增加了大约 8%。

根据模型模拟的最大风速，这次分析利用表面潜热、感热通量和降雨得出更宽泛的结论。根据 1990—2005 年对各种强度的飓风频率研究得出的全球最好的跟踪数据，计算出了在离风暴中心 400 km 范围之内由 1~5 级风暴导致的全部热量损失，其相当于 $1.3\ W \cdot m^{-2}$ 的热量，扩散范围从 20°N 到 20°S 海洋区域，足以使这一区域 10 m 深的海水温度每年降低 1.0 ℃。假定这项计算仅仅考虑了大型飓风中心区域的影响，那么根据降水量计算出的由飓风造成的总潜能（焓值）损失则是这些数字的 3.4 倍。这是因为半径为 400 km 范围之外的地表通量增加以及进入风暴的水汽辐合通常远远超过 1 600 km。

随着时间的推移，变化反映出盆地的差异性和厄尔尼诺的突出作用，而 1989—1997 年是全球最为活跃的时期。对 1970—2005 年所推算的地表通量和降水量中出现的较强正向趋势，导致了风暴强度增强和海面温度 SSTs 升高。这强调了海面能量转化在全球气候能量系统中的重要作用，同时显示出气候模型始终具有无法充分模拟热带气旋的明显缺陷。

10.3.3 地表过程

在较短时间内，地面特征各不相同。然而，它们对我们所生活的地区的气候环境却产生了重大的影响。因此，可以用参数表示这些过程的许多长期气候现象，关键是 GCMs 准确地表现了气候的影响。正如对云进行的模拟一样，当前的证据是这些模型无法很好地模拟地面过程，今后的任务是采用更好的测量方法，以便准确地分析地面性质是如何影响大气变化的。这些测量需要包含受不同季节和干湿条件影响的反照率的变化情况（见 2.1.4 节），储存于土壤中，或蒸发掉的，或随着河水流走的降雨的平衡状况，土壤湿度对地表热量和湿度的影响，以及冬季积雪的影响。

土壤湿度变化的后果充分说明了建模者所面临的挑战是如何交织在一起的。天气预报工作（见 10.3.5 节）表明更准确的土壤湿度测量对预测降雨有极大的帮助。但在气候模型中，除非降雨的整体模拟逼真，否则降水模拟的弱点将在模拟地面过程中凸现出来，并阻碍模拟的进一步完善。找出影响给定气候变量的最重要的参数也许是该进程中所遇到的最大障碍。无论如何，仅仅通过探索模型如何对地面过程中更真实的自然现象作出回应，也许能够更准确地回答降水模拟中出现的问题。

积雪的影响可能引起更直接的模型改进。模型并没有很好地模拟全球积雪情况，而在北方冬季末期，寒带森林积雪的变化带来的影响从潜在意义上说是很大的（见 9.8 节）。这些变化必须解决以下两个问题：第一是气候的波动幅度如何随积雪的变化而增强；第二是森林破坏是如何从根本上改变这些影响的，尤其是在高纬度地区（表 2.1）。

我们应该更深入地考察与沙漠化相关的问题。应进一步考察沙漠高的反照率加剧干燥状况的可能性。一些理论分析认为，由沙漠扩展造成反照率的增加可能由于当地云量的下降而被抵消。更为显著的是，卫星观测似乎表明了沙漠的扩展和收缩主要是由大规模天气模式所控制的（见 9.8 节）。因此，当雨季再次到来时，植被体系迅速重建从而降低了反照率。然而，如果长期气候变化导致降雨方式更持久的转变，则反照率的影响会变得更加重要。因此，模型需要能够处理这些变化。

10.3.4 风、波浪和洋流

大气-海洋的互动作用在气候变化中扮演着重要角色，因此对于理解大气与海平面之间的能量转换问题是改善模型的核心问题。我们需要进一步分析风是如何掀起海浪的，以及反过来又是如何受到海浪影响的。卫星测量现在可以更精确地提供浪高和风速的信息。通过对海平面与大气之间的温差、风速以及对海洋学的研究，可以共同为海平面与大气之间的热量、动量和湿度获得更为精确的数据。特别是当可以获得更高分辨率的模型时，这些信息将为 GCMs 中的"通量调整"提供判断依据。最近一些模拟工作表明，在没有"通量调整"的情况下建造一些能够进行长期实际模拟全球气候的模型已经取得了一些进展。

在更大范围内，大气和海洋如何结合促成 ENSO 和洋流的形成，这一点在模型上必须得到完善。由于当前 GCMs 无法再现厄尔尼诺现象的广泛影响（见10.2节），因此现在的首要任务就是在计算机上更真实模拟气候变化。除此之外，必须对这个保持大洋输送带的过程进行模拟，从而我们可以对这个系统的稳定性形成更加深刻的见解。一些初步的模拟结果表明，二氧化碳含量的增加可能导致北大西洋的温盐环流强度下降，特别是当二氧化碳含量急剧增加时。北大西洋环流模式的一些证据已经显示了有关这种变化的一些信号，确认了海洋环流改善模式建立的重要性。

10.3.5 其他温室气体

大气中除了 CO_2 之外，还有其他微量成分也影响了温室效应。然而，在强调人类活动影响时，重要的是要考虑所有强辐射气体的变化情况。这项分析可以分为：第一类是大量累积在大气中的各种人为排放的成分[例如，甲烷、二氧化硫和含氯氟烃(CFCs)]。第二类是那些对不断变化的气候状况显示相应复杂变化的成分，因此其中的水蒸气和臭氧最为重要，成为模拟过程中不可分割的一部分。虽然前者确实参与了各种大气光化学过程，但它们对气候变化的主要影响是增加了大气中的辐射。辐射增加可与 CO_2 作用相结合，提供有关人类活动的总体数据。通过比较，水蒸气和臭氧变化更具挑战性。

因为水蒸气是主要的温室气体（见2.1.3节），因此准确模拟水蒸气是实际模拟的核心。这项分析同样发现，水蒸气含量对大气温度的极为敏感，随大气温度的变化而变化，特别是在垂直层面。但水蒸气的辐射性质随大气浓度的不同也有所变化，因此在温暖的地方，垂直分布会发生变化。

臭氧的情况也类似。这里，垂直分布是光化学过程的产物（方框2.2）。人类活动正在改变这种分布情况。在近地面层，城市地区污染程度加剧正在使臭氧含量增加，特别是在夏季。在大部分臭氧分布的平流层，氯氟烃的聚积已经导致南极洲上空臭氧层的明显破坏。这些变化必须准确地在GCMs中进行模拟，从而真实地呈现出人类活动是如何影响气候的。

10.3.6 数值天气预报的开发

数值天气预报（NWP）的规模（见10.1节）突出强调了预报仍具有很大的局限性，尽管我们已经开发了大型的计算机来建立非常详尽全球天气系统模型。日常天气预报的不断改进直接对气候模型的建造者提出了挑战。这可以快速地提供一些深入的见解，这些见解对气候系统的准确再现具有重要意义。通过使用关于大气、海洋以及陆地表面是如何相互作用的最新实验观测数据，天气预报模型可以提高对各种自然过程的再现能力以通过改善预测性能对这些改进的影响进行检验。这个过程能使气候模型建造者发现那些对长期预测影响最大的因素在GCMs中如何最准确地进行模拟。

另外，数值天气预报结果能够帮助人们改善GCMs并分析其结果，这就是再分析工作（见4.3节）。因为这项工作收集到了多年来所采集的全部数据，它使模型所采用的初始条件更加真实。同等重要的是，预报结果可以用于检验模型的性能，从而检查其在准确模拟年度循环周期中全球气候行为的能力。这些测量不仅包括温度测量和气压测量，而且还包括对能量传输和全球水蒸气的进一步测量。

10.4 小　　结

气候模拟这项工作具有不可抗拒的力量，是不可动摇的。建模者可利用的计算仪器很多，但是，当与我们生活中所要应付的复杂的许多方面相比，它所提供的分析是更为全面的。此外，我们对所涉及的物理过程的理解已经跨越到了一个新的层面。然而，人们意识到建立一个可靠的全球气候模型是一项巨大的挑战，这种意识还在不断迅速增强。

当我们面对看似棘手的问题时，我们举起双手并声称这太困难是件非常简单的事情，但在我们拥有更好的测量工具、更大的计算机和更复杂的GCMs之前，我们无法得出任何结论。但这种极端的"观望"方式是不现实的。我们现在必须作出抉择，即使是暂时不采取任何行动应对全球变暖的威胁的决策，我们也要根据当前的知识说明其合理性。今后的工作就是利用我们已经完成的工作，承认其局限性的同时决定什么是最值得做的事情。因此，在弄清楚了模拟气候的优势和劣势后，我们现在可以考虑如何把这些工作利用到我们未来的规划上了。

习题

1. 海洋－大气模型显示在北大西洋上，有一个强度为 $2 \sim 26$ Sv（1 Sv $= 10^6 \mathrm{m}^3 \cdot \mathrm{s}^{-1}$）、向极地方向移动的水传送变化情况。如果这部分水到达高纬度地区时的平均温度为 $11\ ℃$，而向南回流的深水温度为 $3\ ℃$，请预测这些模型中向北运输的热量范围。如何将这些能量变化量与冬季和夏季照射到这个地区（$50\ °N \sim 60\ °N, 20\ °W \sim 60\ °W$）太阳能的量进行比较？

2. 预测需要融化多少南极洲和格陵兰岛的现有冰原才能使全球的海平面提高 10 m。这是否是一种能够影响全球任何一个区域的有效措施呢？如果不是，还有什么其他地区因素吗？

3. 在财产损失和对生命造成的危害方面，海平面平均升高的推测是否有利于对未来全球变暖影响的预测？如果不是，那么又是哪些气候变化的测量值能够代表全球变暖的最重要方面，即特别强调任何气温升高的早期阶段的影响。

深进读物

本书最后附有一份完整的参考文献，从中挑出的以下书籍或文章可以帮助更好理解本章内容。每个引文的详细情况见参考文献。

Burroughs (1991)：本书描述了卫星技术是如何更好地测量各种物理过程对气候变化的作用。

Gurney 等(1993)：详细描述了从气象卫星获得的关于气候研究的许多结论。

Harries (1990)：关于气象卫星工作情况的基础分析，以及它们对研究气候变化所起到的指南作用。

IPCC (1995)：气象和气候界于 1995 年底就测量气候变化和模拟气候问题的明确声明。GCMs 性能的分析为找出更多关于这项快速进展的主题的下一步方向和所面临的问题提供了理想的出发点。

Trenberth (1992)：详细介绍了形成模拟全球气候基础的物理和计算原理。

第11章 气候变化的预测

有人问:"要是天塌下来了怎么办呢?"
Terence(特伦斯)(Publius Terentius Afer),
公元前190—公元前150

本章的出发点是考虑我们所说的可预测性的含义。一个有效的办法是在一定程度上通过一种决定气候变化的物理规律的完整理论知识来预测气候的变化。通过使用可预测性这个概念,从第10章中所讨论的计算机模型中我们得出,预测21世纪前后的气候变化将面临四项基本挑战:一是模型误差问题以及气候模式的数学描述可改善程度的问题;二是减少初始条件错误以确保该模型尽可能从准确的气候系统状态启动;三是如何衡量我们的研究结果;四是在政策制定过程中,总结模型的概念和结果的可能性问题。

该模型研究结果所概括出的最终概念为我们揭示了未来气候变化的经济和社会后果。因此预测工作变得更加困难。由于经济模型缺乏明确支撑气候模型的物理规律,所以存在很大的不确定性。特别是,鉴于不断出现的气候变化证据,这些不确定因素取决于公众行为。当与各国政府控制温室气体排放措施出现的异常响应风险相结合时,能源使用方面可能会出现完全出乎意料的变化,从而造成人类活动影响的气候变化。

首先,为应对这些挑战,我们必须清楚我们自身对气候自然波动的了解,并了解这对未来意味着什么。其次,监测目前气候现状的关键问题,我们是否可以对模型的输入参数进行实质性改善?最后,人类活动将如何发展,这些活动将会对气候产生怎样的互动作用,以及如何应对气候变化的问题。最好将这些问题分开考虑,然后再按照得出的结论将这些问题整合在一起。这样做的目的是利用这本书的所有材料进行对气候变率和气候变化方面的知识进行总结,以便规划未来。我们应始终认识到,如果未来几年所发生的事件显示出我们已经进入到一个不同的世界,那么我们将不得不改变我们对未来的看法并制定今后的政策。

11.1 自 然 变 异

在考虑未来 100 年气候如何变化时,整个全新世气候的相对稳定性将引出一个问题。即我们是否可以将这种稳定性视为当前事物本身的自然规律。如果是这样,那么这一时期波动的准确测量就能够确定当前气候的自然变化规律。如果不是,那么我们可能就不得不将发生在全新世之前的一些气候变化因素纳入到我们的分析中。总之,在我们能够确定人类活动是否对气候具有重大影响之前,我们必须确定哪种自然波动的说法是最好的选择。

最显而易见的办法是考虑在 1.2 节中提出的气候变化的形式。缺乏关于过去最近数千年的明确的变化趋势的数据意味着我们可以从周期性变化开始着手。虽然有充分的理由说明轨道变化是导致冰期变化的原因,但是这只会对较长的时间尺度产生影响。根据一项估计,大约再过 2.3 万年,我们将经历另一冰期。更重要的是,我们几乎没有较短时间尺度的规律性变化证据(即从几年到几千年)。除了 20 年周期的普遍性已被各自归因于太阳、月球,或大气-海洋的自方差以外,很少有与太阳活动有关的以 100 年和 200 年为循环周期的实质性证据(见 6.5 节)。而关于 1 000 年和 2 000 年为周期的准周期变化的证据却越来越多。

这在很大程度上取决于当前有关"曲棍球杆的正确性"问题辩论达成的共识(方框 8.1)。如果结论是,20 世纪温度的升高使降温趋势在过去两千年期间的波动变小,那么自然变异在 21 世纪气候变暖方面所发挥的作用是很小的。然而,我们正面临着一个严峻的前景,在我们所生活的这个世纪里,人类活动导致气候变暖已经成为一种主要的气候效应。

还有一种方法是重新审查代用记录,加上新的观察结果也许能导致这样的结论:"曲棍球杆"理论低估了过去两千年自然变异的规模。如果这种情况显示中世纪气候适宜期和小冰期与 20 世纪的气候变暖具有相似规模,那么自然变异在以后几十年的气候发展中可能起到重要作用。

除了这些直接的问题之外,重点则是更加突然和剧烈的变化问题。这里的问题是,运用全新世期间气候变化的知识是否会低估目前形式的全球气候的变化将更为激烈的问题。最近的间冰期是短暂的,历时约 1 万年。最后的 Eemian 时期的温度高于当前水平 2 ℃(见 8.4 节)。我们必须回到大约 42 万年前一个较长的间冰期,当时地球的轨道运动与目前的模式有着明显的相似之处。因此这也许是我们没有生活在比预期更长的时间中的原因(图 4.13)。全球气候具有非线性特征,但我们无法知道它是否将保持这种稳定性,或在何时能转入一种新的状态。我们能够肯定的是,当人类活动肯定会发生显著影响时，气候变化变得更不稳定的概率将会有所增加。同时，总是会有与人类活动无关的突发性自然变动事件发生。

这些结论打击了人们对未来自然气候可变性进行预测的信心。在一定程度上存在许多"循环周期"，它们的影响可能很小，但在确定一种可接受的物理原因之前很难对其进行量化分析。考虑到太阳黑子数量的周期变化以及它们的长期行为和全球气温变化趋势之间的密切关系，要特别关注太阳活动是否对这些变化产生影响。目前还没有对连续性太阳黑子循环的幅度和周期进行成功预测的记录。而且，如果我们将可能发生的磁场变化也包括在内，那么事情将变得更加困难。

导致气候转变为一个更加易变模式的原因究竟是自然变化的结果，还是人类活动所造成的，这仍然是一个悬而未决的问题。回答该问题的研究进展取决于达到一定复杂程度的耦合大气－海洋模型，对此我们对它们所预测的海洋温盐环流的变化充满信心。这将要求建模者充分克服10.3节中提出的挑战。与此同时，必须优先使用所有古气候信息中的可利用资源来更好地理解自然变异，并了解是什么引起了更加剧烈的气候变化。如果没有这些资源，我们将花费更长的时间来确定未来变化是否是由于预期的人类活动影响所造成的，从而在理论上避免这些变化；或者仅仅是由于气候正常波动起伏所造成的。但是，如果气候发生突然转变，关于它是由于自然变异还是人类活动所导致的就成为一个纯理论问题，因为这时人类要想采取任何行动都为时已晚了。

11.2 预测全球变暖

尽管GCMs在再现目前全球气候（第10章）的细节方面存在局限性，但它们却是预测人类活动对气候产生影响的唯一现实的途径。此外，尽管它们的预测包含了相当广泛的气候条件，但这些条件和它们的广泛预测存在一致性。这是由于大气中温室气体增加造成的辐射作用（见2.1.4节）将对未来全球气候变化产生重要影响。IPCC的第四次评估报告AR4中的一致看法是，根据现有的观测结果和GCMs平衡变暖模拟得到的反馈，二氧化碳增加一倍，或气候敏感性很可能导致温度上升$2 \sim 4.5 \, ℃$，最可能的数值大约为$3 \, ℃$。这种气候敏感性不可能低于$1 \, ℃$。由于基本的物理原因，以及数据的局限性，不能排除大大高于$4.5 \, ℃$的可能性，但是观测值和代用数值对高值区的预报比$2 \sim 4.5 \, ℃$的预报能力差。

由于各种GCMs采取各种不同的方法应对模拟全球气候时出现的诸多挑战，因此，提出一个与它们的预测有所不同的看法是不切实际的。相反，更有启发意义的是分析这些模型通常是如何演绎20世纪全球气温变化的。目前有相当数量的耦合模型正在对这一期间的情况进行模拟实验。它们在各种不同的组合情况下使用了各种效应。这些模拟实验采用具有不同气候敏感性、海洋热量吸取率、作用幅度和类型的模型。涉及人为作用的模拟实验结果，包括不断增加的温室气体浓度和大气微粒效应的影响，加上天然的外部作用都提供了与观测到的温度记录相一致的解释[图11.1(a)]。只含有自然作用力的模拟实验[图11.1(b)]并没有模拟过去30年观察到的变

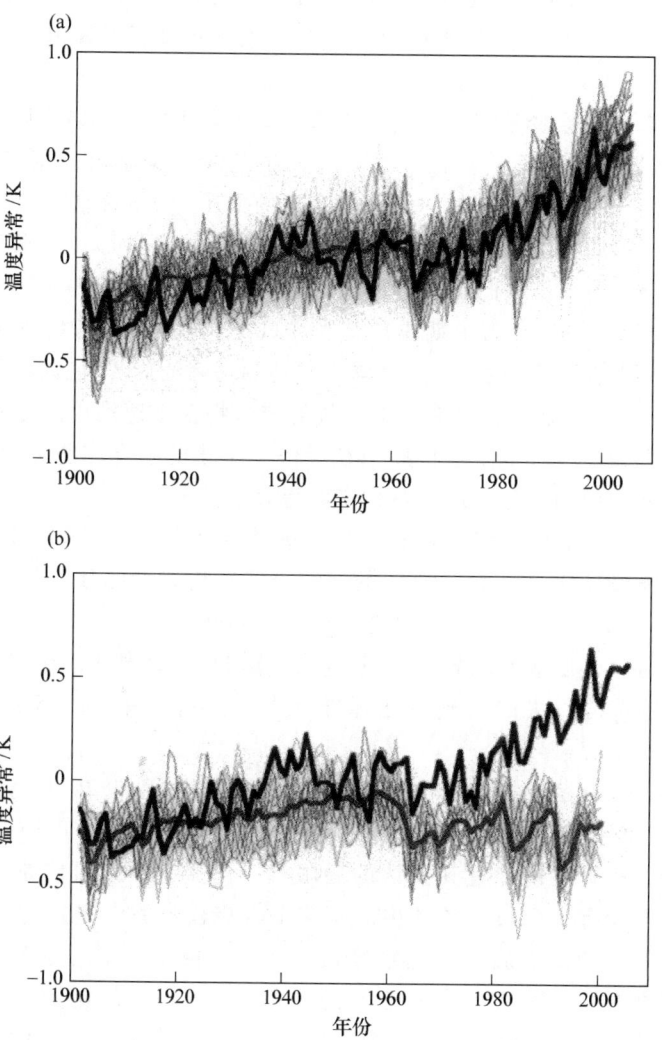

图11.1 全球平均温度异常，包括观察值（黑粗线）和模拟值。(a)为人和自然作用力同时起作用，(b)为只有自然作用力。多重模式(13种模型)的整体平均值用灰粗线显示，而个别模拟则用灰细线条表示。

暖情况。

　　这些结果相当具有说服力。它们使用各种不同的作用力。例如，一些对人为作用力的模拟包括了硫酸盐气溶胶的直接和间接影响，而其他一些只包括直接影响。同样，某些模拟中只包括了对流层和平流层 O_3 变化的影响。自然力模拟中涵盖了各种不同形式的太阳能和火山作用力的变化。尽管有这种额外的不确定性因素的存在，但人为强迫模拟和无人为强迫模拟之间有一个明确划分。此外，该模型通常在模拟大规模自然界内部变化时具有非常好的效果，同时能够捕捉到与较短时间尺度中火山爆发有关的降温情况。

　　预测未来的气候变暖需要我们对未来温室气体排放量作出假设。在第四次评估报告 AR4 中考虑了多种方案。它们都是相互关联的，相互一致的，并且是对世界未来可能状态的一种似乎合理的描述。我们无法在这里探讨所有这些方案。我们将讨论一个具体的情形，并研究这个情形在未来气候变化方面究竟意味着什么。我们在此将采取这样一种组合，即乐观的经济和政治与风险气候相结合（定义为中期排放情景 A1B），这种看法考虑到了未来经济快速增长问题，到 21 世纪中叶全球人口达到高峰约为 87 亿人，随后将在 2100 年下降到约 70 亿人，更新和更高效的技术将会迅速推出。随着区域人均收入的大幅减少，基本主题将集中在经济和文化的融合和能力建设方面。能源系统技术方面的变化将通过各种来源得以平衡。

　　从全球来看，大气中 CO_2 的浓度到 2100 年将会上升到 700 mL·m^{-3} 以上。大气－海洋环流模式对这种情景下的全球平均温度的预测显示，21 世纪末（2090—2100）温度水平将比现在（1980—2000）升高 2.2～4.3 ℃。预计在高纬度地区气候变暖的趋势会更强一些，特别是在北半球，热带地区要稍微小一些。这符合过去的气候变化标准观点，特别是有关冰期的观点（见 8.5 节）。

　　这种共识没有摆脱在 11.1 节中讨论的不确定性。由于 20 世纪大部分的警示可能是气候自然变率的产物，它可能在很大程度上正好与该模型产生的结果相契合。尽管该模型有其公认的局限性，但这一结论可能是无可挑剔的，因为它至少有一个很好的理由。事实上，该模型并非是通过"人为调整"来使其与观测到的温度变化趋势相符合的。相反，它们是建立在合理的物理原理之上的。这意味着一旦建成并以一系列现实的初始条件开始运行，这些模型本身将自行运转，来模拟现实世界是如何在有人为因素和没有人为因素影响下做出反应。现实世界的 13 种不同模型的输出结果看起来更像是我们生活的世界，人类活动所引起的变化看起来类似于近几十年来发生的事件，这一事实表明，我们应认真对待这些预测。

11.3　全球变暖的预测结果

如果模型的可信度是合理的，接下来的问题是，如果到21世纪末全球气温升高2.2~4.3℃，那么将会对我们的生活产生什么样的影响？这种影响取决于对以下三个主要问题的回答。首先，全球变暖是否会改变区域气候模式？其次，天气会变得更加极端吗？最后，海平面将上升多少？

10.1节中的GCMs分析表明了不同模型结果之间的分散性。因此，在全球变暖的情况下发现未来区域气候模式的各种模拟呈现出多种可能的发展趋势是不足为奇的。这些差异不仅反映了该模型的自然因素，而且体现了人类活动的影响，特别是那些因地域而有所不同的影响因素（如微粒），以及是否对所有自然因素都采取了行动（如微粒的直接和间接影响）。例如，英国气象局（UKMO）的模型表明，硫酸微粒的掺入大大改变了全球变暖对印度季风影响的模拟。不考虑微粒因素，模型和大部分GCMs一起，预测降雨将有所增加。这种现象符合一般结论，即在热带地区随着气温的升高大气中会有更多的水蒸气，从而导致一个更强的水循环。如果将微粒纳入考虑因素，UKMO模型模拟出印度的气候会变得更加干燥。

当人们在考虑气候变暖将如何影响高纬度地区时，同样的不确定性会再次出现。有一种观点认为，气候变暖只不过是将气候带逐步迁移到更高纬度地区的过程，所以英国将最终拥有像法国南部一样的气候，这种想法也许过于简单。更重要的是，天气实体是否会发生重大转变而不是一般性的变暖（见9.3节）。处理不断变化的现象时还存在着一些不确定性，例如，阻塞。然而，在未来不断变暖的气候中，存在一种不断增长的高温的风险，甚至预测会有更强烈、更频繁、持续时间更长的热浪气候。预计在全球变暖的情况下，冷期将不断减少，同时各地的昼夜温差也将随之降低。在20世纪，几乎在各中高纬度地区都观察到有霜日减少的现象，这种现象很可能会随着生长季节的延长而持续下去。

全球水循环可能会变得更强烈。目前的模型显示，在热带潮湿的地方（例如，在季风盛行的地方），以及热带太平洋地区，降水量整体上有所增加。在亚热带地区普遍下降，而在高纬度地区则是增加的。水蒸气、蒸发量和降水量均值在全球都有所增加。降水强度的增加（一个给定的降水事件发生了更高比例的降水量），特别是在热带和高纬度地区，这一情况提高了平均降水量。相反，在一些平均降水量减少的地区（多数亚热带和中纬度地区），降水强度却会有所增加，这主要是由于降雨事件之间存在着较长的间隔时间。在夏季，大陆中部地区的气候日趋干燥，因此这些地区发生干旱灾害的风险更大。

至于其他极端情况，作为全球变暖普遍看法的一部分（例如，更频繁的飓风和中纬度风暴），模型模拟的结果具有不确定性。热带气旋（飓风）在分配夏季海洋上空的来自太阳的热量方面发挥了关键性作用。由于海面温度的上升，下对流层下部的水蒸气量将总体上增加。这将为激发热带风暴提供更多的能源，而这通常需要海面温度超过 26 ℃ 才能形成。由于海面温度上升，可以形成这种风暴的潜在地区将可能有所增加。但是，正如 8.10 节中所述，近几十年强风暴增加的证据是不能令人信服的。

影响热带风暴的产生和其发生轨迹的其他因素就是 ENSO 和季风的变化。最大风速关键取决于海面温度和大气结构。温室气体的增加减少了高空的辐射冷却，从而有可能对大气起到稳定的作用。此外，它不只是一个风暴频率或数量的问题，而强度和持续时间可能更为重要。热带风暴的强度和持续时间与风速平方成正比。因此，一个巨大的风暴可能比若干小的风暴产生更大的影响。

在温带低气压状态下，模型往往会作出这样的预测，即这些风暴的强度以及大风发生率在欧洲会有所减少。这反映出这样一种事实，即如果极地地区比热带地区更温暖的话，那么造成这些风暴的温度梯度将会减少，而且风暴发生的轨迹也将会转移到高纬度地区。如果中纬度环流强度下降，尤其是在冬季，则可能会导致天气模式更多变和气候现象的堵塞频率更高。这种变化的一个后果是将会使北半球一些地区更加频繁地出现寒冷的冬季，特别是在气候变暖的早期阶段。更炎热的夏季也可能伴随着这种变化而发生。这些变化对降雨模式的影响尚不清楚，而对于那些有关目前趋势尚不确定的数据，除了确定萨赫勒地区的干燥条件外，对未来模式几乎没有提供任何线索。

变化的区域格局以及大的气候变异后果可能对农业产生的影响最大。虽然季节性预测可能会减轻这些波动对某些一年生作物的负面影响，但是政府在应对这些挑战、保障农民的生活方面将发挥重要作用。其他经济后果将主要取决于增加的自然变率。在此，影响程度取决于公共和私营机构采取何种行动来影响我们所做的经济决策。例如，容易遭受飓风活动影响的沿海地区的开发程度将取决于地方当局是否加强了规划，以及保险公司是否愿意以经济上可以接受的费率提供充分的保险。

同样的过程也影响着海平面上升的问题。从气候学上讲，高纬度地区的上升率与降水模式有关。如果气候变暖导致南极洲地区增加降水，那么南极洲周边任一较大冰架的融化量将抵消较高纬度地区降雪的积累量。格陵兰岛的情况则保持着一种更微妙的平衡，而最近的数字显示格陵兰岛的融化也正在迅速增加，并且这种融化不可能抵消高纬度地区增加的降水量。

自 19 世纪末期起，低纬度地区的冰川和冰盖已经开始后退，气候变暖

11.3 全球变暖的预测结果

的影响已明显超过降水量增加的作用。因此,在 21 世纪的大部分时间里,海平面的上升将由海洋的热膨胀以及低纬度地区的冰盖和山地冰川的融化所主导。从长远来说,格陵兰岛和南极洲的冰原融化只会成为一个大问题(见下文)。据最新估计,到 2100 年,海平面上升的中值为 29 cm,采用中期排放情景 A1B,其上下范围为 14~43 cm。将这个数字与过去 100 年里的 10~25 cm 进行了对比(见 9.4 节)。

这些相对不大的数字包含了一个更重要的信息。这就是说,作为导致大部分海平面上升原因的热膨胀过程一旦被启动,它将很可能持续几个世纪。因此,即使是最低的预测也意味着海平面将在某个时候出现明显上升。这种上升势必会增加热带风暴和温带风暴的破坏效应。

海平面上升将如何影响世界各地还取决于地球的地壳将如何调整过去和未来大冰原负荷的变化。这种冰川均衡机制意味着对各个不同的沿海地带的影响都各有所不同。冰后回弹叠加将与区域均衡和构造效应相关。此外,当地因素如地下水提取和土地复垦使得情况变得进一步复杂。所以,有关海平面上升的具体影响的分析将取决于改进的冰后回弹的全球模型以及对当地地质知识的了解。

尽管存在这些不确定因素,但是海平面上升的实际进度很可能是一种可以被密切监测的必然过程。在短期内,其影响将由不断变得脆弱的低海拔沿海地区所主导,并形成风暴。因此,整个社会对这些事件的反应将是上面提到的体制响应的进一步延伸。地方和区域政府将不得不做出长期决策,即将多少投资用于保护沿海地区,从而防止那里的土地流失进入大海。同时,面对风险,个人也必须作出决定,以保证他们的生命和财产免遭损失。他们所获得的足够的保险额度也会影响到这些决定。当然,从长远来看,不断增加的成本促使中央政府采取更为实质的和长远的措施,以防止这些损害上升到政治上不可接受的程度。

由于到了 21 世纪左右,冰原上的降水才有可能增加,因此,格陵兰岛和南极洲冰原的融化或坍塌的剧烈变化似乎要发生在遥远的未来。但依附于深海岩床的南极洲西部冰原的稳定性始终具有不确定性。根据冰下条件作出的物理假设,理论模型可以对不确定性进行预测,这些预测是关于如果全球变暖并且海平面上升到一定的极限的话,冰原是否可能瞬间灾变性地崩塌。这种前景一直是大量研究的主题,而整体的判断也考虑到多种可能发生的情景:从未来 200 年罗斯冰架可能发生解体,到未来 50~200 年南极洲西部冰原可能迅速坍塌以至于每世纪海平面提高 60~120 cm,到降雪可能增加,再到南极洲西部冰原可能对海平面造成负面影响,直至全球气温可能上升至少 8 ℃。这一预测最早到 2200 年才可能发生。至于格陵兰岛的情况则不那么乐观。有些模型显示,只要气温上升 2 ℃,将会引发一次不可逆转的格陵兰岛冰原融化。

在更加宽泛的范围内，很显然，未来100年全球变暖的预测水平将会影响到这个星球上所有的生命形式。在许多情况下，影响将是非线性的，因为物种可以适应温度的微小上升，但超过一定水平，其损害程度将迅速升级。对气候变暖后果的程度的估计出现在一份报告中(《气候变化经济学》)；这份报告是由前世界银行首席经济学家 Sir Nicholas Stern 为英国财政部撰写的，并在2007年3月出版。这部分摘自表11.1。

可以说，这些结论可能过于悲观，除非它们能在更广泛的意义上进行解释。例如，珊瑚的濒临灭绝可能被证明是正确的，但它不可能仅仅是温度上升所造成的结果。通常被称为海洋中的热带雨林的珊瑚首次出现在2亿年前。尽管大多数活珊瑚礁是在过去1万年才开始生长，但很多活珊瑚礁却被认为已经拥有200万年的历史了。有大量证据显示，它们经历了较高温度的埃姆间冰期(见8.4节)以及温暖的中全新世。它们现在面临的是组合性威胁：一方面是破坏性的捕鱼方法和沿海地区开发方式，另一方面是可能融合了多种威胁因素的气候变化本身。例如，有人曾提出加勒比海珊瑚白化事件与发生在1998年破纪录的厄尔尼诺现象导致的高温气候有关，但也有可能是由撒哈拉沙漠沙尘携带的病原体引起的，总之气候变化的原因不是单一的。

更宽泛而言，对灭绝程度的估计一直以来都是激烈争论的主题。讨论的焦点集中在关于如何预测那些被确定为三代或10年以内濒临灭绝的物种数字(濒危物种清单)，其中包括寿命较短的物种。因此，表11.1的数字可能过于悲观。尽管如此，即使环境数据偏高，表11.1的整体情况对世界各地的决策者们来说也是一个警示。可用的政策选项将会在11.5节加以讨论。

表11.1　全球气温上升的预测结果

温度上升/℃	水	食　物	健　康	土　地	环　境
1	安第斯山脉的冰川融化，威胁着5 000万人的供水问题。	温带地区的谷物产量上升。	一年内至少有30万人死于与气候有关的疾病。欧洲和美国冬季死亡率下降。	北极地区永久冻结带的融化威胁着附近的建筑和道路。	10%的陆地物种可能面临灭绝，80%珊瑚礁遭到白化。
2	非洲南部和地中海地区的可用水降低20%~30%。	热带地区农作物产量下降(非洲下降高达10%)。	高达6 000多万的非洲人将遭受疟疾。	每年沿海地区的洪水暴发影响着1 000多万人。	15%~40%的物种可能面临灭绝，其中包括北极熊和驯鹿。

续表

温度上升/℃	水	食物	健康	土地	环境
3	欧洲南部发生严重旱灾，高达40亿的人口遭受水资源短缺问题。	高达5.5亿人口有可能遭受饥荒。	多达300万人会死于营养不良（如果养分不足）。	每年沿海地区的洪水暴发影响着高达1.7亿的人口。	20%~50%的物种面临灭绝，亚马孙雨林开始逐渐消失。
4	非洲南部和地中海地区可用水降低了至少50%。	澳大利亚部分地区农业停产，而非洲地区农作物产量下降35%。	高达8000多万非洲人将遭受疟疾。	每年沿海地区的洪水暴发影响着3亿多人。	一半的北极苔原消失。
5	喜马拉雅山冰川可能会消失，从而将影响到中国和印度的数亿人口。	海洋酸度破坏海洋生态系统，尤其是鱼类。		如伦敦、纽约和其他低注沿海地区的城市遭受海平面上升的威胁。	

11.4 对全球变暖规模的质疑

参与评估人类活动对全球变暖影响的人士通常分为两大主要阵营。大多数人认为人类活动的影响是已验证的事实。少数人认为证据不足而且只有在观察到更加持续变暖的气候情况时才能确定人类活动对全球变暖的影响。中立的观点是IPCC在2007年发表的AR4中达成的共识，即温室气体很可能是过去50年全球平均气温变暖的主要原因。它接着指出，越来越多的证据表明人类对气候其他方面的影响已经可以识别，这些方面包括海冰、热浪和其他极端事件、环流、风暴路径以及降水。对区域变化进行更为谨慎的观测，即预测未来气候变暖的情况表明独立的地理格局和过去50年来的类似。预计北部高纬度地区和陆地上方地区(约是全球平均水平的2倍)的温度上升幅度最大，而南部大洋和北大西洋地区最小。也许这个结论最令人担忧的特别之处在于它可以用降水量来解释，即潮湿地区将变得更加潮湿，而干旱地区则变得更加干旱,因此就会出现更多的洪水和干旱。

而对中立观点的不同意见反映在定义气候自然变率和模拟气候变化方面的不确定性方面。那些喧嚣的一小部分人认为 AR4 中的论述不足以证明 IPCC 的结论是合理的。这一小部分人数不少,而且更为谨慎,对模型不确定性不会影响天气预报的准确性这一观点,他们提出了质疑,同时,在减少温室气体排放方面,他们对一些提议的策略带来的经济成本提出了更多的质疑。无需多言,反对呼声最高的就是那些依靠维持现状获得主要利益的产业。

当涉及全球变暖将如何影响世界各地这一问题时,分歧变得更为尖锐;从国家层面来讲,将出现赢家和输家。如果出现这种情况,则需要确定一个足够精确的模型,比如说,人类活动将导致全球大气温度和降水的空间分布的变化模型。一种方法是侧重于使用三维模型,这种模型反映的是人类因素而不是自然因素。就温度模式而言,有两个特点受到广泛关注。首先,近几十年气温变化的区域分布(图 8.23)已经得到更加准确的模拟,包括硫酸盐气溶胶的影响(见 11.2 节)。其次是当对流层低层已经变暖,平流层如何冷却的问题(见 4.2 节)。这里再次表明,观测到的变化与温室气体增加后果的模拟,以及温室效应的基本物理现象相一致。(方框 2.1)。这些发展都支持这样的论点,即如果不考虑人类活动对全球变暖的重要影响,就无法解释这些所观测到的趋势。

另外,最近几十年来发现的全球表面温度变化大部分是由 ENSO 和北大西洋涛动所造成的。虽然人类不断改良这些模型,但仍难以通过模型展现这些涛动以及其他一些振荡。然而,这对模拟这些主要气候变化的最明显特点以及各种随之而来的天气状况(见 3.2 节)具有一定意义,其中这些天气状况是近几十年来所观测到的气候变化过程的重要组成部分。特别是,模拟热带大气季节内振荡的问题突出显示了模拟气候混乱与明显有序的振荡之间联系的复杂性。因此,人们心中仍有一个难以消除的疑虑,就是面对许多正在观察的气候现象,如果没有把人类活动考虑在内就很难作出解释,而这些现象真的是由自然变率所造成的吗?

关于目前全球变暖原因形成的共识强调了利用各种 GCMs 检测人类活动影响的优势和劣势。这些模式都集中在最明显的物理效应上,并且如 10.3 节所述,我们要担心的不仅仅是自然变率,还有各种可能会在未来变化中发挥重要作用的其他进程。这些模式中至少应包含以下内容:微粒对云的间接影响、其他温室气体变化的影响、地表反照率的变化、生物圈中碳循环的作用(见 3.5 节)以及太阳变率。面临的挑战是必须充分理解图 7.4 中的进程对辐射强迫作用的影响。根据对微粒、火山和太阳活动的影响所作的假设,这些模式的模拟质量是可以得到提高的,但这是在以引入更多的不确定性为

11.4 对全球变暖规模的质疑

代价的,其中这种不确定性是指二氧化碳含量上升对全球变暖的影响究竟有多重要。

然而,如图 11.1 所示,温室气体的增量相当于双倍的二氧化碳含量,这一增加所引起变化的核心数据,以及气溶胶、火山和太阳活动的合理估计与其过去趋势表现出一个非常好的拟合。更加令人质疑的观点是,我们逐渐面临着陷入陷阱的风险,这个陷阱就是为得到较好的模拟效果,我们需要不断地"调整"我们的模型。因此,尽管这些模型的物理凭证依然保持良好状态,但人们总是试图从可接受的不确定性范围内选择人类扰动的参数值,而这些参数值总是符合所观测到的结果,但这样可能会导致判断的失真。

在平流层变冷的情况下,其他因素以不同的方式进行干预。由于近年来臭氧含量的降低,尤其是在高纬度地区,平流层吸收的太阳辐射已经减少(方框 2.2)。这直接导致了这些地方的变冷。虽然几乎可以肯定这一变化是由于人类活动所导致的,但这一变化却与对流层温室气体增加的分析是完全分开的。因此,假如臭氧是一种强大的温室气体,那么这些模型需要考虑臭氧变化如何改变太阳能吸收并影响向外的地球辐射。这也是太阳谜团的一部分,由于来自太阳的紫外线辐射变化改变平流层中臭氧的分布,因此能够影响全球气候模式(见 6.5 节)。

尽管有这些疑虑存在,但是事实上,过去 10 年中全球已出现 9 年最热年份的纪录。因此,如果这个创纪录的暖年继续,那么它表明该模型的运作是正确的。不过,气候可能会有一些令人不可捉摸的地方。最新的意外发现是 2003—2005 年海洋的冷却深度下降到了 750 m,1980—1983 年期间曾发生过类似的冷却现象。地转海洋学实时观测网(Argo)浮动浮标系统(见 4.2 节)的最新测量已经发现了大量很难与模型一致的热损失的详细特性。其他有趣的发现是过去 20 年中全球总云量测量值的变化(见 3.3 节)。同样,这些测量尚未成为当前模拟的一个不可或缺的部分。这些发现只会变成暂时性的波动,且这些波动不会改变全球气温长期上升的趋势。

这一切看起来都没有什么问题,但如果地表温度上升的趋势经历了由一个未知原因而造成的重大中断(如大火山)怎么办?建模者将更难说服那些决策者,他们必须决定全球变暖所要采取的行动,并且他们应该根据大气环流模式的输出结果采取行动。假设就像从帽子里变出兔子那样产生一种额外因素那样,用由于微粒的原因造成约 1940 年至 1970 年变暖趋势的中断的解释,来满足潜在的模型用户是不现实的。

需要对全球变暖采取行动的人认为,温室气体排放是全球变暖的主要原因,而且这些排放是可以通过可接受的社会和经济成本来降低的。如果与当前趋势相反,事实是如果在冷暖效应之间存在着由更强烈的自然变异所导致的比先前预期的更加微妙的平衡,那么采取具体行动就更加困难。在这种情况下,应对气候变化会无法从优先领域着手。这将成为民主社会对环境和社会条件作出艰难决定时必须考虑的众多因素之一。

但是,眼下我们必须承认观测到的全球变暖主要是由于温室气体的增加所造成的,因此,解决这一问题应是我们今后努力的目标。这并不意味着我们应该忽略其他证据。当在我们的监测工作中发现相反证据时,我们会下意识地拒绝相信将我们的目光锁定在一个具体的目标上是具有危险性的。面对这样看似矛盾的信息,尽管容易却不能忽视,以免破坏敏感的政治决策。在紧迫情况下的政策选择是一种自然反应,政策必须充分考虑到涉及的相冲突的经济、环境和社会问题。这个过程表明,还存在其他重要方面(如教育、卫生、法律和秩序),这些可能会使公共开支的需求更为迫切。在这种情况下,它不利于掩饰我们对当前气候变化认识的局限性。这样做并认为有一个简单的答案,可能面临被指责为没有理解该问题的风险。

11.5 面对全球变暖我们可以做些什么?

政府所面临的挑战是决定采取何种行动才能尽量减少气候变化所带来的威胁,对这种挑战的审慎观察似乎是一个逃避的借口。鉴于 IPCC 已作的工作,关于应做什么这一点与其应保持充分的一致。特别是,诸如 1992 年里约热内卢会议、1995 年柏林会议和 1997 年京都会议等这些由联合国主办的会议中达成的国际共识提出了《京都议定书》(Kuoto Protocol),它明确规定了控制温室气体排放所要采取的行动。《京都议定书》于 2004 年底在俄罗斯签署并开始正式生效。

美国和澳大利亚都没有签署协议,并且,这两个国家同日本和加拿大都没有期望到 2012 年实现它们的目标,这一事实显示了我们还有很长的路要走。尽管法国、德国和英国做得要更好一些,但是由于其能源的组成(如法国对核能的严重依赖),这些国家实现未来能够提高能源供应量的目标前景并不乐观。

我们或许最好先不去考虑这个基本争论,也就是化石燃料的消费量在 21 世纪将如何增加。我们将继续致力于 AR4 的 A1B,该情景可能是最佳措施,即通过对技术、经济增长和具体行动的整合做法来控制排放量。这将意味着在 2050 年二氧化碳浓度将达到临界值 550 $mL \cdot m^{-3}$。AR4 中考虑的较高增长情况表现在人口和经济的增长方面,在极端情况下,到 2100 年二氧化碳浓度可能会超过 1 000 $mL \cdot m^{-3}$。A1B 还强调整个世界的经济结构迅速向服务和信息经济转变,同时资源密集型经济减少,并且引进无污染技术。到 2050 年左右不会发生多大变化,但到 21 世纪末,CO_2 的排放量或许能趋于稳定,并控制在 550 $mL \cdot m^{-3}$ 左右。

折中的方法是考虑我们可能采取什么样的策略来限制未来 CO_2 含量,以便不会超过 21 世纪气候普遍变暖而气温升高的临界值 3 ℃。根据 AR4, CO_2 增加 1 倍,如果平均温度上升 3 ℃,这就意味着 CO_2 上限量提高到 550 $mL·m^{-3}$(约为工业革命前 CO_2 含量的 2 倍)。这个目标是否可以实现不仅取决于未来 50 年气候变化的速度,也取决于经济和政治情况。其中一种解释来源于普林斯顿大学的 Stephen Pacala 和 Robert Socolow 的著作,他们认为我们已经拥有了基本的科学、技术和工业知识,由此能够解决未来半个世纪的碳和气候问题。现有的技术组合可满足未来 50 年的世界能源需求,并能限制大气中 CO_2 的浓度,从而避免重蹈覆辙,即 CO_2 浓度比工业化时期增加 1 倍的情况。

分析中考虑了一种常规情况,假定以目前的排放量(相当于每年 7 亿 t 碳)为基准,到 2054 年排放量将上升至 14 亿 t 碳。这个分析提出了各种技术方法,以这些方法为支撑,到 2054 年这些排放量能减少到 7 亿 t 碳。这些方法包括利用各种形式的能源节约并提高能源利用率、改用可再生能源、森林和土壤的固碳、核裂变和燃料转换。每项技术都将从头开始,逐渐上升到一定程度,即每一项技术都能限制 CO_2 的排放量,最后实现提出的目标。这些行动的最终结果估计对开始的 50 年的 CO_2 含量上升的影响不大,但以后将进一步减少碳排放,并将二氧化碳浓度稳定在 500 $mL·m^{-3}$。如果未来 50 年所采取的行动失败了,则意味着 CO_2 浓度上升到 850 $mL·m^{-3}$,而后即使采取同样的一系列措施,CO_2 浓度也不会再改变。

在某些情况下,这些建议看起来在技术上是可行的,而且这些建议要么已是现有战略的一部分,要么可被较快地采用。真正的挑战是它们是否可以让选民接受。例如,鉴于能源安全收益可能超过不断上升的能源成本,增加可再生能源的投资在政治上是可以接受的。由于不断上涨的石油价格以及对进口的依赖,加之对核能的恐惧,选民已默许价格的上涨并且展开了行动。他们是否会继续接受这种做法的关键在于价格是否保持在可接受的范围内。

在较为传统的能源供应方式中,这种提高价格以减少需求的最可靠的途径是相当不受欢迎的,并且政治家们也认为利用这种方式不仅需要极度小心,而且要承担重重危机。特别是,经济活动被认为是交通运输方面的政治诅咒,所以情况不容乐观。索科洛和珀卡勒提出了规定汽车排放量的"稳定楔":世界上每辆车的碳排放必须是今天的一半,而燃油效率则变成 2 倍。第一个目标几乎肯定会涉及增加税收、道路收费以及进城受限。第二个目标更容易实现,前提是你可以说服驾驶者放弃追求高耗油车辆和 SUVs(欧洲 4×4s 型),改而驾驶小型轿车。然而,在发达国家,特别是美国,采取财政措施以遏制汽车需求,至少可以说在短期内是不太可能的。有趣的是,珀卡勒和索科洛因为特殊活动而没有选择航空业。

显然，在较困难领域取得的进展将取决于各国在按比例减少气体排放上所达成真正共识的政治意愿和国家能力。在政治活动方面，将更多地集中于气候事件的影响以及主要舆论界的影响。在这种情况下，Stern 报告中的最新例子（见 11.3 节），以及由 Al Gore 创作的《难以忽视的真相》一书和电影都显示了如何发展我们的思路。我们需要将这些有力的分析呈现给公众，使他们认识到这一行动的必要性。

在 Stern 的报告中，关于这方面的内容讲得十分有趣，因为它有效地充实了珀卡勒和索科洛的研究。同时，该报告认为，一个现实的战略目标是到 2050 年 CO_2 浓度要稳定在 500 $mL \cdot m^{-3}$。预测的气候变化规模的影响范围（表 11.1）使全球国内生产总值到 2050 年减少 5%~20%。但是，如果采取协调一致的国际行动，那么现在相对于同期就需要将 1% 的全球国内生产总值投资到减排活动中以稳定全球温室气体含量。不采取行动的代价可能超过 35 000 亿英镑。如何确定发达国家与发展中国家之间的减排责任是另一个棘手的政治问题。国家之间的排放交易肯定可以发挥作用，但是否能成为未来战略的核心部分取决于这种交易如何影响个别国家，制订可行计划的谈判必将持续多年。由于气候的实际变化以及有关其他的人类活动是否是所观察到的气候变化的主要影响因素的影响，可行计划也在不断地修改，不断变化。随着经济吸引力和政治可接受措施的耗尽，谈判将变得更加困难。先进的工业化国家将愿意通过采取合理的能源节约措施、改善主要城市地区的公共交通，以及关闭老化的燃煤发电厂等途径来减少 CO_2 的排放量，但是当谈到征收不受欢迎的能源消费税或限制对私家车的使用以及旅游时，它们实现目标的决心可能会减弱。与此同时，人均能源消耗要低得多的发展中国家将继续坚持允许它们留有余地以实现其经济增长的观点。如果这些困难与影响气候变化的其他物理因素的令人困惑的问题相结合，那么谈判将变得越来越难以驾驭和模糊不清。

所有这一切都意味着巨大的不确定性，即可以采取何种措施尽量减少人类活动对气候的影响。为此，没有在此论及太多这样的设想，即大气中未来温室气体的增加以及将通过采取某些策略来减少对这些数字的预测。只涉及它们所覆盖的范围十分广泛这一点就足够了。根据未来经济增长和减排行动，到 21 世纪末期，大气中二氧化碳的含量要么超过 1 000 $mL \cdot m^{-3}$，要么稳定在 500 $mL \cdot m^{-3}$。这样，到 2100 年，人为二氧化碳排放量要么增加了 1 倍以上，要么减少到仅是当前水平的 1/3。这些数字的本质特点是，无论现在采取什么行动来减少排放，到 22 世纪左右，如果大气中温室气体的含量没有上升到峰值的话，那么其势必增加。

根据所作的努力以及这些努力如何迅速得到落实的程度，排放气体的增长速度将放缓，并且从长远来看，效果会变得明显。问题的关键是气候对温室气体必然增加的反应有多快。假如所有情况都接近2050年的危险阈值550 mL·m^{-3}，这显示我们正面临什么样的挑战。但是，它确实给了我们一次内部整顿的机会。但如果气候更迅速地变暖或达到一定的临界值从而衍生出一些新的气候状态，那么无论再采取什么措施都为时已晚。

在估计行动的潜在范围时，方法过于简单化就会出现一定的危险。几乎每一项建议都是就减少CO_2排放量方面的问题而提出的。事实上，在考虑人类排放温室气体的影响时，已接受的做法是参照这些排放的CO_2当量，它与碳排放这个术语有些容易混淆。虽然碳排放一词反映了分析各种气体物理影响的重要性，但是这并不意味着仅仅减少CO_2就是答案。正如各方面所强调过的，二氧化碳占人为温室气体排放的60%左右（图7.4）。因此，即使温室气体效应是未来气候变化方面的重要问题，也至少可以说这是一个糟糕的假设，因为这最多解决了一半多一点的问题。未来气候变化甚至还取决于其他气体的反应，特别是水蒸气和O_3。

一旦我们将气候非线性反应添加到我们改变人类活动的影响以及气候的自然变率的努力中时，那么将重点过多地集中在CO_2排放量上可能是缺乏远见的。但这并不意味着最初强调CO_2是错误的，因为它确实是最明显的出发点。更值得一提的是政府开始制定这样的减排目标，比如说到2050年实现CO_2减少60%，甚至80%的目标。在我们达到这些苛刻的浓度要求之前，我们需要非常严格地评估我们是否正在达到预计的气候响应要求。这必须包括改善云测量值和改变地表反照率的特性。

在这个过程中，不断发生的气候事件将对我们需要采取何种行动的政治理念发挥重要影响。当需要解决一些迫切问题时，这些政治观念将因国家而异，政府只会采取更激进的行动来减少排放。因此，只有获得气候破坏性变化的有力证据后才能采取协调一致的行动，届时许多变化势必会按照自身规律运行。这意味着我们更多地获得关于目前气候变化真正动因的知识是更好地处理未来发展的唯一途径。

思考有关不确定性的这些难题的方法之一就是考虑气候剧变的后果。例如，正如在3.7节和8.3节中所讨论过的，过去北大西洋环流已经转变为不同的模式。如果未来气候变化扭转1.2万年前的新仙女木期末所经历的气候变暖，那么对北半球大部分地区冬季温度的影响将是灾难性的。温度将下降几摄氏度，特别是在欧洲北部地区，而且对经济的影响也将是巨大的。如果1.2万年来这种气候事件都没有发生过，并且它本质上也是不可预测的，那么各国政府推进这些代价高昂的政策以防止气候巨变是不现实的。它们所能做的就是坚持这些政策，无论气候是否会出现突变，这似乎都是最好的目标。这些行为都必然会集中在这些目前具有经济意义，并能延缓全球变暖的行动上。虽然这些行动的数量有限，但却可以额外地降低更严重的灾难性事件发生的风险。

11.6 盖亚假说

虽然已经探讨了气候变化的解释范围,以及我们针对这些变化可以采取的行动,但是我们得出的结论仍然可以说是模棱两可的,如果不是对结论感到悲观,你可能会问是否有更令人信服的观点。我还是坚持认为情况并非如此,但你可以不同意我的观点。所以,作为一个总结或是结束语,我会告诉你什么可以作另一种解释,或者简单地说,另一种看待证据的方式。这就是具有争议性的盖亚假说。

这一假说由英国科学家 James Lovelock 首次提出,并以古希腊"大地母亲"女神的名字命名。它的目的是解释为什么地球不同于太阳系的其他行星,地球的大气成分和历史无法从物理学和化学方面加以描述,但是却反映了生物学的强烈影响。通过将生命和全球环境看成一个单一系统的两个组成部分,可以解释近 40 亿年来地球上生命的存在。实际上,微生物、植物和动物是以这样一种方式进行生存,即将地球环境调节到有利于它们生存的最佳状态。这不是生物圈的自觉行为,而是自然选择导致的调整。因此,它代表着比本书前面部分提到过的(见 3.5 节)对生物圈更为复杂的解释,但这里说的并不是赞同他的最新著作的观点,即人类活动引起的自然变化将回击人类的不负责任的行动。

可能有助于稳定全球生态系统过程的一个很好的例子是浮游植物产生二甲基硫化物(DMS)。正如在第 3.5 节指出的,该气体是海洋藻类生命周期的副产品。其转换成硫酸盐微粒的这一过程可能是海洋上空形成云的主要因素(见 10.2 节)。因此,海面温度上升以及二氧化碳含量上升有可能导致藻类产物的大量产生,从而向大气释放更多的 DMS。如果这导致额外云的形成,那么它将产生冷却作用,即 DMS 是一个有效地充当气候"恒温器"的负反馈机制。

没有必要深入探讨那些从 1972 年首次发表盖亚假说以来就围绕着该假说争论不休的观点,或是那些用来探讨其正确性的模型。重要的是生物圈这个概念,在响应可能导致气候变化的物理变化类型(见第 6 章)方面,符合生物生存条件的适用标准。虽然人们对这一标准意味着什么有着激烈的辩论,但就这本书引用的许多例子而言,它可以用来思考气候系统的总体反应和生物圈的变化。因此,几十亿年来不论是在地球温度一直保持在很小的范围内以维持着地球上的生命,而太阳辐射强迫则已增加 30%,还是大陆板块已在地球表面漂移方面,还是在生命对大型火流星灾难的适应能力方面,它都有助于思考针对这些挑战的整体应对方法。大气成分的长期变化和冰期消长则是另外一些例子，这说明如果我们要对问题形成一个合理的判断，我们就必须考虑到所有问题。

虽然所有这一切并没有使气候变化变得更容易被人们所理解，但是它或许可以帮助我们对过去已经发生的、现在正在发生的以及未来可能发生的事情保持一种平衡的态度。同样重要的是，从适当宽泛的视角去理解，可能会增强我们对地球气候的庞大性和复杂性的认识。

习题

1. 用于描述 IPCC 在人类活动对气候影响方面达成一致观点的"共识"一词，一直以来被描述为通过艰难的休战而达成的非凡的科学妥协，也可以被描述为并非出于政治动机而达成的不情愿的协议。在你阅读 IPCC 报告时你认为描述这一结论的最好方式是什么，为什么？

2. 如果降低经济增长和就业率是唯一的解决方法，你认为在没有反对党支持的前提下，发达国家和发展中国家的政党能够协调经济增长与需求压力以削减温室气体排放吗？如果没有这个跨党派的支持，那么只有发现气候变化的确凿证据后才能在政治上达成一致吗？

3. 考虑支持和反对采取具体行动来改变区域气候或全球气候的观点（如植树造林，或洋流改道项目）。在这些大规模的行动准备启动之前还需要解决哪些问题？

4. 确定可能的低成本方法最大限度地减少全球变暖对城市地区的影响，特别是减少空调使用量并减少对空气的污染。在引入这些可以降低吸收的太阳能量以及减少车辆尾气排放的选项时，人们遇到的经济和社会阻碍是什么？

5. 如果每 100 万年左右（图 8.11）火流星撞击地球一次造成重大的气候破坏，你认为我们应该花多少钱以防止此类事件的发生，你建议将这些钱投资在什么地方？

深进读物

本书最后附有一份完整的参考文献，从中挑出的以下书籍或文章可以帮助更好地理解本章内容。每个引文的详细情况见参考文献。

霍顿（Houghton）(2004)：围绕有关全球变暖和降低其影响的方法的深入分析。本书为 IPCC 的科学评估工作组的联合主席所著，是那些没有阅读过 IPCC 所有报告而想要了解其中各种观点的人的必读材料。

拉夫洛克（Lovelock）(1988)：关于地球生物圈稳定性的盖亚假说的基本内容的最新分析的最佳来源。

术 语 表[①]

热力学温度（K）	在基于热力学原理的温度表上，最低可能温度是绝对零度（0 K），用开尔文温度（K）测量的冰点是 273.16 K，和用摄氏温度（℃）测量的冰点相同的。
吸收	辐射被物体接收并没有反射和散射的过程，由此增加构成吸收介质的分子或原子的内能或动能。
气溶胶	大气中水和冰以外的粒子，半径为 $10^{-3} \sim 10^2 \mu m$，可能来源于大自然或人类活动。作为水滴和冰晶的浓缩核，气溶胶对参与各种大气化学反应至关重要。来自火山爆发的气溶胶能导致地表变冷。
反照率	从非发光体表面反射的辐射与入射到该表面的总辐射之比，常用百分比表示。
被子植物生物圈	被子植物指的是开花的植物，被子植物生物圈第一次是在白垩纪期间出现的，是支持生命的地球与地球的大气层组成的一个系统。在全球碳循环当中，生物圈扮演着一个存储器的角色：碳存储在生物体（如植物和动物）和来自生命的有机物体（如垃圾或碎石）之中，生物圈控制了多种温室气体（包括二氧化碳和沼气）在大气、海洋和土地之间的变化。陆地生物圈包括有生命的生物（植物和动物）和在土地上的垃圾和土壤有机物质。海洋生物圈包括植物群、动物群和海洋中的碎石。
黑体辐射	黑体发出的电磁波，其能量按波长分布且仅与黑体温度有关。

[①] 带 A 术语的解释由译者引自《大气科学词典》(1994) 或《英汉汉英大气科学词汇》(2007)。

阻塞	常伴随北半球中纬度稳定的高压系统,产生异常的天气现象。
火流星	来自外太空的物体,通常比普通的陨石大。
碳酸盐沉积物	由钙碳酸盐($CaCO_3$)组成的沉积物,包括霰石和方解石或钙镁碳酸盐[$CaMg(CO_3)_2$]白云石。
氟氯化碳(CFCs)	氟氯化碳是具有惰性、无毒和易溶特征的一组化学物质,这种物质与臭氧损耗和全球变暖这两个严重的环境问题有关。氟氯化碳可作为冰箱和空调的冷却剂、喷雾罐的推进剂、溶剂和软质泡沫塑料的发泡剂。一个氟氯化碳分子需要花费大致15年才能漂流到高层大气层中。氟氯化碳分子会在高层大气中存活100年以上,并在这期间损害约1万个臭氧分子。
气候	天气条件的长期统计平均。它是全球气候在气温、气压、降水量、土壤湿度、径流、云、风暴活动、风和洋流等参数的长期表现,它综合所有地表的天气现象。类似的,区域气候指地表范围内这些参数的长期平均。
小球状岩圈	指构成名为球石的圆形小盘石灰质外壳的一群浮游生物。这种浮游生物可能会作为沉淀物沉积在海底,最终形成如白垩的石灰石(见浮游植物)。
冷锋	前进的冷空气与被冷空气向前推的暖气团之间的过渡带。
大陆漂移	由于海床的伸展导致的大陆的横向运动(见板块构造学)。
对流	由于不同形式加热(在大气底部)的流体大范围垂直运动进行热量传输的一种形式,导致产生局部的、密度较低的、较轻的流体的流动。
科里奥利力	用来解释脱离了旋转地球的运动物体对于在地球上的观察者来说像是被来自于垂直于运动方向向右的力作用而产生偏移的事实。在北半球运动物体会向运动方向的右侧偏移,在南半球会向左侧偏移。
白垩纪(1.44亿年前—0.65亿年前)	平均全球温度比今天高10℃、深水温度高18℃的时期。白垩纪是中生代的最后一个时期,这

	期间,落叶树的数量和覆盖面积都迅速增加,浅海淹没了现代地表很大一部分,在这个时期后,恐龙就灭绝了。
冰雪圈	为气候系统的一部分,其成分是世界上的冰体,包括海冰、冰川和积雪。大陆的积雪是富有季节性的,并且与大气循环有关。冰川及冰盖与全球水循环和海拔的变化有关。冰川和冰盖在几十亿年间缓慢地变化着。格陵兰岛和南极的冰盖占全球淡水量的80%,因此冰雪圈是水循环的长期储蓄地。
森林破坏[A]	森林受到大面积破坏,森林生态系统严重退化的现象。
低气压	指表面压力低于周围压力的气团。
树木年轮学	通过树木每年的生长速度研究过去环境和气候变化的科学。
年轮气候学	基于树干半径每年生长的信息重建古气候的科学,年轮宽表示有利的生长条件,病害和害虫不多,气候条件合适;年轮窄表示不利的生长或气候条件。树轮的宽度反应气候变化的状况。
荒漠化	由于气候变化和人类活动导致干旱和半干旱地区的土地退化。
黄道	地球绕太阳公转的轨道平面与天球相交的大圆。
埃姆间冰期(13万年前—12.5万年前)	间冰期的最适宜期,比今天暖和。该暖期也许是地球轨道在北半球夏天明显有更多辐射的结果。
电磁辐射	电磁场产生的电磁能的发射和传播,无需介质支持,传播速度与光速相同。辐射波长从γ射线到无线电波。
厄尔尼诺/南方涛动(ENSO)	在热带太平洋大范围异常的气压和海平面温度模式每几年发生一次的准周期变化。
发射率	在一定温度下,物体表面的发射能与相同温度的黑体在相同条件下的发射能的比率。
始新世(0.58亿年前—0.37亿年前)	为第三纪的一部分。与白垩纪相像,始新世比今天明显暖和,海域比现在大,棕榈树在伦敦

	和阿拉斯加州南部生长。
全球海平面升降	由于冰川融化、水温改变引起的海水体积变化，或由于海脊体积改变引起的海盆体积的变化，导致的世界范围海平面的升降。
海平面变化	全球的海平面变化。
蒸散量[A]	指植物体内的水以气体的形式通过气孔散失到大气中的过程。
反馈机制[A]	在天气系统中，流场的辐合和上升运动使水汽饱和凝结，而凝结潜热的释放又反过来促使辐合和上升运动的加强，这称为正反馈机制；负反馈降低本身的作用。反馈机制有时涉及不同运动尺度的系统之间的相互作用。
有孔虫类（有孔虫或短有孔虫）	一组海洋中原生的微小浮游生物，生活在深海底，食草或食肉。它们的石灰质壳是古海洋学和古气候学记录的主要内容。
傅里叶变换光谱分析	时间序列谐波组成的振幅以及能谱（见能谱）形成的数学表达。
盖亚假设	假设地球上的生物体（包括微生物体）积极调节大气成分和气候，该假设帮助提供像面对增加太阳的发光度或增加人为的温室气体排放挑战的气候稳定性。
大气环流模式（GCMs）	用于预报气候和天气变化的地球气候计算机模型或描述。
冰期	地球历史上的某一时期，那时，大冰盖（大陆尺度）和山脉冰川比今天更大。最近这次冰期占了刚刚过去的160万年中的很长时间。总体来看，曾出现的全部冰期仅占所有地质时期的5%~10%。在主要冰期，冰盖可以发育在高纬度地区，地表的40%会被冰盖覆盖，这种冰期似乎每隔2亿年至2.5亿年出现一次。
冰川回弹	见地壳均衡说。
温室效应[A]	大气通过对辐射的选择性吸收而防止地表热能耗散的效应。
温室气体	对温室效应有贡献的微量气体。主要的温室气体不是大气的主要成分（氮和氧），它们是水

	蒸气（最大的贡献者）、CO_2、甲烷、氮氧化物和氯氟甲烷。后四种气体浓度的增加已经与人类活动联系在一起。
哈得来环流	为热带基本的大气垂直环流模式。暖湿的空气在近赤道上升，在高空向南、北分流，然后在南、北纬20°~30°下沉。
黑尔周期	指太阳活动的22年周期。黑尔周期的特点是太阳黑子数的11年周期和每隔一个周期的邻近黑子对的磁极转移，这种转移有可能是许多气象记录都能够测到20年周期的原因。
半衰期[A]	放射性元素的原子核有半数发生衰变时所消耗的时间。
全新世	相对温暖的冰期，始于1万年前并持续至今。有一些特殊较短的暖期时期，最有意义的是0.62万年前—0.53万年前的全新世。
飓风	发生在加勒比海和墨西哥湾等地的热带气旋。
辐射	地表任何区域接受的太阳辐射，其变化随纬度和天气不同。
间冰期	两个冰期之间气候比较温暖的时期，这时主要冰盖后退到较高纬度地区。
间冰段	冰期内相对温暖的阶段，该期间，冰川前进暂时停止。
热带辐合带（ITCZ）	狭窄的低纬度区域，其空气团产生于南、北半球的交汇处，通常产生云和阵雨天气。在大西洋和太平洋上空，它是东北信风和东南信风的界限。平均位置在赤道以北，但在大陆上空，全年活动的范围还是比较大。
地壳均衡说	在接近均衡条件的地壳在可塑地幔上漂流的过程的假说。如在冰块融化时，地壳因为返回到均衡状态，结果在地壳中缓慢升高，该过程叫冰川回弹。
同位素	具有相同质子数，不同中子数（或不同质量数）同一元素的不同核素互为同位素。其特征是原子序数相同而质量不同。例如，^{18}O表示一个氧同位素伴随18个相对原子质量，而不是大多数氧的形态^{16}O，一些同位素具有的特性

	使它们能用于分析化学历史,如它们释放电子或其他亚原子粒子,察觉到它们的存在并以稳定的可测的速度衰退(渐渐变成其他元素)。^{14}C 衰退为 ^{14}N 伴随 5 730 年的半衰期。通过沉积物或冰的样本发现,同位素能用于分析过去的气候特性的综合记录。
极锋急流[A]	与中高纬度的高空行星锋区(极锋)相联系的隐风带。西风带大的扰动和地面气压系统的活动都与极锋急流有密切关系。
开尔文波	重力惯性波,发生在科里奥利力的影响不能忽略(如接近赤道)以及由气压梯度力平衡的大气和海洋中。最重要的例子发生在赤道平流层、赤道大西洋的温跃层以及接近赤道的太平洋(在这两种情况下,波相对于地球向东传播)。
末次盛冰期(2.1万年前)	现在以前的冰期冷气候的最后持续期。
岩化	松散的沉积物向固体岩石转化的过程。
岩石圈	地球外的硬壳。
小冰期[A] (1550—1850)	16—19 世纪的寒冷时期。
岩浆[A]	地壳深处或地幔天然形成的富含挥发性组分的高温黏稠的硅酸盐熔浆流体。
蒙德极小期[A]	1645—1715 年太阳活动非常衰弱的时期。
平均海平面(MSL)[A]	通过长期潮汐观测而确定的海平面的平均高度。在美国被定义为潮汐 19 年周期的发展过程中的海平面的平均高度。
微米(μm)	10^{-6} m。
季风	风向随季节而变化,夏季吹向陆地,常伴随阴天和降水;冬季吹向海面。它是亚洲最重要的气象现象。该词来源于阿拉伯语的"mausin",意为季节。
非线性	物理系统的输入和输出的非直接比例关系。
北大西洋涛动(NAO)[A]	北大西洋地区海平面气压场上南北方向的持续相反振动。在秋冬高指数时,大西洋上西风增强,墨西哥湾流加强;在冬春季时,斯堪的那维亚半岛和美国东部高温,而加拿大东岸和格

	陵兰西海岸低温。
章动	地球极平均位置的震动,它有大约19 000年的周期并叠加在岁差运动之上。
黄赤交角	天赤道相交于黄道的角度。由于进动和章动的影响,现在这个角度正以0.47每秒·a^{-1}的速度缓慢减小。在21°53′和24°18′之间变化。
臭氧	三个氧原子(O_3)组成的分子,在平流层,它自然地产生并提供遮蔽地球紫外线辐射和对人类健康及环境产生影响的保护层。在对流层,它是光化学烟雾的组成要素。
浮游泥	由浮游生物的硬壳和优质悬浮浮游生物形成的深海沉积物。
光合作用	植物通过光转换空气中的二氧化碳(CO_2)和水汽(H_2O)进入碳水化合物的过程。
浮游植物	进行海洋光合作用的微小海洋生物(大多数海藻和硅藻)。
板块构造学	对岩石圈的大型板块类似于刚性板层在黏性覆盖物上运动的地球构造过程(包括海沟、海脊、山体、地震带和火山带)的解释。
更新世(160万年前—1万年前)	包括全新世和第四纪的地质时期。该时期以众多(至少17次)世界范围的气候变化事件为特征,以10 041年和23 000年为周期在冰期(较冷)和间冰期(较暖)之间变化。
上新世(530万年前—160万年前)	上新世最末期仅限于冰期作用的暖期。降水比现在多,温度比现在夏天低,包括亚洲和北非的干旱地区。
能谱	谐波振幅值的平方随频率变化的表达。
昼夜平分点的运动	昼夜平分点以50.27角秒·a^{-1}的速度向西运动,主要是由太阳和月亮在地球赤道突出部分的吸引力产生的。昼夜平分点产生黄道的一个完整258 000年的旋转,并且地球的极点在黄道极的一个半径为23°27′的小圆内旋转。
间接数据	包含过去天气变化间接证据的信息源(如树木年轮、冰核和沉积物)。
准两年震荡(QBO)[A]	赤道平流层平均纬向风的周期大约有26个月的震荡,这种现象首先出现在30 km以上,然

	后以 1 km·d^{-1} 的速度向下传播。
第四纪	160 万年前的地质时期,包括更新世和全新世。
辐射强迫	强加于气候系统上的力,它改变了气候系统的辐射平衡。变化的原因包括太阳、云、冰、温室气体、火山活动和其他要素。统称它们为辐射强迫,常常表示为能量通量在对流层的纯变化(W·m^{-2})。很多气候模型根据辐射强迫的变化探索量化地球温度、降水量和海平面温度的变化。
辐射活性微量气体	大气中的少量气体,它们吸收太阳辐射或放射近红外辐射,由此影响大气的垂直温度廓线。这种气体包括水汽、CO_2、甲烷、氮氧化物、氯氟甲烷和 O_3。
放射虫	富有硅酮的海洋浮游微生物。
辐射计	基于波长间隔的电磁辐射量的定量测量仪器。
辐射时期	由放射能的相对比例和它们在岩石中的衰减现象来决定的岩石的年龄。
无线电探测器	携带了通过无线电报传输测量的气温、气压和湿度数据到地面仪器的自由气球,它通过大气上升。
罗斯贝波	大气中主要西风带的大气循环波,以波长 6 000 km、主要振幅 3 000 km 以及运动缓慢为特征,能够相对地球向西和向东运动。在海上,相似的波具有数百千米的波长,几乎总是相对地球向西运动。
海床分离[A]	海洋板块构成的地壳表面由于其新物质的增加,同时向海脊两边分离的现象。
太阳辐射	太阳向任意给定地点的空间发射的辐射能量。太阳常数是太阳辐射的量度(大约为 1 376 W·m^{-2})。它是在日地平均距离处,地球大气外界垂直于辐射线的表面上接收的大气辐射能量值。
亚冰期	冰期中的一个时期,此时冰盖前进到较低纬度地区。
百叶箱	为地面水平气象仪器设计的标准箱,为的是保

	证测量到可靠的遮蔽温度。
平流层	从对流层顶到大约 50 km 高度的大气层,那里的温度随高度增加缓慢增高,具有很弱的垂直运动以及很强的水平运动。
太阳黑子	太阳的暗黑斑点,表示增强的太阳活动。
温跃层	海洋中上部的暖层与深部的冷层之间温度快速变化的区域。
热盐循环	由于盐度和温度的变化导致的密度差异产生的海洋的深水循环。
时间序列	物理变量的观测序列,样本有固定的时间间隔。
对流层	较低的大气层。在极地是地面到 8 km 高度,中纬度地区到 12 km 高度,赤道地区到 16 km 高度。其中云和天气系统受人类活动的影响。
台风	中国人最初起的名字(意指大风),指发生在西太平洋的热带气旋。它们本质上与大西洋和孟加拉湾的飓风相同。
均衡机制	地质事件能被今天可观察的过程解释的原则(现在对于过去是关键),假设这些过程在地质时期没有变化。
方差	各个观察数据与其平均数之差的平方的平均数。
火山作用	火山活动的现象。火山爆发的火山灰进入大气并吸收太阳辐射,这潜在地对行星温度产生冷却效应。同时,火山喷发释放二氧化碳和硫化物,并降低平流层臭氧的浓度。
风化作用	由于大气作用和物理过程使岩石发生破坏和改变的化学和物理作用。
新仙女木(1.29 万年前—1.16 万年前)	突然而急速的寒冷时期。中断了末次盛冰期和全新世之间持续的温暖趋势。

参考文献

Alexander, L. V. et al. (2006). Global observed dazes in daily climate extremes of temperature and precipitation. *Journal of Geophysical Research*, 111.

Alley, R. B. (2000). *The Two-Mile Time Machine: Ice Cores, Abrupt Climate Change and Our Future*. Princeton, NJ, USA: Princeton University Press.

Baillie, M. G. L. (1995). *A Slice through Time: Dendrochronology and Precision Dating*. London, UK: Batsford.

Baldwin, M. P. et al. (2001). The quasi-biennial oscillation. *Reviews of Geophysics*, 32, 179 – 229.

Barber, D. C. et al. (1999). Forcing of the cold event of 8,200 years ago by catastrophic drainage of Laurentide lakes. *Nature*, 400, 344 – 348.

Barnston, A. G. (1995). Our improving capability in ENSO forecasting. *Weather*, 50, 419 – 430.

Barry, R. G. & Chorley, R. J. (2003). *Atmosphere, Weather and Climate*. Eighth edition. London, UK: Methuen.

Bertage(to follow)

Benton, M. J. (1995). Diversification and extinction in the history of life. *Science*, 268, 52 – 58.

Bigg, G. R. (2003). *The Oceans and Climate*. Second edition. Cambridge, UK: Cambridge University Press.

Bonan, G. B., Pollard, D. & Thompson, S. L. (1992). Effects of boreal forest vegetation on global climate. *Nature*, 359, 716 – 718.

Bradley, R. S. & Jones, P. D. (eds)(1995). *Climate Since AD 1500*. London, UK: Routledge.

Briffa, K. R. et al. (1990). A 1 400-year tree-ring record of summer temperatures in Fennoscandia. *Nature*, 346, 434 – 439.

Briffa, K. R. et al. (1995). Unusual twentieth-century summer warmth in a 1 000-year temperature record from Siberia. *Nature*, 376, 156 – 159.

Broecker, W. S. (1994). Massive iceberg discharges as triggers for global climate change. *Nature*, 372, 421 – 425.

Broecker, W. S. (1995a). Chaotic climate. *Scientific American*, 267, No. 11, 44 – 50.

Broecker, W. S. (1995b). Cooling the tropics. *Nature*, 376, 212 – 213.

Brown, G. C., Hawkesworth, C. J. & Wilson, R. C. L. (eds.) (1992). *Understanding the Earth: a New Synthesis*. Cambridge, UK: Cambridge University Press.

Bryant, E. (1997). *Climate Process and Change*. Cambridge, UK: Cambridge University Press.

Burroughs, W. J. (1978). On running means and meteorological cycles. *Weather*, 33, 101 – 109.

Burroughs, W. J. (1991). *Watching the World's Weather*. Cambridge, UK: Cambridge University Press.

Burroughs, W. J. (1994). *Weather Cycles: Real or Imaginary?* Cambridge, UK: Cambridge University Press.

Burroughs, W. J. (1997). *Does the Weather Really Matter? The Social Implications of Climate Change*. Cambridge, UK: Cambridge University Press.

Burroughs, W. J. (2001). *Climate Change: a Multidisciplinary Approach*. First Edition. Cambridge, UK: Cambridge University Press.

Burroughs, W. J. (2003). *Weather Cycles: Real or Imaginary?*. Second edition. Cambridge, UK: Cambridge University Press.

Burroughs, W. J. (2005a). *Climate Change in Prehistory: the End of the Reign of Chaos*. Cambridge, UK: Cambridge University Press.

Burroughs, W. J. (2005b). *Does the Weather Really Matter?* Cambridge, UK: Cambridge University Press.

Cess, R. D. *et al.* (1991). Interpretation of snow-climate feedback as produced by 17 general circulation models. *Science*, 253, 888 – 892.

Cess, R. D. *et al.* (1995). Absorption of solar radiation by clouds: observations versus models. *Science*, 267, 496 – 499.

Chahine, M. T. (1992). The hydrological cycle and its influence on the climate. *Nature*, 359, 373 – 379.

Chuine, I. *et al.* (2004). Grape ripening as a past climate indicator. *Nature*, 432, 289 – 290.

CLIMAP Project Members. (1976). The surface of the ice-age Earth. *Science*, 191, 1131 – 1137.

CLIMAP. (1981). *Seasonal Reconstruction of the Earth's Surface at the Last Gla-*

cial Maximum. Geological Society of America, Map and Chart Series, Vol. C36.

Cook, E. R. et al. (1995). The "segment length curse" in long tree-ring chronology development for palaeoclimatic studies. *The Holocene*, 5, 229 – 237.

Courtillot, V. (1999). *Evolutionary Catastrophes: the Science of Mass Extinctions*. Cambridge, UK: Cambridge University Press.

Christy, J. R. & Norris, W. B. (2004). What may we conclude about global tropospheric temperature trends? *Geophysical Research Letters*, 31.

Dansgaard, W. & Oeschger, H. (1989). *The Environmental Record in Glaciers and Ice Sheets*. H. Oeschger & C. C. Langway(eds.). Chichester, UK: Wiley, 287 – 318.

Dansgaard, W. et al. (1993). Evidence of general instability of past climate from a 250-kyr ice-core record. *Nature*, 364, 218 – 220.

Davis, B. A. S. et al. (2003). The temperature of Europe during the Holocene reconstructed from pollen data. *Quaternary Science Reviews*, 20, 1701 – 1706.

Dawson, A. G. (1992). *Ice Age Earth: Late Quaternary Geology and Climate*. London, UK: Routledge.

Diaz, H. F. & Markgraf, V. (eds.)(2000). *El Niño and the Southern Oscillation*. Cambridge, UK: Cambridge University Press.

Doherty, R. M., Hulme, M. & Jones, C. G. (1999). A gridded reconstruction of land and ocean precipitation for the extended tropics from 1974—1994. *International Journal of Climatology*, 19, 119 – 142.

EPICA Community Members. (2004). Eight glacial cycles from an Antarctic ice core. *Nature*, 429, 623 – 628.

Fagan, B. (1999). *Floods, Famines and Emperors: El Niño and the Fate of Civilisations*. London, UK: Plimlico.

Fagan, B. (2004). *The Long Summer: How Climate Changed Civilisation*. New York, USA: Basic Books.

Folland, C. K. & Parker, D. E. (1995). Correction of instrumental biases in historical sea surface temperature data. *Quarterly Journal Royal Meteorological Society*, 121, 319 – 367.

Frakes, L. A., Francis, J. E. & Syktus, J. I. (1992). *Climate Modes of the Phanerozoic*. Cambridge, UK: Cambridge University Press.

Frich, P. et al. (2002). Observed coherent changes in climatic extremes during the second half of the twentieth century. *Climate Research*, 19, 193 – 212.

Fritts, H. C. (1976). *Tree Rings and Climate*. London, UK: Academic Press.

Giovanelli, R. (1984). *Secrets of the Sun*. Cambridge UK: Cambridge University Press.

Gray, L. J., Haigh, J. D. & Harrison, R. G. (2005). The influences of solar changes on the Earth's climate. Hadley Centre Technical Note 62 (HCTN62), available from the Hadley Centre website (http://www.met-office.gov.uk/research/hadleycentre/pubs/HCNT/).

Gray, W. M. (1990). Strong association between West African rainfall and US landfall of intense hurricanes. *Science*, 249, 1251 – 1256.

Greenland Ice Core Project (GRIP) Members. (1993). Climate instability during the last interglacial period recorded in the GRIP ice core. *Nature*, 364, 203 – 207.

Grootes, P. M. *et al.* (1993). Comparison of oxygen isotope records from the GISP 2 and Greenland ice cores. *Nature*, 366, 552 – 554.

Grove, J. M. (1988). *The Little Ice Age*. London, UK: Methuen.

Gurney, R. J., Foster, J. L. & Parkinson, C. L. (eds.) (1993). *Atlas of Satellite Observations Related to Global Change*. Cambridge, UK: Cambridge University Press.

Haigh, J. D. (2000). Solar variability and climate. *Weather*, 55, 399 – 405.

Hammer, C. U., Clausen, H. B. & Dansgaard, W. (1980). Greenland ice sheet evidence of post-glacial volcanism and its climatic impact. *Nature*, 288, 230 – 235.

Hansen, J. E. *et al.* (1995). Satellite and surface temperature data at odds? *Climate Change*, 30, 103 – 117.

Harries, J. E. (1990). *Earthwatch: the Climate from Space*. London, UK: Ellis Horwood.

Hastenrath, S. (2002). Dipoles, temperature gradients, and tropical climate anomalies. *Bulletin of the American Meteorological Society*, 83, 735 – 738.

Haug, G. H. *et al.* (2003). Climate and the collapse of Maya civilisation. *Science*, 299, 1721 – 1725.

Hickey, M. & King, C. (1988). *100 Families of Flowering Plants*. Second Edition. Cambridge, UK: Cambridge University Press.

Hostetler, S. W. & Mix, A. C. (1999). Reassessment of ice-age cooling of the tropical ocean and atmosphere. *Nature*, 399, 673 – 676.

Houghton, J. (2002). *The Physics of Atmospheres*. Third edition. Cambridge, UK: Cambridge University Press.

Houghton, J. (2004). *Global Warming: the Complete Briefing*. Third edition.

Cambridge, UK: Cambridge University Press.

Hulme, M. & Barrow, E. (eds.)(1997). *Climates of the British Isles: Present, Past and Future.* London, UK: Routledge.

Hulme, M. & Jones, P. D. (1991). Temperatures and windiness over the United Kingdom during the winters of 1988/89 and 1989/90 compared with previous years. *Weather,* 46, 126 – 136.

Hurrell, J. W. (1995). Decadal trends in the North Atlantic Oscillation: regional temperatures and precipitation. *Science,* 269, 676 – 679.

Hurrell, J. W. (1996). Influence of variations in extratropical wintertime teleconnections on Northern Hemisphere temperature. *Geophysical Research Letters,* 23, 665 – 668.

Imbrie, J. & Imbrie, J. Z. (1979). *Ices Ages: Solving the Mystery.* London, UK: Macmillan.

Imbrie, J. & Imbrie, J. Z. (1980). Modelling the climatic response of orbital variations. *Science,* 207, 943 – 953.

Imbrie, J. et al. (1992). On the structure and origin of major glaciation cycles.
1. Linear responses to Milankovitch forcing. *Paleoceanography,* 7, 701 – 738.

Imbrie, J. et al. (1993). On the structure and origin of major glaciation cycles.
2. The 100 000-year cycle. *Paleoceanography,* 8, 699 – 735.

International Federation of Red Cross and Red Crescent Societies. (1999). *World Disasters Report.*

IPCC. (1990). *Climate Change: the IPCC Scientific Assessment.* J. T. Houghton, G. J. Jenkins & G. G. Ephraums (eds.). Cambridge, UK: Cambridge University Press, 365.

IPCC. (1992). *Climate Change 1992: the Supplementary Report to IPCC Scientific Assessment.* J. T. Houghton, B. A. Callander & S. K. Varney (eds.). Cambridge, UK: Cambridge University Press.

IPCC. (1994). *Climate Change 1994: Radiative Forcing of Climate and an Evaluation of the IPCC IS92 Emission Scenarios.* J. T. Houghton, L. G. Meira Filho, J. Bruce, Hoesung Lee, B. A. Callendar, E. Haites, N. Harris, & K. Maskell (eds.). Cambridge, UK: Cambridge University Press.

IPCC. (1995). *Climate Change 1995: the Science of Climate Change.* J. T. Houghton, L. G. Meira Filho, B. A. Callendar, N. Harris, A. Kattenberg & K. Maskell. (eds.). Cambridge, UK: Cambridge University Press.

IPCC. (2001). *Climate Change 2001: the Scientific Basis.* J. T. Houghton, Y.

Ding, D. Griggs, M. Noguer, P. J. van der Linden, X. Dai, K. Maskell & C. A. Johnson (eds.). Cambridge, UK: Cambridge University Press.

IPCC. (2007). *Climate Change 2007: the Scientific Basis*. Cambridge, UK: Cambridge University Press.

Jablonski, D. (1997). Progress at the K-T boundary. *Nature*, 387, 354 – 355.

Jolliffe, I. T. (1986). *Principal Component Analysis*. New York, USA: Springer-Verlag.

Jones, P. D. et al. (1999). *Review of Geophysics*, 37, 173 – 199.

Kalnay, E. et al. (1996). The NCEP/NCAR 40-year reanalysis project. *Bulletin of the American Meterological Society*, 77, 437 – 471.

Karl, T. R. et al. (1995). Critical issues for long-term climate monitoring. *Climatic Change*, 31, 185 – 221.

Karl, T. R. et al. (1996). Indices of climate change for the United States. *Bulletin of the American Meteorological Society*, 77, 279 – 292.

Kendall, M. (1976). *Time Series*. London, UK: Charles Griffin.

Kripalani, R. H. & Kulkarni, A. (1997). Climatic impact of the El Niño/La Niña on the Indian monsoon: a new perspective. *Weather*, 52, 39 – 46.

Laird, K. R. et al. (1996). Greater drought intensity and frequency before AD 1200 in the Northern Great Plains, USA. *Nature*, 384, 552 – 554.

LaMarche, V. C. Jr. (1974). Paleoclimatic inferences from long tree-ring records. *Science*, 183, 1043 – 1048.

Lamb, H. H. (1972). *Climate: Present, Past and Future*. Volume 1. London, UK: Methuen.

Lamb, H. H. (1977). *Climate: Present, Past and Future*. Volume 2. London, UK: Methuen.

Lamb, H. H. (1995). *Climate, History and the Modern World*. Second edition. London, UK: Routledge.

Lambeck, K., Esat, T. M. & Potter, E.-K. (2003). Links between climate and sea levels for the past three million years. *Nature*, 419, 199 – 206.

Landsea, C. W. et al. (1994). Seasonal forecasting of Atlantic hurricane activity. *Weather*, 49, 273 – 284.

Landsea, C. W. et al. (1999). Atlantic basin hurricanes: indices of climatic changes. *Climatic Change*, 42, 89 – 129.

Lean, J. (2000). Evolution of the Sun's spectral irradiance since the Maunder minimum. *Geophysical Research Letters*, 27, 2425 – 2428.

Le Roy Ladurie, E. & Baulant, M. (1980). Grape harvests from the fifteenth through the nineteenth centuries. *Journal of Interdisciplinary History*, 10, 839–849.

Li, X. et al. (1996). Dominance of mineral dust in aerosol light scattering in the North Atlantic trade winds. *Nature*, 380, 416–419.

Lisiecki, L. E. & Raymo, M. E. (2005). A Pliocene-Pleistocene stack of 57 globally distributed benthic $\delta^{18}O$ records. *Paleoceanography*, 20, PA 1003, doi: 10.1029/2004PA001071.

Lockwood, M. & Stamper, R. (1999). Long term drift in the coronal source magnetic flux and total solar irradiance. *Geophysical Research Letters*, 26, 2461–2465.

Lovelock, J. E. (1988). *The Ages of Gaia*. Oxford, UK: Oxford University Press.

Lundin, R., Eliasson, L. & Murphree, J. S. (1991). The quiet time aurora. In *Auroral Physics*, C.-I. Meng, M. J. Rycroft & L. A. Frank (eds.). Cambridge, UK: Cambridge University Press.

Luterbacher, J. et al. (2004). European seasonal and annual temperature variability, trends, and extremes since 1 500. *Science*, 303, 1499–1503.

Mann, M. E. & Jones, P. D. (2003). Global surface temperatures over the past two millennia. *Geophysical Research Letters*, 30, 1820, doi: 10.1029/2003GL017814.

Mangini, A, Spotl, C. & Verdes, P. (2005). Reconstruction of temperature in the Central Alps during the past 2 000 yr from a $\delta^{18}O$ stalagmite record. *Earth & Planetary Science Letters*, 235, 741–751.

Manley, G. (1974). Central England temperatures: monthly means 1659 to 1973. *Quarterly Journal Royal Meteorological Society*, 100, 389–405.

Markson, R. (1978). Solar modification of atmospheric electrification and possible implications for the Sun-weather relationship. *Nature*, 244, 197–200.

Marshall, J. et al. (2001). North Atlantic climate variability: phenomena, impacts and mechanisms: a review. *International Journal of Climatology*, 21, 1863–1898.

Martinson, D. G. et al. (1987). Age dating and the orbital theory of the ice age: development of a high resolution 0 to 300 000-year chronostratigraphy. *Quaternary Research*, 17, 1–30.

McIlveen, R. (1992). *Fundamentals of Weather and Climate*. London, UK: Chapman and Hall.

Mitchell, J. F. B. et al. (1995). Climate response to increasing levels of greenhouse gases and sulphate aerosols. *Nature*, 376, 501 – 504.

Mitchell, J. M., Stockton, C. W. & Meko, D. M. (1979). Evidence of a 22-year rhythm of drought in the Western United States related to the Hale Solar Cycle since the 17th century. In *Solar-Terrestrial Influences on Weather and Climate*, B. M. McCormac & T. A. Seliga (eds.). Dordrecht, The Netherlands: Reidel Publishing Co.

Mitchell, J. M. (1990). Climatic variability: past, present & future. *Climatic Change*, 16, 231 – 246.

Mix, A. C., Bard, E. & Schneider, R. (2001). Environmental processes of the ice age: land, oceans, glaciers (EPILOG). *Quaternary Science Reviews*, 20, 627 – 657.

Moberg, A. *et al.* (2005). Highly variable Northern Hemisphere temperatures reconstructed from low and high-resolution proxy data. *Nature*, 433, 613 – 617.

Musk, L. F. (1988). *Weather Systems*. Cambridge, UK: Cambridge University Press.

Palmer, T. (1993). A nonlinear dynamical perspective on climate change. *Weather*, 48, 314 – 325.

North Greenland Ice Core Project Members. (2004). High-resolution record of Northern Hemisphere climate extending into the last interglacial period. *Nature*, 431, 147 – 155.

Open University. (2001). *Ocean Circulation*. London: Butterworth Heinemann (in association with The Open University, Milton Keynes).

Paillard, D. (1998). The timing of Pleistocene glaciations from a simple multi-plestate model. *Nature*, 391, 378 – 381.

Parker, D. E., Legg, T. P. & Folland, C. K. (1992). A new daily Central England temperature series, 1772—1991. *International Journal of Climatology*, 12, 317 – 342.

Parry, M. & Duncan, R. (eds.)(1995). *The Economic Implications of Climate Change in Britain*. London, UK: Earthscan.

Pecker, J. C. & Runcorn, S. K. (eds.)(1990). *The Earth's Climate and Variability of the Sun over Recent Millennia: Geophysical, Astronomical and Archaeological Aspects*. London, UK: The Royal Society.

Petit, J. R. *et al.* (1999). Climate and atmospheric history of the past 420 000 years from the Vostok ice core, Antarctica. *Nature*, 399, 429 – 436.

Pfister, C. (1995). Monthly temperature and precipitation in Central Europe

1525—1979: quantifying documentary evidence on weather and its effects. In *Climate Since AD 1500*, R. S. Bradley & P. D. Jones (eds.) (Chapter 6). London, UK: Routledge. (Data on temperature and precipitation indices available on disk from the National Geophysical Data Center, Boulder, Co 80309, USA.)

Philander, S. G. H. (1983). El Niño Southern Oscillation. *Nature*, 302, 295 - 301.

Pimental, D. *et al.* (1995). Environmental and economic costs of soil erosion and conservation benefits. *Science*, 267, 1117 - 1123.

Piekle, R. A. & Landsea, C. W. (1998). Normalized hurricane damage in the United States: 1925—1995. *Weather and Forecasting*, 13, 621 - 631.

Rampino, M. R. & Self, S. (1992). Volcanic winter and accelerated glaciation following the Toba super-eruption. *Nature*, 359, 50 - 52.

Raup, D. M. (1991). *Extinction: Bad Genes or Bad Luck?* New York, U. S. : W. W. Norton.

Richerson, P. J. , Boyd, R. & Bettinger, R. L. (2001). Was agriculture impossible during the Pleistocene but mandatory during the Holocene? A climate change hypothesis. *American Antiquity*, 66, 1 - 50.

Robin, G. de Q. (1983). *The Climatic Record in Polar Ice Sheets.* Cambridge, UK: Cambridge University Press.

Rosenzweig, C. & Parry, M. L. (1994). Potential impact of climate change on world food supply. *Nature*, 367, 133 - 138.

Sherratt, A. (1980). *The Cambridge Encyclopedia of Archaeology.* Cambridge, UK: Cambridge University Press.

Sherwood, S. , Lanzante, J. & Meyen, C. (2004). Radiosonde daytime biases and late-20th century warming. *Science*, 309, 1556 - 1559.

Shoemaker, E. M. (1983). Asteroid and comet bombardment of the Earth. *Annual Review of Earth and Planetary Science*, 11, 461 - 494.

Smith, D. G. (1982). *Cambridge Encyclopaedia of Earth Sciences.* Cambridge, UK: Cambridge University Press.

Stommel, H. & Stommel, E. (1979). The year without a summer. *Scientific American*, 240, June, 134 - 140.

Stothers, R. B. (1984). Mystery cloud of AD 536. *Nature*, 307, 344 - 345.

Stouffer, R. J. , Manabe, S. & Vinnilcov, K. Ya. (1994). Model assessment of the role of natural variability in recent global warming. *Nature*, 367, 634 - 636.

Strzepek, K. M. & Smith, J. B. (eds.) (1995). *As Climate Changes: International Impacts and Implications*. Cambridge, UK: Cambridge University Press.

Taylor, K. C. et al. (1993). The "flickering switch" of late Pleistocene climate change. *Nature*, 361, 432–436.

Tengen, I., Lacis, A. A. & Fung, I. (1996). The influence on climate forcing of mineral aerosols from disturbed soils. *Nature*, 380, 419–422.

Tett, S. F. B. et al. (1999). Causes of twentieth century climate change. *Nature*, 399, 569–572.

Thomas, D. S. G. & Middleton, N. J. (1994). *Desertification: Exploding the Myth*. Chichester, UK: Wiley.

Toumi, R., Bekki, S. & Law, K. (1995). Indirect influence of ozone depletion on climate forcing by clouds. *Nature*, 372, 348–351.

Trenberth, K. E. (ed.) (1992). *Climate System Modelling*. Cambridge, UK: Cambridge University Press.

Tucker, C. J., Dregne, H. E. & Newcomb, W. W. (1991). Expansion and contraction of the Sahara Desert from 1980 to 1990. *Science*, 253, 299–301.

Van Andel, T. H. (1994). *New Views on an Old Planet: a History of Global Change*. Cambridge, UK: Cambridge University Press.

von Grafenstein, U. et al. (1999). A mid-European decadal isotope-climate record from 15 500 to 5 000 years B. P. *Science*, 284, 1684–1687.

von Storch, F. & Zwiers F. W. (2002). *Statistical Analysis in Climate Research*. Cambridge, UK: Cambridge University Press.

Weaver, A. J. & Hughes, T. M. C. (1994). Rapid interglacial climate fluctuations driven by North Atlantic ocean circulation. *Nature*, 367, 447–450.

Weaver, A. J., Sarachik, E. S. & Marotzke, J. (1991). Freshwater flux forcing of decadal and interdecadal oceanic variability. *Nature*, 353, 836–883.

Whitlock, C. & Bartlein, P. J. (1997). Vegetation and climate change in northwest America during the last 125 kyr. *Nature*, 388, 57–61.

Wigley, T. M. L., Ingram, M. J. & Farmer, G. (1981). *Climate and History: Studies in Past Climates and their Impact on Man*. Cambridge, UK: Cambridge University Press.

Wigley, T. M. L., Lough, J. M. & Jones, P. D. (1984). Spatial patterns of precipitation in England and Wales and a revised homogeneous England and Wales precipitation series. *Journal of Climatology*, 4, 1–25.

Willson, R. C. & Hudson, H. S. (1991). The Sun's luminosity over a complete cycle. *Nature*, 351, 42 – 44.

Wiscombe, W. J. (1995). An absorbing mystery. *Nature*, 376, 466 – 467.

Zachos, J. *et al.* (2001). Trends, rhythms and aberrations in global climate 65 Ma to present. *Science*, 292, 686 – 693.

索　引

$^{18}O/^{16}O$　75
2003 年夏季欧洲的酷热　226
A1B　250
Bermuda Ridge　192
Burgundy　70
Caesari Emiliani　176
Cariaco 海盆　86
Carp 湖　81
DO(Dansgaard/Oeschger)
　事件　177
ECMWF　23
ENSO　47, 238
EPICA 冰芯　77
(Europe Center of Middle Range Weather Forecast, ECMWF)　69
Hadley 环流　126
Hadley 中心　199
Humboldt 海流　49
IPCC 第三次评估报告　128
ISCCP　40
Ivan 飓风　241
Lamont Doherty 实验室　57
Minoan 文明　223
Mycenae 文明　223
(National Center of Atmospheric Research, NCAR)　69
(National Center of Environment Prediction, NCEP)　69
NO_x　15
O_3　261
Stern 的报告　260

A

阿尔卑斯山　175, 176

阿加西湖　183
阿勒罗德间冰期　182
阿留申低压　54
阿留申群岛　54
埃及　222
埃克森公司　171
埃克森曲线　171
埃姆间冰期　176
爱琴海地区　223
安大略省　161
安德鲁飓风　228
安第斯山脉　51, 188
奥地利阿尔卑斯山　192
奥陶纪　140, 161
澳大利亚　45, 139

B

巴黎大学　213
巴拿马地峡　167, 171, 211
白垩纪　140, 164
白色噪声(white noise)　96
白昼长度　131
板块构造　207
保险公司　252
保险损失　228
北半球　18
北半球大气环流　29
北部森林　156
北大西洋　6
北大西洋深层水　177
北大西洋涛动　256
北大西洋涛动(NAO)　52
北大西洋涛动(NAO)　238

索 引

北海 214
北极的 49
北极海洋气团(mA) 102
北美洲 171
北美洲东部 211
北欧殖民地 223
北太平洋涛动(NPO) 54
贝加尔湖 143
温跃层 238
冰川 141,159
冰岛 171
冰岛 Laid 火山 119
冰岛低压 188
冰岛 - 法罗群岛岩床 139
冰筏碎屑物 161
冰盖 76
冰河时代 163
冰后回弹 253
冰库 141
冰期 159
冰期末期的变化 173
冰碛岩 161
冰山 119
冰芯 72,128,160,197
冰原 135,163,180,181
波林阶段 181
波罗的海 183

C

参数化 235
测定放射性同位素的年代 84
长波辐射 21
臭氧 25
臭氧层空洞 17,156
初始条件 246
船只观测网 65
春季寒流 226
磁场 86,176

D

达尔文 47
大堡礁 83
大风 2
大陆漂移 5,171
大麦 218
大灭绝 205
大平原 220
大气 - 海洋环流模式 235
大气环流模式 234
大气微粒 235,236
大气与海平面之间的能量转换 243
大西洋期 186
大西洋数十年振荡 204
大洋输送带 243
代用测量 182
丹麦空间研究所 127
单粒小麦 218
得克萨斯州(Texas) 210
德干(Deccan)玄武岩 213
德国海德堡马克思·普朗克核物理研究所 128
德雷克海峡 169
的 118
的陨石坑 141
等密度表面 57
低气压 6,203,226
低温层 235
低压系统 28
地壳 208
地壳均衡 215
地理范围 152
地球轨道 7
地形 1,234
地震 143,221,224
地质年代表 161,205
地中海 224
地中海东部 222

第四次评估报告　192
第四纪　170
第一中间时期　222
电场　128
东北太平洋　204
东南亚　38
东太平洋　49
冬青属植物　210
动植物　72, 209
多维分析　111

E

俄克拉何马州　210
俄罗斯　225, 258
鹅掌楸属(郁金香属树)　210
厄尔尼诺　187
厄瓜多尔　47
鳄龙　168
二叠纪　163, 171
二甲基硫化物(DMS)　262
二粒小麦　218
二氧化碳　239
二足性　211

F

法国大革命　219
反气旋　32
反照率　180, 242
泛滥　222
放射性碳　188
非高斯分布　201
非线性　70
非洲　81
芬诺斯堪迪亚冰川　183
芬诺斯堪迪亚冰原　183
"粉红"噪声　96
风暴　219, 226
枫香属(胶皮糖香树)　210
浮冰　7

浮游　160
浮游植物　262
辐射计　89
负反馈　6, 236, 262
复活节岛(Easter Island)　46
傅里叶变换　109

G

盖亚假说　262
干旱　181
高斯　97
戈壁沙漠　37
格陵兰　34
格陵兰岛　245
格陵兰岛冰盖　74
更新世　72, 170, 174, 176
工业化国家　226
贡兹冰期　175, 176
枸骨叶冬青　210
构造活动　221
古磁学　163
古代中美洲　218
古近纪　210
古气候数据　72
古生代　141, 161, 163, 172
古王国　222
古新世　143
鼓丘　175
冠状动脉血栓症　227
光斑　123
光化学过程　243
光谱　93
光球　123
归一化植被指数(NDVI)　69
轨道变化　25
国际卫星云气候学计划　40
过滤器　108

H

哈得孙海峡　184

索　引

哈得孙湾冰山　183
哈佛　175
海平面温度　199
海上民族　222
海因里奇事件　177
海王星　134
海洋表面温度　7
海洋层积云　128
海洋沉积物　72, 160
海洋的热膨胀　253
海洋环流　243
海洋笼形包合物　142
海洋热带气团(mT)　102
海洋温度　215
海洋藻类　262
寒冷的夏天　122
寒流　191, 226, 227
寒武纪　139
荷兰商人　195
核冬天　144
黑暗时代　189, 221, 224
黑死病　219, 224
恒温器　262
红色噪声　96
呼吸道疾病　227
狐尾松　85
湖泊沉积物　72
花粉记录　181
化石燃料　151, 241, 258
环赤道洋流　166
环流机制　119
灰尘　186
彗星碰撞　213
混沌行为　115
火成岩圈　213
火流星影响　144
火奴鲁鲁(檀香山)　46
火山　161
火山爆发　162

火山活动　213
火星　135
霍乱大流行　224

J

积雪　6
积云　154
吉布森沙漠　37
极地大陆气团　102
极地海洋气团(mP)　102
极端天气事件　219, 226
极光椭圆　129
极涡　157
急流　23
计算机模型　233
计算机气候模式　181
季风　186, 187, 251
季风降雨　238
季节预报　221
季节周期性　209
加勒比海　176
夹卷　116
甲烷　127, 169
间冰期　175
间接测量法　72
剑桥研究和信息学院　125
渐新世　169
降温趋势　168
降雨　2
京都议定书　258
经济模型　246
经济指数　229
经向翻转环流(MOC)　132
静止　171
九带犰狳　210
飓风　1
蕨类植物　81, 209
蕨类植物的穗　144
均衡机制　253

K

卡特里娜飓风　230
开尔文波　36
开罗　46
颗粒物　20
可预测性　246
恐龙的灭绝　144
恐龙时代　144

L

拉布拉多海　118，184
拉尼娜现象　187
劳伦泰德冰原　183
老仙女木事件　182
累积气旋能量指数　204，229
里斯冰期　175
联盟　220
粮食价格　219
流行病　224
硫酸盐气溶胶　250，256
龙卷　226
伦敦　70
（詹姆斯·哈顿）　174
罗斯冰架　253
（路易斯·阿加西）　174
裸子植物　209

M

马尼拉　46
玛雅文明　223
煤炭　139
美国海军科学研究实验室　125
美国纽约太空总署哥达德太空研究院　213
蒙德蝴蝶图　124
蒙德极小期　125，195
猕猴桃　210
秘鲁　49

秘鲁安第斯山脉　186，197
面包　218
灭绝　72，213
民德冰期　175
末次冰期　181
末次盛冰期（LGM）　180
墨西哥湾　6
墨西拿盐度危机　170
木星　134

N

耐寒抗干旱性类群　211
南半球　22
南大洋　181
南极　77
南极波　55
南极海道　167
南极洲　17，245
南极洲冰原　215
南极洲西部冰原　253
南美洲　171
能量传输　244
尼安德特人　211
尼罗河　222
年代际变化　197
年代间太平洋涛动（IPO）　54
农业　153，186
疟疾　225
暖期　141，201，226
挪威　119

O

欧亚大陆　53，171
欧洲　59
欧洲阿尔卑斯山　175
欧洲橡树　85

P

排放交易　260

偏态分布　97
偏心率　18
漂砾　160，175
平流层　244，256
普林斯顿大学　259

Q

奇异果　210
气候变化及变率　202
气候变化指数　201
气候记忆　96
气候敏感性　233
气候适应期　192
气候突变　87，97
气孔　140
气泡　76
气溶胶　78
前北方期　183
羟基　126
青藏高原　139
青铜器时代　221
区域格局　252
区域模式　200
曲棍球棒　193
全球变暗　154
全球变暖　15
全球降水量的变化趋势　64
全球气温　248，251，253
全新世　76，170，184，240
群岛　187

R

热带　176，180，225，235
热带大气季节内振荡（MJO）　118
热带大气季节振荡（MJO）　238
热带大西洋　102
热带风暴　241，252
热带辐合带　187，238
热带辐合带（ITCZ）　27

热带气候适宜期　186
热带气旋　229，238
热浪　226，251，255
人口外流　220
人类　225
人类活动　255
日本 Suigetsu 湖　86
日历年　87
日冕　123

S

撒哈拉沙漠　164
萨赫勒　221
三叠纪　164，172
沙尘暴　220
沙漠化　242
山脉　180
珊瑚白化　254
上新世　211
蛇丘　175
深海氧同位素记录　177
深海中心氧同位素记录　136
生长季节　195
生命大爆发　163
生物多样性　164
生物圈　235
石炭-二叠纪　163
石炭纪　163
石炭系　171
食人习性　225
始新系　171
树木年轮　160
数值天气预报　115，233，244
霜冻　75
霜日　201，251
水循环　235
水蒸气　6，243
死亡率统计　218，227
死星　213

苏铁类 209

T

塔斯马尼亚 169
太平洋东部 238
太平洋年代涛动（PDO） 54
太平洋西部 238
太阳潮 7
太阳辐射 187，234
碳排放 259，261
碳酸盐岩 160
特征向量 112
天气实体 251
天气预报 233
天气状况 256
通量调整 243
同位素 74
土壤湿度 7
脱毛演化 211

W

湾流 30
晚白垩纪 213
晚二叠纪 212
晚古新世 213
晚古新世最热事件（简称 LPTM） 143
晚前寒武纪 162
晚青铜器时代 221
晚始新世 213
微粒 241，251
未来温室气体排放量 250
温室气体 178，235，246
温室效应 140
温盐环流 235
瘟疫 219
蚊虫 225
稳定的同位素 74
乌拉尔 180
五大湖 175，180，184

武木冰期 175
误差 235

X

西伯利亚高压 188
西部边界流 235
西科迪勒拉山脉 171
西太平洋 49
喜马拉雅山 139
显生宙 163
现代人 211，212
相关系数 47
硝酸（HNO_3） 17
小冰期 193，205
小波分析 194
小行星 213
谐波分析 92
新几内亚岛 47
新生代 136，161，168，172
新西兰 45
新西兰冰川 215
新仙女木事件 182
新英格兰 121，175
行星 126
序列分析 171
叙利亚 222
驯鹿 209
循环 211

Y

雅加达 46
亚马孙河 51
亚洲 197
洋流 7，263
氧 18 记录 170
一年生模式 54
异常降水 51
银河宇宙射线 127
银杏 141

印度次大陆 139
印度夏季季风指数 201
印度洋 22
英格兰 218
英格兰和威尔士的逐月降水量的时间序列 64
英格兰中部温度 196
英国伦敦大学学院 218
英国气象局(UKMO) 251
由联合国主办的会议 258
铀 83
有孔虫 77
宇宙尘埃 163
宇宙射线 88
雨层云 128
雨果飓风 229
预测 233，244，252
原始农业 218
原始人类 211
远东 187
月球 131
云 59，235
云量 39，127，236
运河 195

Z

灾难性事件 162
再分析 244
早白垩纪 209，210
早寒武纪 212
早青铜器时代 221
噪声(noise) 96
蒸发 160
正反馈 6
正交向量 111
正态曲线 97
政府间气候变化专门委员会 192
芝加哥大学 176
直布罗陀海峡 170
指纹 111
志留纪 161
智利 55
中东 38，186，187
中青铜器时代 221
中生代 161，172
中世纪的欧洲 218
中世纪气候适宜期 191，193，219，224，247
中纬度风暴路径 235
中新世 139，169，170
钟形曲线 202
昼夜温差 200，251
侏罗纪 141，164
侏罗山脉 174
主成分分析(PCA) 111
阻塞 237，251
最小二乘法 97

郑 重 声 明

高等教育出版社依法对本书享有专有出版权。任何未经许可的复制、销售行为均违反《中华人民共和国著作权法》，其行为人将承担相应的民事责任和行政责任，构成犯罪的，将被依法追究刑事责任。为了维护市场秩序，保护读者的合法权益，避免读者误用盗版书造成不良后果，我社将配合行政执法部门和司法机关对违法犯罪的单位和个人给予严厉打击。社会各界人士如发现上述侵权行为，希望及时举报，本社将奖励举报有功人员。

反盗版举报电话：(010)58581897/58581896/58581879
传　　真：(010)82086060
E - mail：dd@hep.com.cn
通信地址：北京市西城区德外大街4号
　　　　　高等教育出版社打击盗版办公室
邮　　编：100120

购书请拨打电话：(010)58581118